组态软件MCGS从入门到监控应用35例

李江全　主　编

李丹阳　马　强　邢文静　副主编

電子工業出版社

Publishing House of Electronics Industry

北京・BEIJING

内 容 简 介

本书从实际应用出发，通过 35 个典型实例系统地介绍了组态软件 MCGS 的设计方法及其监控应用技术。全书分为两篇：入门基础篇包括组态软件概述，组态软件 MCGS 应用基础及初、高级应用实例；监控应用篇采用组态软件 MCGS 实现多个监控设备（包括三菱 PLC、西门子 PLC、远程 I/O 模块、PCI 数据采集卡等）的模拟电压输入/输出、数字量输入/输出、温度监控等功能。设计实例由设计任务、线路连接、任务实现等部分组成，每个实例均提供详细的操作步骤。

本书内容丰富，论述深入浅出，有较强的实用性和可操作性，可供测控仪器、计算机应用、机电一体化、自动化等专业的学生及工程技术人员学习和参考。

图书在版编目（CIP）数据

组态软件 MCGS 从入门到监控应用 35 例 / 李江全主编. —北京：电子工业出版社，2015.9

ISBN 978-7-121-26905-9

Ⅰ. ①组… Ⅱ. ①李… Ⅲ. ①工业—自动控制系统—应用软件 Ⅳ. ①TP273

中国版本图书馆 CIP 数据核字（2015）第 185857 号

策划编辑：陈韦凯
责任编辑：康　霞
印　　刷：北京虎彩文化传播有限公司
装　　订：北京虎彩文化传播有限公司
出版发行：电子工业出版社
　　　　　北京市海淀区万寿路 173 信箱　邮编　100036
开　　本：787×1 092　1/16　印张：17.25　字数：441.6 千字
版　　次：2015 年 9 月第 1 版
印　　次：2024 年 7 月第 19 次印刷
定　　价：53.00 元

凡所购买电子工业出版社图书有缺损问题，请向购买书店调换。若书店售缺，请与本社发行部联系，联系及邮购电话：（010）88254888，88258888。

质量投诉请发邮件至 zlts@phei.com.cn，盗版侵权举报请发邮件至 dbqq@phei.com.cn。

本书咨询联系方式：（010）88254441；bjcwk@163.com。

前　言

组态软件是标准化、规模化、商品化的通用工控开发软件，只须进行标准功能模块的软件组态和简单的编程就可设计出标准化、专业化、通用性强、可靠性高的上位机人机界面工控程序；且工作量较小，开发调试周期短，对程序设计员要求也较低。组态软件是性能优良的软件产品，是开发上位机工控程序的主流开发工具。

近几年来，随着计算机软件技术的发展，组态软件技术的发展也非常迅速，可以说是到了令人目不暇接的地步；特别是图形界面技术、面向对象编程技术、组件技术的出现，使原来单调、呆板、操作麻烦的人机界面变得面目一新。因此除了一些小型的工控系统需要开发者自己编写应用程序外，凡属大中型的工控系统，最明智的办法就是选择一个合适的组态软件。

组态软件 MCGS 具有功能完善、操作简便、可视性好、可维护性强的突出特点，通过与其他相关硬件设备结合，可以快速、方便地开发各种用于现场采集、数据处理和控制的设备，用户只需要通过简单的模块化组态就可构造出自己的应用系统，如可以灵活组态各种智能仪表、数据采集模块、无纸记录仪、无人值守的现场采集站、人机界面等专用设备。

本书从实际应用出发，通过 35 个典型实例系统地介绍了组态软件 MCGS 的设计方法及其监控应用技术。入门基础篇包括组态软件概述，组态软件 MCGS 应用基础及初、高级应用实例；监控应用篇采用组态软件 MCGS 实现多个监控设备（包括三菱 PLC、西门子 PLC、远程 I/O 模块、PCI 数据采集卡等）的模拟电压输入/输出、数字量输入/输出、温度监控等功能。设计实例由设计任务、线路连接、任务实现等部分组成，每个实例均提供详细的操作步骤。

本书内容丰富，论述深入浅出，有较强的实用性和可操作性，可供测控仪器、计算机应用、机电一体化、自动化等专业的学生及工程技术人员学习和参考。

本书由塔里木大学兰海鹏编写第 1、2 章，石河子大学李丹阳编写第 3、4 章，马强编写第 5、6 章，邢文静编写第 7、8 章，李江全编写第 9 章。全书由李江全教授担任主编并统稿，李丹阳、马强、邢文静担任副主编。参与编写、程序调试、资料收集、插图绘制和文字校核工作的人员还有田敏、郑瑶、胡蓉、汤智辉、郑重、邓红涛、钟福如、刘恩博、王平、李伟等。此外，北京昆仑通态、北京研华科技、电子开发网等公司为本书提供了大量的技术支持，编者借此机会对他们致以深深的谢意。

由于编者水平有限，书中难免存在不妥或错误之处，恳请广大读者批评指正。

编　者

目　　录

入门基础篇

监控应用篇

入门基础篇

第 1 章　监控组态软件概述

监控组态软件在计算机测控系统中起着举足轻重的作用。现代计算机测控系统的功能越来越强，除了完成基本的数据采集和控制功能外，还要完成故障诊断、数据分析、报表的形成和打印、与管理层交换数据、为操作人员提供灵活方便的人机界面等功能。另外，随着生产规模的变化，也要求计算机测控系统的规模跟着变化，也就是说，计算机接口的部件和控制部件可能要随着系统规模的变化进行增减。因此，要求计算机测控系统的应用软件有很强的开放性和灵活性，组态软件应运而生。

近几年来，随着计算机软件技术的发展，计算机测控系统的组态软件技术的发展也非常迅速，可以说是到了令人目不暇接的地步，特别是图形界面技术、面向对象编程技术、组件技术的出现，使原来单调、呆板、操作麻烦的人机界面变得面目一新。目前，除了一些小型的测控系统需要开发者自己编写应用程序外，凡属大中型的测控系统，最明智的办法应该是选择一个合适的组态软件。

1.1　组态与组态软件

1.1.1　组态软件的含义

在使用工控软件时，人们经常提到组态一词。与硬件生产相对照，组态与组装类似。如要组装一台计算机，事先提供了各种型号的主板、机箱、电源、CPU、显示器、硬盘及光驱等，我们的工作就是用这些部件拼凑成自己需要的计算机。当然软件中的组态要比硬件的组装有更大的发挥空间，因为它一般要比硬件中的“部件”更多，而且每个“部件”都很灵活，因为软件都有内部属性，通过改变属性可以改变其规格（如大小、形状、颜色等）。

组态（Configuration）有设置、配置等含义，就是模块的任意组合。在软件领域是指操作人员根据应用对象及控制任务的要求配置用户应用软件的过程（包括对象的定义、制作和编辑，对象状态特征属性参数的设定等），即使用软件工具对计算机及软件的各种资源进行配置，从而达到让计算机或软件按照预先设置自动执行特定任务、满足使用者要求的目的，也就是把组态软件视为“应用程序生成器”。

组态软件更确切的称呼应该是人机界面（HMI，Human Machine Interface）/控制与数据采集（SCADA，Supervisory Control And Data Acquisition）软件。组态软件最早出现时，实现HMI和控制功能是其主要内涵，即主要解决人机图形界面和计算机数字控制问题。

组态软件是指一些数据采集与过程控制的专用软件，它们是在自动控制系统控制层一级的软件平台和开发环境，使用灵活的组态方式（而不是编程方式）为用户提供良好的用户开发界面和简捷的使用方法，它解决了控制系统通用性问题。其预设置的各种软件模块可以非常容易地实现和完成控制层的各项功能，并能同时支持各种硬件厂家的计算机和 I/O 产品，与工控计算机和网络系统结合，可向控制层和管理层提供软/硬件的全部接口，进行系统集成。组态软件应该能支持各种工控设备和常见的通信协议，并且通常应提供分布式数据管理和网络功能。对应于原有的 HMI 概念，组态软件应该是一个使用户能快速建立自己 HMI 的软件工具或开发环境。

在工业控制中，组态一般是指通过对软件采用非编程的操作方式，主要有参数填写、图形连接和文件生成等，使得软件乃至整个系统具有某种指定的功能。由于用户对计算机控制系统的要求千差万别（包括流程画面、系统结构、报表格式、报警要求等），而开发商又不可能专门为每个用户进行开发，所以只能是事先开发好一套具有一定通用性的软件开发平台，生产（或者选择）若干种规格的硬件模块（如 I/O 模块、通信模块、现场控制模块），然后再根据用户的要求在软件开发平台上进行二次开发，以及进行硬件模块的连接。这种软件的二次开发工作就称为组态。相应的软件开发平台就称为控制组态软件，简称组态软件。“组态”一词既可以用做名词也可以用做动词。计算机控制系统在完成组态之前只是一些硬件和软件的集合体，只有通过组态，才能使其成为一个具体的满足生产过程需要的应用系统。

从应用角度讲，组态软件是完成系统硬件与软件沟通、建立现场与控制层沟通人机界面的软件平台，它主要应用于工业自动化领域，但又不仅仅局限于此。在工业过程控制系统中存在着两大类可变因素：一是操作人员需求的变化；二是被控对象状态的变化及被控对象所用硬件的变化。而组态软件正是在保持软件平台执行代码不变的基础上，通过改变软件配置信息（包括图形文件、硬件配置文件、实时数据库等）适应两大不同系统对两大因素的要求，构建新的控制系统平台软件。以这种方式构建系统既提高了系统的成套速度，又保证了系统软件的成熟性和可靠性，使用起来方便灵活，而且便于修改和维护。

现在的组态软件都采用面向对象编程技术，它提供了各种应用程序模板和对象。二次开发人员根据具体系统的需求，建立模块（创建对象）然后定义参数（定义对象的属性），最后生成可供运行的应用程序。具体地说，组态实际上是生成一系列可以直接运行的程序代码。生成的程序代码可以直接运行在用于组态的计算机上，也可以下装（下载）到其他计算机（站）上。组态可以分为离线组态和在线组态两种。所谓离线组态，是指在计算机控制系统运行之前完成组态工作，然后将生成的应用程序安装在相应的计算机中；而在线组态则是指在计算机控制系统运行过程中组态。

随着计算机软件技术的快速发展及用户对计算机控制系统功能要求的增加，实时数据库、实时控制、SCADA、通信及联网、开放数据接口、对 I/O 设备的广泛支持已经成为它的主要内容，随着计算机控制技术的发展，组态软件将会不断被赋予新的内涵。

1.1.2　采用组态软件的意义

在实时工业控制应用系统中，为了实现特定的应用目标，需要进行应用程序的设计和开发。过去，由于技术发展水平的限制，没有相应的软件可供利用。应用程序一般都需要应用单位自行开发或委托专业单位开发，这就影响了整个工程的进度，系统的可靠性和其他性能指标也难以得到保证。为了解决这个问题，不少厂商在发展系统的同时，也致力于控制软件产品的开发。工业控制系统的复杂性对软件产品提出了很高的要求。要想成功开发一个较好的通用的控制系统软件产品，需要投入大量人力物力，并需经实际系统检验，代价是很昂贵的，特别是功能较全、应用领域较广的软件系统投入的费用更是惊人。从应用程序开发到应用软件产品正式上市，其过程有很多环节。因此，一个成熟的控制软件产品的推出，一般带有如下特点。

（1）在研制单位丰富系统经验的基础上，花费多年努力和代价才得以完成。

（2）产品性能不断完善和提高，以版本更新为实现途径。

（3）产品售价不可能很低，对一些国外的著名软件产品更是如此，因此软件费用在整个系统中所占的比例逐年提高。

对于应用系统的使用者而言，虽然购买一个适合自己系统应用的控制软件产品要付出一定的费用，但相对于自己开发所花费的各项费用总和还是比较合算的。况且，一个成熟的控制软件产品一般都已在多个项目中得到了成功应用，各方面性能指标都在实际运行中得到了检验，能保证较好地实现应用单位控制系统的目标，同时，整个系统的工程周期也可相应缩短，便于更早地为生产现场服务，并创造出相应的经济效益。因此，近年来有不少应用单位也开始购买现成的控制软件产品来为自己的应用系统服务。

在组态软件出现之前，工控领域的用户通过手工或委托第三方编写 HMI 应用，其开发时间长、效率低、可靠性差；或者购买专用的工控系统，通常是封闭系统，选择余地小，往往不能满足需求，很难与外界进行数据交互，升级和增加功能都受到严重限制。组态软件的出现，把用户从这些困境中解脱出来，用户可以利用组态软件的功能，构建一套最适合自己的应用系统。

采用组态技术构成的计算机控制系统在硬件设计上，除采用工业 PC 外，系统大量采用各种成熟通用的 I/O 接口设备和现场设备，基本不再需要单独进行具体电路设计。这不仅节约了硬件开发时间，更提高了工控系统的可靠性。组态软件实际上是一个专为工控开发的工具软件。它为用户提供了多种通用工具模块，用户不需要掌握太多的编程语言技术（甚至不需要编程技术），就能很好地完成一个复杂工程所要求的所有功能。系统设计人员可以把更多的注意力集中在如何选择最优的控制方法，设计合理的控制系统结构，选择合适的控制算法等这些提高控制品质的关键问题上。另一方面，从管理的角度来看，用组态软件开发的系统具有与 Windows 一致的图形化操作界面，非常便于生产的组织与管理。

由于组态软件都是由专门的软件开发人员按照软件工程的规范来开发的，使用前又经过比较长时间的工程运行考验，其质量是有充分保证的。因此，只要开发成本允许，采用组态软件是一种比较稳妥、快速和可靠的办法。

组态软件是标准化、规模化、商品化的通用工业控制开发软件，只需进行标准功能模块的软件组态和简单编程，就可设计出标准化、专业化、通用性强、可靠性高的上位机人机界面控制程序，且工作量较小，开发调试周期短，对程序设计员要求也较低，因此，控制组态软件是性能优良的软件产品，已成为开发上位机控制程序的主流开发工具。

由 IPC、通用接口部件和组态软件构成的组态控制系统是计算机控制技术综合发展的结果，是技术成熟化的标志。由于组态技术的介入，计算机控制系统的应用速度大大加快了。

1.1.3 常用的组态软件

随着社会对计算机控制系统需求的日益增加，组态软件也已经形成一个不小的产业。现在市面上已经出现了各种不同类型的组态软件。按照使用对象来分类，可以将组态软件分为两类：一类是专用的组态软件；另一类是通用的组态软件。

专用的组态软件主要是由一些集散控制系统厂商和 PLC 厂商专门为自己的系统开发的，如 Honeywell 的组态软件、Foxboro 的组态软件、Rockwell 公司的 RSView、Siemens 公司的 WinCC、GE 公司的 Cimplicity。

通用的组态软件并不特别针对某一类特定的系统，开发者可以根据需要选择合适的软件和硬件来构成自己的计算机控制系统。如果开发者在选择了通用组态软件后，发现其无法驱动自己选择的硬件，则可以提供该硬件的通信协议，请组态软件的开发商来开发相应的驱动程序。

通用组态软件目前发展很快，也是市场潜力很大的产业。国外开发的组态软件有 Fix/iFix、InTouch、Citech、Lookout、TraceMode 及 Wizcon 等。国产的组态软件有组态王（Kingview）、MCGS、Synall2000、ControX 2000、Force Control 和 FameView 等。

下面简要介绍几种常用的组态软件。

（1）InTouch。美国 Wonderware 公司的 InTouch 堪称组态软件的“鼻祖”，率先推出的 16 位 Windows 环境下的组态软件在国际上获得较高的市场占有率。InTouch 软件的图形功能比较丰富，使用较方便，其 I/O 硬件驱动丰富，工作稳定，在中国市场也普遍受到好评。

（2）iFix。美国 Intellution 公司的 Fix 产品系列较全，包括 DOS 版、16 位的 Windows 版、32 位的 Windows 版、0S/2 版和其他一些版本，功能较强，是全新模式的组态软件，思想和体系结构都比现有的其他组态软件要先进，但实时性仍欠缺，最新推出的 iFix 是全新模式的组态软件，思想和体系结构都比较新，提供的功能也较完整。但由于过于“庞大”和“臃肿”，对系统资源耗费巨大，且经常受微软的操作系统影响。

（3）Citech。澳大利亚 CIT 公司的 Citech 是组态软件中的后起之秀，在世界范围内发展很快。Citech 产品控制算法比较好，具有简捷的操作方式，但其操作方式更多的是面向程序员，而不是工控用户。I/O 硬件驱动相对比较少，但大部分驱动程序可随软件包提供给用户。

（4）WinCC。德国西门子公司的 WinCC 也属于比较先进的产品之一，功能强大，使用较复杂。新版软件有了很大进步，但在网络结构和数据管理方面要比 InTouch 和 iFix 差。WinCC 主要针对西门子硬件设备。因此，对使用西门子硬件设备的用户，WinCC 是不错的选择。若用户选择其他公司的硬件，则需开发相应的 I/O 驱动程序。

（5）Force Control。大庆三维公司的 Force Control(力控)是国内较早出现的组态软件之一，该产品在体系结构上具备了较为明显的先进性，最大的特征之一就是其基于真正意义上的分布式实时数据库的三层结构，而且实时数据库结构为可组态的活结构，是一个面向方案的

HMI/SCADA 平台软件。在很多环节的设计上，能从国内用户的角度出发，既注重实用性，又不失大软件的规范。

（6）MCGS。北京昆仑通态公司的 MCGS 的设计思想比较独特，有很多特殊的概念和使用方式，为用户提供了解决实际工程问题的完整方案和开发平台。使用 MCGS，用户无须具备计算机编程知识就可以在短时间内轻而易举地完成一个运行稳定、功能成熟、维护量小，并且具备专业水准的计算机监控系统的开发工作。

（7）组态王（Kingview）。组态王是北京亚控科技发展有限公司开发的一个较有影响力的组态软件。组态王提供了资源管理器式的操作主界面，并且提供了以汉字作为关键字的脚本语言支持。界面操作灵活、方便，易学易用，有较强的通信功能，支持的硬件也非常丰富。

（8）WebAccess。WebAccess 是研华（中国）公司近几年开发的一种面向网络监控的组态软件，是未来组态软件的发展趋势。

1.2　组态软件的功能与特点

1.2.1　组态软件的功能

组态软件通常有以下几方面功能。

1. 强大的界面显示组态功能

目前，工控组态软件大都运行于 Windows 环境下，充分利用 Windows 的图形功能完善、界面美观的特点，可视化的 IE 风格界面，丰富的工具栏，操作人员可以直接进入开发状态，节省时间。丰富的图形控件和工况图库提供了大量工业设备图符、仪表图符，还提供趋势图、历史曲线、组数据分析图等，既提供所需的组件，又是界面制作向导，提供给用户丰富的作图工具，可随心所欲地绘制出各种工业界面，并可任意编辑，从而将开发人员从繁重的界面设计中解放出来，丰富的动画连接方式，如隐含、闪烁、移动等，使界面生动、直观。画面丰富多彩，为设备的正常运行、操作人员的集中控制提供了极大方便。

2. 良好的开放性

社会化的大生产使得系统构成的全部软硬件不可能出自一家公司的产品，“异构”是当今控制系统的主要特点之一。开放性是指组态软件能与多种通信协议互联，支持多种硬件设备。开放性是衡量一个组态软件好坏的重要指标。

组态软件向下应能与低层的数据采集设备通信，向上通过 TCP/IP 可与高层管理网互联，实现上位机与下位机的双向通信。

3. 丰富的功能模块

组态软件提供丰富的控制功能库，满足用户的测控要求和现场要求。利用各种功能模块，完成实时监控、产生功能报表、显示历史曲线、实时曲线、提供报警等功能，使系统具有良好的人机界面，易于操作。系统既可适用于单机集中式控制、DCS 分布式控制，也可以是带远程通信能力的远程测控系统。

4．强大的数据库

组态软件配有实时数据库，可存储各种数据，如模拟量、离散量、字符型等，实现与外部设备的数据交换。

5．可编程的命令语言

组态软件有可编程的命令语言，使用户可根据自己的需要编写程序，增强图形界面。

6．周密的系统安全防范

对不同的操作者，组态软件赋予不同的操作权限，保证整个系统安全、可靠运行。

7．仿真功能

组态软件提供强大的仿真功能，使系统并行设计，从而缩短开发周期。

1.2.2 组态软件的特点

通用组态软件的主要特点如下。

1．封装性

通用组态软件所能完成的功能都用一种方便用户使用的方法包装起来，对于用户，不需掌握太多的编程语言技术（甚至不需要编程技术），就能很好地完成一个复杂工程所要求的所有功能，易学易用。

2．开放性

组态软件大量采用“标准化技术”，如 OPC、DDE、ActiveX 控件等，在实际应用中，用户可以根据自己的需要进行二次开发，例如，可以很方便地使用 VB 或 C++等编程工具自行编制所需要的设备构件，装入设备工具箱，不断充实设备工具箱。很多组态软件提供了一个高级开发向导，自动生成设备驱动程序的框架，为用户开发设备驱动程序提供帮助，用户甚至可以采用 I/O 自行编写动态链接库（DLL）的方法在策略编辑器中挂接自己的应用程序模块。

3．通用性

每个用户根据工程实际情况，利用通用组态软件提供的底层设备（PLC、智能仪表、智能模块、板卡、变频器等）的 I/O Driver、开放式的数据库和界面制作工具，就能完成一个具有动画效果、实时数据处理、历史数据和曲线并存，具有多媒体功能和网络功能的工程，不受行业限制。

4. 方便性

由于组态软件的使用者是自动化工程设计人员，组态软件的主要目的是确保使用者在生成适合自己需要的应用系统时不需要或者尽可能少地编制软件程序的源代码。因此，在设计组态软件时，应充分了解自动化工程设计人员的基本需求，并加以总结、提炼，重点、集中解决共性问题。

下面是组态软件主要解决的共性问题。

（1）如何与采集、控制设备间进行数据交换；

（2）使来自设备的数据与计算机图形画面上的各元素关联起来；

（3）处理数据报警及系统报警；

（4）存储历史数据并支持历史数据的查询；

（5）各类报表的生成和打印输出；

（6）为使用者提供灵活、多变的组态工具，可以适应不同应用领域的需求；

（7）最终生成的应用系统运行稳定、可靠；

（8）具有与第三方程序的接口，方便数据共享。

在很好地解决了上述问题后，自动化工程设计人员在组态软件中只需填写一些事先设计好的表格，再利用图形功能就能把被控对象（如反应罐、温度计、锅炉、趋势曲线、报表等）形像地画出来，通过内部数据变量连接把被控对象的属性与 I/O 设备的实时数据进行逻辑连接。当由组态软件生成的应用系统投入运行后，与被控对象相连的 I/O 设备数据发生变化会直接带动被控对象的属性变化，同时在界面上显示。若要对应用系统进行修改，也十分方便，这就是组态软件的方便性。

5. 组态性

组态控制技术是计算机控制技术发展的结果，采用组态控制技术的计算机控制系统的最大特点是从硬件到软件开发都具有组态性，设计者的主要任务是分析控制对象，在平台基础上按照使用说明进行系统级第二次开发即可构成针对不同控制对象的控制系统，免去了程序代码、图形图表、通信协议、数字统计等诸多具体内容细节的设计和调试，因此系统的可靠性和开发速率提高了，开发难度却下降了。

1.2.3　对组态软件的性能要求

1. 实时多任务

实时性是指工业控制计算机系统应该具有的能够在限定的时间内对外来事件做出反应的特性。在具体确定限定时间时，主要考虑两个要素：其一，工业生产过程中出现的事件能够保持多长时间；其二，该事件要求计算机在多长时间内必须做出反应，否则，将对生产过程造成影响甚至造成损害。可见，实时性是相对的。工业控制计算机及监控组态软件具有时间驱动能力和事件驱动能力，即在按一定周期时间对所有事件进行巡检扫描的同时，可以随时响应事件的中断请求。

实时性一般都要求计算机具有多任务处理能力，以便将测控任务分解成若干个并行执行的任务，加速程序的执行速度。可以把那些变化并不显著，即使不立即做出反应也不至于造成影响或损害的事件作为顺序执行的任务，按照一定的巡检周期有规律地执行，而把那些保持时间很短且需要计算机立即做出反应的事件作为中断请求源或事件触发信号，为其专门编写程序，以便在该类事件一旦出现时计算机能够立即响应。如果由于测控范围庞大，变量繁多，这样分配仍然不能保证所要求的实时性，则表明计算机的资源已经不够使用，只得对结构进行重新设计，或者提高计算机的档次。

实时性是组态软件的重要特点。在实际工业控制中，同一台计算机往往需要同时进行实时数据的采集，信号数据处理，实时数据的存储，历史数据的查询、检索、管理、输出，算法的调用，实现图形图表的显示，完成报警输出、实时通信及人机对话等多个任务。

基于 Windows 系统的组态软件，充分利用面向对象的技术和 ActiveX 动态链接库技术，极大地丰富了控制系统的显示画面和编程环境，从而方便、灵活地实现多任务操作。

2. 高可靠性

在计算机、数据采集控制设备正常工作的情况下，如果供电系统正常，则当监控组态软件的目标应用系统所占的系统资源不超负荷时，要求软件系统稳定、可靠地运行。

如果对系统的可靠性要求得更高，就要利用冗余技术构成双机乃至多机备用系统。冗余技术是利用冗余资源来克服故障影响从而增加系统可靠性的技术，冗余资源是指在系统完成正常工作所需资源以外的附加资源。说得通俗和直接一些，冗余技术就是用更多的经济投入和技术投入来获取系统可能具有的更高的可靠性指标。

双机热备一般是指两台计算机同时运行几乎相同功能的软件。可以指定一台机器为主机，另一台作为从机，从机内容与主机内容实时同步，主机、从机可同时操作。从机实时监视主机状态，一旦发现主机停止响应，便接管控制，从而提高系统的可靠性。

组态软件提供了一套较完善的安全机制，为用户提供能够自由组态控制菜单、按钮和退出系统的操作权限，只允许有操作权限的操作员对某些功能进行操作，防止意外或非法关闭系统，进入研发系统修改参数。

3. 标准化

尽管目前尚没有一个明确的国际、国内标准用来规范组态软件，但国际电工委员会的IEC61131—3 开放型国际编程标准在组态软件中起着越来越重要的作用。IEC61131—3 提供了用于规范 DCS 和 PLC 中的控制用编程语言，规定了 4 种编程语言标准（梯形图、结构化高级语言、方框图、指令助记符）。

此外，OLE、OPC 是微软公司的编程技术标准，目前也被广泛使用。TCP/IP 是网络通信的标准协议，被广泛应用于现场测控设备之间及测控设备与操作站之间的通信。

组态软件本身的标准尚难统一，其本身就是创新的产物，处于不断发展变化之中。由于使用习惯的原因，早一些进入市场的软件在用户意识中已形成一些不成文的标准，成为某些用户判断另一种产品的“标准”。

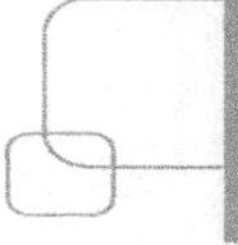

1.3　组态软件的构成与组态方式

1.3.1　组态软件的设计思想

在单任务操作系统环境下（如 MS-DOS），要想让组态软件具有很强的实时性就必须利用中断技术，这种环境下的开发工具较简单，软件编制难度大，目前运行于 MS-DOS 环境下的组态软件基本上已退出市场。

在多任务环境下，由于操作系统直接支持多任务，组态软件的性能得到了全面加强。组态软件一般都由若干组件构成，而且组件的数量在不断增长，功能不断加强，各组态软件普遍使用了“面向对象”的编程和设计方法，使软件更易于学习和掌握，功能也更强大。

一般的组态软件都由图形界面系统、实时数据库系统、第三方程序接口组件、控制功能组件组成。下面将分别讨论每一类组件的设计思想。

在图形画面生成方面，构成现场各过程图形的画面被划分成 3 类简单的对象：线、填充形状和文本。每个对象均有影响其外观的属性。对象的基本属性包括线的颜色、填充颜色、高度、宽度、取向、位置移动等。这些属性可以是静态的，也可以是动态的。静态属性在系统投入运行后保持不变，与原来组态时一致。而动态属性则与表达式的值有关，表达式可以是来自 I/O 设备的变量，也可以是由变量和运算符组成的数学表达式。这种对象的动态属性随表达式值的变化而实时改变。例如，用一个矩形填充体模拟现场的液位，在组态这个矩形的填充属性时，指定代表液位的工位号名称、液位的上/下限及对应的填充高度，就完成了液位的图形组态。这个组态过程通常叫做动画连接。

在图形界面上还具备报警通知及确认、报表组态及打印、历史数据查询与显示等功能。各种报警、报表、趋势都是动画连接的对象，其数据源都可以通过组态来指定，从而每幅画面的内容就可以根据实际情况由工程技术人员灵活设计，每幅画面中的对象数量均不受限制。

在图形界面中，各类组态软件普遍提供了一种类 Basic 语言的脚本语言来扩充其功能。用脚本语言编写的程序段可由事件驱动或周期性地执行，是与对象密切相关的。例如，当按下某个按钮时可指定执行一段脚本语言程序，完成特定的控制功能，也可以指定当某一变量的值变化到关键值以下时，马上启动一段脚本语言程序完成特定的控制功能。

控制功能组件以基于 PC 的策略编辑/生成组件（也有人称之为软逻辑或软 PLC）为代表，是组态软件的主要组成部分。虽然脚本语言程序可以完成一些控制功能，但还是不很直观，对于用惯了梯形图或其他标准编程语言的自动化工程师来说，是太不方便了，因此目前的多数组态软件都提供了基于 IECl131—3 标准的策略编辑/生成控制组件。它也是面向对象的，但不唯一地由事件触发，它像 PLC 中的梯形图一样按照顺序周期地执行。策略编辑/生成组件在基于 PC 和现场总线的控制系统中是大有可为的，可以大幅度降低成本。

实时数据库是更为重要的一个组件。因为 PC 的处理能力太强了，因此实时数据库更加充分地表现出了组态软件的长处。实时数据库可以存储每个工艺点的多年数据，用户既可浏览工厂当前的生产情况，又可回顾过去的生产情况。可以说，实时数据库对于工厂来说就如同飞机上的“黑匣子”。工厂的历史数据是很有价值的，实时数据库具备数据档案管理功能。

工厂的实践告诉我们：现在很难知道将来进行分析时哪些数据是必需的。因此，保存所有的数据是防止丢失信息的最好方法。

通信及第三方程序接口组件是开放系统的标志，是组态软件与第三方程序交互及实现远程数据访问的重要手段之一。

1.3.2 组态软件的系统构成

目前世界上组态软件的种类繁多，仅国产的组态软件就有不下 30 种之多，其设计思想、应用对象相差很大，因此，很难用一个统一的模型来进行描述。但是，组态软件在技术特点上有以下几点是共同的：提供开发环境和运行环境；采用客户/服务器模式；软件采用组件方式构成；采用 DDE、OLE、COM/DCOM、ActiveX 技术；提供诸如 ODBC、OPC、API 接口；支持分布式应用；支持多种系统结构，如单用户、多用户（网络），甚至多层网络结构；支持 Internet 应用。

组态软件的结构划分有多种标准，下面以使用软件的工作阶段和软件体系的成员构成两种标准讨论其体系结构。

1. 以使用软件的工作阶段划分

从总体结构上看，组态软件一般都是由系统开发环境或称组态环境与系统运行环境两大部分组成的。系统开发环境和系统运行环境之间的联系纽带是实时数据库，三者之间的关系如图 1-1 所示。

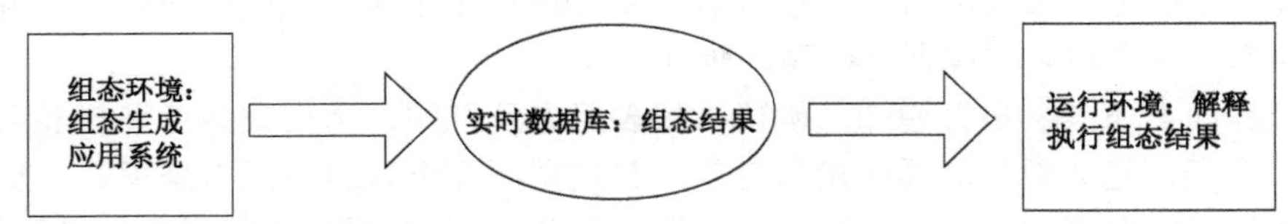

图 1-1 系统组态环境、系统运行环境和实时数据库三者之间的关系

1）系统开发环境

系统开发环境是自动化工程设计工程师为实施其控制方案，在组态软件的支持下进行应用程序的系统生成工作所必须依赖的工作环境。通过建立一系列用户数据文件，生成最终的图形目标应用系统，供系统运行环境运行时使用。

系统开发环境由若干个组态程序组成，如图形界面组态程序、实时数据库组态程序等。

2）系统运行环境

在系统运行环境下，目标应用程序被装入计算机内存并投入实时运行。系统运行环境由若干个运行程序组成，如图形界面运行程序、实时数据库运行程序等。

组态软件支持在线组态技术，即在不退出系统运行环境的情况下可以直接进入组态环境并修改组态，使修改后的组态直接生效。

自动化工程设计工程师最先接触的一定是系统开发环境，通过一定工作量的系统组态和调试，最终将目标应用程序在系统运行环境投入实时运行，完成一个工程项目。

一般工程应用必须有一套开发环境，也可以有多套运行环境。在本书的例子中，为了方

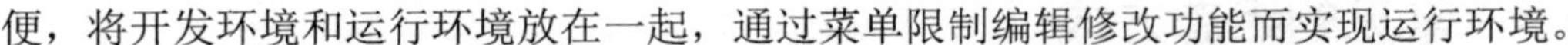

便，将开发环境和运行环境放在一起，通过菜单限制编辑修改功能而实现运行环境。

一套好的组态软件应该能够为用户提供快速构建自己计算机控制系统的手段。例如，对输入信号进行处理的各种模块、各种常见的控制算法模块、构造人机界面的各种图形要素、使用户能够方便地进行二次开发的平台或环境等。如果是通用的组态软件，还应当提供各类工控设备的驱动程序和常见的通信协议。

2. 按照成员构成划分

组态软件功能强大，而每个功能相对来说又具有一定的独立性，因此其组成形式是一个集成软件平台，由若干程序组件构成。

组态软件必备的功能组件包括如下 6 部分。

1）*应用程序管理器*

应用程序管理器是提供应用程序搜索、备份、解压缩、建立应用等功能的专用管理工具。在自动化工程设计工程师应用组态软件进行工程设计时，经常会遇到下面一些烦恼：经常要进行组态数据的备份；经常需要引用以往成功项目中的部分组态成果（如画面）；经常需要迅速了解计算机中保存了哪些应用项目。虽然这些工作可以用手动方式实现，但效率低下，极易出错。有了应用程序管理器的支持，这些工作将变得非常简单。

2）*图形界面开发程序*

图形界面开发程序是自动化工程设计人员为实施其控制方案，在图形编辑工具的支持下进行图形系统生成工作所依赖的开发环境。通过建立一系列用户数据文件，生成最终的图形目标应用系统，供图形运行环境运行时使用。

3）*图形界面运行程序*

在系统运行环境下，图形目标应用系统被图形界面运行程序装入计算机内存并投入实时运行。

4）*实时数据库系统组态程序*

有的组态软件只在图形开发环境中增加了简单的数据管理功能，因而不具备完整的实时数据库系统。目前比较先进的组态软件都有独立的实时数据库组件，以提高系统的实时性、增强处理能力，实时数据库系统组态程序是建立实时数据库的组态工具，可以定义实时数据库的结构、数据来源、数据连接、数据类型及相关的各种参数。

5）*实时数据库系统运行程序*

在系统运行环境下，目标实时数据库及其应用系统被实时数据库系统运行程序装入计算机内存，并执行预定的各种数据计算、数据处理任务。历史数据的查询、检索、报警的管理都是在实时数据库系统运行程序中完成的。

6）*I/O 驱动程序*

I/O 驱动程序是组态软件中必不可少的组成部分，用于 I/O 设备通信，互相交换数据。DDE 和 OPC 客户端是两个通用的标准 I/O 驱动程序，用来支持 DDE 和 OPC 标准的 I/O 设备通信，多数组态软件的 DDE 驱动程序被整合在实时数据库系统或图形系统中，而 OPC 客户端则多数单独存在。

1.3.3 常见的组态方式

下面介绍几种常见的组态方式。由于目前有关组态方式的术语还未能统一，因此，本书所用的术语可能会与一些组态软件所用的有所不同。

1．系统组态

系统组态又称为系统管理组态（或系统生成），这是整个组态工作的第一步，也是最重要的一步。系统组态的主要工作是对系统的结构及构成系统的基本要素进行定义。以 DCS 的系统组态为例，硬件配置的定义包括：选择什么样的网络层次和类型（如宽带、载波带），选择什么样的工程师站、操作员站和现场控制站（I/O 控制站）（如类型、编号、地址、是否为冗余等）及其具体的配置，选择什么样的 I/O 模块（如类型、编号、地址、是否为冗余等）及其具体的配置。有的 DCS 的系统组态可以做得非常详细。例如，机柜，机柜中的电源、电缆与其他部件，各类部件在机柜中的槽位，打印机，以及各站使用的软件等，都可以在系统组态中进行定义。系统组态的过程一般都是用图形加填表的方式。

2．控制组态

控制组态又称为控制回路组态，这同样是一种非常重要的组态。为了确保生产工艺的实现，一个计算机控制系统要完成各种复杂的控制任务。例如，各种操作的顺序动作控制，各个变量之间的逻辑控制，以及对各个关键参量采用各种控制（如 PID、前馈、串级、解耦，甚至是更为复杂的多变量预控制、自适应控制）。因此，有必要生成相应的应用程序来实现这些控制。组态软件往往会提供各种不同类型的控制模块，组态的过程就是将控制模块与各个被控变量相联系，并定义控制模块的参数（如比例系数、积分时间）。另外，对于一些被监视的变量，也要在信号采集之后对其进行一定处理，这种处理也是通过软件模块来实现的。因此，也需要将这些被监视的变量与相应的模块相联系，并定义有关参数。这些工作都是在控制组态中完成的。

由于控制问题比较复杂，组态软件提供的各种模块不一定能够满足现场的需要，这就需要用户作进一步开发，即自己建立符合需要的控制模块。因此，组态软件应该能够给用户提供相应的开发手段。通常可以有以下两种方法：一是用户自己用高级语言来实现，然后再嵌入系统中；二是由组态软件提供脚本语言。

3．画面组态

画面组态的任务是为计算机控制系统提供一个方便操作员使用的人机界面。显示组态的工作主要包括两方面：一是画出一幅（或多幅）能够反映被控制的过程概貌的图形；二是将图形中的某些要素（如数字、高度、颜色）与现场的变量相联系（又称为数据连接或动画连接）。当现场的参数发生变化时，就可以及时地在显示器上显示出来，或者是通过在屏幕上改变参数来控制现场的执行机构。

目前的组态软件都会为用户提供丰富的图形库。图形库中包含大量的图形元件，只需在图库中将相应的子图调出，再进行少量修改即可。因此，即使是完全不会编程的人也可以“绘制”出漂亮的图形来。图形又可以分为两种：一种是平面图形；另一种是三维图形。平面图

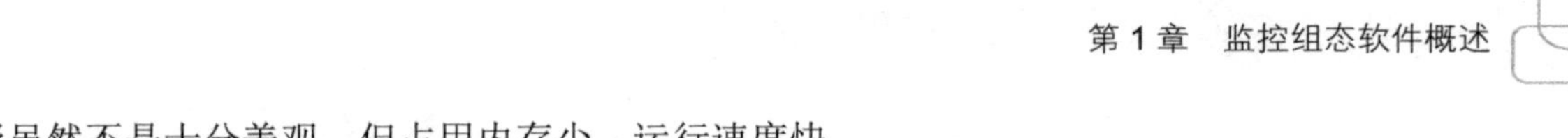

形虽然不是十分美观，但占用内存少，运行速度快。

数据连接分为两种：一种是被动连接，另一种是主动连接。对于被动连接，当现场的参数改变时，屏幕上相应数字量的显示值或图形的某个属性（如高度、颜色等）也会相应改变。对于主动连接方式，当操作人员改变屏幕上显示的某个数字值或某个图形的属性（如高度、位置等）时，现场的某个参量就会发生相应改变。显然，利用被动连接可以实现现场数据的采集与显示，而利用主动连接可以实现操作人员对现场设备的控制。

4. 数据库组态

数据库组态包括实时数据库组态和历史数据库组态。实时数据库组态的内容包括数据库各点（变量）的名称、类型、工位号、工程量转换系数上/下限、线性化处理、报警限和报警特性等。历史数据库组态的内容包括定义各个进入历史库数据点的保存周期，有的组态软件将这部分工作放在历史组态中，还有的组态软件将数据点与I/O设备的连接放在数据库组态中。

5. 报表组态

一般的计算机控制系统都会带有数据库。因此，可以很轻易地将生产过程的实时数据形成对管理工作十分重要的日报、周报或月报。报表组态包括定义报表的数据项、统计项、报表的格式，以及打印报表的时间等。

6. 报警组态

报警功能是计算机控制系统很重要的一项功能，它的作用就是当被控或被监视的某个参数达到一定数值的时候，以声音、光线、闪烁或打印机打印等方式发出报警信号，提醒操作人员注意并采取相应的措施。报警组态的内容包括报警的级别、报警限、报警的方式和报警处理方式的定义。有的组态软件没有专门的报警组态，而是将其放在控制组态或显示组态中顺便完成报警组态的任务。

7. 历史组态

由于计算机控制系统对实时数据采集的采样周期很短，形成的实时数据很多，这些实时数据不可能也没有必要全部保留，可以通过历史模块将浓缩实时数据形成有用的历史记录。历史组态的作用就是定义历史模块的参数，形成各种浓缩算法。

8. 环境组态

由于组态工作十分重要，如果处理不好就会使计算机控制系统无法正常工作，甚至会造成系统瘫痪。因此，应当严格限制组态的人员。一般的做法是：设置不同的环境，如过程工程师环境、软件工程师环境及操作员环境等。只有在过程工程师环境和软件工程师环境中才可以进行组态，而操作员环境只能进行简单的操作。为此，还引出了环境组态的概念。所谓环境组态，是指通过定义软件参数，建立相应的环境。不同的环境拥有不同的资源，且环境是有密码保护的。还有一个办法就是：不在运行平台上组态，组态完成后再将运行的程序代码安装到运行平台中。

1.4 组态软件的使用与组建

1.4.1 组态软件的使用步骤

组态软件通过 I/O 驱动程序从现场 I/O 设备获得实时数据，对数据进行必要的加工后，一方面以图形方式直观地显示在计算机屏幕上；另一方面按照组态要求和操作人员的指令将控制数据送给 I/O 设备，对执行机构实施控制或调整控制参数。具体的工程应用必须经过完整、详细的组态设计，组态软件才能够正常工作。

下面列出组态软件的使用步骤。

（1）将所有 I/O 点的参数收集齐全，并填写表格，以备在控制组态软件和控制、检测设备上组态时使用。

（2）搞清楚所使用 I/O 设备的生产商、种类、型号，使用的通信接口类型及采用的通信协议，以便在定义 I/O 设备时做出准确选择。

（3）将所有 I/O 点的 I/O 标识收集齐全，并填写表格，I/O 标识是唯一确定一个 I/O 点的关键字，组态软件通过向 I/O 设备发出 I/O 标识来请求对应的数据。在大多数情况下，I/O 标识是 I/O 点的地址或位号名称。

（4）根据工艺过程绘制、设计画面结构和画面草图。

（5）按照第 1 步统计出的表格，建立实时数据库，正确组态各种变量参数。

（6）根据第 1 步和第 3 步的统计结果，在实时数据库中建立实时数据库变量与 I/O 点的一一对应关系，即定义数据连接。

（7）根据第 4 步的画面结构和画面草图，组态每一幅静态的操作画面。

（8）将操作画面中的图形对象与实时数据库变量建立动画连接关系，规定动画属性和幅度。

（9）对组态内容进行分段和总体调试。

（10）系统投入运行。

在一个自动控制系统中，投入运行的控制组态软件是系统的数据收集处理中心、远程监视中心和数据转发中心，处于运行状态的控制组态软件与各种控制、检测设备（如 PLC、智能仪表、DCS 等）共同构成快速响应的控制中心。控制方案和算法一般在设备上组态并执行，也可以在 PC 上组态，然后下装到设备中执行，根据设备的具体要求而定。

监控组态软件投入运行后，操作人员可以在它的支持下完成以下 6 项任务：

（1）查看生产现场的实时数据及流程画面；

（2）自动打印各种实时/历史生产报表；

（3）自由浏览各个实时/历史趋势画面；

（4）及时得到并处理各种过程报警和系统报警；

（5）在需要时人为干预生产过程，修改生产过程参数和状态；

（6）与管理部门的计算机联网，为管理部门提供生产实时数据。

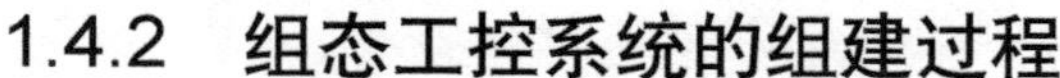

1.4.2　组态工控系统的组建过程

1．工程项目系统分析

首先要了解控制系统的构成和工艺流程，弄清被控对象的特征，明确技术要求。然后在此基础上进行工程的整体规划，包括系统应实现哪些功能，控制流程如何，需要什么样的用户窗口界面，实现何种动画效果，以及如何在实时数据库中定义数据变量。

2．设计用户操作菜单

在系统运行过程中，为了便于画面的切换和变量的提取，通常应由用户根据实际需要建立自己的菜单方便用户操作。例如，制定按钮来执行某些命令或通过其输入数据给某些变量等。

3．画面设计与编辑

画面设计分为画面建立、画面编辑和动画编辑与连接几个步骤。画面由用户根据实际需要编辑制作，然后将画面与已定义的变量关联起来，以便运行时使画面上的内容随变量变化。用户可以利用组态软件提供的绘图工具进行画面的编辑、制作，也可以通过程序命令即脚本程序来实现。

4．编写程序进行调试

用户程序编写好后要进行在线调试。在实际调试前，先借助一些模拟手段进行初调，通过对现场数据进行模拟，检查动画效果和控制流程是否正确。

5．连接设备驱动程序

利用组态软件编写好的程序最后要实现和外围设备的连接，在进行连接前，要装入正确的设备驱动程序和定义彼此间的通信协议。

6．综合测试

对系统进行整体调试，经验收后方可投入试运行，在运行过程中发现问题并及时完善系统设计。

第 2 章　MCGS 应用基础

MCGS（Monitor and Control Generated System，通用监控系统）是一套用于快速构造和生成计算机监控系统的组态软件，它能够在基于 Microsoft 的各种 32 位 Windows 平台上运行，通过对现场数据的采集处理，以动画显示、报警处理、流程控制和报表输出等多种方式向用户提供解决实际工程问题的方案，它充分利用了 Windows 图形功能完备、界面一致性好、易学易用的特点，比以往使用专用机开发的工业控制系统更具有通用性，在自动化领域有着更广泛的应用。

MCGS 系统包括组态环境和运行环境两部分。用户的所有组态配置过程都在组态环境中进行。用户组态生成的结果是一个数据库文件，称为组态结果数据库。运行环境是一个独立的运行系统，它按照组态结果数据库中用户指定的方式进行各种处理，完成用户组态设计的目标和功能。

2.1　工程管理

使用 MCGS 完成一个实际的应用系统，首先必须在 MCGS 的组态环境下进行系统的组态生成工作，然后将系统放在 MCGS 的运行环境下运行。

2.1.1　工程整体规划

在实际工程项目中，使用 MCGS 构造应用系统之前，应进行工程的整体规划，保证项目的顺利实施。

对工程设计人员来说，首先要了解整个工程的系统构成和工艺流程，弄清测控对象的特征，明确主要监控要求和技术要求等问题。在此基础上，拟定组建工程的总体规划和设想，主要包括系统应实现哪些功能，控制流程如何实现，需要什么样的用户窗口界面，实现何种动画效果，以及如何在实时数据库中定义数据变量等环节，同时还要分析工程中设备的采集及输出通道与实时数据库中定义的变量的对应关系，分清哪些变量是要求与设备连接的，哪些变量是软件内部用来传递数据及用于实现动画显示的等。做好工程的整体规划，在项目的组态过程中能够尽量避免一些无谓的劳动，快速、有效地完成工程项目。

完成工程的规划，接着就开始工程的建立工作了。

2.1.2　新工程建立

MCGS 中用“工程”来表示组态生成的应用系统，创建一个新工程就是创建一个新的用户应用系统，打开工程就是打开一个已经存在的应用系统。工程文件的命名规则和 Windows

系统相同，MCGS 自动给工程文件名加上后缀“.mcg”。每个工程都对应一个组态结果数据库文件。

在 Windows 系统桌面上，通过以下 3 种方式中的任一种都可以进入 MCGS 组态环境：

（1）用鼠标双击 Windows 桌面上的“MCGS 组态环境”图标；

（2）选择“开始”→“程序”→“MCGS 组态软件”→“MCGS 组态环境”命令；

（3）按快捷键“Ctrl+Alt+G”。

进入 MCGS 组态环境后，单击工具条上的“新建”按钮，或执行“文件”菜单中的“新建工程”命令，系统自动创建一个名为“新建工程 X.MCG”的新工程（X 为数字，表示建立新工程的顺序，如 1、2、3 等）。由于尚未进行组态操作，新工程只是一个“空壳”，一个包含 5 个基本组成部分的结构框架，接下来要逐步在框架中配置不同的功能部件，构造完成特定任务的应用系统。

MCGS 用“工作台”窗口来管理构成用户应用系统的 5 个部分，如图 2-1 所示，其结构由主控窗口、设备窗口、用户窗口、实时数据库和运行策略 5 个部分构成，对应于 5 个不同的窗口页面，每一个页面负责管理用户应用系统的一个部分，用鼠标单击不同的标签可选取不同的窗口页面对应用系统的相应部分进行组态操作。

由 MCGS 生成的用户应用系统窗口是屏幕中的一块空间，是一个“容器”，直接提供给用户使用。在窗口内，用户可以放置不同的构件，创建图形对象并调整画面的布局，组态配置不同的参数以完成不同的功能。

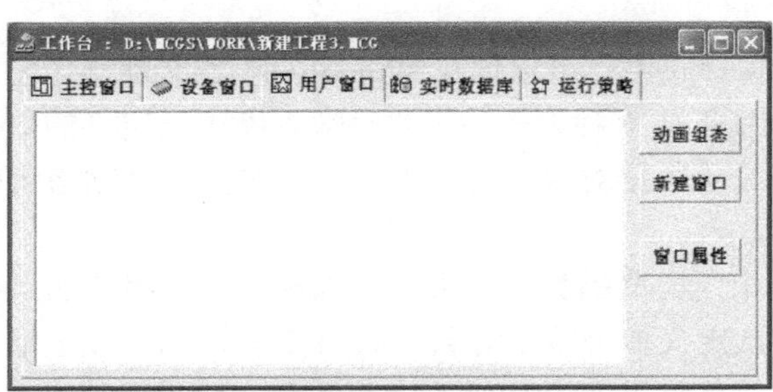

图 2-1　MCGS 工作台窗口

在保存新工程时，可以随意更换工程文件的名称。默认情况下，所有的工程文件都存放在 MCGS 安装目录下的 Work 子目录里，用户也可以根据自身需要指定存放工程文件的目录。

2.2　构造实时数据库

本节介绍 MCGS 中数据对象和实时数据库的基本概念，从构成实时数据库的基本单元——数据对象着手，详细说明在组态过程中构造实时数据库的操作方法。

2.2.1　定义数据对象

定义数据对象的过程就是构造实时数据库的过程。

定义数据对象时，在组态环境工作台窗口中，选择“实时数据库”标签，进入实时数据库窗口页，显示已定义的数据对象，如图 2-2 所示。

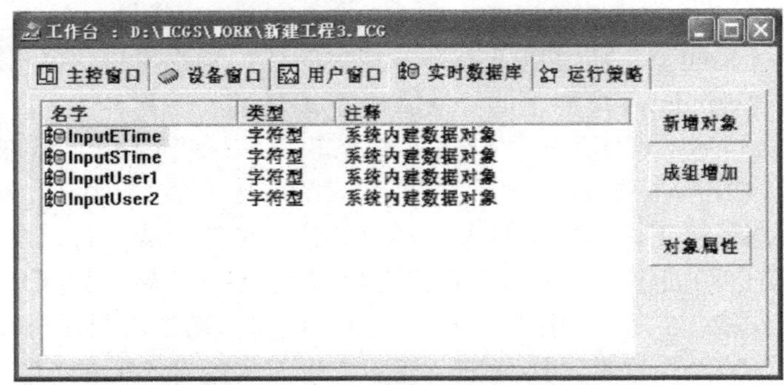

图 2-2 实时数据库窗口页

对于新建工程，窗口中显示系统内建的 4 个字符型数据对象，分别是 InputETime、InputSTime、InputUser1 和 InputUser2。当在对象列表的某一位置增加一个新对象时，可在该处选定数据对象，鼠标单击“新增对象”按钮，则在选中的对象之后增加一个新的数据对象；如不指定位置，则在对象表的最后增加一个新的数据对象。新增对象的名称以选中的对象名称为基准，按字符递增的顺序由系统默认确定。对于新建工程，首次定义的数据对象，默认名称为 Data1。需要注意的是，数据对象的名称中不能带有空格，否则会影响对此数据对象存盘数据的读取。

在“实时数据库”窗口页中，可以像在 Windows95 的文件操作窗口中一样，能够以大图标、小图标、列表、详细资料 4 种方式显示实时数据库中已定义的数据对象，可以选择按名称顺序或按类型顺序来显示数据对象，也可以剪切、拷贝、粘贴指定的数据对象，还可以直接修改数据对象的名称。

为了快速生成多个相同类型的数据对象，可以选择“成组增加”按钮，弹出“成组增加数据对象”对话框，一次定义多个数据对象，如图 2-3 所示。成组增加的数据对象，名称由主体名称和索引代码两部分组成。其中，“对象名称”一栏代表该组对象名称的主体部分，而“起始索引值”则代表第一个成员的索引代码，其他数据对象的主体名称相同，索引代码依次递增。成组增加的数据对象，其他特性如数据类型、工程单位、最大/最小值等都是一致的。

图 2-3 “成组增加数据对象”对话框

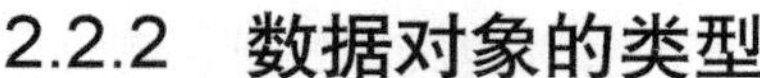

2.2.2 数据对象的类型

在 MCGS 中，数据对象有开关型、数值型、字符型、事件型和数据组对象等 5 种类型。不同类型的数据对象，其属性不同，用途也不同。

1．开关型数据对象

记录开关信号（0 或非 0）的数据对象称为开关型数据对象，通常与外部设备的数字量输入/输出通道连接，用来表示某一设备当前所处的状态。开关型数据对象也用于表示 MCGS 中某一对象的状态，如对应于一个图形对象的可见度状态。

开关型数据对象没有工程单位和最大/最小值属性，没有限值报警属性，只有状态报警属性。

2．数值型数据对象

在 MCGS 中，数值型数据对象的数值范围是：负数是从-3.402823E38 到-1.401298E-45；正数是从 1.401298E-45 到 3.402823E38。数值型数据对象除了存放数值及参与数值运算外，还提供报警信息，并能够与外部设备的模拟量输入/输出通道相连接。

数值型数据对象有最大和最小值属性，其值不会超过设定的数值范围。当对象的值小于最小值或大于最大值时，对象的值分别取为最小值或最大值。

数值型数据对象有限值报警属性，可同时设置下下限、下限、上限、上上限、上偏差、下偏差等 6 种报警限值，当对象的值超过设定的限值时，产生报警；当对象的值回到所有的限值之内时，报警结束。

3．字符型数据对象

字符型数据对象是存放文字信息的单元，用于描述外部对象的状态特征，其值为多个字符组成的字符串，字符串长度最长可达 64KB。字符型数据对象没有工程单位和最大/最小值属性，也没有报警属性。

4．事件型数据对象

事件型数据对象用来记录和标识某种事件产生或状态改变的时间信息。例如，开关量的状态发生变化，用户有按键动作，有报警信息产生等，都可以看作一种事件发生。事件发生的信息可以直接从某种类型的外部设备获得，也可以由内部对应的策略构件提供。

事件型数据对象的值是由 19 个字符组成的定长字符串，用来保留当前最近一次事件所产生的时刻："年，月，日，时，分，秒"。年用四位数字表示，月、日、时、分、秒分别用两位数字表示，之间用逗号分隔，如"1997,02,03,23,45,56"，即表示该事件产生于 1997 年 2 月 3 日 23 时 45 分 56 秒。当相应的事件没有发生时，该对象的值固定设置为"1970,01,01,08,00,00"。

事件型数据对象没有工程单位和最大/最小值属性，没有限值报警，只有状态报警，不同于开关型数据对象，事件型数据对象对应的事件产生一次，其报警也产生一次，且报警的产生和结束是同时完成的。

5．数据组对象

数据组对象是 MCGS 引入的一种特殊类型的数据对象，类似于一般编程语言中的数组和结构体，用于把相关的多个数据对象集合在一起，作为一个整体来定义和处理。例如，在实际工程中，描述一个锅炉的工作状态有温度、压力、流量、液面高度等多个物理量，为便于处理，定义“锅炉”为一个组对象，用来表示“锅炉”这个实际的物理对象，其内部成员则由上述物理量对应的数据对象组成，从而在对“锅炉”对象进行处理（如进行组态存盘、曲线显示、报警显示）时，只需指定组对象的名称“锅炉”，就包括了对其所有成员的处理。

数据组对象只是在组态时对某一类对象的整体表示方法，实际的操作则是针对每一个成员进行的，如在报警显示动画构件中，指定要显示报警的数据对象为组对象“锅炉”，则该构件显示组对象包含的各个数据对象在运行时产生的所有报警信息。

把一个对象的类型定义成组对象后，还必须定义组对象所包含的成员。在“组对象属性设置”对话框内，专门有“组对象成员”窗口页，用来定义组对象的成员，如图 2-4 所示。图中左边为所有数据对象的列表，右边为组对象成员列表。利用属性页中的“增加”按钮，可以把左边指定的数据对象增加到组对象成员中；“删除”按钮则把右边指定的组对象成员删除。组对象没有工程单位、最大值/最小值属性，组对象本身没有报警属性。

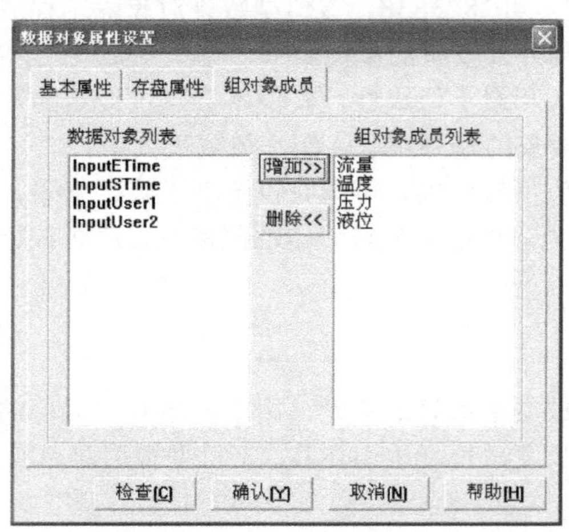

图 2-4　“组对象属性设置”对话框

2.2.3　数据对象的属性设置

数据对象定义之后，应根据实际需要设置数据对象的属性。在组态环境工作台窗口中，选择“实时数据库”标签，从数据对象列表中选中某一数据对象，用鼠标单击“对象属性”按钮，或者用鼠标双击数据对象，即可弹出如图 2-5 所示的“数据对象属性设置”对话框。对话框设有三个窗口页：基本属性、存盘属性和报警属性。

1．基本属性

数据对象的基本属性中包含数据对象的名称、单位、初值、取值范围和类型等基本特征信息，如图 2-5 所示。

在基本属性设置页的“对象名称”一栏内输入代表对象名称的字符串，字符个数不得超过 32 个（汉字 16 个），对象名称的第一个字符不能为“!”、“$”符号或 0～9 的数字，字符串中间不能有空格。用户不指定对象的名称时，系统默认为“DATAX”，其中 X 为顺序索引代码（第一个定义的数据对象为 DATA0）。

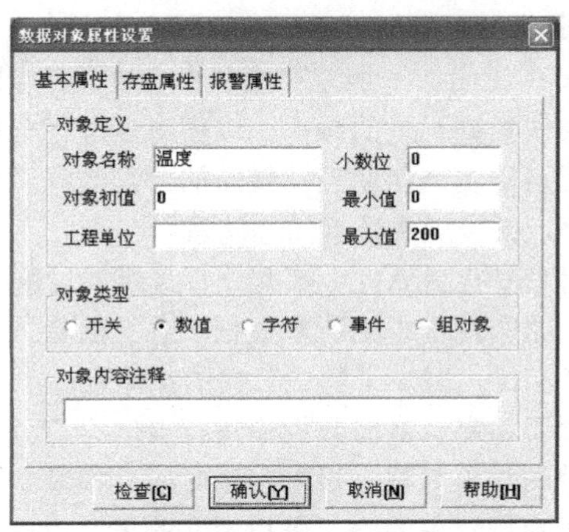

图 2-5　“数据对象属性设置”对话框

数据对象的类型必须正确设置。不同类型的数据对象，属性内容不同，按所列栏目设定对象的初始值、最大值、最小值及工程单位等。在内容注释一栏中输入说明对象情况的注释性文字。

2．存盘属性

MCGS 把数据的存盘处理作为数据对象的一个属性封装在数据对象的内部，由实时数据库根据预先设定的要求自动完成数据的存盘操作，现场操作人员不必过问数据如何存盘及存在什么地方等具体问题。MCGS 把数据对象的存盘属性分为三部分：数据对象值的存盘、存盘时间设置和报警数值的存盘。

对基本类型（包括数值型、开关型、字符型及事件型）的数据对象，可以设置为按数值的变化量方式存盘，如图 2-6 所示。变化量是指对象的当前值与前一次存盘值的差值。当对象值的变化量超过设定值时，实时数据库自动记录下该对象的当前值及其对应的时刻。如果变化量设为 0，则表示只要数据对象的值发生了变化就进行存盘操作。对开关型、字符型、事件型数据对象，系统内部自动定义变化量为 0。如果选择了“退出时，自动保存数据对象的当前值为初始值”一项，则 MCGS 运行环境退出时，把数据对象的初始值设为退出时的当前值，以便下次进入运行时恢复该数据对象退出时的值。

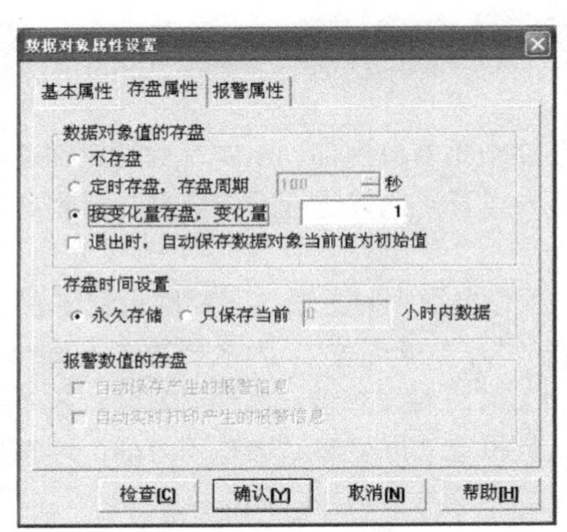

图 2-6　数据对象存盘属性设置

对数据组对象只能设置为定时方式存盘，如图 2-7 所示。实时数据库按设定的时间间隔，定时存储数据组对象的所有成员在同一时刻的值。如果定时间隔设为 0，则实时数据库不进行自动存盘处理，只能用其他方式处理数据的存盘。例如，可通过 MCGS 中称为“数据对象操作”的策略构件来控制数据对象值的带有一定条件的存盘，也可以在脚本程序内用系统函数!SaveData 来控制数据对象值的存盘。

对组对象的存盘，MCGS 还增加了加速存盘和自动改变存盘时间间隔的功能，加速存盘一般用于当报警产生时，加快数据记录的频率，以便事后进行分析。改变存盘时间间隔是为了在有限的存盘空间内，尽可能多地保留当前最新的存盘数据，而对于过去的历史数据，通过改变存盘数据的时间间隔，减少历史数据的存储量。

在数据对象和数据组对象的存盘属性中都有“存盘时间设置”一项，选择“永久存储”，则保存系统自运行时开始的整个过程中的所有数据，选择后者，则保存从当前开始指定时间长度内的数据。后者较前者相比，减少了历史数据的存储量。

对于数据对象发出的报警信息，实时数据库进行自动存盘处理，但也可以选择不存盘。存盘的报警信息有产生报警的对象名称、报警产生时间、报警结束时间、报警应答时间、报警类型、报警限值、报警时数据对象的值、用户定义的报警内容注释等。如需要实时打印报警信息，则应选取对应的选项。

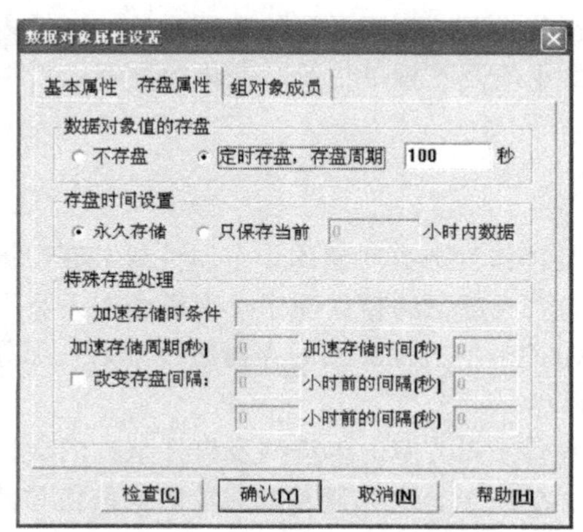

图 2-7　设置定时存盘

3. 报警属性

MCGS 把报警处理作为数据对象的一个属性，封装在数据对象内部，由实时数据库判断是否有报警产生，并自动进行各种报警处理。用户应首先设置“允许进行报警处理”选项，才能对报警参数进行设置，如图 2-8 所示。

不同类型的数据对象，报警属性的设置各不相同。数值型数据对象最多可同时设置 6 种限值报警；开关型数据对象只有状态报警，按下的状态（“开”或“关”）为报警状态，另一种状态即为正常状态，当对象的值变为相应的值（0 或 1）时将触发报警；事件型数据对象不用设置报警状态，对应的事件产生一次就有一次报警，且报警的产生和结束是同时的；字符型数据对象和数据组对象没有报警属性。

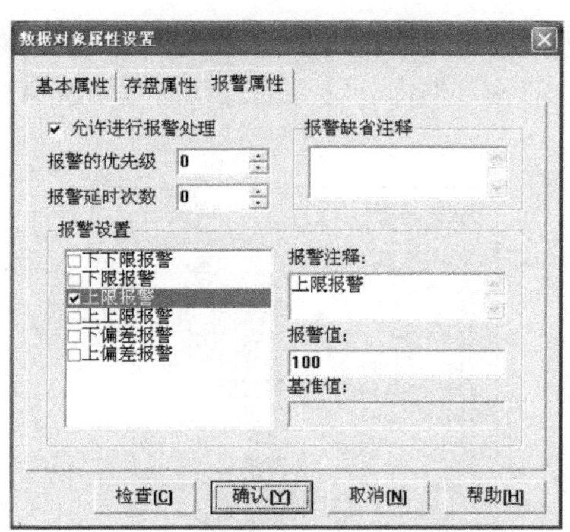

图 2-8　设置“允许进行报警处理”

2.2.4　数据对象浏览和查询

1．数据对象浏览

执行“查看”菜单中的“数据对象”命令，弹出如图 2-9 所示的数据对象浏览窗口。

利用该窗口可以方便地浏览实时数据库中不同类型的数据对象。窗口分为两页：系统内建窗口页和用户定义窗口页，系统内建窗口页显示系统内部数据对象及系统函数；用户定义窗口页显示用户定义的数据对象。选定窗口上端的对象类型复选框，可以只显示指定类型的数据对象。

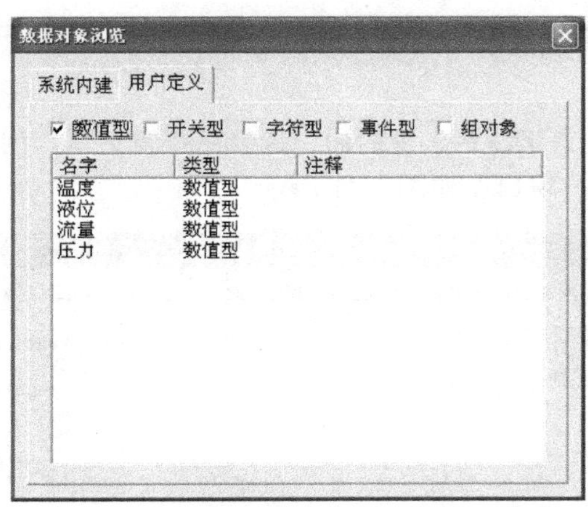

图 2-9　查看数据对象

2．数据对象查询

在 MCGS 的组态过程中，为了能够准确地输入数据对象的名称，经常需要从已定义的数据对象列表中查询或确认。

在数据对象的许多属性设置窗口中，对象名称或表达式输入框的右端都带有一个“？”号按钮（?），当单击该按钮时，会弹出如图 2-10 所示的窗口，该窗口中显示所有可供选择的数据对象列表。双击列表中的指定数据对象后，该窗口消失，对应的数据对象的名称会自动输入到“？”号按钮左边的输入框内。这样的查询方式可快速建立数据对象名称，避免人工输入可能产生的错误。

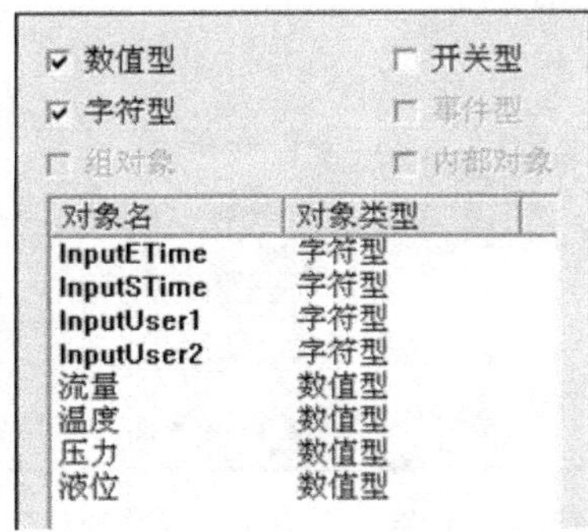

图 2-10　可供选择的数据对象列表

2.3　用户窗口组态

用户窗口是由用户来定义的、用来构成 MCGS 图形界面的窗口。用户窗口是组成 MCGS 图形界面的基本单位，所有的图形界面都是由一个或多个用户窗口组合而成的，它的显示和关闭由各种策略构件和菜单命令控制。

2.3.1　创建用户窗口

在 MCGS 组态环境的“工作台”窗口内，选择用户窗口页，用鼠标单击“新建窗口”按钮，即可定义一个新的用户窗口，如图 2-11 所示。

图 2-11　新建用户窗口

在用户窗口页中，可以像在 Windows 系统的文件操作窗口中一样，以大图标、小图标、列表、详细资料 4 种方式显示用户窗口，也可以剪切、拷贝、粘贴指定的用户窗口，还可以直接修改用户窗口的名称。

2.3.2　设置窗口属性

在 MCGS 中，用户窗口也是作为一个独立对象而存在的，它包含的许多属性需要在组态时正确设置。用鼠标单击选中的用户窗口，用下列方法之一打开用户窗口属性设置对话框。

（1）单击工具条中的“显示属性”按钮（）；

（2）执行“编辑”菜单中的“属性”命令；

（3）按快捷键“Alt+Enter”；

（4）进入窗口后，用鼠标双击用户窗口的空白处；

（5）进入窗口后，单击鼠标右键，在弹出的右键菜单中单击“属性”菜单项。

在对话框弹出后，可以分别对用户窗口的“基本属性”、“扩充属性”、“启动脚本”、“循环脚本”和“退出脚本”等属性进行设置。

1. 基本属性

基本属性包括窗口名称、窗口标题、窗口位置、窗口边界形式，以及窗口说明等内容，如图 2-12 所示。对各项属性内容简介如下。

系统各个部分对用户窗口的操作是根据窗口名称进行的，因此每个用户窗口的名称都是唯一的。在建立窗口时，系统赋予窗口的默认名称为“窗口×”（×为区分窗口的数字代码）。

窗口标题是系统运行时在用户窗口标题栏上显示的标题文字。

窗口背景一栏用来设置窗口背景的颜色。

窗口的位置属性决定了窗口的显示方式：当窗口的位置设定为“顶部工具条”或“底部状态条”时，则运行时窗口没有标题栏和状态框，窗口宽度与主控窗口相同，形状同于工具条或状态条；当窗口位置设定为“中间显示”时，则运行时用户窗口始终位于主控窗口的中间（窗口处于打开状态时）；当设定为“最大化显示”时，用户窗口充满整个屏幕；当设定为“任意摆放”时，窗口的当前位置即为运行时的位置。窗口边界属性决定了窗口的边界形式。当窗口无边时，则窗口的标题也不存在。

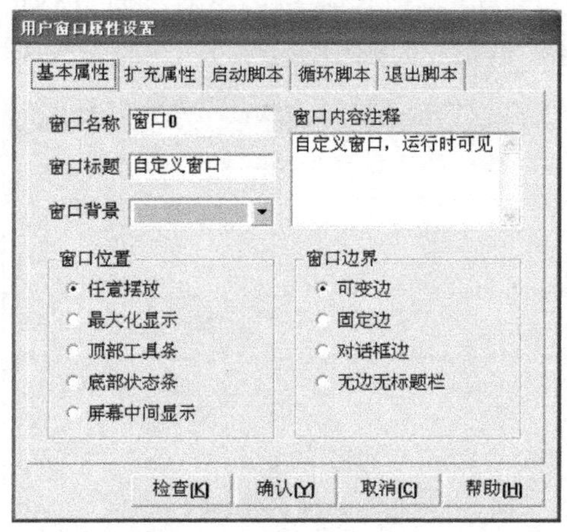

图 2-12　用户窗口基本属性设置

2. 扩充属性

用鼠标单击“扩充属性”标签，进入用户窗口的扩充属性页，完成对窗口位置的精确定位、是否锁定窗口的位置、确定标题栏和控制框是否显示等属性的设置，如图 2-13 所示。

扩充属性中的“窗口视区”是指实际用户窗口可用的区域，在显示器屏幕上所见的区域称为可见区，一般情况下两者大小相同，但是可以把“窗口视区”设置成大于可见区，此时在用户窗口侧边附加滚动条，操作滚动条可以浏览用户窗口内所有的图形。打印窗口时，按“窗口视区”的大小来打印窗口的内容，还可以选择打印方向是按打印纸张的纵向打印还是按打印纸张的横向打印。

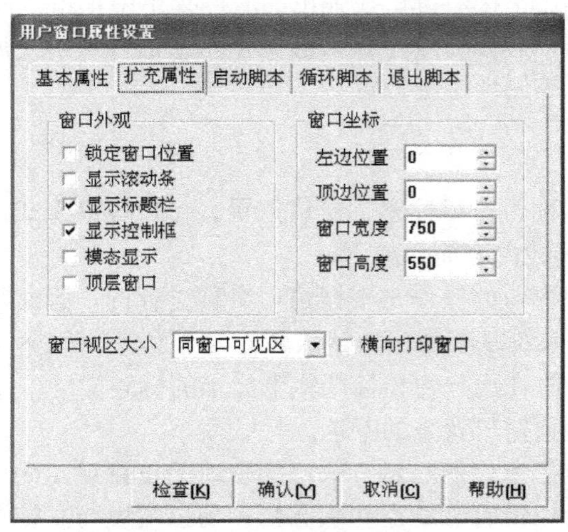

图 2-13　用户窗口扩充属性页

3. 启动脚本

鼠标单击“启动脚本”标签，进入该用户窗口的启动脚本页，如图 2-14 所示。单击“打开脚本程序编辑器”按钮，可以用 MCGS 提供的类似普通 BASIC 语言的编程语言编写脚本程序控制该用户窗口启动时需要完成的操作任务。

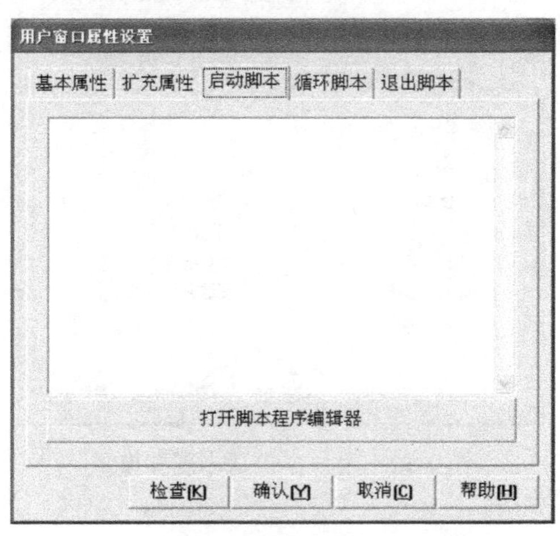

图 2-14　用户窗口启动脚本页

4．循环脚本

用鼠标单击“循环脚本”标签，进入该用户窗口的循环脚本页。如果需要用户窗口循环显示，则在“循环时间”输入栏输入用户窗口的循环时间，单击“打开脚本程序编辑器”按钮，可以编写脚本程序控制该用户窗口需要完成的循环操作任务。

5．退出脚本

用鼠标单击“退出脚本”标签，进入该用户窗口的退出脚本页。单击“打开脚本程序编辑器”按钮，可以编写脚本程序控制该用户窗口关闭时需要完成的操作任务。

2.3.3　创建图形对象

定义了用户窗口并完成属性设置后就开始在用户窗口内使用系统提供的绘图工具箱创建图形对象，制作漂亮的图形界面了。

1．工具箱介绍

在工作台的用户窗口页中，用鼠标双击指定的用户窗口图标，或者选中用户窗口图标后单击“动画组态”按钮，一个空白的用户窗口就打开了，等待在上面放置图形对象，生成需要的图形界面。

在用户窗口中创建图形对象之前，需要从工具箱中选取需要的图形构件进行图形对象的创建工作。我们已经知道，MCGS 提供了两个工具箱：放置图元和动画构件的绘图工具箱和常用图符工具箱。从这两个工具箱中选取所需的构件或图符，在用户窗口内进行组合，就构成用户窗口的各种图形界面。

用鼠标单击工具条中的“工具箱”按钮，则打开了放置图元和动画构件的绘图工具箱，如图 2-15 所示。其中第 2～9 个的图标对应于 8 个常用的图元对象，后面的 28 个图标对应于系统提供的 16 个动画构件。

在工具箱中选中所需要的图元、图符或者动画构件，利用鼠标在用户窗口中拖拽出一定大小的图形就创建了一个图形对象。

用系统提供的图元和图符画出新的图形，执行“排列”菜单中的“构成图符”命令构成新的图符，可以将新的图形组合为一个整体使用。如果要修改新建的图符或者取消新图符的组合，则执行“排列”菜单中的“分解图符”命令，就可以把新建的图符分解回组成它的图元和图符。

在用户窗口内创建图形对象的过程就是从工具箱中选取所需图形对象，绘制新图形对象的过程。除此之外，还可以采取复制、剪贴、从元件库中读取图形对象等方法，加快创建图形对象的速度，使图形界面更加漂亮。

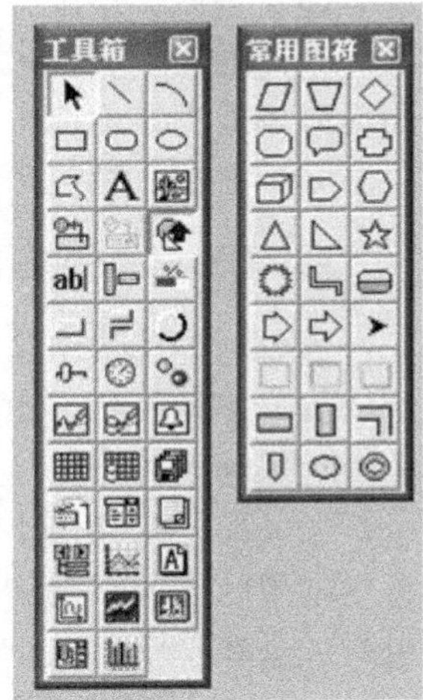

图 2-15　绘图工具箱

2．绘制图形对象

在用户窗口中绘制一个图形对象，实际上是将工具箱内的图符或构件放到用户窗口中，组成新的图形。操作方法如下：

打开工具箱，用鼠标单击工具箱内对应的图标，选中所要绘制的图元、图符或动画构件。把鼠标移到用户窗口内，此时鼠标光标变为十字形，按下鼠标左键不放，在窗口内拖动鼠标到适当位置，然后松开鼠标左键，则在该位置建立了所需的图形，绘制图形对象完成，此时鼠标光标恢复为箭头形状。

当绘制折线或者多边形时，在工具箱中选中折线图元按钮，将鼠标移到用户窗口编辑区，先将十字光标放置在折线的起始点位置，单击鼠标，再移动到第二点位置，再单击鼠标，如此进行直到最后一点位置时双击鼠标，完成折线的绘制。如果最后一点和起始点的位置相同，则折线闭合成多边形。多边形是一个封闭的图形，其内部可以填充颜色。

2.3.4 编辑图形对象

在用户窗口内完成图形对象的创建之后，可对图形对象进行各种编辑工作。MCGS 提供了一套完善的编辑工具，使用户能快速制作各种复杂的图形界面，以清晰、美观的图形表示外部物理对象。

1．对象的选取

在对图形对象进行编辑操作之前，首先要选择被编辑的图形对象，选择的方法如下。

（1）打开工具箱，用鼠标单击工具箱中的“选择器”图标，此时鼠标变为箭头光标，然后用鼠标在用户窗口内指定的图形对象上单击一下，在该对象周围显示多个小方块（称为拖拽手柄），即表示该图形对象被选中。

（2）按“Tab”键，可依次在所有图形对象周围显示选中的标志，由用户最终选定。

（3）用鼠标单击“选择器”图标，然后按住鼠标左键，从某一位置开始拖动鼠标，画出一个虚线矩形，进入矩形框内的所有图形对象即为选中的对象，松开鼠标左键，则在这些图形对象周围显示选中的标志。

（4）按住“Shift”键不放，用鼠标逐个单击图形对象，即可完成多个图形对象的选取。

2．图形对象的大小和位置调整

可以用如下方法来改变一个图形对象的大小和位置。

（1）拖动鼠标，改变位置：用鼠标指针指向选中的图形对象，按住鼠标左键不放，把选中的对象移动到指定位置，抬起鼠标，完成图形对象位置的移动。

（2）拖拉鼠标，改变形状大小：当只有一个选中的图形对象时，把鼠标指针移到手柄处，等指针形状变为双向箭头后，按住鼠标左键不放，向相应的方向拖拉鼠标，即可改变图形对象的大小和形状。

（3）使用键盘上的光标移动键，改变位置：按动键盘上的上、下、左、右光标移动键（“↑”、“↓”、“←”、“→”），可把选中的图形对象向相应的方向移动。按动一次只移动一个点，连续按动，移到指定位置。

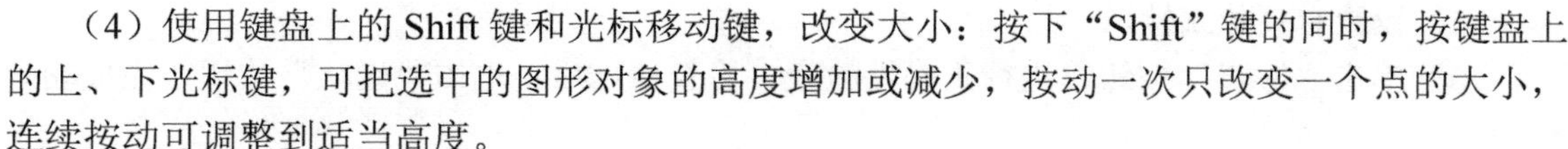

（4）使用键盘上的 Shift 键和光标移动键，改变大小：按下“Shift”键的同时，按键盘上的上、下光标键，可把选中的图形对象的高度增加或减少，按动一次只改变一个点的大小，连续按动可调整到适当高度。

3．图形对象的层次排列

单击工具条中的功能按钮，或执行菜单“排列”中的层次移动命令，可将多个重合排列的图形对象的前、后位置（层次）进行调整。

（1）单击按钮（或菜单“最前面”命令），把被选中的图形对象放在所有对象前；

（2）单击按钮（或菜单“最后面”命令），把被选中的图形对象放在所有对象后；

（3）单击按钮（或菜单“前一层”命令），把被选中的图形对象向前移一层；

（4）单击按钮（或菜单“后一层”命令），把被选中的图形对象向后移一层。

4．图形对象的组合与分解

选定一组图形对象，可以生成一个组合图符，以形成一个比较复杂的可以按比例缩放的图形元素。

（1）单击按钮，或执行“排列”菜单中的“构成图符”命令，可以把选中的图形对象生成一个组合图符；

（2）单击按钮，或执行“排列”菜单中的“分解图符”命令，可以把一个组合图符分解为原先的一组图形对象。

2.3.5　定义动画连接

所谓动画连接，实际上是将用户窗口内创建的图形对象与实时数据库中定义的数据对象建立起对应的关系，在不同的数值区间内设置不同的图形状态属性（如颜色、大小、位置移动、可见度、闪烁效果等），将物理对象的特征参数以动画图形方式进行描述，从而在系统运行过程中，用数据对象的值来驱动图形对象的状态改变，进而产生形象逼真的动画效果。

一个图元、图符对象可以同时定义多种动画连接，由图元、图符组合而成的图形对象，最终的动画效果是多种动画连接方式的组合效果。根据实际需要，可以灵活地对图形对象定义动画连接，从而呈现出各种逼真的动画效果。

建立动画连接的操作步骤如下：

（1）用鼠标双击图元、图符对象，弹出“动画组态属性设置”对话框。

（2）对话框上端用于设置图形对象的静态属性，下面 4 个方框所列内容用于设置图元、图符对象的动画属性。上图中定义了填充颜色、水平移动、垂直移动三种动画连接，实际运行时，对应的图形对象会呈现出在移动过程中填充颜色同时发生变化的动画效果。

（3）每种动画连接都对应于一个属性窗口页，当选择了某种动画属性时，在对话框上端就增添相应的窗口标签，用鼠标单击窗口标签，即可弹出相应的属性设置窗口。

（4）在表达式名称栏内输入所要连接的数据对象名称，也可以用鼠标单击右端带“？”号图标的按钮，弹出数据对象列表框，用鼠标双击所需的数据对象，则该对象名称被自动输入表达式一栏内。

（5）设置有关的属性。

（6）单击“检查”按钮，进行正确性检查。检查通过后，单击“确认”按钮，完成动画连接。

2.4　主控窗口组态

MCGS 的主控窗口是组态工程的主窗口，是所有设备窗口和用户窗口的父窗口，它相当于一个大的容器，可以放置一个设备窗口和多个用户窗口，负责这些窗口的管理和调度，并调度用户策略的运行。同时，主控窗口又是组态工程结构的主框架，可在主控窗口内建立菜单系统，创建各种菜单命令，展现工程的总体概貌和外观，设置系统运行流程及特征参数，方便用户操作。

在 MCGS 单机版中，一个应用系统只允许有一个主控窗口，主控窗口是作为一个独立对象存在的，其强大的功能和复杂的操作都被封装在对象的内部，组态时只需对主控窗口的属性进行正确设置即可。

2.4.1　菜单组态

为应用系统编制一套功能齐全的菜单系统（菜单组态），是主控窗口组态配置的一项重要工作。在工程创建时，MCGS 在主控窗口中自动建立默认菜单系统，但它只提供了最简单的菜单命令，以使生成的应用系统能正常运行。

在工作台“主控窗口”页中，选中主控窗口图标，单击“菜单组态”按钮，或用鼠标双击主控窗口图标，即弹出菜单组态窗口，如图 2-16 所示，在该窗口内完成菜单的组态工作。

MCGS 菜单组态允许用户自由设置所需的每一个菜单命令，设置的内容包括菜单命令的名称、菜单命令对应的快捷键、菜单注释、菜单命令所执行的功能，如在主控窗口中组建一个如图 2-17 所示的系统菜单。

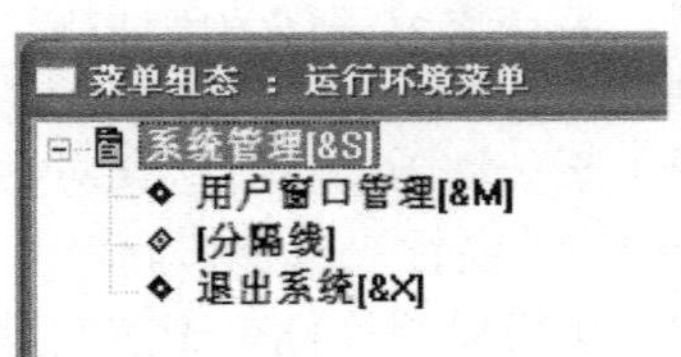

图 2-16　菜单组态窗口

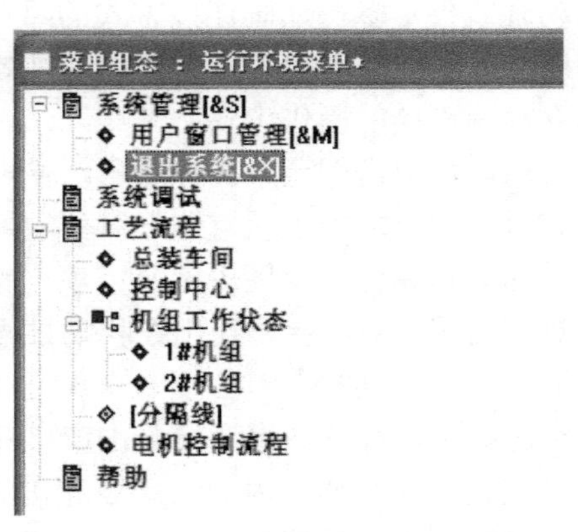

图 2-17　组建系统菜单

运行工程，按图中的组态配置所生成的菜单结构如图 2-18 所示，由顶层菜单、菜单项（菜单命令）、下拉式菜单及菜单命令分隔线 4 部分组成。顶层菜单是位于窗口菜单条上的菜单，也是系统运行时正常显示的菜单。顶层菜单既可以是一个下拉式菜单，也可以是一个独立的菜单项。下拉式菜单是包含有多项菜单命令的菜单，通常该菜单的右端带有标识符，起到菜单命令分级的作用。MCGS 最多允许有 4 级菜单结构。

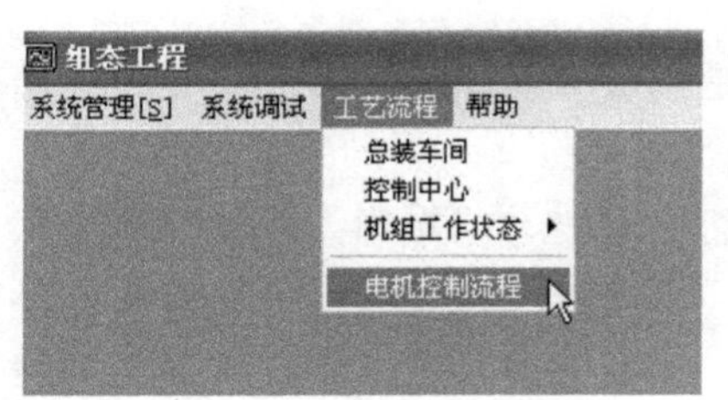

图 2-18　生成的菜单结构图

使用窗口上端菜单组态工具条中的各种命令按钮，或者执行“插入”菜单项中的有关命令，或单击鼠标右键，编制菜单系统。其中：

（1）单击“新增下拉菜单”按钮（），或执行“插入”菜单中的“下拉菜单”命令，在当前蓝色光标处增加一个新的下拉式菜单。

（2）单击“新增菜单项”按钮（），或执行“插入”菜单中的“菜单项”命令，在当前蓝色光标处增加一个新的菜单项。

（3）单击“新增分隔线”按钮（），或执行“插入”菜单中的“分隔线”命令，在当前蓝色光标处增加一个新的菜单分隔线。

（4）“向上移动”按钮（）和“向下移动”按钮（）用于把蓝色光标处的菜单命令向上或向下移动，以改变指定菜单的位置（层次不变，只是上下位置改变）。

（5）“向左移动”按钮（）和“向右移动”按钮（）用于把蓝色光标处的菜单命令向左或向右移动，以改变指定菜单的层次（向左移动，则变为上一层菜单；向右移动，则变为下一层菜单）。

（6）按“Del”键，可删除蓝色光标处的菜单命令。

用鼠标双击菜单命令，即可弹出“菜单属性设置”对话框，如图 2-19 所示。

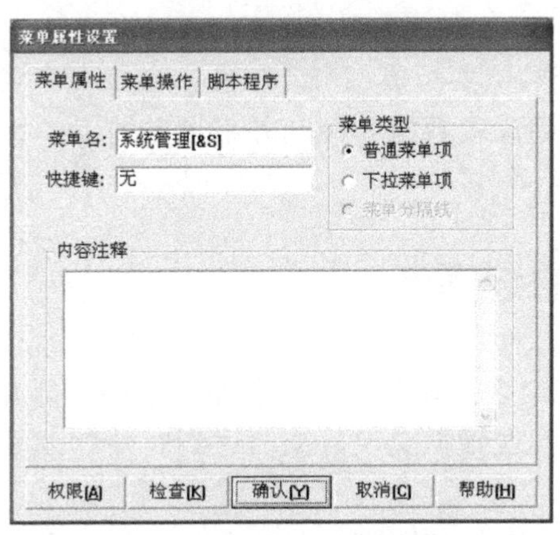

图 2-19　“菜单属性设置”对话框

只有菜单命令才对用户的按键动作做出响应，菜单分隔线只是对菜单命令进行分组的标志，使菜单看起来比较清晰。

按照窗口内的栏目设置相关的属性。

2.4.2 属性设置

主控窗口是应用系统的父窗口和主框架，其基本职责是调度与管理运行系统，反映出应用工程的总体概貌，由此决定了主控窗口的属性内容。

选中主控窗口图标，单击工具条中的“属性”按钮（），或执行“编辑”菜单中的“属性”命令，或右击“主控窗口”选择“属性”命令，弹出“主控窗口属性设置”对话框，包括4个属性设置窗口页，如图2-20所示。

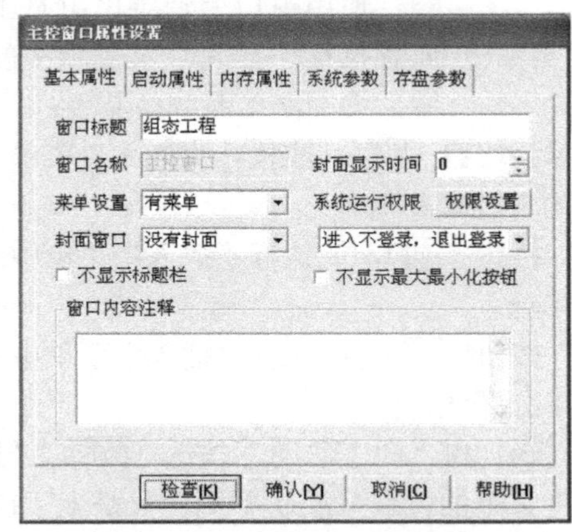

图2-20 “主控窗口属性设置”对话框

2.5 设备窗口组态

设备窗口是MCGS系统的重要组成部分，在设备窗口中建立系统与外部硬件设备的连接关系，使系统能够从外部设备读取数据并控制外部设备的工作状态，从而实现对工业过程的实时监控。

2.5.1 设备构件的选择

设备构件是MCGS系统对外部设备实施设备驱动的中间媒介，通过建立的数据通道，在实时数据库与测控对象之间实现数据交换，从而达到对外部设备的工作状态进行实时检测与控制的目的。

MCGS系统内部设立有“设备工具箱”，该工具箱内提供了与常用硬件设备相匹配的设备构件。在设备窗口内配置设备构件的操作方法如下：

（1）选择工作台窗口中的“设备窗口”标签，进入设备窗口页。

（2）用鼠标双击设备窗口图标或单击“设备组态”按钮，打开设备组态窗口。

（3）单击工具条中的“工具箱”按钮，打开设备工具箱。

（4）观察所需的设备是否显示在设备工具箱内，如果所需设备没有出现，则用鼠标单击“设备管理”按钮，在弹出的设备管理对话框中选定所需的设备。

（5）用鼠标双击设备工具箱内对应的设备构件，或选择设备构件后用鼠标单击设备窗口，将选中的设备构件设置到设备窗口内。

（6）对设备构件的属性进行正确设置。

MCGS 设备工具箱内一般只列出工程所需的设备构件，方便工程使用，如果需要在工具箱中添加新的设备构件，可用鼠标单击工具箱上部的“设备管理”按钮，弹出设备管理窗口，设备窗口的“可选设备”栏内列出了已经完成登记的、系统目前支持的所有设备，找到需要添加的设备构件选中它，双击鼠标或者单击“增加”按钮，该设备构件就添加到右侧的“选定设备”栏中。选定设备栏中的设备构件就是设备工具箱中的设备构件。如果将自己定制的新构件完成登记，添加到设备窗口，也可以用同样的方法将它添加到设备工具箱中。

2.5.2　设备构件的属性设置

在设备窗口内配置了设备构件之后，接着应根据外部设备的类型和性能设置设备构件的属性。不同的硬件设备，属性内容大不相同，但对大多数硬件设备而言，其对应的设备构件应包括如下各项组态操作：

（1）设置设备构件的基本属性。

（2）建立设备通道和实时数据库之间的连接。

（3）设备通道数据处理内容的设置。

（4）硬件设备的调试。

在设备组态窗口内选择设备构件，单击工具条中的“属性”按钮或者执行“编辑”菜单中的“属性”命令，或者使用鼠标双击该设备构件，即可打开选中构件的属性设置窗口，如图 2-21 所示。该窗口中有 4 个属性页，即基本属性、通道连接、设备调试和数据处理等，需要分别设置。

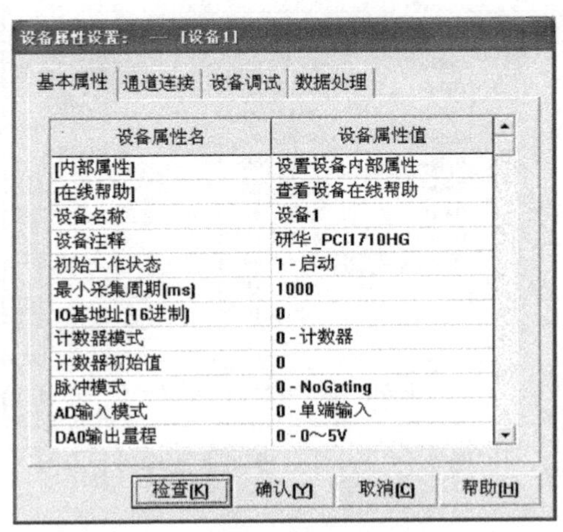

图 2-21　设备属性设置

1. 通道连接

MCGS 设备中一般都包含一个或多个用来读取或者输出数据的物理通道，MCGS 把这样的物理通道称为设备通道，如模拟量输入装置的输入通道、模拟量输出装置的输出通道、开关量输入/输出装置的输入/输出通道等，这些都是设备通道。

设备通道只是数据交换用的通路，而数据输入到哪儿和从哪儿读取数据以供输出，即进行数据交换的对象，则必须由用户指定和配置。

实时数据库是 MCGS 的核心，各部分之间的数据交换均须通过实时数据库。因此，所有的设备通道都必须与实时数据库连接。所谓通道连接，即是由用户指定设备通道与数据对象之间的对应关系，这是设备组态的一项重要工作。如不进行通道连接组态，则 MCGS 无法对设备进行操作。

在实际应用中，开始可能并不知道系统所采用的硬件设备，可以利用 MCGS 系统的设备无关性，先在实时数据库中定义所需要的数据对象，组态完成整个应用系统，在最后的调试阶段，再把所需的硬件设备接上进行设备窗口的组态，建立设备通道和对应数据对象的连接。

一般来说，设备构件的每个设备通道及其输入或输出数据的类型是由硬件本身决定的，所以连接时，连接的设备通道与对应的数据对象的类型必须匹配，否则连接无效。

为了便于处理中间计算结果，并且把 MCGS 中数据对象的值传入设备构件供数据处理使用，MCGS 在设备构件中引入了虚拟通道的概念。顾名思义，虚拟通道就是实际硬件设备不存在的通道，图 2-22 中，0～31 为中泰 PC-6319 单端输入时的实际物理通道，32、33 为虚拟通道（在其序号后加“*”以示区别）。虚拟通道在设备数据前处理中可以参与运算处理，为数据处理提供灵活、有效的组态方式。

单击图 2-22 中的“虚拟通道”按钮可以增加新的虚拟通道。如图 2-23 所示，增加虚拟通道需要设置虚拟通道的数据类型、虚拟通道用途说明、虚拟通道是用于向 MCGS 输入数据还是用于把 MCGS 中的数据输出到设备构件中来。

图 2-22　设备属性通道连接设置

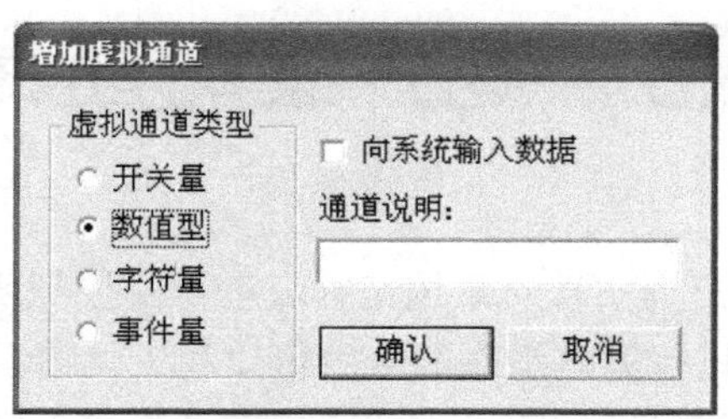

图 2-23　增加虚拟通道设置

在图 2-22 中，单击“快速连接”按钮，弹出“快速连接”对话框，如图 2-24 所示，可以快速建立一组设备通道和数据对象之间的连接；单击“拷贝连接”按钮，可以把当前选中的通道所建立的连接拷贝到下一通道，但对数据对象的名称进行索引增加；单击“删除连接”按钮，可删除当前选中的通道已建立的连接或删除指定的虚拟通道。

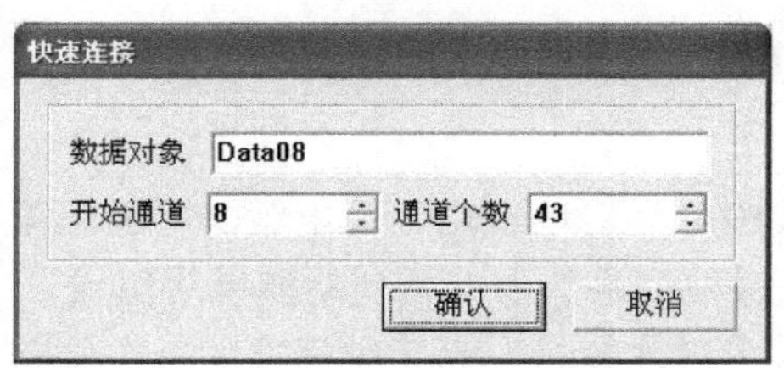

图 2-24　“快速连接”对话框

在 MCGS 对设备构件进行操作时，不同通道可使用不同的处理周期。通道处理周期是基本属性页中设置的最小采集周期的倍数，如设为 0，则不对对应的设备通道进行处理。为提高处理速度，建议把不需要的设备通道的处理周期设置为 0。

2．设备调试

使用设备调试窗口可以在设备组态过程中能很方便地对设备进行调试，以检查设备组态设置是否正确、硬件是否处于正常工作状态，同时在有些设备调试窗口中，可以直接对设备进行控制和操作，方便设计人员对整个系统的检查和调试。

在通道值一列中，对输入通道显示的是经过数据转换处理后的最终结果值，如图 2-25 所示，对输出通道，可以给对应的通道输入指定的值，经过设定的数据转换内容后输出到外部设备。

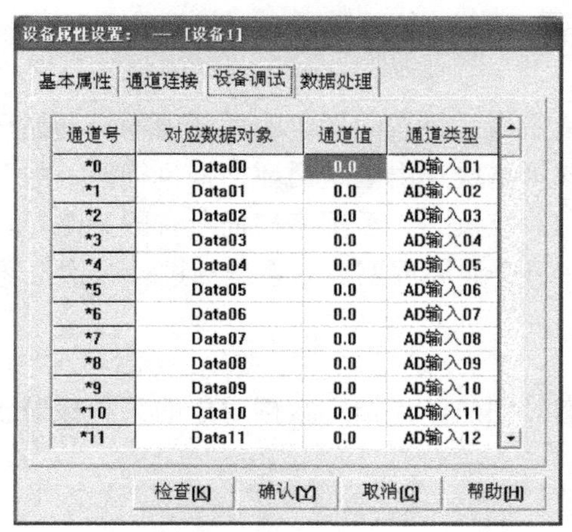

通道号	对应数据对象	通道值	通道类型
*0	Data00	0.0	AD输入01
*1	Data01	0.0	AD输入02
*2	Data02	0.0	AD输入03
*3	Data03	0.0	AD输入04
*4	Data04	0.0	AD输入05
*5	Data05	0.0	AD输入06
*6	Data06	0.0	AD输入07
*7	Data07	0.0	AD输入08
*8	Data08	0.0	AD输入09
*9	Data09	0.0	AD输入10
*10	Data10	0.0	AD输入11
*11	Data11	0.0	AD输入12

图 2-25　设备调试

2.6 运行策略组态

所谓“运行策略”，是用户为实现对系统运行流程自由控制所组态生成的一系列功能块的总称。MCGS 为用户提供了进行策略组态的专用窗口和工具箱。

运行策略的建立，使系统能够按照设定的顺序和条件操作实时数据库，控制用户窗口的打开、关闭，以及设备构件的工作状态，从而实现对系统工作过程精确控制及有序调度管理的目的。

2.6.1 运行策略的类型

根据运行策略的不同作用和功能，MCGS 把运行策略分为启动策略、退出策略、循环策略、用户策略、报警策略、事件策略、热键策略 7 种。每种策略都由一系列功能模块组成。

MCGS 运行策略窗口中“启动策略”、“退出策略”、“循环策略”为系统固有的三个策略块，其余的则由用户根据需要自行定义，每个策略都有自己的专用名称，MCGS 系统的各个部分通过策略的名称来对策略进行调用和处理。

1．启动策略

启动策略在 MCGS 进入运行时，首先由系统自动调用执行一次。一般在该策略中完成系统初始化功能，例如：给特定的数据对象赋予不同的初始值，调用硬件设备的初始化程序等，具体需要何种处理，由用户组态设置。

2．退出策略

退出策略在 MCGS 退出运行前，由系统自动调用执行一次。一般在该策略中完成系统善后处理功能。例如，可在退出时把系统当前的运行状态记录下来，以便下次启动时恢复本次的工作状态。

3．循环策略

在运行过程中，循环策略由系统按照设定的循环周期自动循环调用，循环体内所需执行的操作由用户设置。由于该策略块是由系统循环扫描执行的，故可把大多数关于流程控制的任务放在此策略块内处理，系统按先、后顺序扫描所有的策略行，如策略行的条件成立，则处理策略行中的功能块。在每个循环周期内，系统都进行一次上述处理工作。

4．报警策略

报警策略由用户在组态时创建，当指定数据对象的某种报警状态产生时，报警策略被系统自动调用一次。

5．事件策略

事件策略由用户在组态时创建，当对应表达式的某种事件状态产生时，事件策略被系统

自动调用一次。

6. 热键策略

热键策略由用户在组态时创建，当用户按下对应的热键时执行一次。

7. 用户策略

用户策略是用户自定义的功能模块，根据需要可以定义多个，分别用来完成各自不同的任务。用户策略系统不能自动调用，需要在组态时指定调用用户策略的对象，MCGS 中可调用用户策略的地方有：

（1）主控窗口的菜单命令可调用指定的用户策略。

（2）在用户窗口内定义“按钮动作”动画连接时，可将图形对象与用户策略建立连接，当系统响应键盘或鼠标操作后，将执行策略块所设置的各项处理工作。

（3）选用系统提供的“标准按钮”动画构件作为用户窗口中的操作按钮时，将该构件与用户策略连接，单击此按钮或使用设定的快捷键，系统将执行该用户策略，如图 2-26 所示。

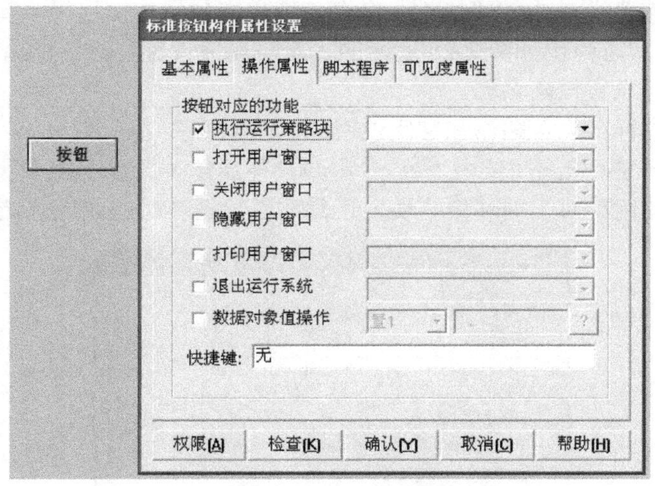

图 2-26 构建与用户策略连接

策略构件中的“策略调用”构件，可调用其他策略块，实现子策略块的功能。

2.6.2 创建运行策略

在工作台“运行策略”窗口页中，单击“新建策略”按钮，即可新建一个用户策略块（窗口中增加一个策略块图标），如图 2-27 所示，默认名称定义为“策略×”（×为区别各个策略块的数字代码）。在未做任何组态配置之前，运行策略窗口包括三个系统固有的策略块，新建的策略块只是一个空的结构框架，具体内容须由用户设置。

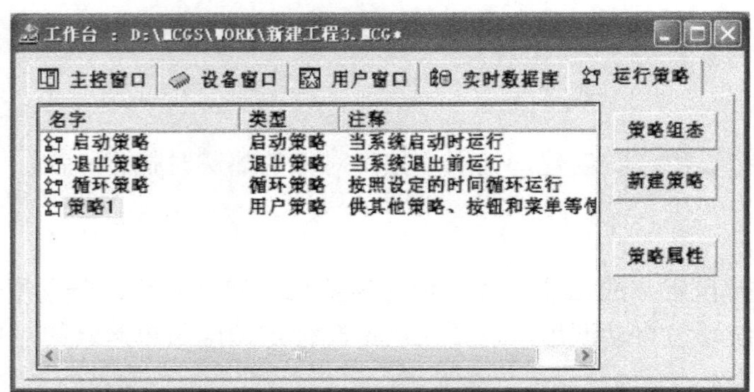

图 2-27　新建用户策略块

2.6.3　设置策略属性

在工作台的“运行策略”窗口页中，选中指定的策略块，单击工具条中的“属性”按钮（ ），或执行“编辑”菜单中的“属性”命令，或单击鼠标右键选择“属性”命令，或按快捷键“Alt+Enter”，即可弹出如图 2-28 所示的“策略属性设置”对话框。

（1）策略名称：设置策略名称。

（2）策略内容注释：为策略添加文字说明。

对于系统固有的三个策略块，名称是专用的，不能修改，也不能被系统其他部分调用，只能在运行策略中使用。对于循环策略块，还需要设置循环时间或设置策略的运行时刻。

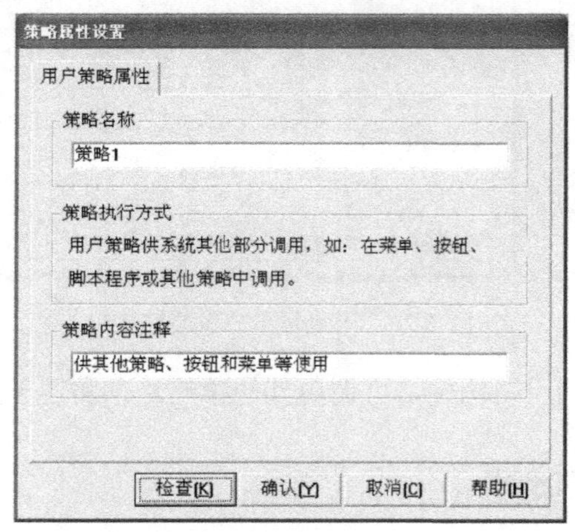

图 2-28　“策略属性设置”对话框

2.6.4　策略行条件部分

策略行条件部分在运行策略中用来控制运行流程。在每一策略行内，只有当策略条件部分设定的条件成立时，系统才能对策略行中的策略构件进行操作。

通过对策略条件部分的组态，用户可以控制在什么时候、什么条件下、什么状态下，对实时数据库进行操作，对报警事件进行实时处理，打开或关闭指定的用户窗口，完成对系统运行流程的精确控制。

在策略块，每个策略行都有如图 2-29 所示的“表达式条件”对话框，用户在使用策略行时可以对策略行的条件进行设置（默认时表达式的条件为真）。

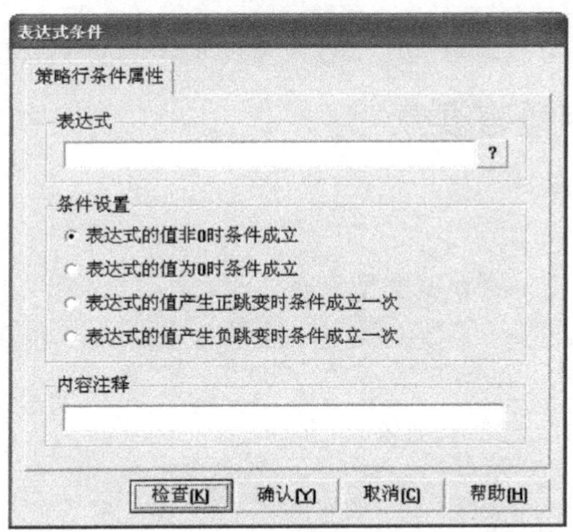

图 2-29　“表达式条件”对话框

操作有如下几种方法。

（1）表达式：输入策略行条件表达式。

（2）条件设置：用于设置策略行条件表达式的值成立的方式。

（3）表达式的值非 0 时条件成立：当表达式的值非 0 时，条件成立，执行该策略。

（4）表达式的值为 0 时条件成立：当表达式的值为 0 时，执行该策略。

（5）表达式的值产生正跳变时条件成立一次：当表达式的值产生正跳变（值从 0 到 1）时，执行一次该策略。

（6）表达式的值产生负跳变时条件成立一次：当表达式的值产生负跳变（值从 1 到 0）时，执行一次该策略。

（7）内容注释：用于对策略行条件加以注释。

2.7　脚本程序

脚本程序是组态软件中的一种内置编程语言引擎。当某些控制和计算任务通过常规组态方法难以实现时，通过使用脚本语言，能够增强整个系统的灵活性，解决其常规组态方法难以解决的问题。

MCGS 脚本程序为有效地编制各种特定的流程控制程序和操作处理程序提供了方便的途径，它被封装在一个功能构件里（称为脚本程序功能构件），在后台由独立的线程运行和处理，能够避免由于单个脚本程序的错误而导致整个系统瘫痪。

在 MCGS 中，脚本语言是一种语法上类似 Basic 的编程语言，可以应用在运行策略中，把整个脚本程序作为一个策略功能块执行，也可以在菜单组态中作为菜单的一个辅助功能运行，更常见的用法是应用在动画界面的事件中。MCGS 引入的事件驱动机制，与 VB 或 VC 中的事件驱动机制类似。比如，对用户窗口，有装载、卸载事件；对窗口中的控件，有鼠标单击事件、键盘按键事件等。这些事件发生时就会触发一个脚本程序，执行脚本程序中的操作。

2.7.1 脚本程序语言要素

1. 数据类型

MCGS 脚本程序语言使用的数据类型只有 3 种：

（1）开关型：表示开或者关的数据类型，通常 0 表示关，非 0 表示开，也可以作为整数使用。

（2）数值型：值在 3.4E±38 范围内。

（3）字符型：最多由 512 个字符组成的字符串。

2. 变量、常量及系统函数

1）变量

脚本程序中，用户不能定义子程序和子函数，其中数据对象可以看作脚本程序中的全局变量，在所有的程序段共用。可以用数据对象的名称来读/写数据对象的值，也可以对数据对象的属性进行操作。

开关型、数值型、字符型三种数据对象分别对应于脚本程序中的三种数据类型。在脚本程序中不能对组对象和事件型数据对象进行读/写操作，但可以对组对象进行存盘处理。

2）常量

（1）开关型常量：0 或非 0 的整数，通常 0 表示关，非 0 表示开。

（2）数值型常量：带小数点或不带小数点的数值，如 12.45，100。

（3）字符型常量：双引号内的字符串，如“OK”、“正常”。

3）系统变量

MCGS 系统定义的内部数据对象作为系统变量，在脚本程序中可自由使用，在使用系统变量时，变量的前面必须加“$”符号，如 $Date。

4）系统函数

MCGS 系统定义的系统函数，在脚本程序中可自由使用，在使用系统函数时，函数的前面必须加“!”符号，如!abs( )。

5）属性和方法

MCGS 系统内的属性和方法都是相对于 MCGS 的对象而言的，引用对象的方法可以参见下个部分。

3．MCGS 对象

MCGS 的对象形成一个对象树，树根从“MCGS”开始，MCGS 对象的属性就是系统变量，MCGS 对象的方法就是系统函数。MCGS 对象下面有“用户窗口”对象、“设备”对象、“数据对象” 等子对象。“用户窗口”以各个用户窗口作为子对象，每个用户窗口对象以这个窗口里的动画构件作为子对象。

使用对象的方法和属性必须要引用对象，然后使用点操作来调用这个对象的方法或属性。为了引用一个对象，需要从对象根部开始引用，这里的对象根部是指可以公开使用的对象。MCGS 对象、用户窗口、设备和数据对象都是公开对象，因此，语句 InputETime = $Time 是正确的，而语句 InputETime = MCGS.$Time 也是正确的，同样，调用函数!Beep()时，也可以采用 MCGS.!Beep()的形式。可以写：窗口 0.Open()；也可以写：MCGS.用户窗口.窗口 0.Open()；还可以写：用户窗口.窗口 0.Open()。但是，如果要使用控件，就不能只写：控件 0.Left；而必须写：窗口 0.控件 0.Left，或用户窗口.窗口 0.控件 0.Left。在对象列表框中，双击需要的方法和属性，MCGS 将自动生成最小可能的表达式。

4．事件

在 MCGS 的动画界面组态中，可以组态处理动画事件。动画事件是在某个对象上发生的，可能带有参数也可能没有参数的动作驱动源。如用户窗口上可以发生事件：Load，Unload，分别在用户窗口打开和关闭时触发。可以对这两个事件组态一段脚本程序，当事件触发时（用户窗口打开或关闭时）被调用。

用户窗口的 Load 和 Unload 事件是没有参数的，但是 MouseMove 事件有，在组态这个事件时，可以在参数组态中选择把 MouseMove 事件的几个参数连接到数据对象上，从而当 MouseMove 事件被触发时，就会把 MouseMove 的参数，包括鼠标位置、按键信息等送到连接的数据对象，然后在事件连接的脚本程序中就可以对这些数据对象进行处理。

5．表达式

由数据对象（包括设计者在实时数据库中定义的数据对象、系统内部数据对象和系统函数）、括号和各种运算符组成的运算式称为表达式，表达式的计算结果称为表达式的值。

当表达式中包含有逻辑运算符或比较运算符时，表达式的值只可能为 0（条件不成立，假）或非 0（条件成立，真），这类表达式称为逻辑表达式；当表达式中只包含算术运算符，表达式的运算结果为具体的数值时，这类表达式称为算术表达式；常量或数据对象是狭义的表达式，这些单个量的值即为表达式的值。表达式值的类型即为表达式的类型，必须是开关型、数值型、字符型三种类型中的一种。

表达式是构成脚本程序的最基本元素，在 MCGS 的部分组态中，也常常需要通过表达式来建立实时数据库与其对象的连接关系，正确输入和构造表达式是 MCGS 的一项重要工作。

6．运算符

1）算术运算符

∧	乘方；	*	乘法；	/	除法；	\	整除；
+	加法；	—	减法；	Mod	取模运算。		

2）逻辑运算符

AND　　逻辑与；NOT　　逻辑非；OR　　逻辑或；XOR　　逻辑异或。

3）比较运算符

＞　　大于；＞＝　　大于等于；＝　　等于；

＜＝　　小于等于；＜　　小于；＜＞　　不等于。

7. 运算符优先级

按照优先级从高到低的顺序，各个运算符排列如下：

（1）( );

（2）∧;

（3）*，／，＼，Mod;

（4）＋，—;

（5）＜，＞，＜＝，＞＝，＝，＜＞;

（6）NOT;

（7）AND，OR，XOR。

2.7.2 脚本程序基本语句

由于 MCGS 脚本程序是为了实现某些多分支流程的控制及操作处理，因此包括了几种最简单的语句：赋值语句、条件语句、退出语句和注释语句，同时，为了提供一些高级的循环和遍历功能，还提供了循环语句。所有的脚本程序都可由这 5 种语句组成，当需要在一个程序行中包含多条语句时，各条语句之间须用“：”分开，程序行也可以是没有任何语句的空行。大多数情况下，一个程序行只包含一条语句，赋值程序行中根据需要可在一行上放置多条语句。

1. 赋值语句

赋值语句的形式为：数据对象 = 表达式。赋值语句用赋值号（=）来表示，它具体的含义是：把“=”号右边表达式的运算值赋给左边的数据对象。赋值号左边必须是能够读/写的数据对象。例如：开关型数据、数值型数据，以及能进行写操作的内部数据对象，而组对象、事件型数据对象、只读的内部数据对象、系统函数及常量均不能出现在赋值号的左边，因为不能对这些对象进行写操作。

赋值号的右边为一表达式，表达式的类型必须与左边数据对象值的类型相符合，否则系统会提示“赋值语句类型不匹配”的错误信息。

2. 条件语句

条件语句有如下三种形式：

```
If 〖表达式〗 Then 〖赋值语句或退出语句〗
If 〖表达式〗 Then
    〖语句〗
```

```
EndIf
If 〖表达式〗Then
    〖语句〗
Else
    〖语句〗
EndIf
```

条件语句中的 4 个关键字“If”、“Then”、“Else”、“EndIf”不分大小写，如拼写不正确，检查程序会提示出错信息。

条件语句允许多级嵌套，即条件语句中可以包含新的条件语句，MCGS 脚本程序的条件语句最多可以有 8 级嵌套，为编制多分支流程的控制程序提供了可能。

“IF”语句的表达式一般为逻辑表达式，也可以是值为数值型的表达式，当表达式的值为非 0 时，条件成立，执行“Then”后的语句，否则，条件不成立，将不执行该条件块中包含的语句，开始执行该条件块后面的语句。

值为字符型的表达式不能作为“IF”语句中的表达式。

3．循环语句

循环语句为 While 和 EndWhile，其结构为：

```
While 〖条件表达式〗
....
EndWhile
```

当条件表达式成立时（非零），循环执行 While 和 EndWhile 之间的语句，直到条件表达式不成立（为零），退出。

4．退出语句

退出语句为“Exit”，用于中断脚本程序的运行，停止执行其后面的语句。一般在条件语句中使用退出语句，以便在某种条件下停止并退出脚本程序的执行。

5．注释语句

以单引号“'”开头的语句称为注释语句，注释语句在脚本程序中只起到注释说明的作用，实际运行时，系统不对注释语句作任何处理。

2.7.3　脚本程序的查错和运行

脚本程序编制完成后，系统首先对程序代码进行检查，以确认脚本程序的编写是否正确。检查过程中，如果发现脚本程序有错误，则会返回相应的信息，以提示可能的出错原因，帮助用户查找和排除错误。常见的提示信息有：

（1）组态设置正确，没有错误。

（2）未知变量。

（3）未知表达式。

（4）未知的字符型变量。

（5）未知的操作符。

（6）未知函数。

（7）函数参数不足。

（8）括号不配对。

（9）IF 语句缺少 ENDIF。

（10）IF 语句缺少 THEN。

（11）ELSE 语句缺少对应的 IF 语句。

（12）ENDIF 缺少对应的 IF 语句。

（13）未知的语法错误。

根据系统提供的错误信息，做出相应的改正，系统检查通过，就可以在运行环境中运行，从而达到简化组态过程、优化控制流程的目的。

第3章　MCGS基础应用实例

本章通过实例讲解组态软件MCGS的基础应用，包括开关对象、数值对象、字符对象的应用，启动策略和循环策略的应用等。

实例1　数值对象与数据显示

一、设计任务

（1）了解监控组态软件MCGS的集成开发环境和设计应用程序的步骤。

（2）一个整数从零开始每隔1秒加1，累加数显示在画面的标签中。

二、任务实现

1．建立新工程项目

双击桌面“MCGS组态环境”图标，进入组态环境。

（1）单击“文件”菜单，弹出下拉菜单，选择“新建工程”，出现工作台窗口，如图3-1所示。

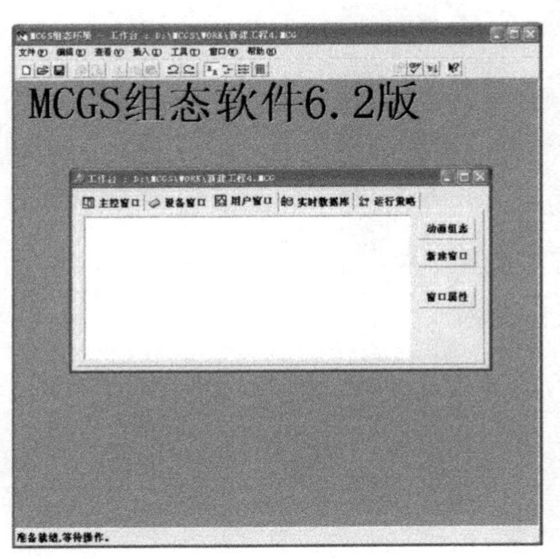

图3-1　工作台窗口

（2）单击“文件”菜单，弹出下拉菜单，选择“工程另存为”菜单，弹出“保存为”窗口，将文件名改为“数值对象”，单击“保存”按钮（此时建立的工程文件保存在默认文件夹中），进入工作台窗口。

（3）单击工作台窗口中的“新建窗口”按钮，工作台面出现新建“窗口0”。

（4）选择“窗口0”，单击“窗口属性”按钮，弹出“用户窗口属性设置”对话框，如图3-2所示。输入窗口名称“整数累加”，窗口标题改为“整数累加”，窗口内容注释文本框内输入“一个整数从零开始每隔1秒加1，累加数显示在画面的文本框中”，窗口位置改为“最大化显示”，单击“确认”按钮。

（5）用鼠标右键单击工作台窗口中的“整数累加”窗口，在弹出的下拉菜单中选择“设置为启动窗口”。

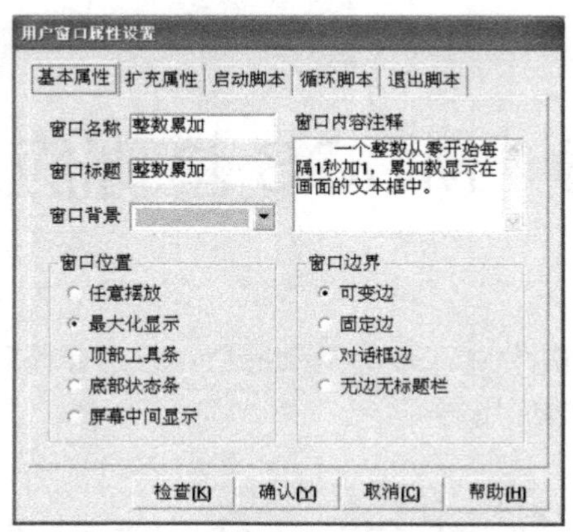

图 3-2 “用户窗口属性设置”对话框

2．制作图形画面

在工作台窗口中双击“整数累加”窗口，进入“动画组态整数累加”画面开发系统，此时工具箱自动加载，如图 3-3 所示。

（1）添加一个输入框构件：用鼠标单击工具箱中的“输入框”，然后将鼠标移动到画面上单击拖出一个适当大小的矩形框。

（2）添加一个按钮构件：用鼠标单击工具箱中的“标准按钮”，然后将鼠标移动到画面上单击拖出一个适当大小的矩形框，出现“按钮”。双击“按钮”弹出“标准按钮构件属性设置”对话框。将文本框中的按钮标题改为“关闭”。

图 3-3 “整数累加”工程开发系统

设计的图形画面如图 3-4 所示。

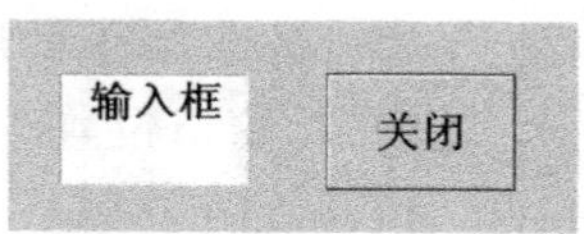

图 3-4 图形画面

3．定义对象

在工作台窗口中选择“实时数据库”窗口，如图 3-5 所示。单击“新增对象”按钮，再双击新增的对象，弹出“数据对象属性设置”对话框。将对象名称设为“num”，对象类型设为“数值”，小数位设为“0”，对象初值设为“0”，最小值设为“0”，最大值设为“100”，如图 3-6 所示。

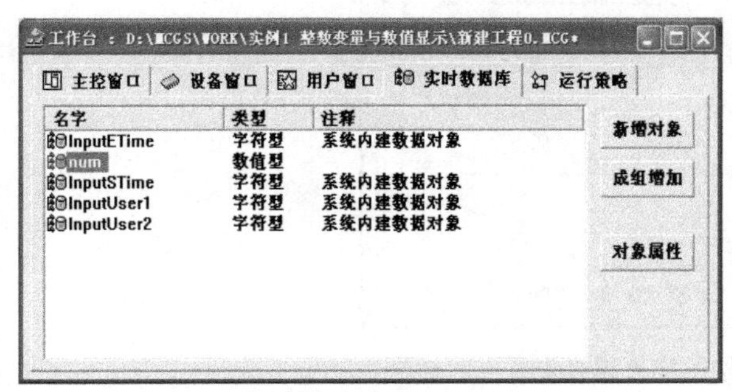

图 3-5　实时数据库窗口

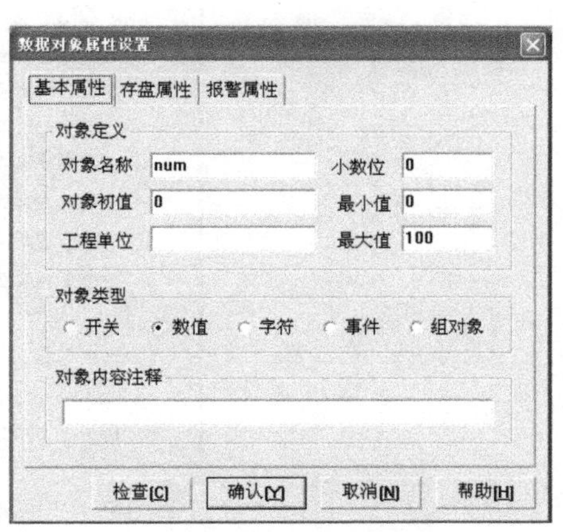

图 3-6　对象“num”的属性设置

4．建立动画连接

进入开发系统，双击画面中的图形对象，将定义好的变量与相应对象连接起来。

1）建立“输入框”构件的动画连接

双击画面中的输入框，出现“输入框构件属性设置”对话框，如图 3-7 所示。单击“字符颜色”旁的“字体”按钮，弹出“字体”对话框，字体选择“宋体”，字形选择“粗体”，大小选择“一号”，单击“确认”按钮。

单击“操作属性”页，将其中对应数据对象的名称设置为“num”（可以直接输入，也可以单击表达式文本框右边的“？”号，选择已定义好的变量名“num”），单击“确定”按钮，输入框动画连接设置完成，如图 3-8 所示。

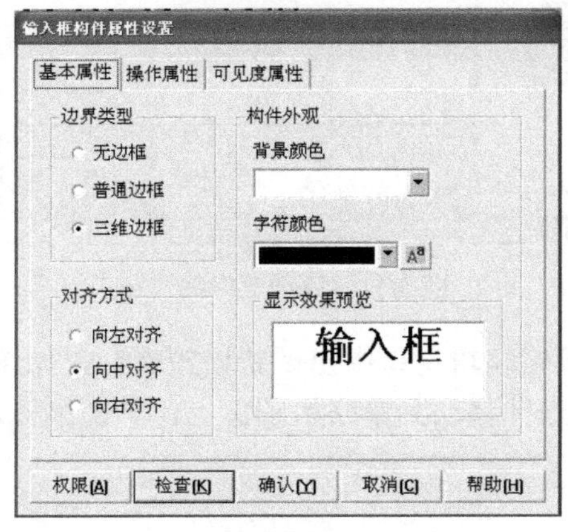

图 3-7　“输入框构件属性设置”对话框

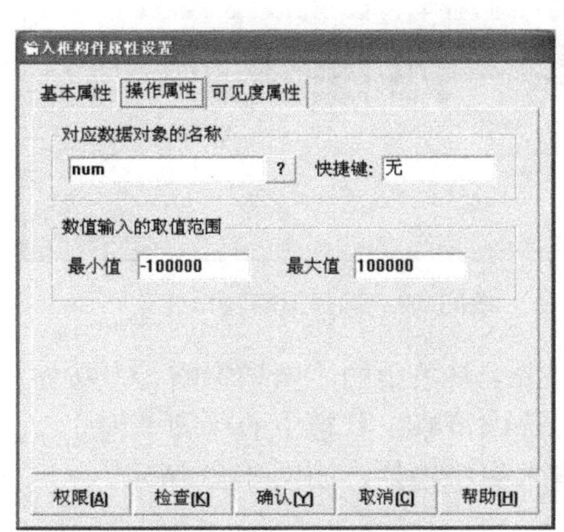

图 3-8　操作属性页

2）建立“按钮”构件的动画连接

双击“关闭”按钮构件，出现“标准按钮构件属性设置”对话框，单击对话框中的“操作属性”页，选择“关闭用户窗口”，单击下拉箭头，选择“整数累加”，如图 3-9 所示。

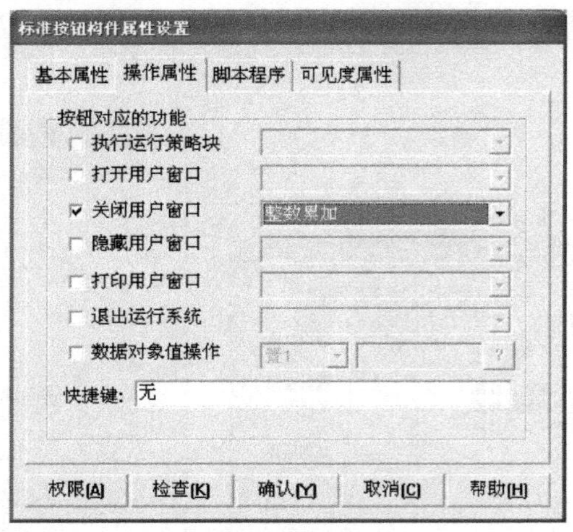

图 3-9　“标准按钮构件属性设置”对话框

单击“确认”按钮，“关闭”按钮的动画连接完成。

5. 策略编程

在工作台窗口中选择运行策略窗口，如图 3-10 所示。双击“循环策略”，弹出“策略组态：循环策略”编辑窗口，策略工具箱自动加载，如图 3-11 所示。

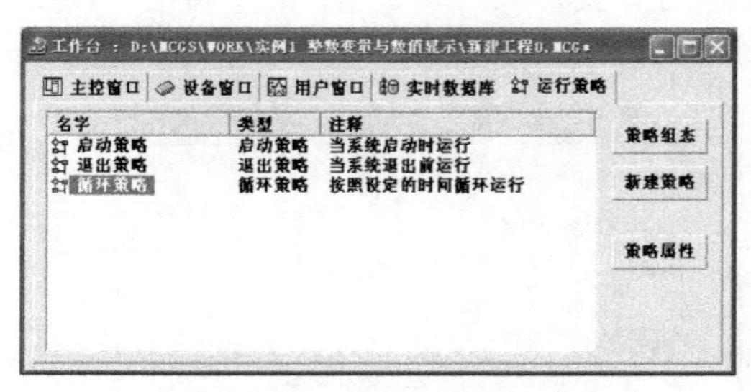

图 3-10　运行策略窗口

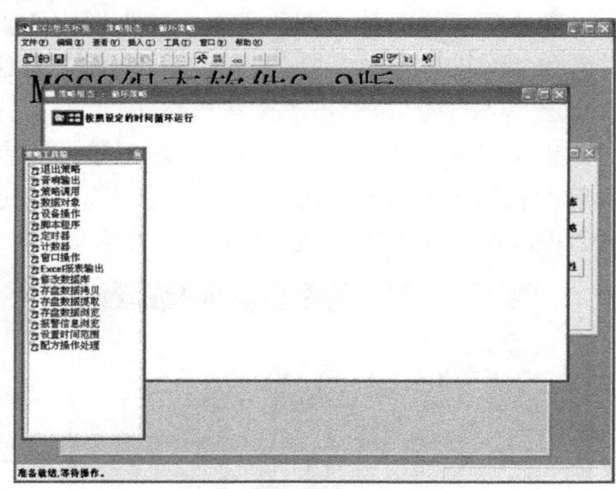

图 3-11　启动策略编辑窗口

单击工具条中的“新增策略行”按钮，启动策略编辑窗口中出现新增策略行，如图 3-12 所示。选中策略工具箱中的“脚本程序”，将鼠标指针移动到策略块图标上，单击鼠标左键，添加脚本程序构件，如图 3-13 所示。

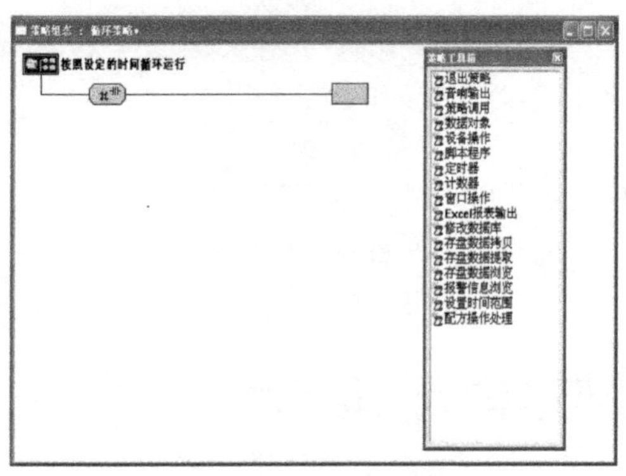

图 3-12　新增策略行

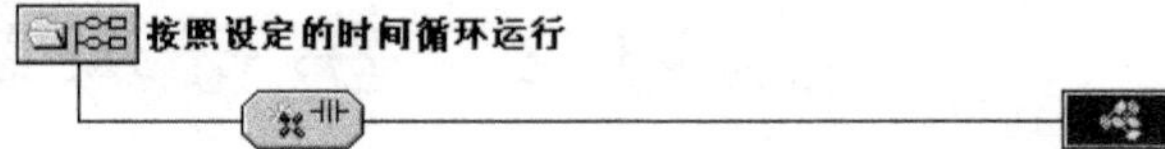

图 3-13　添加脚本程序构件

双击策略块，进入脚本程序编辑窗口，在编辑区输入程序：

```
IF num < 10 THEN
    num = num + 1
Endif
```

单击“确定”按钮，完成命令语言的输入。

返回到工作台运行策略窗口，选择循环策略，单击“策略属性”按钮，弹出“策略属性设置”对话框，将策略执行方式的定时循环时间设置为 1000ms，单击“确认”按钮，如图 3-14 所示。

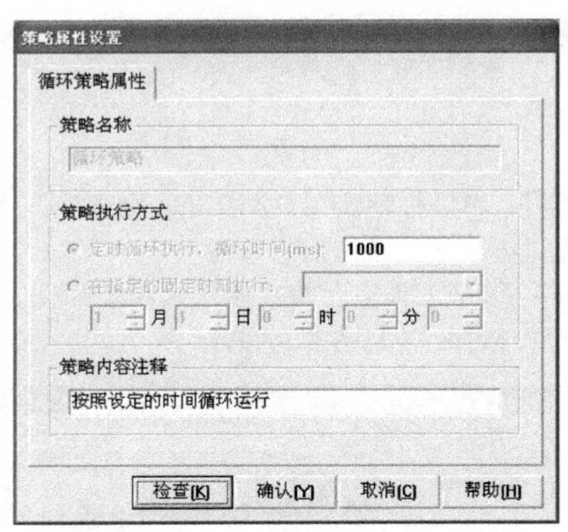

图 3-14　“策略属性设置”对话框

6. 程序运行

单击工具栏上“进入运行环境”按钮或按下 F5 键，弹出如图 3-15 所示对话框，单击“是”按钮，组态工程运行。

画面中文本对象中的数字开始累加。单击“关闭”按钮，程序停止运行，整数累加窗口退出运行。

程序运行画面如图 3-16 所示。

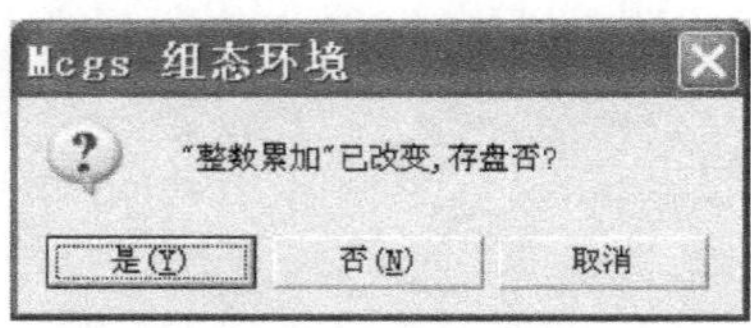

图 3-15　存盘对话框

图 3-16　程序运行画面

实例 2　字符对象与信息提示

一、设计任务

（1）一个整数从零开始每隔 1 秒加 1，画面中仪表指针随着累加数转动。

（2）当整数累加至 10 时，停止累加，画面中出现提示信息“数值超限!”。

二、任务实现

1．建立新工程项目

工程名称：“字符串信息提示”；窗口名称：“字符串信息提示”；窗口内容注释：“整数累加至 10 时出现提示信息”。

2．制作图形画面

（1）添加一个输入框构件：用鼠标单击工具箱中的“输入框”，然后将鼠标移动到画面上，单击拖出一个适当大小的矩形框。

（2）添加 1 个仪表元件：单击工具箱上的“插入元件”，弹出“对象元件库管理”窗口，选择仪表库中的一个仪表图形对象，如图 3-17 所示。

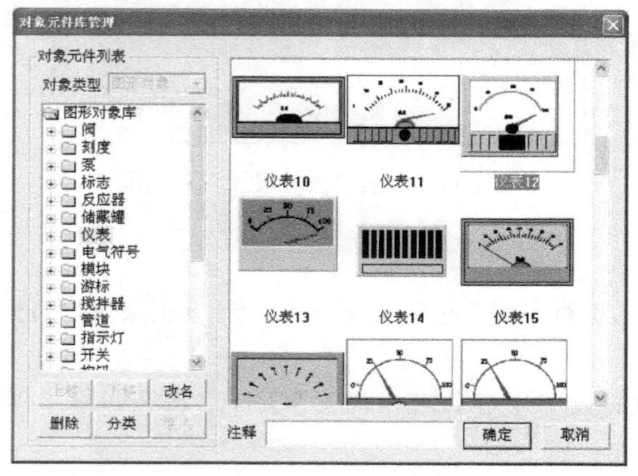

图 3-17　选择仪表图形对象

（3）添加一个按钮构件：用鼠标单击工具箱中的“标准按钮”，然后将鼠标移动到画面上，单击拖出一个适当大小的矩形框，出现“按钮”。双击“按钮”弹出“标准按钮构件属性设置”对话框。将文本框中的按钮标题改为“关闭”。

设计的图形画面如图 3-18 所示。

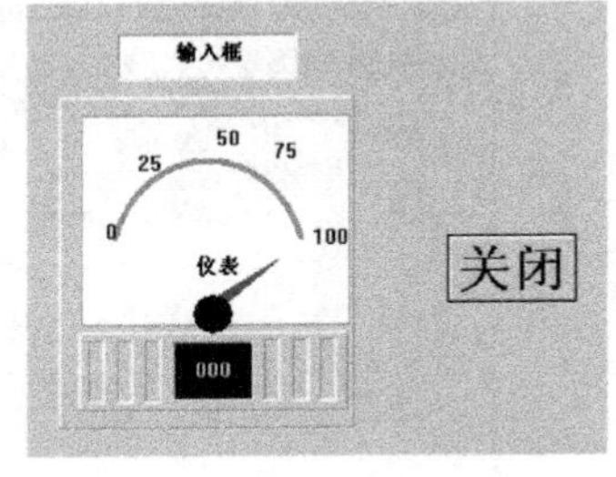

图 3-18　图形画面

3．定义对象

1）定义 1 个数值型对象

对象名称设为“num”，对象类型选“数值”，对象初值设为“0”，最小值设为“0”，最大值设为“100”。

定义完成后，单击“确定”按钮，则在实时数据库中增加 1 个数值型对象“num”。

2）定义 1 个字符型对象

对象名称设为“str”，变量类型选“字符”，对象初值设为“正常!”，如图 3-19 所示。

定义完成后，单击“确认”按钮，则在实时数据库中增加 1 个字符型对象“str”。

数据对象属性设置
基本属性　存盘属性　报警属性
对象定义
对象名称 str　字符数 0
对象初值 正常!　最小值 -1e+010
工程单位　最大值 1e+010
对象类型
开关　数值　字符　事件　组对象
对象内容注释
检查[C]　确认[Y]　取消[N]　帮助[H]

图 3-19　字符对象属性设置

4．建立动画连接

1）建立仪表元件的动画连接

双击画面中的仪表，弹出“单元属性设置”对话框，单击“动画连接”选项页，选择“标签”，出现 > 按钮，如图 3-20 所示。

单击 > 按钮进入“动画组态属性设置”对话框，选择“显示输出”页，如图 3-21 所示，表达式设为“num”，输出值类型选“数值量输出”，整数位数设为“2”，其他属性不变，单击“确认”按钮完成设置。

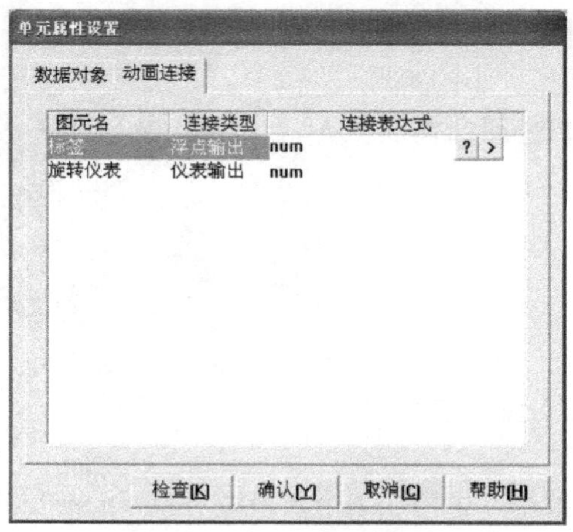

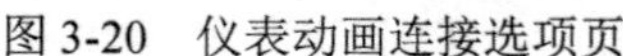
图 3-20　仪表动画连接选项页

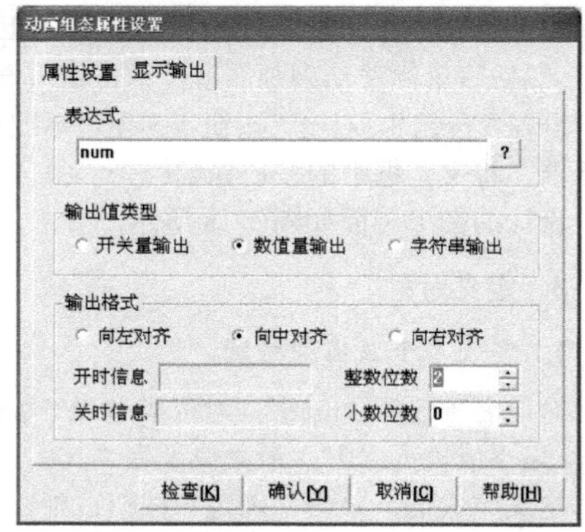

图 3-21　动画组态属性设置

选择“旋转仪表”，单击>按钮，进入“旋转仪表构件属性设置”对话框，选择“操作属性”页，如图 3-22 所示，表达式设为“num”，其他属性值按图修改。

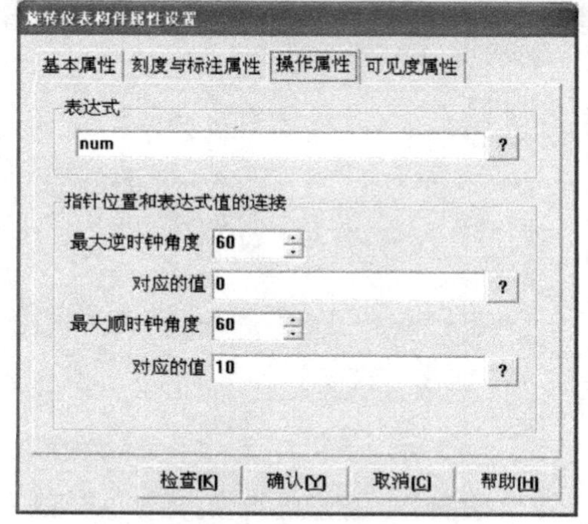

图 3-22　旋转仪表构件属性设置

2）建立输入框构件的动画连接

双击画面中的输入框，弹出“输入框构件属性设置”对话框，选择“操作属性”页，如图 3-23 所示，对应数据对象的名称设为“str”，其他属性不变。

3）建立按钮构件的动画连接

双击“关闭”按钮，出现“标准按钮构件属性设置”对话框，单击“操作属性”页，按钮对应的功能选择“关闭用户窗口”，单击下拉箭头，选择“字符串信息提示”窗口。单击“确定”按钮，“关闭”按钮的动画连接完成。

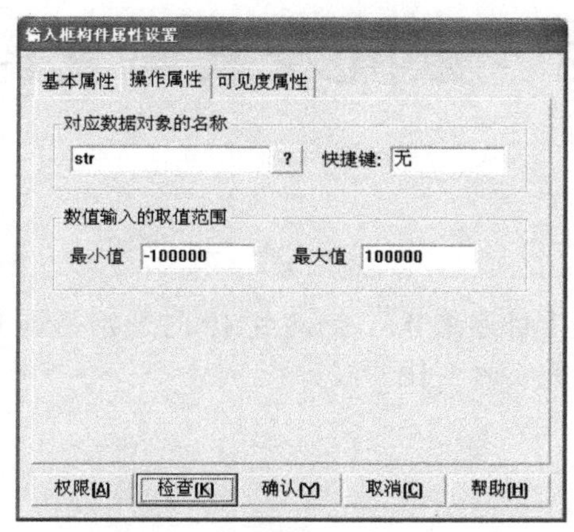

图 3-23　输入框构件属性设置

5. 策略编程

在工作台窗口中选择“运行策略”窗口，双击“循环策略”，弹出“策略组态：循环策略”编辑窗口。

单击工具条中的“新增策略行”按钮，出现新增策略行。选中策略工具箱中的“脚本程序”，将鼠标指针移动到策略块图标上，添加脚本程序构件。

双击策略块，进入“脚本程序”编辑窗口，在编辑区输入程序：

```
IF num<10 THEN
    num = num + 1
ELSE
    str = "数值超限"
ENDIF
```

单击“确定”按钮，完成命令语言的输入。

返回到工作台运行策略窗口，选择循环策略，单击“策略属性”按钮，弹出“策略属性设置”对话框，将策略执行方式的定时循环时间设置为 1000ms。

6. 程序运行

保存工程，将“字符串信息提示”窗口设为启动窗口，运行工程。

一个整数从零开始累加，画面中的仪表指针随着累加数转动；当整数累加至 10 时，停止累加，画面中出现提示信息“数值超限！”。

程序运行画面如图 3-24 所示。

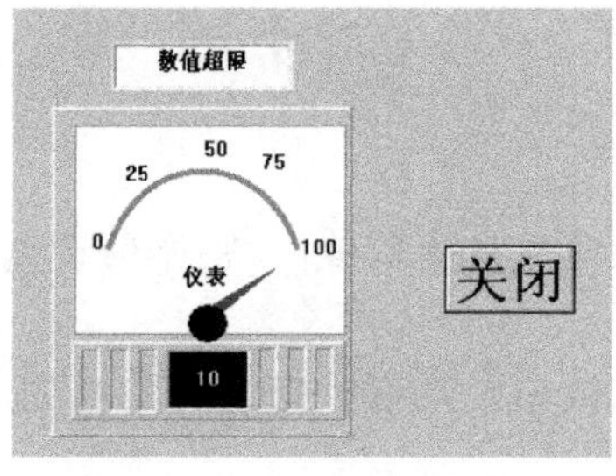

图 3-24　程序运行画面

实例3　数值对象与实时曲线

一、设计任务

一个实数从零开始每隔 1 秒递增 0.5，当达到 10 时开始每隔 1 秒递减 0.5，到 0 后又开始递增，循环变化；绘制该实数实时变化曲线。

二、任务实现

1．建立新工程项目

工程名称："实数变化"。
窗口名称："实数变化"。
窗口内容注释："绘制实数实时变化曲线"。

2．制作图形画面

（1）通过工具箱为图形画面添加 1 个实时曲线构件。
（2）通过工具箱为图形画面添加 1 个输入框构件。
（3）通过工具箱为图形画面添加 1 个按钮构件，按钮标题改为"关闭"。
设计的图形画面如图 3-25 所示。

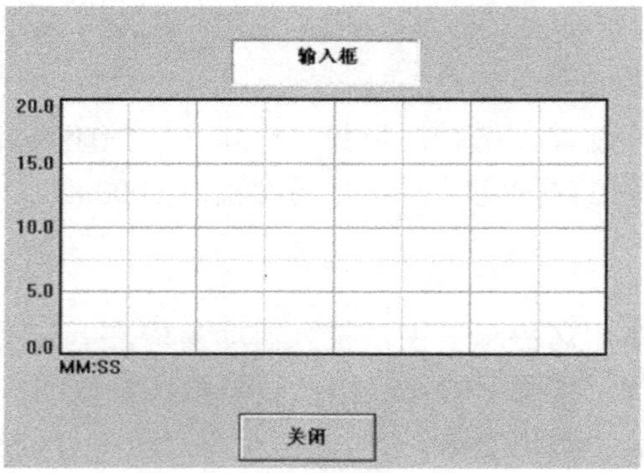

图 3-25　图形画面

3．定义对象

1）定义 1 个数值型对象

对象名称设为"data"，对象类型选"数值"，初始值设为"0"，最小值设为"0"，最大值设为"100"。

定义完成后，单击"确定"按钮，则在数据词典中增加 1 个数值型对象"data"。

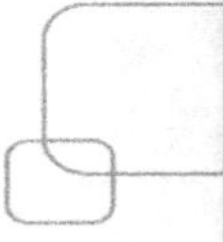

2）定义 1 个开关型对象

对象名称设为“sd”，对象类型选“开关”，初始值设为“0”。

定义完成后，单击“确定”按钮，则在数据词典中增加 1 个开关型对象“sd”。

4．建立动画连接

在工作台用户窗口中双击“实数变化”窗口，进入“动画组态实数变化”画面。

1）建立输入框构件的动画连接

双击画面中的输入框，弹出“输入框构件属性设置”对话框，选择“操作属性”页，按图 3-26 所示进行设置。

2）建立实时曲线构件的动画连接

双击画面中的实时曲线，弹出“实时曲线构件属性设置”对话框，选择“标注属性”页，按图 3-27 所示进行设置；选择“画笔属性”页，按图 3-28 所示进行设置。

3）建立按钮构件的动画连接

双击“关闭”按钮，出现“标准按钮构件属性设置”对话框，单击“操作属性”页，按钮对应的功能选择“关闭用户窗口”，单击下拉箭头，选择“实数变化”窗口。

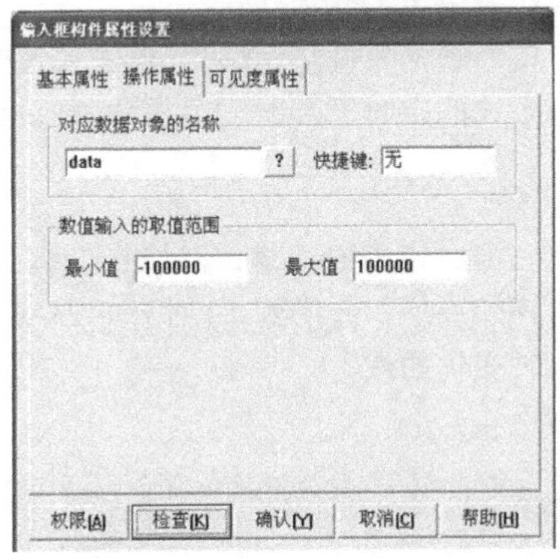

图 3-26　输入框动画连接

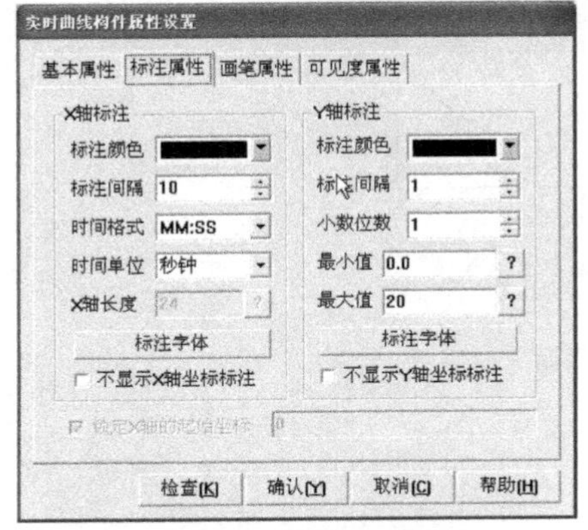

图 3-27　实时曲线标注属性设置

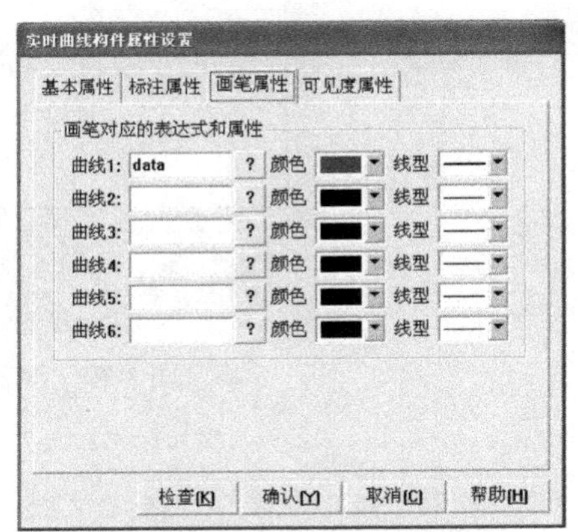

图 3-28　实时曲线画笔属性设置

5. 策略编程

在工作台窗口中选择“运行策略”窗口，双击“循环策略”，弹出“策略组态：循环策略”编辑窗口。新增策略行，添加“脚本程序”，双击策略块进入“脚本程序”编辑窗口，在编辑区输入程序。

```
If sd =0 then
        if data<10 then
            data = data + 0.5
        else
            sd = 1
        endif
endif
if sd = 1 then
      if data >0 then
          data = data - 0.5
      else
          sd = 0
      endif
endif
```

单击“确定”按钮，完成命令语言的输入。

返回到工作台运行策略窗口，选择“循环策略”，单击“策略属性”按钮，弹出“策略属性设置”对话框，将策略执行方式的定时循环时间设置为200ms。

6. 程序运行

保存工程，将“实数变化”窗口设为启动窗口，运行工程。

画面中文本对象中的数值开始递增，递增到10时开始递减，递减到0时开始递增，往复循环变化，同时绘制该数的实时变化曲线。

程序运行画面如图3-29所示。

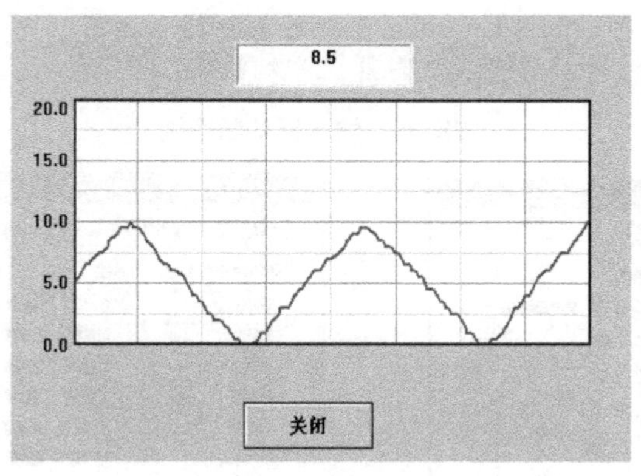

图3-29 程序运行画面

实例 4　开关对象与开关指示灯

一、设计任务

画面中的开关打开和关闭，控制画面中的指示灯变换颜色。

二、任务实现

1．建立新工程项目

工程名称："开关指示灯"。窗口名称："开关指示灯"。窗口内容注释："开关控制指示灯变换颜色"。

2．制作图形画面

（1）添加 1 个指示灯元件：在工具箱中单击"插入元件"按钮，弹出"对象元件库管理"窗口，选择"指示灯"库中的一个图形对象，如图 3-30 所示。

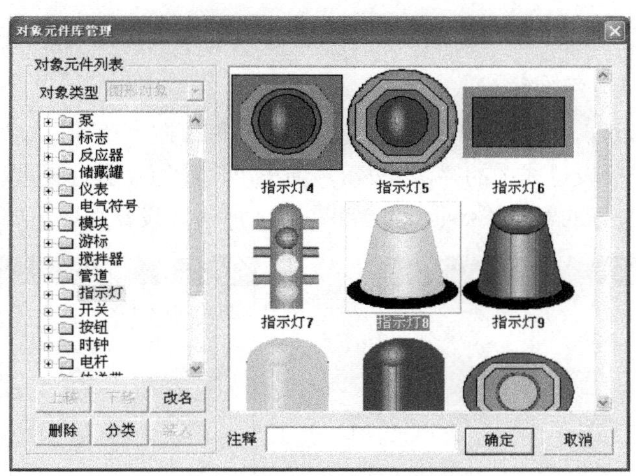

图 3-30　"对象元件库管理"窗口

（2）添加 1 个开关元件：在工具箱中单击"插入元件"按钮，弹出"对象元件库管理"窗口，选择"开关"库中的一个图形对象。

（3）用工具箱中的"直线"工具，通过画线将开关对象与指示灯对象连接起来。

（4）为图形画面添加 1 个按钮构件，按钮标题改为"关闭"。

设计的图形画面如图 3-31 所示。

图 3-31　图形画面

3．定义对象

定义 1 个开关型对象。对象名称设为“switch”，对象类型选“开关”，如图 3-32 所示。

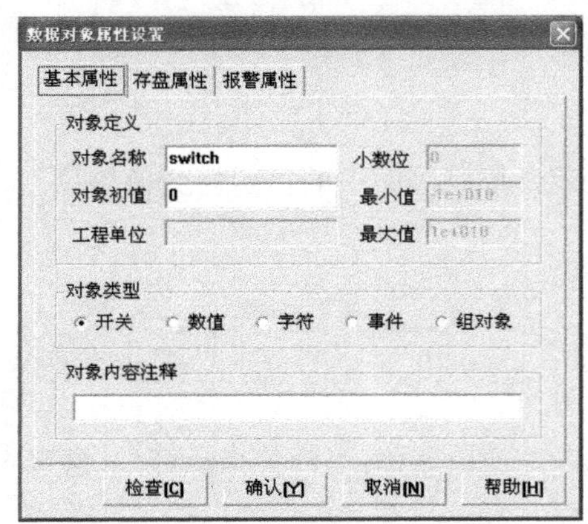

图 3-32　定义开关对象

定义完成后，单击“确认”按钮，则在数据词典中增加 1 个数值型对象“switch”。

4．建立动画连接

在工作台用户窗口中双击“开关指示灯”窗口，进入“动画组态开关指示灯”画面。

1）建立指示灯的动画连接

双击画面中的指示灯，弹出“单元属性设置”对话框，在“动画连接”页中，选择组合图符“可见度”项，单击连接表达式中的“>”按钮，弹出“动画组态属性设置”窗口，在“可见度”页，表达式选择已定义好的对象“switch”，如图 3-33 所示，设置完成后如图 3-34 所示。

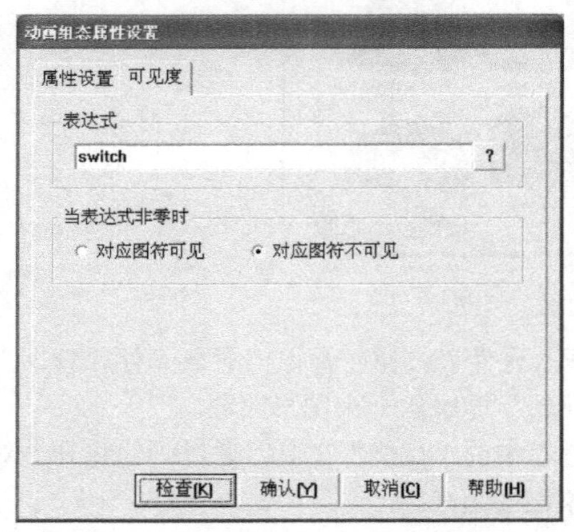

图 3-33　“动画组态属性设置”对话框

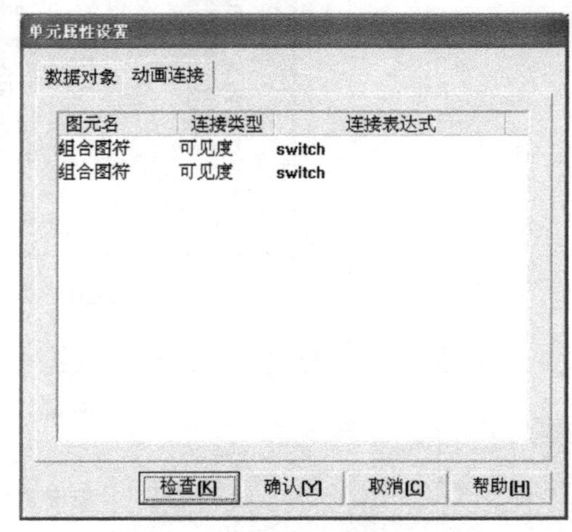

图 3-34　指示灯单元属性设置

2）建立开关的动画连接

双击画面中的“开关”构件，弹出“单元属性设置”对话框，在“动画连接”页，选择第一行组合图符“按钮输入”项，单击连接表达式中的“>”按钮，弹出“动画组态属性设置”

窗口，在“属性设置”页，选择“按钮动作”项，出现“按钮动作”页，如图 3-35 所示。选中“数据对象值操作”项，选择“取反”、“switch”。在“可见度”页中表达式连接“switch=1”，如图 3-36 所示。

同理选择第三行组合图符“按钮输入”项，按上述步骤设置属性。开关动画连接完成后的画面如图 3-37 所示。

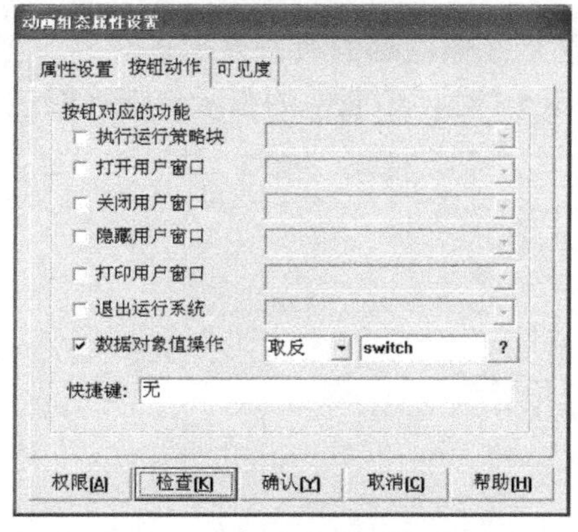

图 3-35　开关按钮动作设置

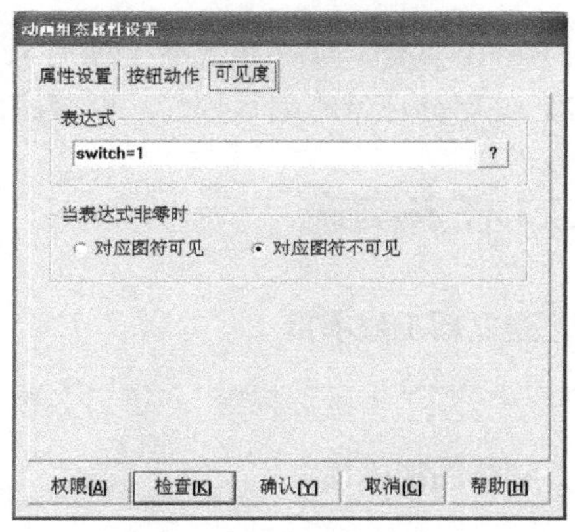

图 3-36　开关可见度设置

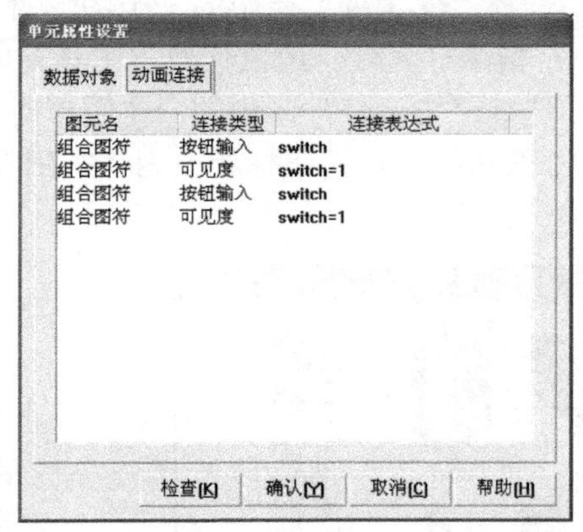

图 3-37　开关单元属性设置

3）建立按钮构件的动画连接

双击“关闭”按钮，出现“标准按钮构件属性设置”对话框，单击“操作属性”页，按钮对应的功能选择“关闭用户窗口”，单击下拉箭头，选择“开关指示灯”窗口。

5. 程序运行

保存工程，将“开关指示灯”窗口设为启动窗口，运行工程。

用鼠标单击画面中的开关，模拟打开/关闭开关动作，画面中的指示灯颜色随着变化。

程序运行画面如图 3-38 所示。

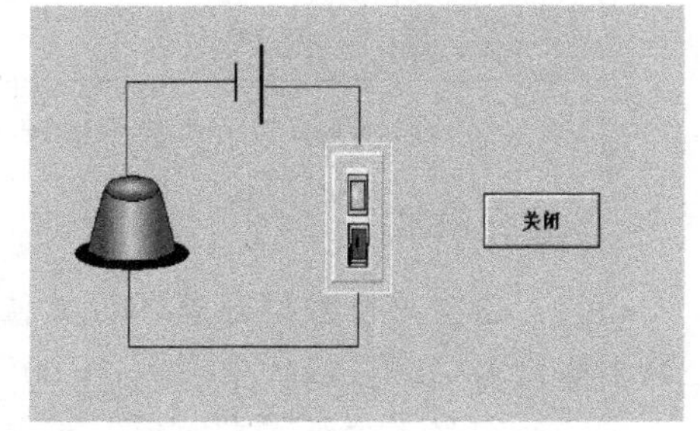

图 3-38　程序运行画面

实例 5　数值对象与开关对象

一、设计任务

（1）一个整数从零开始每隔 1 秒加 1，累加数显示在储藏罐的液位显示。

（2）使用循环策略编写程序：储藏罐的液位显示 10 时，画面中的指示灯变换颜色。

二、任务实现

1. 建立新工程项目

工程名称：“指示灯报警”。窗口名称：“指示灯报警”。

2. 制作图形画面

（1）为图形画面添加 1 个储藏罐元件：用鼠标单击工具箱中的“插入元件”按钮，弹出“对象元件库管理”对话框，选择“储藏罐”库中的一个图形对象，如图 3-39 所示。

（2）为图形画面添加 1 个指示灯元件：用鼠标单击工具箱中的“插入元件”按钮，弹出“对象元件库管理”对话框，选择“指示灯”库中的一个图形对象。

（3）为图形画面添加 1 个按钮构件，按钮标题改为“关闭”。

设计的图形画面如图 3-40 所示。

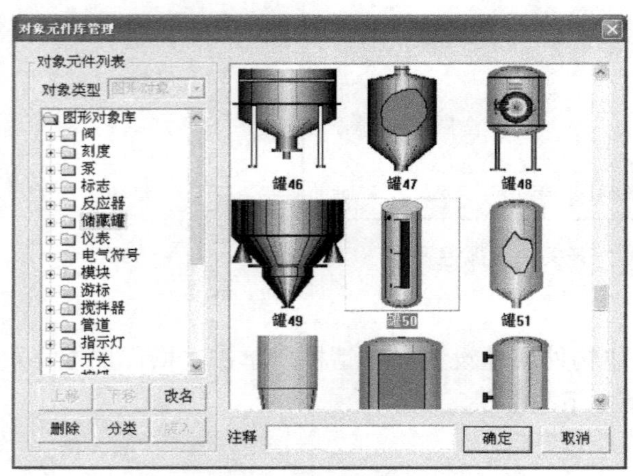

图 3-39　从元件库中选择储藏罐

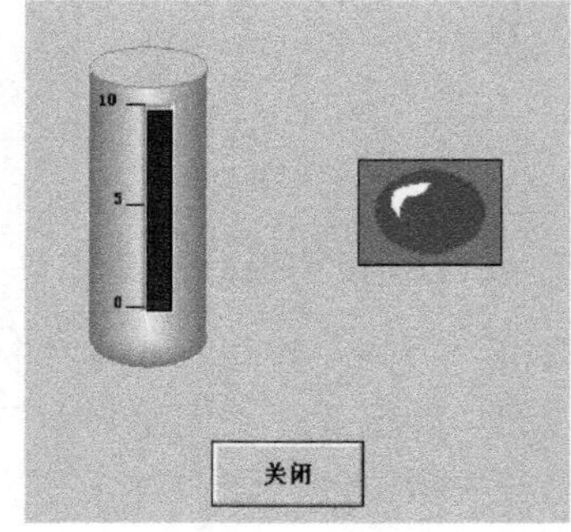

图 3-40　图形画面

3.定义对象

（1）定义 1 个数值对象。对象名称设为“num”，对象类型选“数值”，初始值设为“0”，最小值设为“0”，最大值设为“100”。

（2）定义 1 个开关型对象。对象名称设为“灯”，对象类型选“开关”。

4. 建立动画连接

在工作台用户窗口中双击“指示灯报警”窗口，进入“动画组态指示灯报警”画面。

1）建立储藏罐的动画连接

双击画面中的储藏罐，弹出“单元属性设置”对话框，选择“动画连接”标签页，选择图元名“矩形”，单击连接表达式中的“>”按钮，弹出“动画组态属性设置”窗口，如图 3-41 所示，按图中所示进行设置。

2）建立指示灯的动画连接

双击画面中的指示灯，弹出“单元属性设置”对话框，在“动画连接”页中，选择组合图符“可见度”项，单击连接表达式中的“>”按钮，弹出“动画组态属性设置”窗口，在“可见度”页，表达式选择已定义好的对象“灯”，设置完成后如图 3-42 所示。

3）建立按钮构件的动画连接

双击“关闭”按钮对象，出现“标准按钮构件属性设置”对话框，单击“操作属性”页，按钮对应的功能选择“关闭用户窗口”，单击下拉箭头，选择“指示灯报警”窗口。单击“确定”按钮，“关闭”按钮的动画连接完成。

动画组态属性设置
属性设置　大小变化
表达式
num
大小变化连接
最小变化百分比 0　表达式的值 0
最大变化百分比 100　表达式的值 10
变化方向　变化方式 剪 切
检查(K)　确认(Y)　取消(C)　帮助(H)

图 3-41　储藏罐动画连接设置

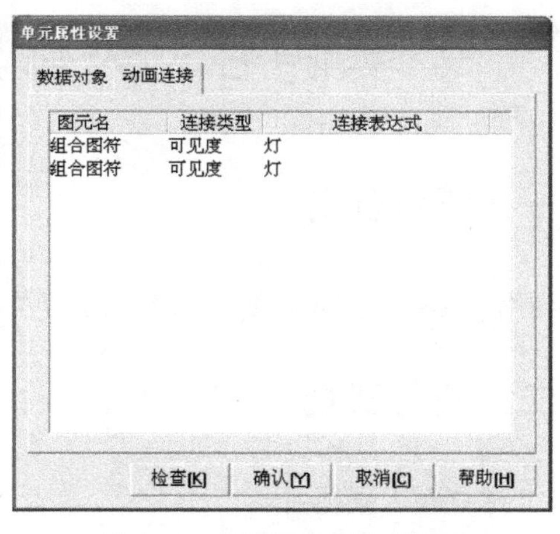

图 3-42　指示灯动画连接设置

5. 策略编程

在工作台窗口中选择“运行策略”窗口，双击“循环策略”，弹出“策略组态：循环策略”编辑窗口。

新增策略行，添加“脚本程序”，双击策略块进入“脚本程序”编辑窗口，在编辑区输入程序：

```
IF num<10    THEN
    num = num + 1
    灯= 0
ELSE
    灯 = 1
ENDIF
```

返回到工作台运行策略窗口，选择循环策略，单击“策略属性”按钮，弹出“策略属性设置”对话框，将策略执行方式的定时循环时间设置为 1000ms。

6. 程序运行

保存工程，将“指示灯报警”窗口设为启动窗口，运行工程。

储藏罐液位显示逐渐增大，当液位达到10时指示灯颜色改变。

程序运行画面如图3-43所示。

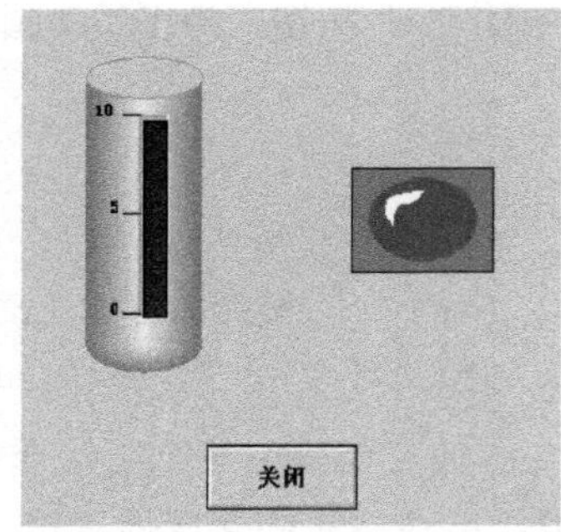

图3-43 程序运行画面

实例6 内部数据对象的调用

一、设计任务

利用内部数据变量创建数值型和字符型数据对象，在用户窗口显示当前日期和时间。

二、任务实现

1. 建立新工程项目

工程名称：“内部数据调用”。窗口名称：“内部数据调用”

2. 制作图形画面

（1）添加4个标签构件。标签1的边线颜色设置为“无边线颜色”，改字符为“日期:”。标签2的边线颜色设置为“无边线颜色”，改字符为“时间:”。标签3、标签4不用改变。

（2）添加2个按钮构件。按钮1文本框中的按钮标题改为“显示日期”，按钮2文本框中的按钮标题改为“显示时间”。

设计的图形画面如图3-44所示。

图3-44 图形画面设计

3. 定义对象

1）定义6个数值型对象

对象属性名称分别设为“year1”、“month1”、

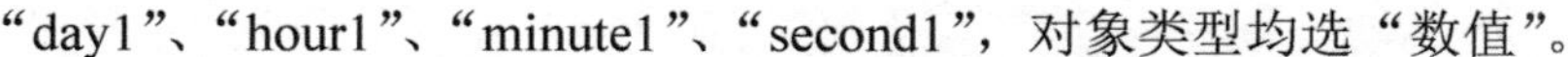

“day1”、“hour1”、“minute1”、“second1”，对象类型均选“数值”。

2）定义 2 个字符型对象

对象名称分别设为“date1”和“time1”，变量类型均选“字符”。

定义的对象如图 3-45 所示。

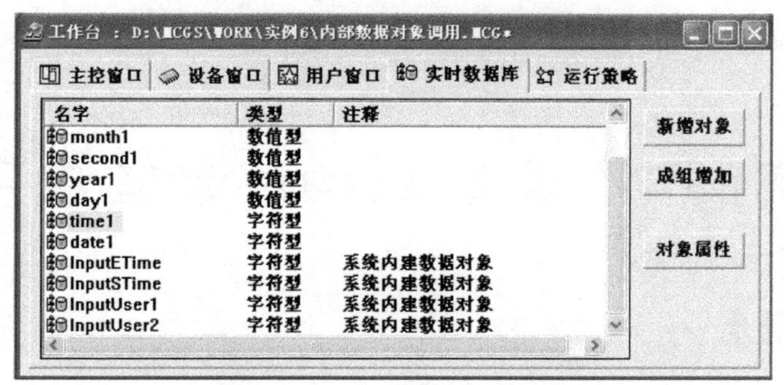

图 3-45　实时数据库

4．建立动画连接

（1）双击“显示日期”按钮构件，出现“标准按钮构件属性设置”对话框，单击对话框中的“脚本程序”页，在编辑区输入程序：

```
year1=$Year
month1=$Month
day1=$Day
date1=!str(year1)+"/"+!str(month1)+"/"+!str(day1)
```

单击“确定”按钮，“显示日期”按钮的动画连接完成。

（2）双击“显示时间”按钮构件，出现“标准按钮构件属性设置”对话框，单击对话框的“脚本程序”页，在编辑区输入程序：

```
hour1=$Hour
minute1=$Minute
second1=$Second
time1=!str(hour1)+":"+!str(minute1)+":"+!str(second1)
```

单击“确定”按钮，“显示时间”按钮的动画连接完成。

（3）双击画面中“日期：”的显示框，弹出“单元属性设置”对话框，在显示输出中将表达式设为“data1”，输出值类型选“字符串输出”；双击“时间：”的显示框，弹出“单元属性设置”对话框，在显示输出中将表达式设为“time1”，输出值类型选“字符串输出”。

5．程序运行

保存工程，将“内部数据调用”窗口设为启动窗口，运行工程。

分别单击“显示日期”、“显示时间”按钮，用户窗口依次在标签中显示当前日期和时间。

程序运行画面如图 3-46 所示。

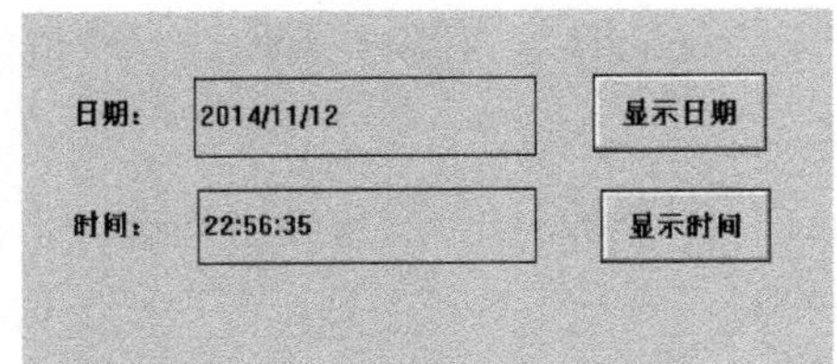

图 3-46　程序运行画面

实例 7　流动块构件动画应用

一、设计任务

（1）当水泵启动时，管道内有水流通过，储藏罐液位上升。

（2）当水泵停止时，管道内无水流通过，储藏罐液位保持不变。

二、任务实现

1．建立新工程项目

工程名称："水罐储水"。窗口名称："水罐储水"。

2．制作图形画面

（1）添加 1 个储藏罐元件：用鼠标单击工具箱中的"插入元件"按钮，弹出"对象元件库管理"窗口，选择"储藏罐"库中的一个图形对象。

（2）添加 1 个水泵元件：用鼠标单击工具箱中的"插入元件"按钮，弹出"对象元件库管理"窗口，选择"水泵"库中的一个图形对象。

（3）添加 1 段流动块构件：选择工具箱中的流动块构件图标 ，鼠标移动到画面的预定位置，单击鼠标左键，移动鼠标在光标后形成一道虚线，再次单击鼠标左键，生成一段流动块。再拖动鼠标（可沿原方向，也可以改变方向），生成下一段流动块，双击鼠标左键，结束流动块的绘制。

设计的图形画面如图 3-47 所示。

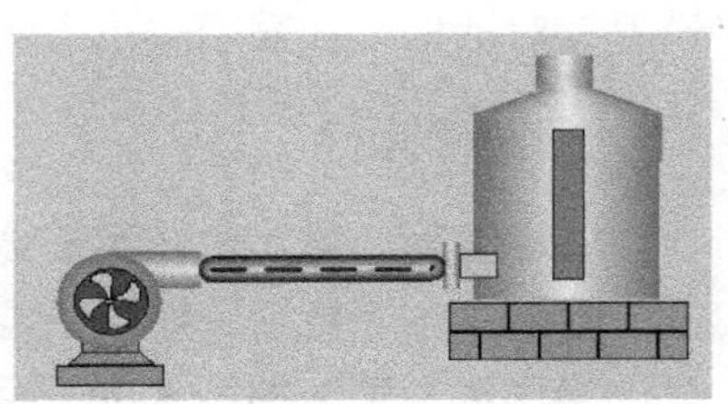

图 3-47　设计的图形画面

3．定义对象

（1）定义 1 个数值型对象。对象名称设为"Data"，对象类型选"数值"，初始值设为"0"，最小值设为"0"，最大值设为"100"。

（2）定义 1 个开关型对象。对象名称设为"水泵"，对象类型选"开关"。

4．建立动画连接

在工作台用户窗口中双击“水罐储水”窗口，进入“动画组态水罐储水”画面。

1）建立储藏罐的动画连接

双击画面中的储藏罐元件，弹出“单元属性设置”对话框，单击链接按钮，进入“动画组态属性设置”对话框，按图 3-48 所示进行设置。

2）建立水泵的动画连接

双击画面中的水泵元件，弹出“单元属性设置”对话框，按图 3-49 所示进行设置。

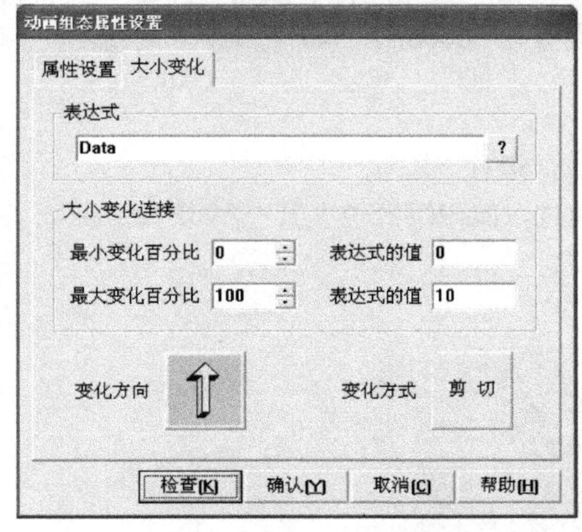

图 3-48　储藏罐动画连接设置

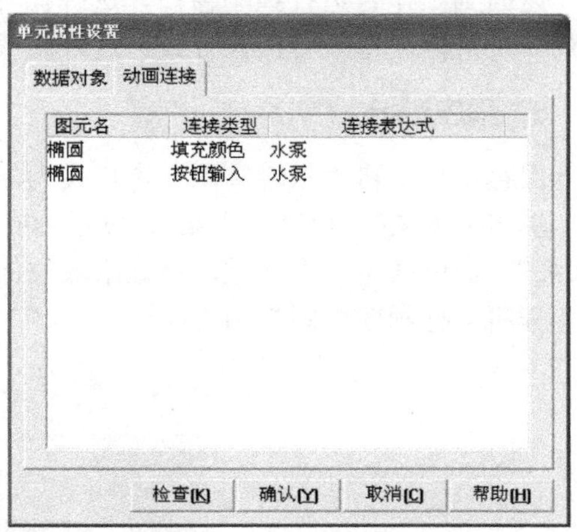

图 3-49　水泵动画连接设置

3）建立流动块的动画连接

双击画面中的流动块，弹出“单元属性设置”对话框，按图 3-50 所示进行设置，在流动属性页中，将表达式设为“水泵=1”，其他属性不变。

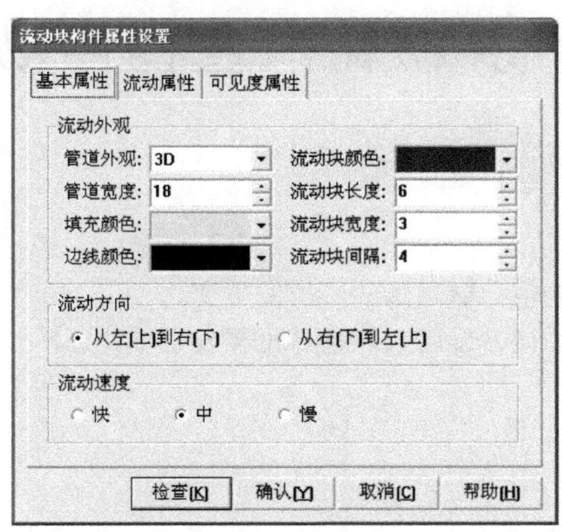

图 3-50　流动块动画连接设置

5. 策略编程

在工作台窗口中选择“运行策略”窗口，双击“循环策略”，弹出“策略组态：循环策略”编辑窗口。

新增策略行，添加“脚本程序”，双击策略块进入“脚本程序”编辑窗口，在编辑区输入程序：

```
IF ( data < 10   AND 水泵 = 1 )   THEN
    data = data + 1
Endif
```

返回到工作台运行策略窗口，选择循环策略，单击“策略属性”按钮，弹出“策略属性设置”对话框，将策略执行方式的定时循环时间设置为3000ms，单击“确认”按钮。

6. 程序运行

保存工程，将“水罐储水”窗口设为启动窗口，运行工程。

单击“水泵”，启动“水泵”，管道内有水流通过，储藏罐液位上升；单击“水泵”，关闭“水泵”，管道内无水流通过，储藏罐液位保持不变。

程序运行画面如图3-51所示。

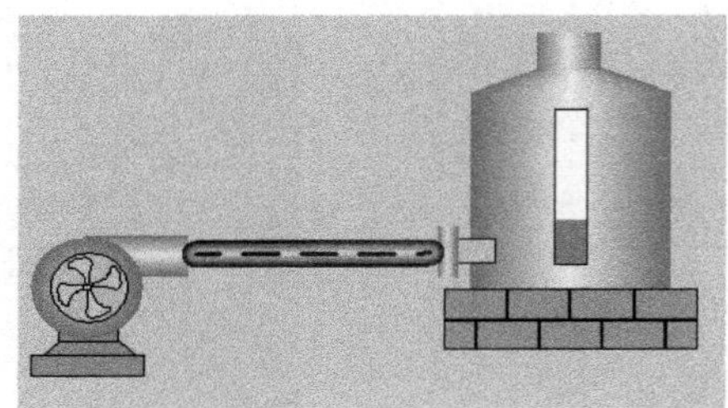

图3-51　程序运行画面

实例8　滑动输入器构件动画应用

一、设计任务

（1）改变滑动输入器的值，储藏罐的液位发生变化。

（2）改变滑动输入器的值，旋转仪表指针位置发生变化。

二、任务实现

1. 建立新工程项目

工程名称：“滑动输入器应用”。

窗口名称：“滑动输入器应用”。

窗口内容注释："改变滑动输入器的值，储藏罐的液位发生变化，旋转仪表指针位置发生变化"。

2．制作图形画面

（1）添加 1 个储藏罐元件：用鼠标单击工具箱中的"插入元件"按钮，弹出"对象元件库管理"窗口，选择"储藏罐"库中的"罐 50"。

（2）添加 1 个滑动输入器构件：用鼠标单击工具箱中的"滑动输入器"按钮，鼠标移动到画面的预定位置，单击鼠标左键拖动鼠标画出一个适当大小的滑动输入器构件。

（3）添加 1 个旋转仪表构件：选择工具箱中的旋转仪表构件图标，鼠标移动到画面的预定位置，单击鼠标左键拖动鼠标画出一个适当大小的旋转仪表构件。

设计的图形画面如图 3-52 所示。

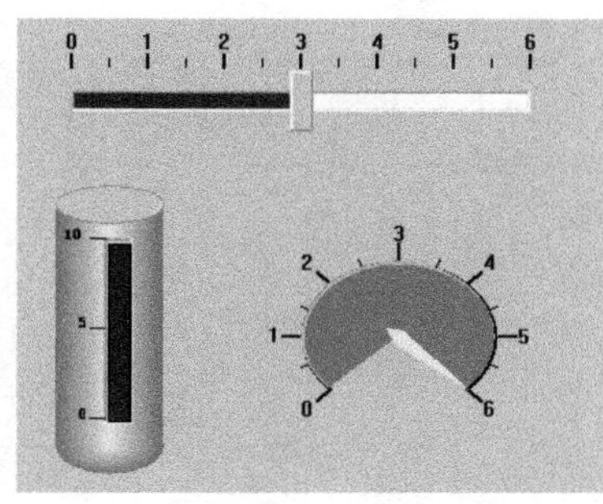

图 3-52　设计的图形画面

3．定义对象

定义 1 个数值型对象。对象名称设为"液位"，对象类型选"数值"，初始值设为"0"，最小值设为"0"，最大值设为"10"，如图 3-53 所示。

4．建立动画连接

在工作台用户窗口中双击"滑动输入器应用"窗口，进入"动画组态滑动输入器应用"画面。

1）建立滑动输入器的动画连接

双击画面中的滑动输入器，弹出"滑动输入器构件单元属性设置"对话框。在"刻度与标注属性"页中，将主画线数目设置为"10"；在"操作属性"页中，对应数据对象的名称连接"液位"，滑块在最右（下）边时对应的值设为"10"，如图 3-54 所示。

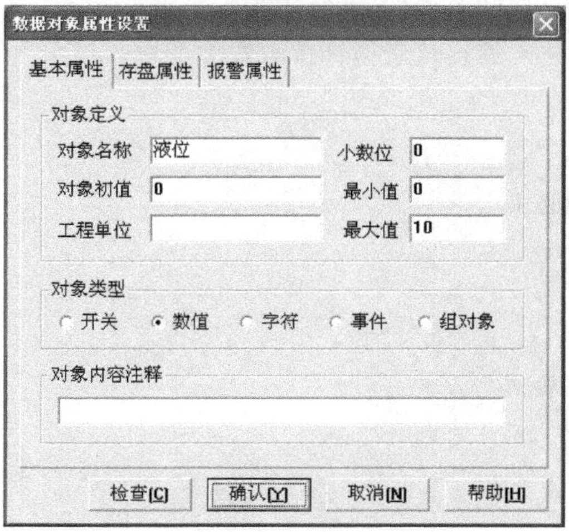

图 3-53　对象"液位"属性设置

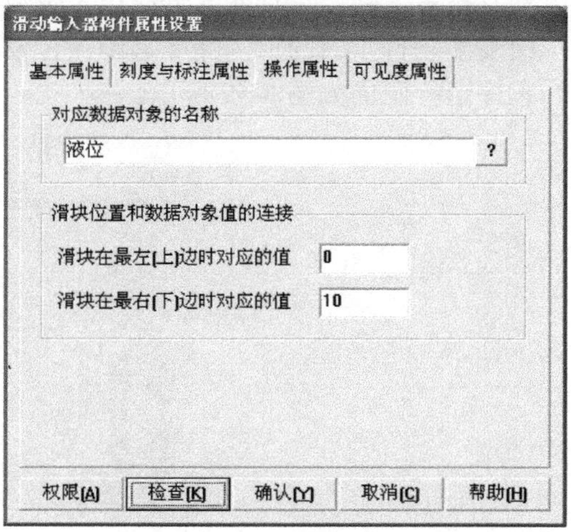

图 3-54　滑动输入器动画连接设置

2）建立储藏罐的动画连接

双击画面中的储藏罐，弹出“单元属性设置”对话框，在“动画连接”页中，选择图元名“矩形”，单击[>]按钮，“表达式”设为“液位”，“最大变化表达式的值”设置为“10”，如图 3-55 所示。

3）建立旋转仪表的动画连接

双击画面中的旋转仪表，弹出“旋转仪表构件属性设置”对话框。在“刻度与标注属性”页中，将主画线数目设置为“10”；在“操作属性”页中，对应数据对象的名称连接“液位”，“最大顺时钟角度对应的值”设为“10”，如图 3-56 所示。

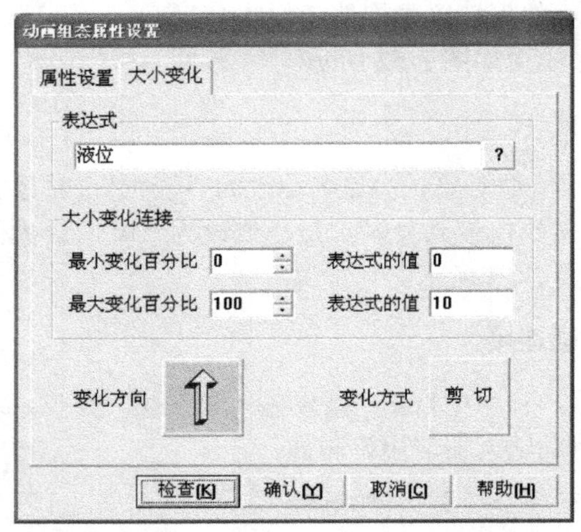

图 3-55 储藏罐动画组态属性设置

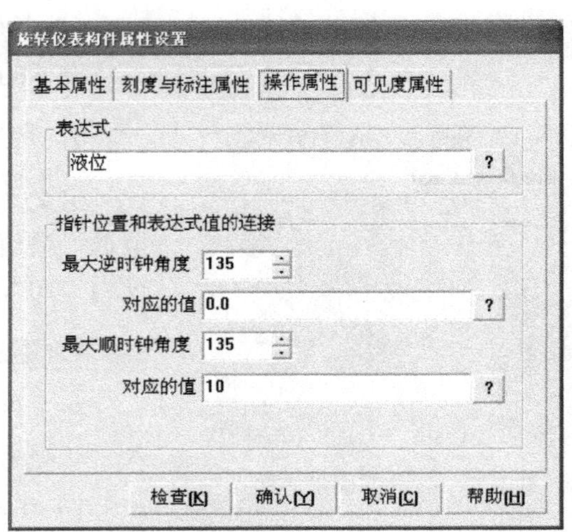

图 3-56 旋转仪表构件属性设置

5. 程序运行

保存工程，将“滑动输入器应用”窗口设为“启动窗口”，运行工程。

改变滑动输入器的值，储藏罐的液位发生变化，旋转仪表指针位置发生变化。

程序运行画面如图 3-57 所示。

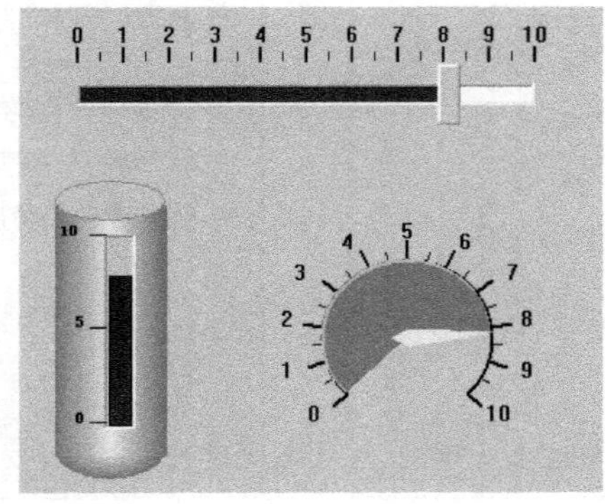

图 3-57 程序运行画面

第 4 章　MCGS 高级应用

本章讲解组态软件 MCGS 的高级应用技术，包括数据处理、报警处理、报表输出、曲线显示、配方处理，以及安全机制等。

4.1　数据处理

在现代化的工业生产现场，由于大量使用各种类型的监控设备，因此，通常会产生大量的生产数据。这就要求构成监控系统核心的组态软件具备强大的数据处理能力，从而有效、合理地将这些生产数据加以处理，一方面，为现场操作员提供实时、可靠的图像、曲线等，以反映现场运行的状况并方便其进行相应的控制操作；同时，也需要为企业的管理人员提供各种类型的数据报表，为企业管理提供切实可靠的第一手资料。

针对以上情况，MCGS 组态软件提供了功能强大、使用方便的数据处理功能。按照数据处理的时间先后顺序，MCGS 组态软件将数据处理过程分为三个阶段，即数据前处理、实时数据处理，以及数据后处理，以满足各种类型的需要。

4.1.1　MCGS 数据前处理

在实际应用中，从硬件设备中输入或输出的数据一般是特定范围内的电压、电流等物理意义上的值，通常要对这些数据进行相应的转换才能得到真正具有实际意义的工程数据。例如，从 AD 通道采集进来的数据一般都为电压 mV 值，需要进行量程转换或查表、计算等处理才能得到所需的工程物理量。

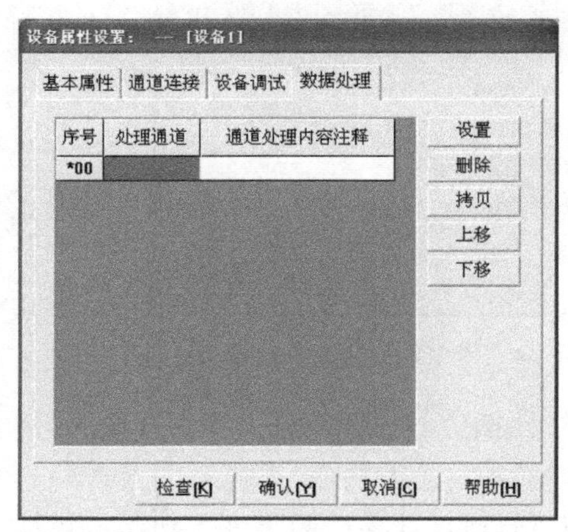

图 4-1　数据处理属性页

MCGS 的数据前处理与设备是紧密相关的，在 MCGS 设备窗口下，打开设备构件，选择数据处理属性页即可进行 MCGS 的数据前处理组态，如图 4-1 所示。

用鼠标双击带“*”的一行可以增加一个新的处理，双击其他行可以对已有的设置进行修改（也可以单击“设置”按钮进行修改）。注意：MCGS 处理时是按序号的大小顺序处理的，可以通过单击“上移”和“下移”按钮来改变处理的顺序。

单击“设置”按钮则打开“通道处理设置”对话

框，如图 4-2 所示。

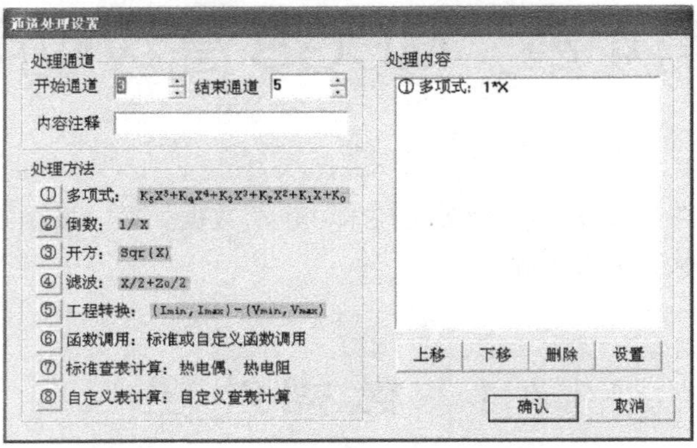

图 4-2　“通道处理设置”对话框

MCGS 系统对设备采集通道的数据可以进行 8 种形式的数据处理，包括多项式计算、倒数计算、开方计算、滤波处理、工程转换计算、函数调用、标准查表计算、自定义查表计算。各种处理可单独进行也可组合进行。

MCGS 按从上到下顺序进行计算处理，每行计算结果作为下一行计算输入值，通道值等于最后计算结果值。

MCGS 数据前处理的 8 种方式说明如下。

（1）多项式。对设备的通道信号进行多项式（系数）处理，可设置的处理参数有 k0～k5，可以将其设置为常数，也可以设置成指定通道的值（通道号前面加“!”），另外，还应选择参数和计算输入值 *X* 的乘除关系，如图 4-3 所示。

（2）开方。对设备输入信号求开方运算。

（3）滤波，也叫中值滤波，为本次输入信号的 1/2+上次输入信号的 1/2。

（4）工程转换。把设备输入信号转换成工程物理量。如对设备通道 0 的输入信号 1000～5000mV（采集信号）工程转换成 0～2MPa（传感器量程）的压力量，设置如图 4-4 所示。

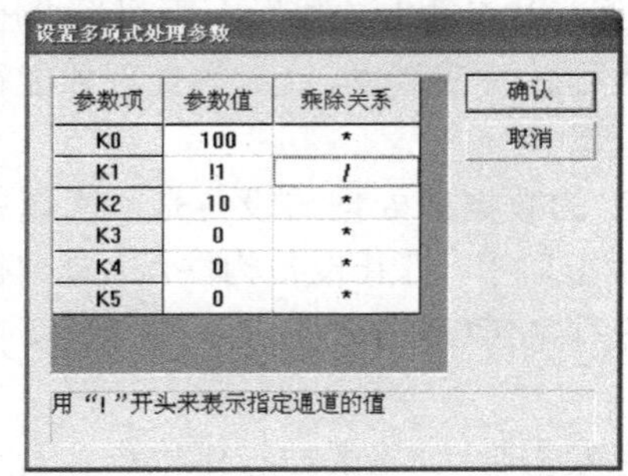

图 4-3　设置多项式处理参数

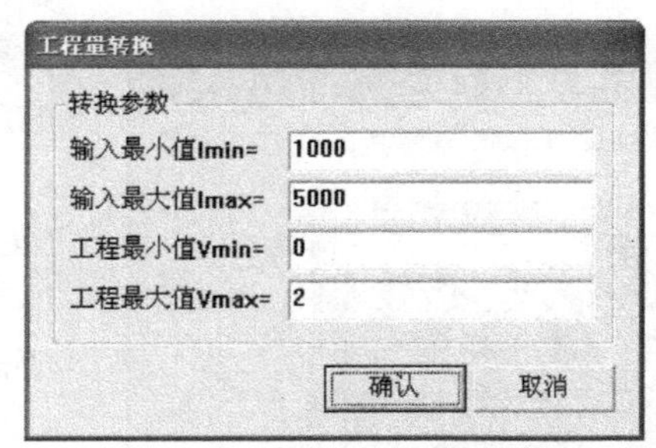

图 4-4　“工程量转换”对话框

MCGS 在运行环境中则根据输入信号的大小采用线性插值方法转换成工程物理量（0～2MPa）范围。

（5）函数调用。函数调用用来对设定的多个通道值进行统计计算，如图 4-5 所示，包括求和、求平均值、求最大值、求最小值、求标准方差等。此外，还允许使用动态链接库来编制自己的计算算法，挂接到 MCGS 中来，从而达到可自由扩充 MCGS 算法的目的。需要指定用户自定义函数所在动态链接库的路径和文件名，以及自定义函数的函数名。

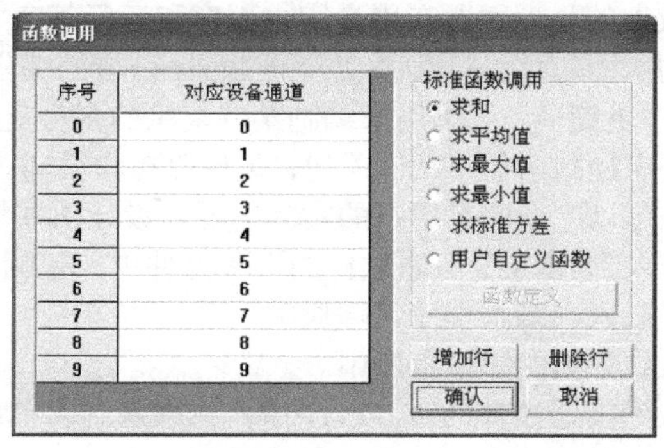

图 4-5　“函数调用”对话框

（6）标准查表计算。标准查表计算包括 8 种常用热电偶和 Pt100 热电阻查表计算，如图 4-6 所示。Pt100 热电阻在查表之前，应先使用其他方式把通过 A/D 通道采集进来的电压值转换成为 Pt100 的电阻值，然后再用电阻值查表得出对应的温度值。对热电偶查表计算需要指定使用作为温度补偿的通道（热电偶已作冰点补偿时，不需要温度补偿），在查表计算之前，先要把作为温度补偿通道的采集值转换成实际温度值，把热电偶通道的采集值转换成实际的毫伏数。

（7）自定义查表计算。自定义查表计算处理首先要定义一个表，在每一行输入对应值，然后再指定查表基准，如图 4-7 所示。

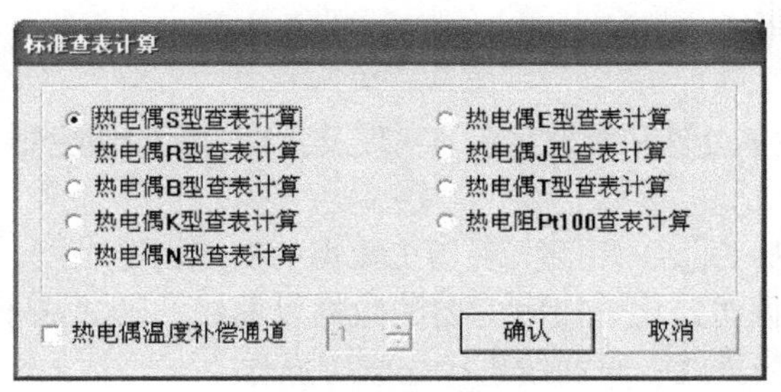

图 4-6　标准查表计算

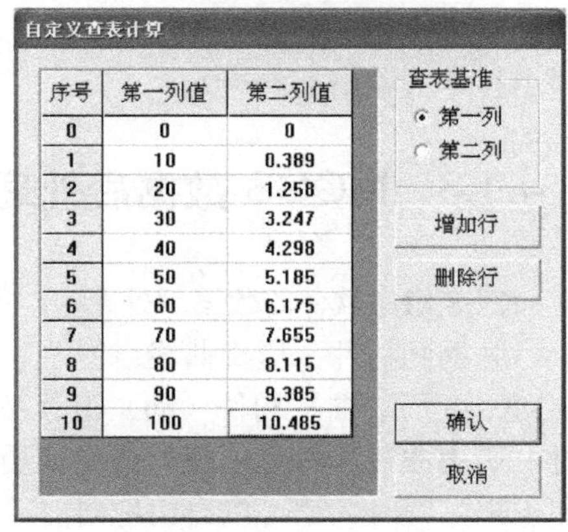

图 4-7　自定义查表计算

MCGS 规定用于查表计算的每列数据，必须以单调上升或单调下降的方式排列，否则，无法进行查表计算。查表基准是第一列，MCGS 系统处理时首先将设备输入信号对应于基准（第一列）线性插值，给出对应于第二列相应的工程物理量，即基准对应输入信号，另一列对应工程物理量（传感器的量程）。

4.1.2 MCGS 实时数据处理

MCGS 系统对实时数据的处理主要在用户脚本程序和运行策略中完成。

MCGS 组态软件中的脚本程序是一种类似普通 Basic 语言的编程脚本语言（Script 语言），但与 Basic 语言相比，操作更简单，可以用来编制某些复杂的多分支流程控制程序。利用脚本程序中的 3 个最基本的程序控制语句（赋值语句、条件语句和循环语句），以及系统提供的各种系统函数和系统变量，可以完全满足用户的实际需要，设计出理想的控制系统。

用户脚本程序可以嵌入到 MCGS 组态软件的许多部件中，包括如下部分

（1）在运行策略窗口嵌入到脚本程序策略块中。

（2）在主控窗口嵌入到菜单的脚本程序中。

（3）在用户窗口嵌入到按钮控件的脚本程序中；或嵌入到窗口属性的启动脚本、循环脚本及退出脚本中；或嵌入到窗口及各个控件的事件组态中。

MCGS 脚本程序中不能自定义变量，但可以把实时数据库中的数据对象当作全局变量。与使用普通的变量一样，用数据对象的名字直接读/写数据对象的值。例如：

```
IF ADdat0 > 100 THEN
  DODat1 = 0
ELSE
  DODat1 = 1
ENDIF
```

假定 ADdat0 是实时数据库中的一个数值型数据对象，它与模拟量输入（AD）接口板的 0 号通道建立了连接；DODat1 是实时数据库中的一个开关型数据对象，其与数字量输出（DO）接口板的 1 号通道建立了连接。那么，上段程序的含义是：当 AD 板 0 号通道采集进来的数据（经参数转换后）大于 100 时，DO 板的 1 号通道关闭（输出低电平）；反之，DO 板的 1 号通道打开（输出高电平）。

4.1.3 MCGS 数据后处理功能

MCGS 组态软件的数据后处理中，用于数据处理和数据显示的构件及各自实现的功能如下。

（1）动画构件：历史曲线。

MCGS 历史曲线构件（动画工具箱中图标为▨）用于实现历史数据的曲线浏览功能。运行时，历史曲线构件可以根据指定的历史数据源，将一段时间内的数据以曲线的形式显示或打印出来，同时，还可以自由地向前、向后翻页或者对曲线进行缩放等操作。

（2）动画构件：历史表格。

MCGS 历史表格构件（动画工具箱中图标为▦）为用户提供了强大的数据报表功能。使用 MCGS 历史表格，可以显示静态数据、实时数据库中的动态数据、历史数据库中的历史记录，以及对它们的统计结果，可以方便、快捷地完成各种报表的显示和打印功能；在历史表格构件中内建了数据库查询功能和数据统计功能，可以很轻松地完成各种数据查询和统计任务；同时，历史表格具有数据修改功能，可以使报表的制作更加完美。

（3）动画构件：存盘数据浏览。

MCGS 存盘数据浏览构件（动画工具箱中图标为▣）可以按照指定的时间和数值条件，

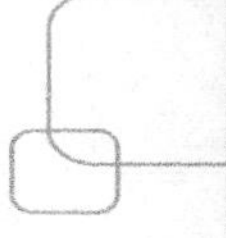

将满足条件的数据显示在报表中，从而快速地实现简单报表的功能。

（4）动画构件：条件曲线。

MCGS 条件曲线构件（动画工具箱中图标为），能够以曲线的形式，将用户指定时间、数值，以及排序条件的历史数据库中的数据显示出来。

（5）策略构件：Excel 报表输出。

MCGS Excel 报表输出构件用于对数据进行处理并生成数据报表，通过调用 Microsoft Office 家族中 Excel 强大的数据处理能力，把 MCGS 存盘数据库或其他数据库中的数据进行相应的数据处理，以 Excel 报表的形式保存、显示或打印出来。

（6）策略构件：修改数据库。

在工程应用中的某些情况下，数据库的某段特定的数据需要做一些修改，当需要修改的数据量较大时，使用存盘数据浏览构件来逐行修改数据库的数据记录是很费时费力的。为此，MCGS 组态软件中的“修改数据库”策略构件，可以对 MCGS 的实时数据存盘对象、历史数据库进行修改、添加，以提高工程中的数据后处理能力。

（7）策略构件：存盘数据复制。

使用 MCGS 策略构件中的存盘数据复制构件，可以实现数据库之间数据表的复制。

（8）策略构件：存盘数据提取。

存盘数据提取构件把 MCGS 存盘数据按一定条件从一个数据库提取到另一个数据库中，或把数据库内的一个数据表提取到另一个数据表中。

（9）策略构件：存盘数据浏览。

可以对历史数据进行“所见即所得”的浏览、修改、添加、删除、打印、统计等数据库操作。

4.2　报警处理

MCGS 把报警处理作为数据对象的属性封装在数据对象内，由实时数据库在运行时自动处理。当数据对象的值或状态发生改变时，实时数据库判断对应的数据对象是否发生了报警或已产生的报警是否已经结束，并把所产生的报警信息通知给系统的其他部分，同时，实时数据库根据用户的组态设定，把报警信息存入指定的存盘数据库文件中。

实时数据库只负责报警的判断、通知和存储三项工作，而报警产生后所要进行的其他处理操作（即对报警动作的响应），则需要设计者在组态时制订方案，例如，希望在报警产生时打开一个指定的用户窗口，或者显示和该报警相关的信息等。

4.2.1　定义报警

在处理报警之前必须先定义报警，报警的定义在数据对象的属性页中进行，如图 4-8 所示。首先要选中“允许进行报警处理”复选框，使实时数据库能对该对象进行报警处理；其次是要正确设置报警限值或报警状态。

数值型数据对象有 6 种报警：下下限、下限、上限、上上限、上偏差、下偏差。

开关型数据对象有 4 种报警方式：开关量报警、开关量跳变报警、开关量正跳变报警和开关量负跳变报警。开关量报警时可以选择是开（值为 1）报警，还是关（值为 0）报警，当一种状态为报警状态时，另一种状态就为正常状态，当在保持报警状态保持不变时，只产生一次报警；开关量跳变报警为开关量在跳变（值从 0 变 1 和值从 1 变 0）时报警，开关量跳变报警也叫开关量变位报警，即在正跳变和负跳变时都产生报警；开关量正跳变报警只在开关量正跳变时发生；开关量负跳变报警只在开关量负跳变时发生。4 种方式的开关量报警是为了适应不同的使用场合，用户在使用时可以根据不同的需要选择一种或多种报警方式。

事件型数据对象不用进行报警限值或状态设置，当它所对应的事件产生时，报警也就产生，对事件型数据对象，报警的产生和结束是同时完成的。

字符型数据对象和组对象不能设置报警属性，但对组对象所包含的成员可以单个设置报警。组对象一般可用来对报警进行分类，以方便系统其他部分对同类报警进行处理。

当多个报警同时产生时，系统优先处理优先级高的报警。当报警延时次数大于 1 时，实时数据库只有在检测到对应数据对象连续多次处于报警状态后，才认为该数据对象的报警条件成立。在实际应用中，适当设置报警延时次数，可避免因干扰信号而引起的误报警行为。

当报警信息产生时，还可以设置报警信息是否需要自动存盘和自动打印，如图 4-9 所示，这种设置操作需要在数据对象的存盘属性中完成。

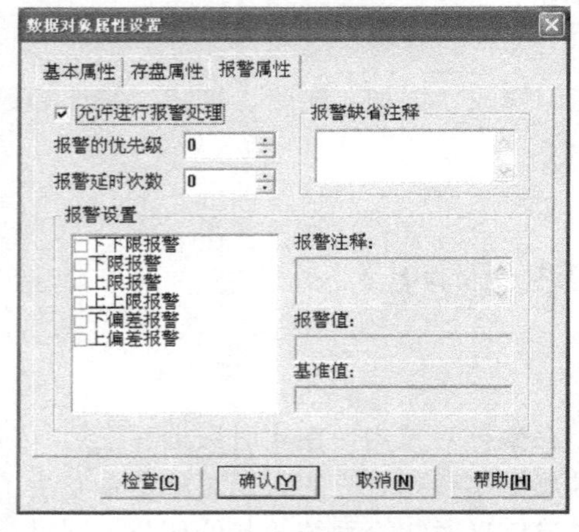

图 4-8　数值型数据对象的报警方式

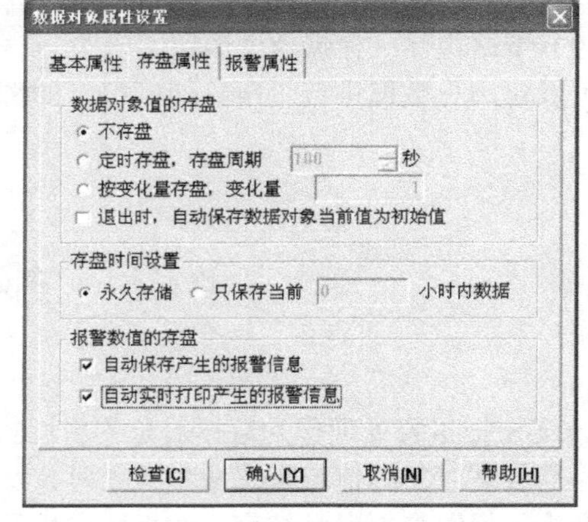

图 4-9　对象存盘属性设置

4.2.2　处理报警

报警的产生、通知和存储由实时数据库自动完成，对报警动作的响应由设计者根据需要在报警策略中组态完成。

在工作台窗口中，用鼠标单击“运行策略”标签，在运行策略窗口中，单击“新建策略”按钮，弹出选择策略类型的对话框，选择“报警策略”，单击“确定”按钮，系统就添加了一个新的报警策略，默认名为策略 X（X 表示数字）。

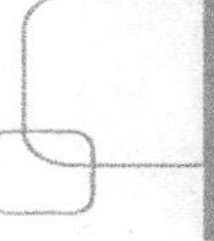

1．报警条件

在运行策略中，报警策略是专门用于响应报警变量的，在报警策略的属性中可以设置对应的报警变量和响应报警的方式，在运行策略窗口中，选中刚才添加的报警策略，单击“策略属性”按钮，弹出“策略属性设置”对话框，如图 4-10 所示。

各部分说明如下：

（1）策略名称：输入报警策略的名称。

（2）策略执行方式。

① 对应数据对象：用于与实时数据库的数据对象连接。

② 对应报警状态：对应的报警状态有 3 种：报警产生时执行一次、报警结束时执行一次、报警应答时执行一次。

③ 确认延时时间：当报警产生时，延时一定时间后，再检查数据对象是否还处与报警状态，如是，则条件成立，报警策略被系统自动调用一次。

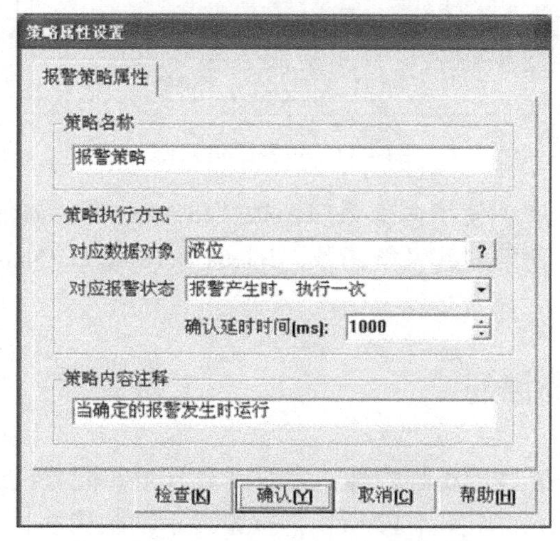

图 4-10　“策略属性”设置对话框

（3）策略内容注释：用于对策略加以注释。

当设置的变量产生报警时，在和设定的对应报警状态和确认延时时刻一致时，系统就会调用此策略，用户可以在策略中组态需要在报警时执行的动作，如打开一个报警提示窗口或执行一个声音文件等。

2．报警应答

报警应答的作用是告诉系统操作员已经知道对应数据对象的报警产生，并作了相应处理，同时，MCGS 将自动记录下应答的时间（要选取数据对象的报警信息自动存盘属性才有效）。报警应答可在数据对象策略构件中实现，也可以在脚本程序中使用系统内部函数“!AnswerAlm”来实现。

在实际应用中，对重要的报警事件都要由操作员进行及时应急处理，报警应答机制能记录下报警产生的时间和报警应答的时间，为事后进行事故分析提供实际数据。

3. 报警限值

在策略工具箱中的数据对象策略构件，在运行时可用来读取和设置数值型数据对象的报警限值，如图 4-11 所示，设置指定对象的报警下限为 20，报警上限为 300。

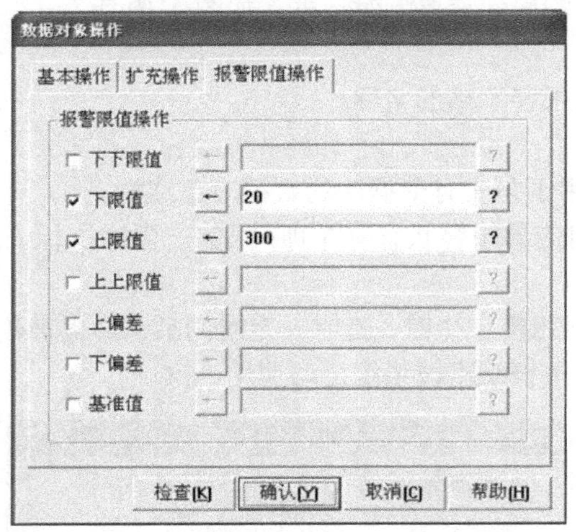

图 4-11　报警限值操作

同时也可以在脚本程序中使用内部系统函数“!SetAlmValue(DatName,Value,Flag)”来设置数据对象的报警限值，使用内部系统函数“!GetAlmValue(DatName,Value,Flag)”来读取数据对象的报警限值。

4.2.3　显示报警信息

在用户窗口中放置报警显示动画构件，并对其进行组态配置，运行时，可实现对指定数据对象报警信息的实时显示。如图 4-12 所示，报警显示动画构件显示的一次报警信息包含如下内容。

（1）报警事件产生的时间。

（2）产生报警的数据对象名称。

（3）报警类型（限值报警、状态报警、事件报警）。

（4）报警事件（产生、结束、应答）。

（5）对应数据对象的当前值（触发报警时刻数据对象的值）。

（6）报警界限值。

（7）报警内容注释。

时间	对象名	报警类型	报警事件	当前值	界限值
12-07 14:47:33.	Data0	上限报警	报警产生	120.0	100.0
12-07 14:47:33.	Data0	上限报警	报警结束	120.0	100.0
12-07 14:47:33.	Data0	上限报警	报警应答	120.0	100.0

图 4-12　报警信息

组态时，在用户窗口中双击报警显示构件可将其激活，进入该构件的编辑状态。在编辑状态下，用户可以用鼠标来自由改变各显示列的宽度，对不需要显示的信息，将其列宽设置为零即可。在编辑状态下，再双击报警显示构件，将弹出如图 4-13 所示的“报警显示构件属性设置”窗口。

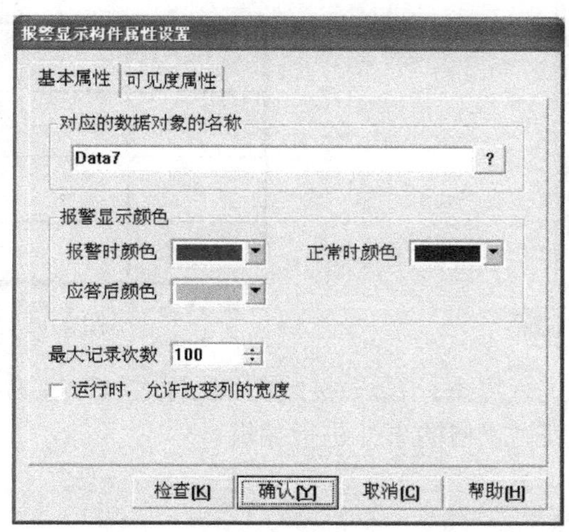

图 4-13 “报警显示构件属性设置”窗口

一般情况下，一个报警显示构件只用来显示某一类报警产生时的信息。定义一个组对象，其成员为所有相关的数据对象，把属性页中的“报警对应的数据对象”设置成该组对象，则运行时组对象包括的所有数据对象的报警信息都在该报警显示构件中显示。

4.3 报表输出

在实际工程应用中，大多数监控系统需要对数据采集设备采集到的数据进行存盘、统计分析，并根据实际情况打印出数据报表。所谓数据报表就是根据实际需要以一定格式将统计分析后的数据记录显示并打印出来，以便对生产过程中系统监控对象的状态进行综合记录和规律总结。

数据报表在工控系统中是必不可少的一部分，是整个工控系统的最终结果输出。实际中常用的报表形式有实时数据报表和历史数据报表（班报表、日报表、月报表）等。

4.3.1 创建报表

在 MCGS 的绘图工具箱中，选择自由表格或历史表格，如图 4-14 所示，在用户窗口中，按下鼠标左键就可以在用户窗口中绘制出一个表格来。

选择表格，使用工具条上的按钮对表格的各种属性进行调节，如去掉外面的粗边框、改变填充颜色、改变边框线型等，或在报表上拉出一根直线，并放置一幅位图，如图 4-15 所示。

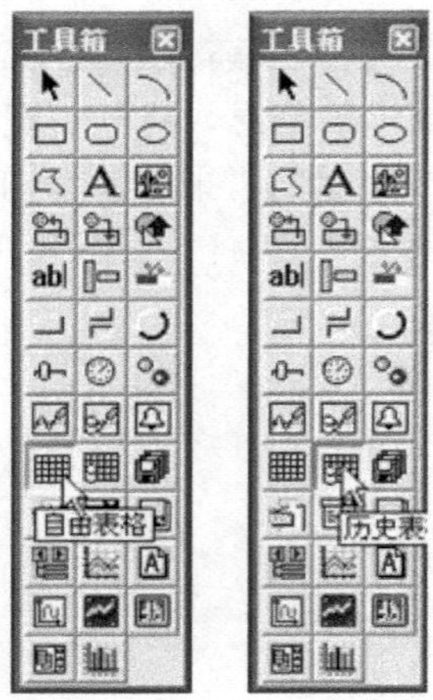

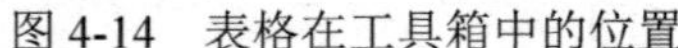

图 4-14　表格在工具箱中的位置

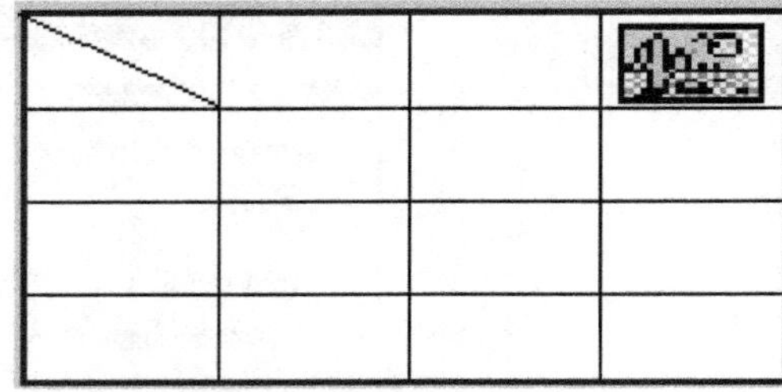

图 4-15　绘制表格

也可以对表格的事件进行组态：在表格上单击鼠标右键，在右键菜单中选择事件编辑，弹出事件编辑对话框就可以对表格的事件进行编辑。

4.3.2　报表组态

报表创建后默认为一张空表。需要对表格进行组态才能形成最终需要的报表，下面详细介绍报表的组态过程。

对报表的组态，需要先双击表格构件，进入报表组态状态，如图 4-16 所示。

可以注意到，MCGS 弹出了表格组态工具条，同时菜单中的表格菜单也可以使用了，在表格周围，浮现出一个行列索引条，原先摆在表格上方的直线和位图也暂时放到表格后面了。

不论是自由表格还是历史表格，表格的组态都分为两个层次来进行，这两个层次在表格的组态中体现为表格两种状态组态：显示界面组态和连接方式组态。

动画组态窗口0*

	A	B	C	D
1				
2				
3				
4				

图 4-16　进入报表组态状态

显示界面组态包括：表格单元是否合并；表格单元内固定显示的字符串；如果表格单元内连接了数据，使用什么样的形式来显示这些数据（格式化字符串）；表格单元在运行时是否可以编辑；是否需要把表格单元中的数据输出到某个数据变量上去。

连接方式组态用于数据连接。在自由表格中，对每个单元格进行数据连接；在历史表格中，用户可以根据实际情况确定是否需要构成一个单元区域以便连接到数据源中，或是否对数据对象进行统计处理等。

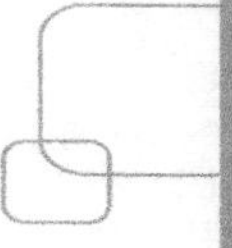

1. 表格基本编辑方法

（1）用鼠标左键单击某单元格，选中的单元格上有黑框显示。

（2）用鼠标左键单击某个单元格后拖动则为选择多个单元格。选中的单元格区域周围有黑框显示，第一个单元格反白显示，其他单元格反黑显示。

（3）鼠标左键单击行列索引条（报表中标识行列的灰色单元格）为选择整行或整列。

（4）单击报表左上角的固定单元格为选择整个报表。

（5）允许在获得焦点的单元格直接输入文本。用鼠标左键双击单元格使输入光标位于该单元格内，输入字符。按下回车键或用鼠标左键单击其他单元格为确认输入，按<ESC>键取消本次输入。

（6）如果某个单元格在界面组态状态下输入了文本，而且没有在连接组态状态下连接任何内容，则在运行时，输入的文本被当作标签直接显示；如果在连接组态状态下连接了数据，则在运行时，输入的文本被试图解释为格式化字符串，如果不能被解释为格式化字符串（不符合要求），则忽略输入的文本。

（7）在单元格内输入文本时，可以使用 Ctrl+Enter 组合键（同时按下 Ctrl 键和回车键）来输入一个回车。利用这个方法可以在一个表格单元内书写多行文本，或输入竖状文字。

（8）允许通过鼠标拖动来改变行高、列宽。将鼠标移动到固定行或固定列之间的分割线上，鼠标形状变为双向黑色箭头时，按下鼠标左键，拖动，修改行高、列宽。

（9）当选定一个单元格时，可以使用一般组态工具条上的字体设置按钮、字色设置按钮来设置字体和字色。可以使用填充色来设置单元格内填充的颜色。可以使用线型、线色来设置单元格的边线。通过表格组态工具条中的设置边线按钮组，可以选择设置哪条边线的线型和颜色。通过表格组态工具条中的边线消隐按钮组，可以选择显示和消隐边线。

（10）可以使用编辑菜单中的复制、剪切、粘贴命令和一般组态工具条上的复制、剪切和粘贴按钮来进行单元格内容的编辑。

（11）可以使用表格编辑工具条中的对齐按钮来进行单元格的对齐设置。

（12）可以使用合并单元格和拆分单元格来进行单元格的合并与拆分。

对自由表格的界面组态只有直接填写显示文本和直接填写格式化字符串两种方式，对历史表格，除了填写显示文本和填写格式化字符串以外，还可以进行单元格的编辑和输出组态。方法是在界面组态状态下，选定需要组态的一个或一组单元格，按下鼠标右键，弹出右键菜单，选择表元连接，或者在表格菜单中选择表元连接，则弹出单元格界面属性设置对话框。

2. 表格连接组态

1）自由表格连接组态

自由表格的连接组态非常简单，只需要切换到连接组态状态下，然后在各个单元格中直接填写数据对象名，或者直接按照脚本程序语法填写表达式，表达式可以是字符、数值和开关型的。充分利用索引拷贝的功能，可以快速填充连接。同时也可以一次填充多个单元格。方法是选定一组单元格，在选定的单元格上按下鼠标右键，弹出数据对象浏览对话框，在对话框的列表框中选定多个数据对象，然后按下回车键，MCGS 将按照从左到右，从上到下的顺序填充各个单元框，如图 4-17 和图 4-18 所示。

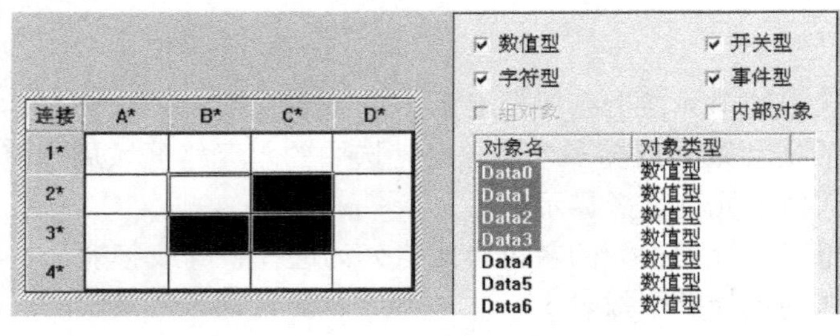

图 4-17　选定多个数据对象

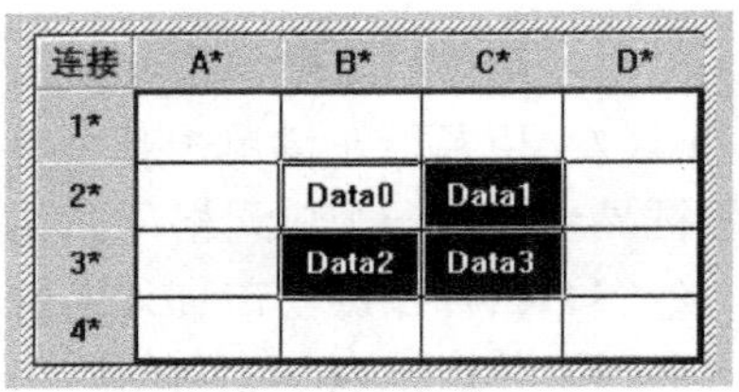

图 4-18　连接组态效果图

2）历史表格连接组态

历史表格的连接组态则比较复杂，在历史表格的连接组态状态下，表格单元可以作为单个表格单元来组态连接，也可以形成表格单元区域来组态连接。

把表格单元连接到脚本程序表达式、单元格表达式，以及单元格统计结果，必须把单元格作为单个表格单元来组态；把表格单元连接到数据源则必须把表格单元组成表格区域来组态，即使是一个表格单元，也要组成表格区域来进行组态。

为了组成表格区域，首先，在连接组态状态下，选定一组或一个单元格，然后使用表格编辑工具条上的合并单元按钮或表格菜单中的合并单元命令，这些单元格内就用斜线填充，表示已经组成一个表格区域，必须一起组态它们的连接属性，如图 4-19 所示。

对单个单元格进行组态，选定了需要组态的单元格后，使用表格菜单中的表元连接命令，或者按下鼠标右键，弹出“单元连接属性设置”对话框，如图 4-20 所示。如同界面组态中一样，也可以一次选定多个单元格，对多个单元格同时进行组态。

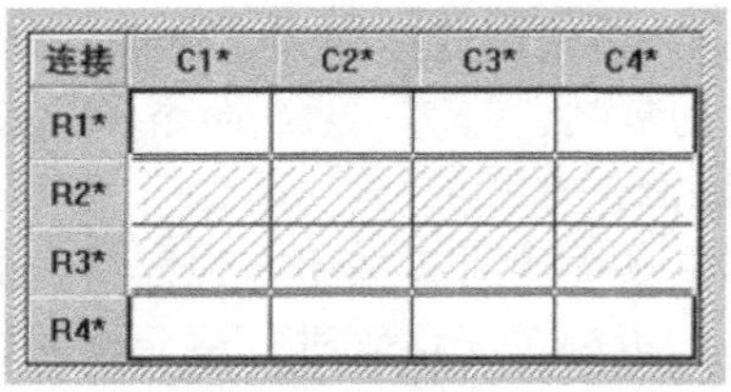

连接	C1*	C2*	C3*	C4*
R1*				
R2*				
R3*				
R4*				

图 4-19　合并单元格

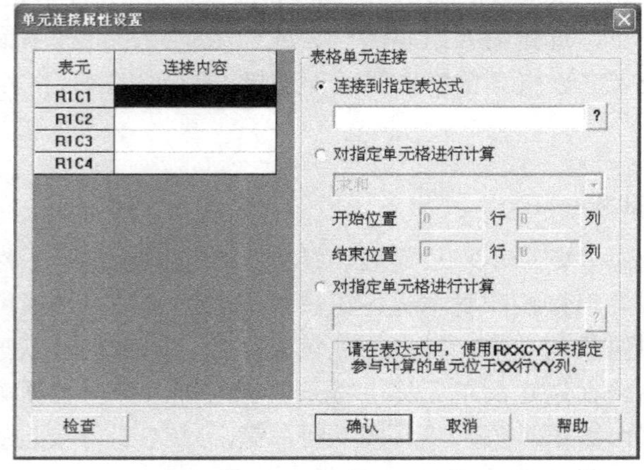

图 4-20　“单元连接属性设置”对话框

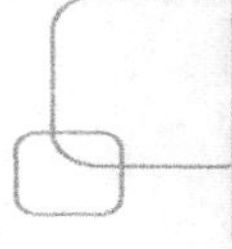

在单元连接属性设置对话框中，可以设置如下选项。

（1）单元格列表：列出了所有正在组态的单元格。R2C4 表示第 2 行第 4 列的单元格。使用鼠标选定某列后，就可以在右边的表格单元连接中对选定的单元格进行连接设置。

（2）表格单元连接：可以组态如下选项。

① 连接到指定表达式：把表格内容连接到一个脚本程序表达式。

② 对指定单元格进行计算：可以选定对某个区域内的单元格进行计算。此选项通常用于在汇总单元格内对一行或一列内的一批单元格进行汇总统计。可以提供的计算方法有求和、求平均值、求最大值等。

③ 对指定单元格进行计算：可以写出一个单元格表达式，对几个单元格进行计算。注意：这里的单元格表达式不同于脚本程序表达式。

对表元区域进行组态，首先选定需要组态的表元区域，然后使用表格菜单中的表元连接命令或鼠标右键，弹出“数据库连接设置”对话框，如图 4-21 所示。

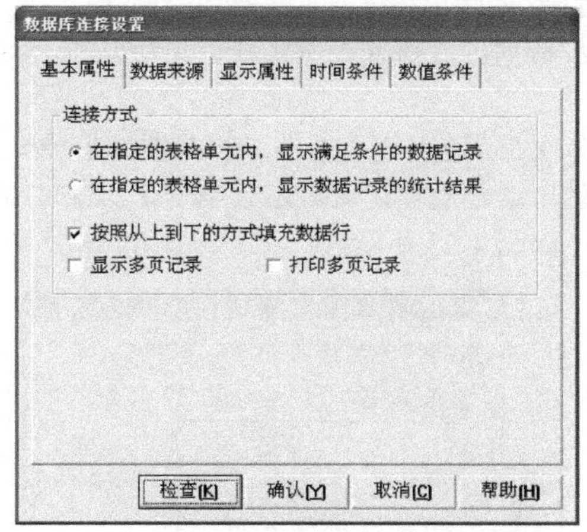

图 4-21　“数据库连接设置”对话框

第一页是基本属性页，可以选择的选项如下。

（1）连接方式：可以选择显示数据记录或显示统计结果。如果选择显示数据记录，则数据源直接从数据库中根据指定的查询条件提取一行到多行数据；如果选择显示统计结果，则数据源根据指定的查询条件，从数据库中提取到需要的数据后进行统计分析处理，然后生成一行数据，填充到选定的表元区域中。

（2）按照从上到下的方式填充数据行：选择此选项，导致 MCGS 按照水平填充的方式填充数据，也就是说，当需要填充多行数据时，是按照从上到下的方式填充的。反之，如果不选择此选项，则数据按照从左到右的方式填充。

（3）显示多页记录：选择此选项，当填充的数据行数多于表元区域的行数时，在表元区域的右边出现一个滚动条，可以滚动浏览所有的数据行。当对这个窗口进行打印时，MCGS 自动增加打印页数，并滚动数据行填充新的一页，以便把所有的数据打印出来。

数据库连接设置的第二页是数据来源组态，如图 4-22 所示。

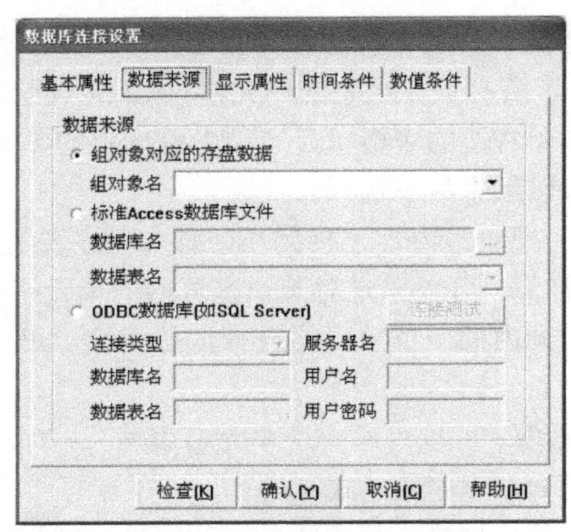

图 4-22　数据来源组态

数据来源页可以选择的选项如下。

（1）组对象对应的存盘数据：选择这个选项后，可以从下拉框中选择一个有存盘属性的组对象。

（2）标准 Access 数据库文件：使用这个选项，可以连接到一个 Access 数据库的数据表中。

（3）ODBC 数据库：使用这个选项，可以连接到一个 ODBC 数据源上。

第三页是显示属性页，如图 4-23 所示。

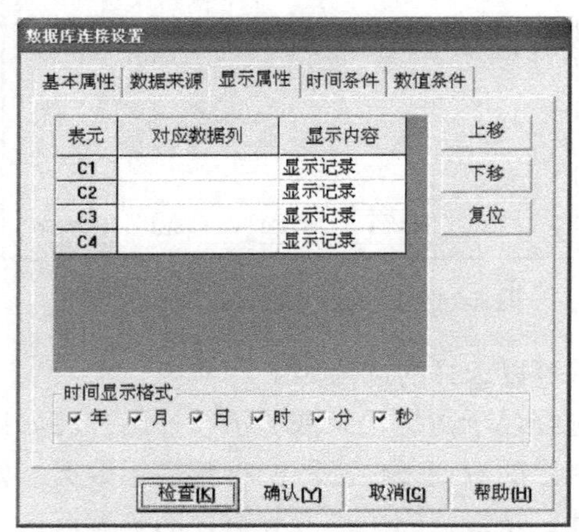

图 4-23　显示属性页

在显示属性页中，可以将获取到的数据连接到表元上。可使用的组态配置如下。

（1）对应数据列：如果已经连接了数据来源并且数据源可以使用，则可以使用复位按钮将所有的表元列自动连接到合适的数据列上，使用上移、下移按钮可以改变连接数据列的顺序。或者在对应数据列中，使用下拉框列出所有可用的数据列，并从中选择合适的一个。

（2）显示内容：如果在基本属性页中选择了显示所有记录，则显示内容中只能选择显示记录。如果在基本属性页中选择了显示统计结果，则在显示内容中可以选择显示统计结果。可以选择的统计方法包括求和、求平均值、求最大值、求最小值、首记录、末记录、求累计值等。其中，首记录和末记录是指所有满足条件的记录中的第一条记录和最后一条记录的对应数据列的值，通常用于时间列或字符串列。累计值是指从记录的数据中提取到的值，在这里，记录的数据不是普通数据，而是某种累计仪表产生的数据，比如，在一个小时内，水表产生的数据是：32.1,32.9,33.4……211.11，则这个小时内提取出来的累计水量为：211.11－32.1＝179.01。

（3）时间显示格式：组态时间列在表格中的显示格式。

第四页是时间条件页，如图 4-24 所示，组态的结果将影响从数据库中选择哪些记录和记录的排列顺序。可以组态的选项如下。

（1）排序列名：可以选择一个排序列，然后选择一个升序或者降序就可以把从数据库中提出的数据记录按照需要的顺序排列。

（2）时间列名：选择一个时间列才能进行下面有关时间范围的选择。

（3）设定时间范围：在选定了时间列后就可以进行时间范围的选择了。通过时间范围的选择，可以提取出需要的时间段内的数据记录填充到报表中。时间范围的填充方法如下。

① 所有存盘数据：所有存盘数据都满足要求。

② 最近 X 分钟：最近 X 分钟内的存盘数据。

③ 固定时间：可以选择当天、前一天、本周、前一周、本月、前一月。分割时间点是指从什么时间开始计算这一天。例如：选择前一天，分割时间点是 6 点，则最后设定的时间范围是从昨天 6 点到今天 6 点。

④ 按照变量设置时间范围：可以连接两个变量，用于把需要的时间在填充历史表格时送进来。变量应该是字符型变量，格式为："YYYY-mm-DD HH:MM:SS"，或"YYYY 年 mm 月 DD 日 HH 时 MM 分 SS 秒"的形式。在用户窗口打开时，进行一次历史表格填充，用户也可以使用脚本函数!SetWindow 附带参数 5 来强制进行历史表格填充，还可以使用用户窗口的方法 Refresh 来强制进行历史表格填充。因此，常见的用法是首先弹出一个用户窗口，以对话框的方式让用户填写需要的时间段，把时间送到连接的变量中，然后在关闭这个窗口时打开包含有历史表格的窗口，此时用户设置的变量将在历史表格的填充中过滤数据记录，生成用户需要的报表；或者在包含有历史表格的窗口中，让用户填写时间，形成时间字符串送到变量中，然后使用一个按钮，命名为刷新按钮，调用窗口的 Refresh 方法，强制表格重新装载数据，生成合适的报表。

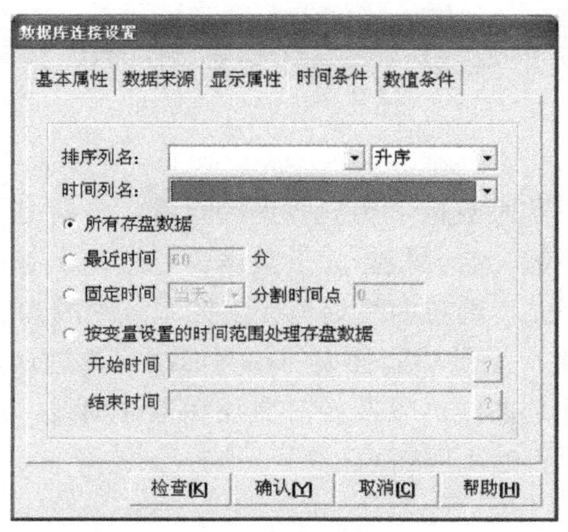

图 4-24　时间条件页

第五页为数值条件页，如图 4-25 所示，在这一页中，用于按设置的数值条件过滤数据库中的记录。

可以组态的项目如下。

（1）数值条件组态：包括 3 个部分，数据列名选择、运算符号和比较对象，任何一个数值条件都包括这三个部分。运算符号包括：=,>,<,>=,<=,between。Between 是为时间列准备的，使用 Between 时，需要两个比较对象，形成："MCGS_TIME Between 时间 1 And 时间 2"的形式。比较对象可以是一个常数，也可以是表达式。在数值条件中完成组态后可以使用增加按钮来将数值条件添加到条件列表框中。

（2）条件列表框：条件列表框中列出了所有的条件和逻辑运算关系，在条件列表框下面的只读编辑框中，显示出最后合成的数值条件的表达式。

（3）条件逻辑编辑按钮：包括上移、下移、And 操作、Or 操作、左括号、右括号、增加和删除等，仔细调节逻辑编辑关系，可以形成复杂的逻辑数值条件表达式。注意条件列表框下面合成的最后表达式，有助于组态出正确的表达式。

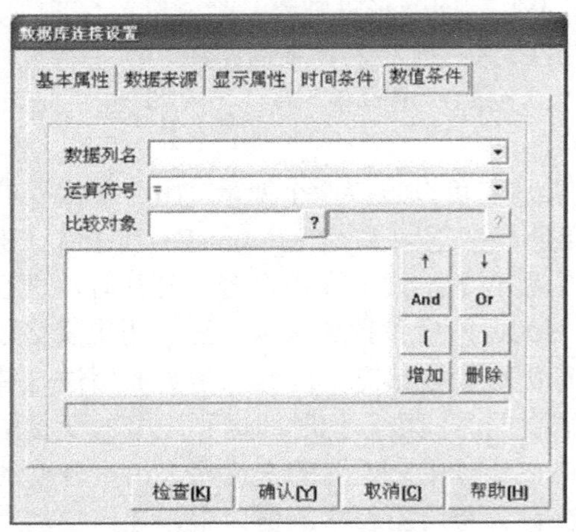

图 4-25　数值条件

4.4　曲线显示

在实际生产过程中，对实时数据、历史数据的查看、分析是不可缺少的工作，但对大量数据仅做定量分析还远远不够，必须根据大量数据信息绘制出趋势曲线，从趋势曲线的变化中发现数据的变化规律。因此，趋势曲线处理在工控系统中成为一个非常重要的部分。

MCGS 组态软件能为用户提供功能强大的趋势曲线。通过众多功能各异的曲线构件，包括历史曲线、实时曲线、计划曲线，以及相对曲线和条件曲线，用户能够组态出各种类型的趋势曲线，从而满足工程项目的不同需求。

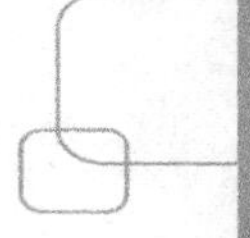

4.4.1　定义曲线数据源

趋势曲线是以曲线的形式，形象地反映生产现场实时或历史数据信息。因此，无论何种曲线，都需要为其定义显示数据的来源。

数据源一般分为两类，历史数据源和实时数据源。历史数据源一般使用 MCGS 数据对象的存盘数据库，但同时也可以是普通的 Access 或 ODBC 数据库。当使用普通的 Access 或 ODBC 数据库作为历史数据源时，除能够显示相对曲线的条件曲线构件和相对曲线构件外，都要求作为历史数据源的数据库表至少有一个表示时间的字段。此外，通过使用 ODBC 数据库作为数据源，还可以显示位于网络中其他计算机上数据库中的历史数据。

实时数据源则使用 MCGS 实时数据库作为数据来源。组态时，将曲线与 MCGS 实时数据库中的数据对象相连接，运行时，曲线构件即定时地从 MCGS 实时数据库中读取相关数据对象的值，从而实现实时刷新曲线的功能。

MCGS 提供的曲线构件中，数据源的使用如表 4-1 所示。

表 4-1　数据源使用表

曲线构件	使用历史数据源	使用实时数据源
历史曲线	可以	可以
实时曲线	不可以	可以
条件曲线	可以	不可以
相对曲线	不可以	可以
计划曲线	不可以	可以

4.4.2　定义曲线坐标轴

在每一个 MCGS 曲线构件中，都需要设置曲线的 *X* 方向和 *Y* 方向的坐标轴及标注属性。

1. *X* 轴标注属性设置

MCGS 曲线构件的 *X* 轴类型大致可分为时间和数值两种类型。

对于时间型 *X* 坐标轴，通常需要设置其对应的时间字段、长度、时间单位、时间显示格式、标注间隔，以及 *X* 轴标注的颜色、字体等属性。其中：

（1）时间字段标明了 *X* 轴数据的数据来源。

（2）长度和时间单位确定了 *X* 轴的总长度。例如：*X* 轴长度设置为 10，*X* 轴时间单位设置为“分”，则 *X* 轴总长度为 10 分钟。

对于数值型 *X* 坐标轴，通常需要设置 *X* 轴对应的数据变量名或字段名、最大值、最小值、小数位数、标注间隔，以及标注的颜色和字体等属性。

对于不同的趋势曲线构件，可使用的 *X* 坐标轴类型如表 4-2 所示。

表 4-2　可使用的 *X* 坐标轴类型表

曲线构件	使用时间型 *X* 轴	使用数值型 *X* 轴
历史曲线	可以	不可以
实时曲线	可以	不可以
条件曲线	可以	可以
相对曲线	不可以	可以
计划曲线	可以	不可以

2．*Y* 轴标注属性设置

在所有 MCGS 的曲线构件中，*Y* 坐标轴只允许连接类型为开关型或数值型的数据源。曲线的 *Y* 轴数据通常可能连接很多个数据源，用于在一个坐标系内显示多条曲线。对于每一个数据源，可以设置的属性包括数据源对应的数据对象名或字段名、最大值、最小值、小数位数据、标注间隔，以及 *Y* 轴标注的颜色和字体等属性。

4.4.3　定义曲线网格

为了使趋势曲线显示得更准确，MCGS 提供的所有曲线构件都可以自由地设置曲线背景网格的属性。

曲线网格分为与 *X* 坐标轴垂直的划分线和与 *Y* 坐标轴垂直的划分线，每个方向上的划分线又分为主划分线与次划分线。其中，主划分线用于划分整个曲线区域。例如，主划分线数目设置为 4，则整个曲线区域即被主划分线划分为大小相同的 4 个区域。次划分线则在主划分线的基础上，将主划分线划分好的每一个小区域划分成若干个相同大小的区域。例如，若主划分线数目为 4，次划分线数目为 2，则曲线区域共被划分为 4*2=8 个区域。

此外，*X* 坐标轴及 *Y* 坐标轴的标注也依赖于各个方向上的主划分线。通常，坐标轴的标注文字都只在相应的主划分线下，按照用户设定的标注间隔依次标注。

4.4.4　设置曲线参数

MCGS 提供的趋势曲线构件中，通常还可以设置曲线显示、刷新等属性。例如，历史曲线构件在组态时可以设置是否显示曲线翻页按钮、是否显示曲线放大按钮等选项；相对曲线中，可以设置是否显示网格、边框，以及是否显示 *X* 轴或 *Y* 轴标注等。

4.5　配方处理

在制造领域，配方是用来描述生产一件产品所用的不同配料之间的比例关系，是生产过程中一些变量对应的参数设定值的集合。例如，一个面包厂生产面包时有一个基本的配料配方，此配方列出所有要用来生产面包的配料成分表（如水、面粉、糖、鸡蛋、香油等）。另外，也列出所有可选配料成分表（如水果、果核、巧克力片等），而这些可选配料成分可以被添加到基本配方中用于生产各种各样的面包。又如，在钢铁厂，一个配方可能就是机器设置参数

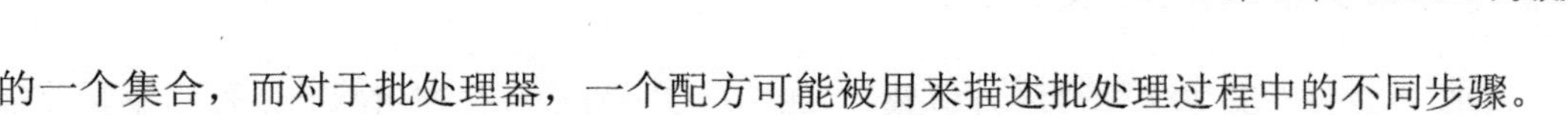

的一个集合，而对于批处理器，一个配方可能被用来描述批处理过程中的不同步骤。

4.5.1　MCGS 配方管理基本原理

MCGS 配方构件采用数据库处理方式，可以在一个用户工程中同时建立和保存多种配方，每种配方的配方成员和配方记录可以任意修改，各个配方成员的参数可以在开发和运行环境下修改，可随时指定配方数据库中的某个记录为当前配方记录，把当前配方记录的配方参数装载到 MCGS 实时数据库的对应变量中，也可把 MCGS 实时数据库的变量值保存到当前配方记录中，同时，提供对当前配方记录的保存、删除、锁定、解锁等功能。

MCGS 配方构件由 3 部分组成：配方组态设计、配方操作和配方编辑。单击“工具”菜单下的“配方组态设计”，可以进行配方组态；在运行策略中可以组态“配方操作”；在运行环境下可以进行“配方编辑”。

4.5.2　配方组态设计

单击“工具”菜单下的“配方组态设计”菜单项，进入 MCGS 配方组态设计窗口。

“配方组态设计”是一个独立的编辑环境，用户在使用配方构件时必须熟悉配方组态设计的各种操作，“配方组态设计”由“配方菜单”、“配方列表框”、“配方结果显示”等几部分组成。“配方菜单”用于完成配方及配方编辑和修改操作；“配方列表”用于显示工程中所有的配方；“配方结果显示”用于显示所选定配方的各种参数，可以在“配方结果显示”中对各种配方参数进行编辑、修改。

使用配方组态设计进行配方参数设置的步骤如下。

（1）新建配方，单击“文件”中的“新增配方”菜单项，会自动建立一个默认的配方结构，默认的配方名字为配方 *X*，配方的参数个数为 32 个，配方参数名称为 Name*X*，对应的数据库变量为空，数据类型为数值型。配方的最大记录个数为 32 个。文件菜单下的“配方改名”可以修改配方构件的名字，“配方参数”可以修改配方的参数个数和最大记录个数，即配方表的行数和列数，在“配方结果显示”中可以修改配方参数名称和变量连接，新建的配方如图 4-26 所示。

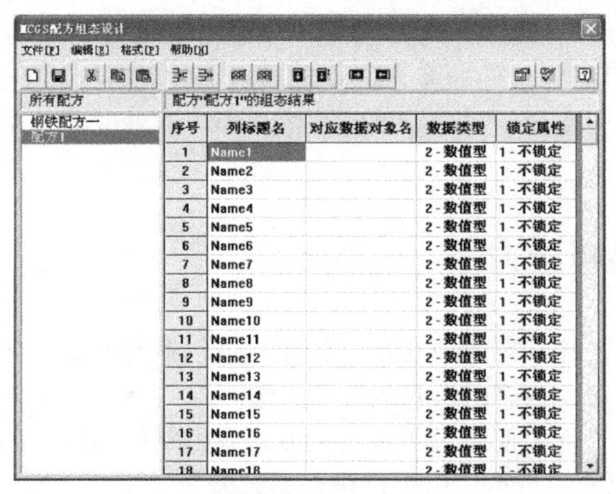

图 4-26　新建配方

（2）单击“文件”菜单选择“配方参数”，如图 4-27 所示，在编辑状态下可以编辑此配方的配方记录，即进行配方参数值设定。

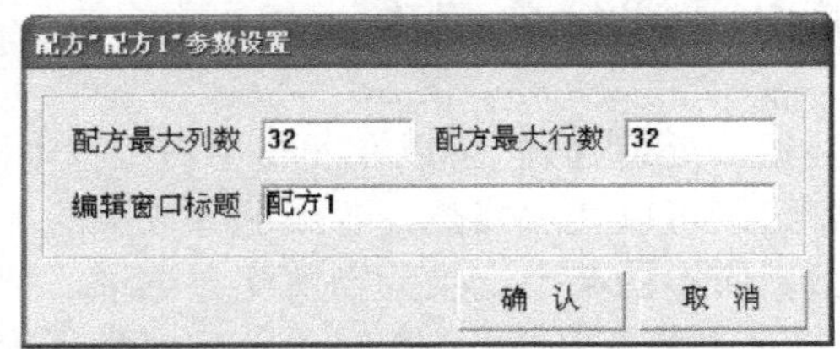

图 4-27　配方编辑

4.5.3　配方操作设计

组好一个配方后就需要对配方进行操作，如装载配方记录、保存配方记录值等，MCGS 使用特定的策略构件来实现对配方记录的操作，在策略构件中提供的配方操作如图 4-28 所示。

配方1

序号	铁配方批	闭铁原料	闭铁原料
*1	001	101	206
2	002	102	205
3	003	103	204
4	004	104	203
5	005	105	202
6	006	106	201
7	0	0	0
8			
9			
10			
11			
12			
13			
14			
15			
16			
17			

当前装载记录 1

F1–增加　F2–删除　F3–拷贝　F4–上移　F5–下移　F6–装载　F7–存盘　F8–退出

图 4-28　配方操作

在用户策略中可以对配方实现的操作有“编辑配方记录”、“装载配方记录”和“操作配方记录”。“编辑配方记录”在运行环境中弹出一个配方编辑窗口，用于修改指定的配方记录；“装载配方记录”把满足匹配条件的配方记录装载到实时数据库的变量中；“操作配方记录”可以把当前实时数据库中变量的值保存到配方数据库，或者取前一个配方记录、取后一个配方记录。

4.5.4　动态编辑配方

动态编辑配方用于在运行环境中对指定的配方进行动态编辑，包括记录值的重新输入，记录的增加、删除和保存、当前记录的装载等操作。

在用户策略中的策略行中使用对“指定配方记录编辑”功能，运行时执行此用户策略，弹出如图 4-29 所示的配方编辑窗口供用户进行动态编辑。

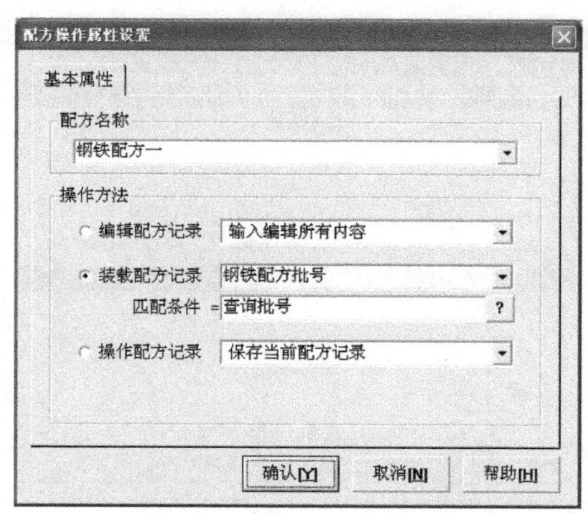

图 4-29 指定配方记录编辑

4.6 安全机制

MCGS 组态软件提供了一套完善的安全机制，用户能够自由组态控制菜单、按钮和退出系统的操作权限，只允许有操作权限的操作员才能对某些功能进行操作。MCGS 还提供了工程密码、锁定软件狗、工程运行期限等功能来保护使用 MCGS 组态软件开发所得的成果，开发者可利用这些功能保护自己的合法权益。

MCGS 系统的操作权限机制和 Windows NT 类似，采用用户组和用户的概念来进行操作权限的控制。在 MCGS 中可以定义多个用户组，每个用户组中可以包含多个用户，同一个用户可以隶属于多个用户组。操作权限的分配是以用户组为单位进行的，即某种功能的操作哪些用户组有权限，而某个用户能否对这个功能进行操作取决于该用户所在的用户组是否具备对应的操作权限。

MCGS 系统按用户组来分配操作权限的机制，使用户能方便地建立各种多层次的安全机制。例如，实际应用中的安全机制一般要划分为操作员组、技术员组、负责人组。操作员组的成员一般只能进行简单的日常操作；技术员组负责工艺参数等功能的设置；负责人组能对重要的数据进行统计分析。各组的权限各自独立，但某用户可能因工作需要能进行所有操作，则只需把该用户同时设为隶属于 3 个用户组即可。

4.6.1 定义用户和用户组

在 MCGS 组态环境中，选取“工具”菜单中的“用户权限管理”菜单项，弹出用户管理器窗口，如图 4-30 所示。

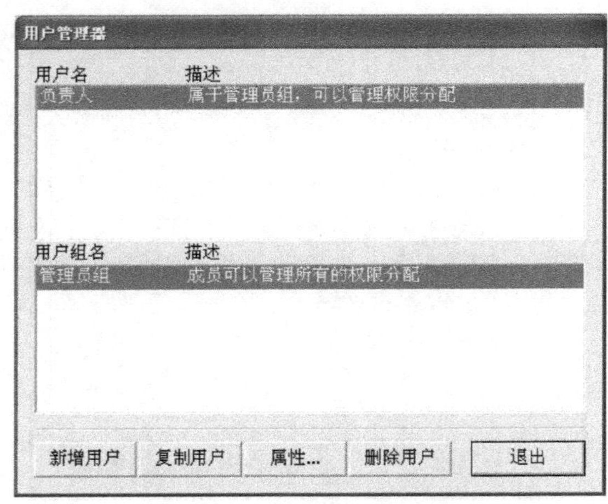

图 4-30　用户管理器窗口

在 MCGS 中，固定有一个名为“管理员组”的用户组和一个名为“负责人”的用户，它们的名称不能修改。管理员组中的用户有权利在运行时管理所有的权限分配工作，管理员组的这些特性是由 MCGS 系统决定的，其他所有用户组都没有这些权利。

在用户管理器窗口中，上半部分为已建用户的用户名列表，下半部分为已建用户组的用户组名列表。当用鼠标激活用户名列表时，在窗口底部显示的按钮是“新增用户”、“复制用户”、“删除用户”等对用户操作的按钮；当用鼠标激活用户组名列表时，在窗口底部显示的按钮是“新增用户组”、“删除用户组”等对用户组操作的按钮。单击“新增用户”按钮，弹出“用户属性设置”窗口，在该窗口中，用户密码要输入两遍，用户所隶属的用户组在下面的列表框中选择（注意：一个用户可以隶属于多个用户组）。当在用户管理器窗口中单击“属性...”按钮时，弹出同样的窗口，可以修改用户密码和所属的用户组，但不能修改用户名。

单击“新增用户”按钮，可以添加新的用户名，选中一个用户时，单击属性或双击该用户，会出现用户属性设置窗口，在该窗口中，可以选择该用户隶属于哪个用户组，如图 4-31 所示。

单击“新增用户组”按钮，可以添加新的用户组，选中一个用户组时，单击属性或双击该用户组，会出现用户组属性设置窗口，在该窗口中，可以选择该用户组包括哪些用户，如图 4-32 所示。

在该窗口中，单击“登录时间”按钮，会出现时间设置窗口，如图 4-33 所示。

MCGS 系统中登录时间的设置最小时间间隔是 1 小时，组态时可以指定某个用户组的系统登录时间，如图 4-33 所示，从星期天到星期六，每天 24 小时，指定某用户组在某一小时内是否可以登录系统，在某一时间段打上“√”则表示该时间段可以登录，否则该时间段不允许登录系统。同时，MCGS 系统可以指定某个特殊日期的时间段，设置用户组的登录权限，在图 4-33 中，“指定特殊日期”选择某年某月某天，单击“添加指定日期”按钮则把所选择的日期添加到图 4-33 中左边的列表，然后设置该天时间段的登录权限。

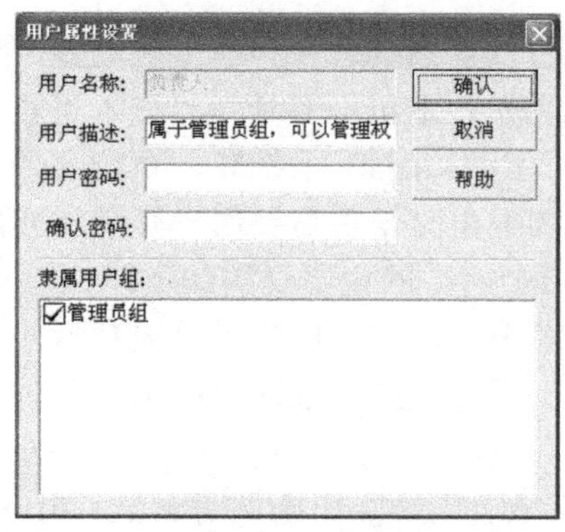

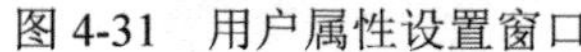

图 4-31　用户属性设置窗口

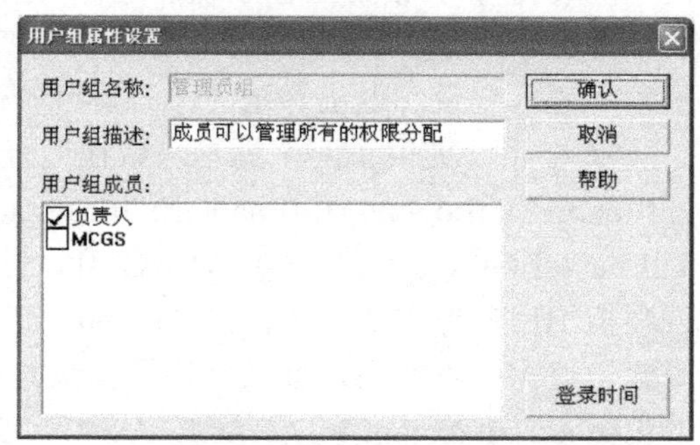

图 4-32　用户组属性设置窗口

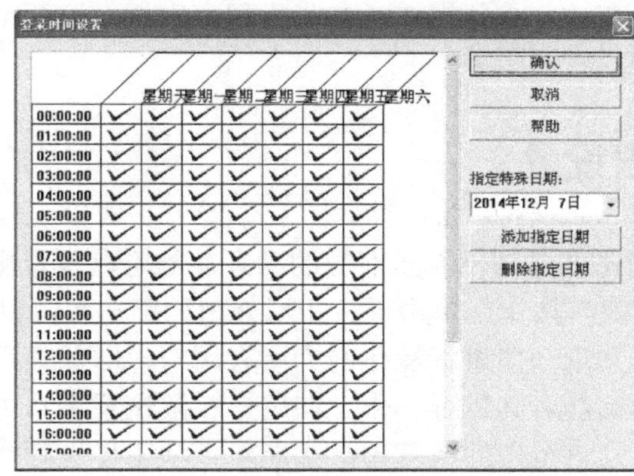

图 4-33　时间设置窗口

4.6.2　系统权限设置

为了更好地保证工程运行的安全、稳定、可靠，防止与工程系统无关的人员进入或退出工程系统，MCGS 系统提供了对工程运行时进入和退出工程的权限管理。

打开 MCGS 组态环境，在 MCGS 主控窗口中设置系统属性，打开窗口，如图 4-34 所示。

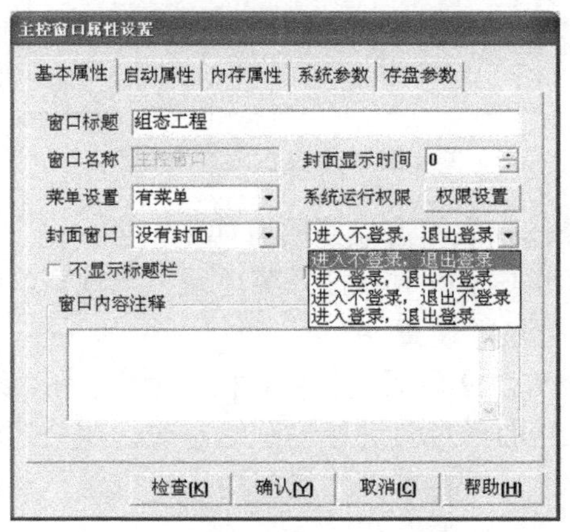

图 4-34　主控窗口属性设置

单击“权限设置”，设置工程系统的运行权限，同时设置系统进入和退出时是否需要用户登录，共 4 种组合：“进入不登录，退出登录”、“进入登录，退出不登录”、“进入不登录，退出不登录”、“进入登录，退出登录”。在通常情况下，退出 MCGS 系统时，系统会弹出确认对话框，MCGS 系统提供了两个脚本函数在运行时控制退出时是否需要用户登录和弹出确认对话框，!EnableExitLogon( )和!EnableExitPrompt( )这两个函数的使用说明如下：

（1）!EnableExitLogon(FLAG)，FLAG =1，工程系统退出时需要用户登录成功后才能退出系统，否则拒绝用户退出的请求；FLAG =0，退出时不需要用户登录即可退出，此时不管系统是否设置了退出时需要用户登录，均不登录。

（2）!EnableExitPrompt(FLAG)，FLAG=1，工程系统退出时弹出确认对话框；FLAG=0，工程系统退出时不弹出确认对话框。

为了使上面两个函数有效，必须组态时在脚本程序中加上这两个函数，在工程运行时调用一次函数运行。

4.6.3 操作权限设置

MCGS 操作权限的组态非常简单，当对应的动画功能可以设置操作权限时，在属性设置窗口页中都有对应的“权限”按钮，单击该按钮后弹出的用户权限设置窗口如图 4-35 所示。

作为默认设置，能对某项功能进行操作的为所有用户，即如果不进行权限组态，则权限机制不起作用，所有用户都能对其进行操作。在用户权限设置窗口中，把对应的用户组选中（方框内打勾表示选中），则该组内的所有用户都能对该项工作进行操作。一个操作权限可以配置多个用户组。

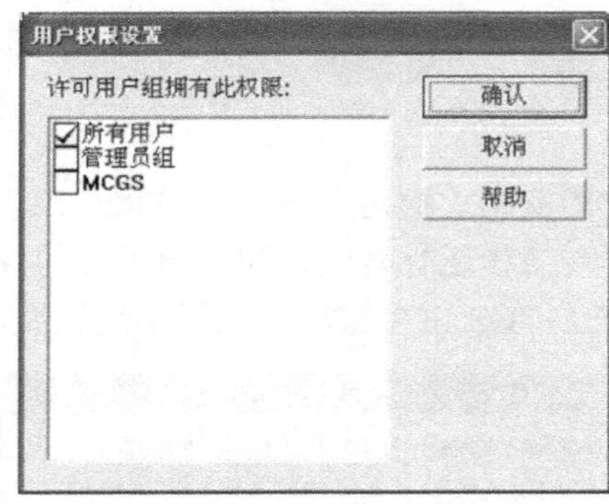

图 4-35　用户权限设置窗口

在 MCGS 中，能进行操作权限组态设置的有如下内容：

（1）用户菜单：在菜单组态窗口中，打开菜单组态属性页，单击属性页窗口左下角的权限按钮，即可对该菜单项进行权限设置。

（2）退出系统：在主控窗口的属性设置页中有权限设置按钮，通过该按钮可进行权限设置。

（3）动画组态：在对普通图形对象进行动画组态时，用按钮输入和按钮动作两个动画功能可以进行权限设置。运行时，只有有操作权限的用户登录，鼠标在图形对象的上面才变成手状，响应鼠标的按键动作。

（4）标准按钮：在属性设置窗口中可以进行权限设置。
（5）动画按钮：在属性设置窗口中可以进行权限设置。
（6）旋钮输入器：在属性设置窗口中可以进行权限设置。
（7）滑动输入器：在属性设置窗口中可以进行权限设置。

4.6.4　运行时改变操作权限

MCGS 的用户操作权限在运行时才体现出来。某个用户在进行操作之前首先要进行登录工作，登录成功后该用户才能进行所需的操作，完成操作后退出登录，使操作权限失效。用户登录、退出登录、运行时修改用户密码和用户管理等功能都需要在组态环境中进行一定的组态工作。在脚本程序使用中 MCGS 提供的 4 个内部函数可以完成上述工作。

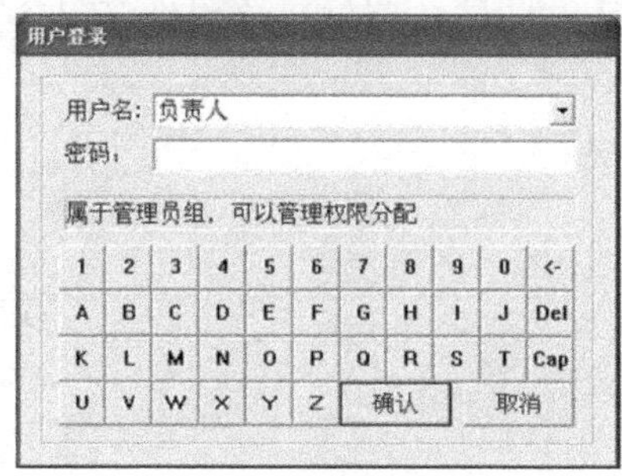

图 4-36　用户登录窗口

1．!LogOn()

在脚本程序中执行该函数，弹出 MCGS 登录窗口，如图 4-36 所示。从“用户名”下拉框中选取要登录的用户名，在“密码”输入框中输入用户对应的密码，按回车键或单击“确认”按钮，如输入正确则登录成功，否则会出现对应的提示信息。单击“取消”按钮停止登录。

2．!LogOff()

在脚本程序中执行该函数弹出提示框提示是否要退出登录，单击“是”退出，单击“否”不退出。

3．!ChangePassword()

在脚本程序中执行该函数弹出改变用户密码窗口，如图 4-37 所示。

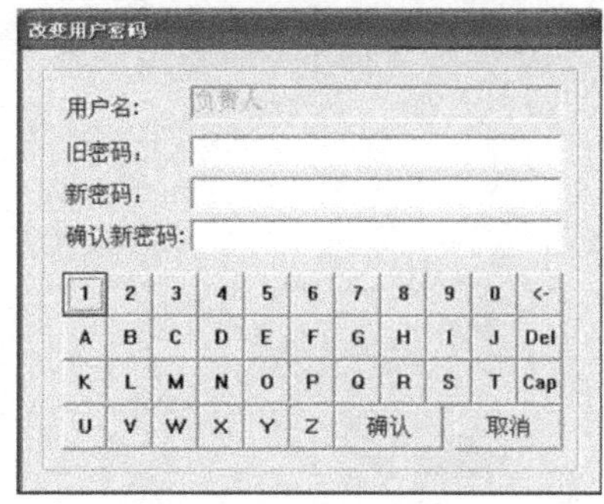

图 4-37　改变用户密码窗口

先输入旧的密码，再输入两遍新密码，单击“确认”按钮即可完成当前登录用户的密码修改工作。

4．!Editusers()

在脚本程序中执行该函数弹出用户管理器窗口，允许在运行时增加删除用户或修改用户的密码和所隶属的用户组。注意：只有在当前登录的用户属于管理员组时，本功能才有效。运行时不能增加、删除或修改用户组的属性。

在实际应用中，当需要进行操作权限控制时，一般都在菜单组态窗口中增加 4 个菜单项：登录用户、退出登录、修改密码、用户管理，在每个菜单属性窗口的脚本程序属性页中分别输入 4 个函数：!LogOn()、!LogOff()、!ChangePassword()、!Editusers()，从而运行时就可以通过这样的菜单来进行登录等工作。同样，通过对按钮进行组态也可以完成这些登录工作。

第 5 章 MCGS 高级应用实例

本章通过实例讲解组态软件 MCGS 的高级应用，包括模拟设备连接、报警显示、报表显示、实时曲线/历史曲线显示、配方设计等。

实例 9 模拟设备的连接

一、设计任务

（1）当“水罐 1”的液位小于 10 米时，自动启动“水泵”，否则自动关闭“水泵”。

（2）当“水罐 2”的液位小于 1 米时，自动关闭“出水阀”，否则自动开启“出水阀”。

（3）当“水罐 1”的液位大于 1 米，同时“水罐 2”的液位小于 6 米时，自动开启“调节阀”，否则自动关闭“调节阀”。

二、任务实现

1. 建立新工程项目

工程名称：“模拟设备的连接”。

窗口名称：“水位控制系统”。

工程描述：“模拟液位变化”。

2. 制作图形画面

（1）添加储藏罐、水泵、调节阀、出水阀 4 个元件：用鼠标单击工具箱中的“插入元件”按钮，弹出“对象元件库管理”窗口，从“储藏罐”库中选择“罐 15”、“罐 55”；从“阀”库中选择“阀 41”、“阀 46”；从“泵”库中选择“泵 31”。

（2）添加 3 个流动块构件：用鼠标单击工具箱中的“流动块”按钮，在图中相应位置画出 3 段流动块。

（3）添加 8 个显示标签构件：分别为“水位控制系统”、“水泵”、“水罐 1”、“水罐 1 液位”、“调节阀”、“水罐 2”、“出水阀”和 1 个空白标签。

设计的图形画面如图 5-1 所示。

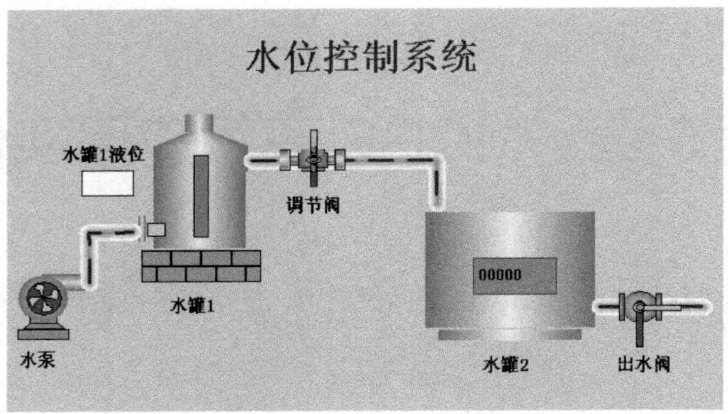

图 5-1　图形画面

3．定义对象

首先在工程中定义如表 5-1 所示的数据对象，然后定义一个组对象。

组对象定义说明：

新增对象，在对象“基本属性”页中，将对象名称改为“液位组”，对象类型选择“组对象”；在“组对象成员”页中，选择数据对象列表中的“液位 1”，单击“增加”按钮，数据对象“液位 1”被添加到右边的“组对象成员列表”中。同样将“液位 2”添加到“组对象成员列表”中，如图 5-2 所示。

表 5-1　工程数据对象

对象名称	类　型	注　释
水泵	开关型	控制水泵“启动”、“停止”的变量
调节阀	开关型	控制调节阀“打开”、“关闭”的变量
出水阀	开关型	控制出水阀“打开”、“关闭”的变量
液位 1	数值型	水罐 1 的水位高度，用来控制水罐 1 水位的变化
液位 2	数值型	水罐 2 的水位高度，用来控制水罐 2 水位的变化

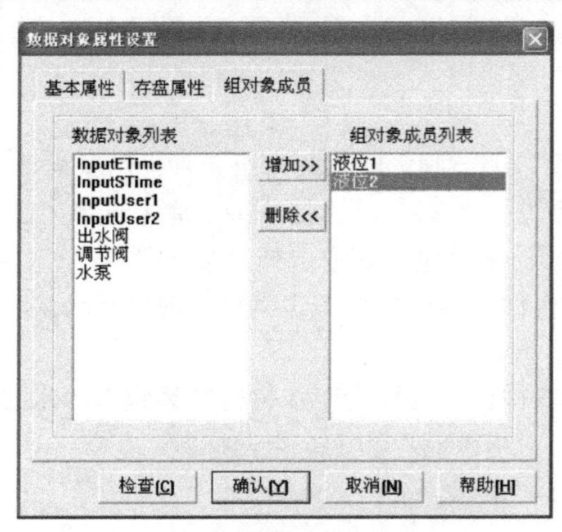

图 5-2　液位组对象属性设置

4．建立动画连接

在工作台用户窗口中双击“水位控制系统”窗口，进入“动画组态水位控制系统”画面。

1）建立水泵的动画连接

双击画面中的水泵元件，弹出“单元属性设置”对话框，按图 5-3 所示进行设置。

2）建立水罐 1 的动画连接

双击画面中的水罐 1，弹出“单元属性设置”对话框，选择“动画连接”标签页，选择图元名“矩形”，单击连接表达式中的[>]按钮，弹出“动画组态属性设置”窗口，如图 5-4 所示，在“大小变化”页将表达式设为“液位 1”，最大变化百分比设为“100”，对应表达式的值设为“10”，其他属性不变。

3）建立调节阀的动画连接

双击画面中的调节阀，弹出“单元属性设置”对话框，如图 5-5 所示。选择组合图符的“按钮输入”项，单击连接表达式中的[>]按钮，弹出“动画组态属性设置”窗口，在“按钮动作”页，单击“数据对象值操作”项，选择“取反”、“调节阀”，如图 5-6 所示。

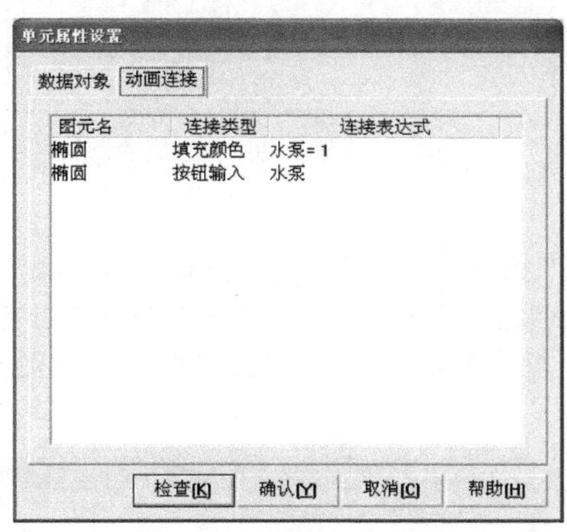

图 5-3　水泵动画连接设置

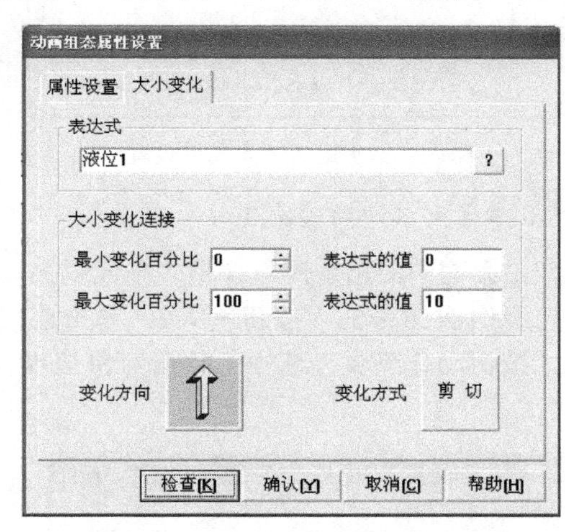

图 5-4　水罐 1 动画组态属性设置

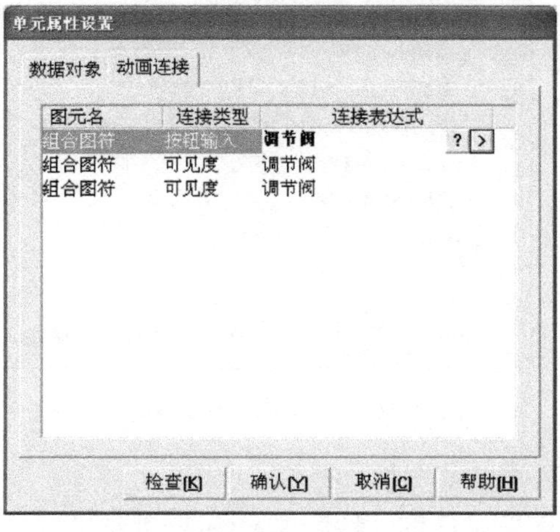

图 5-5　调节阀单元属性设置

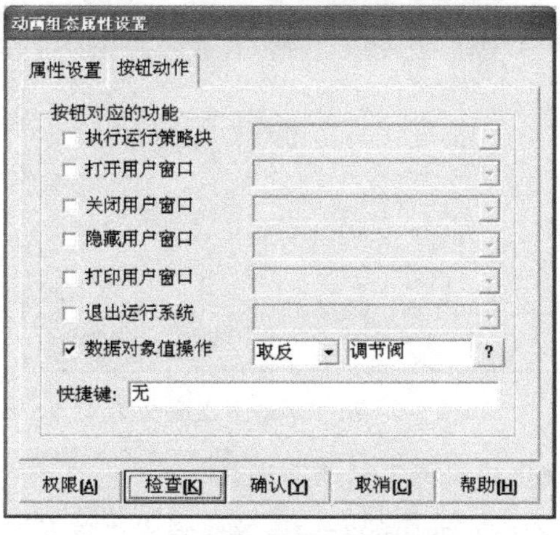

图 5-6　调节阀动画组态属性设置

4）建立水罐 2 的动画连接

双击画面中的水罐 2，弹出“单元属性设置”对话框，如图 5-7 所示，选择“动画连接”标签页，选择图元名“矩形”，单击连接表达式中的 > 按钮，弹出“动画组态属性设置”窗口，如图 5-8 所示，在“显示输出”页将表达式设为“液位 2”，选择“数值量输出”，将整数位数设为 2，小数位数设为 1，其他属性不变。

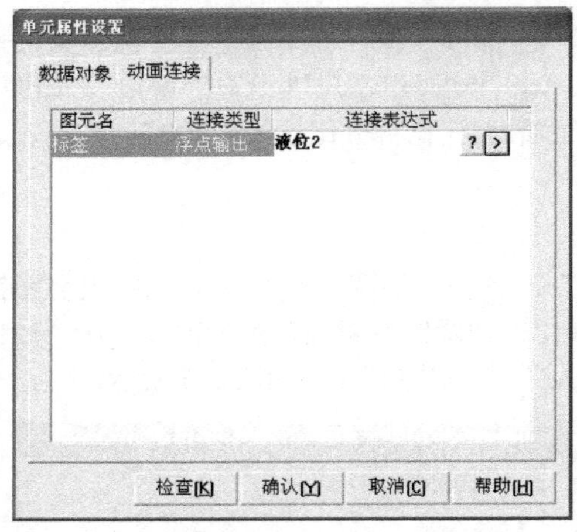

图 5-7　水罐 2 单元属性设置

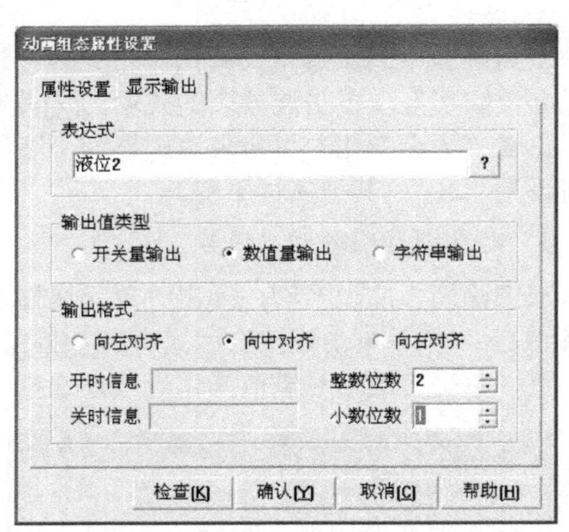

图 5-8　水罐 2 动画组态属性设置

5）建立出水阀的动画连接

双击画面中的出水阀，弹出“单元属性设置”对话框，按图 5-9 所示进行设置。

选择组合图符的“按钮输入”，单击连接按钮 >，进入“动画组态属性设置”对话框，选择“按钮动作”页，选中“数据对象值操作”项，选择“取反”、“出水阀”，如图 5-10 所示。

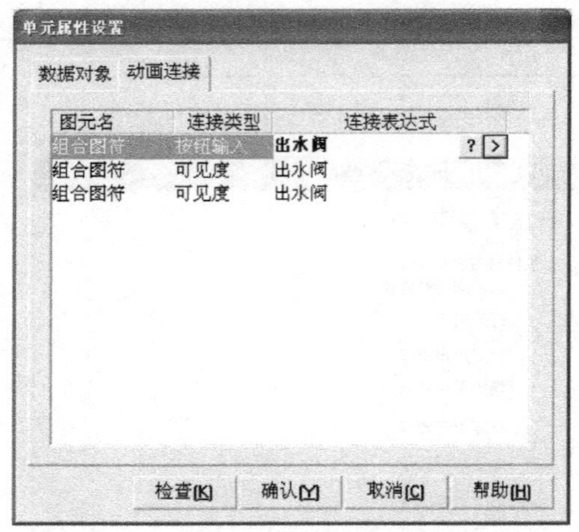

图 5-9　出水阀动画连接设置

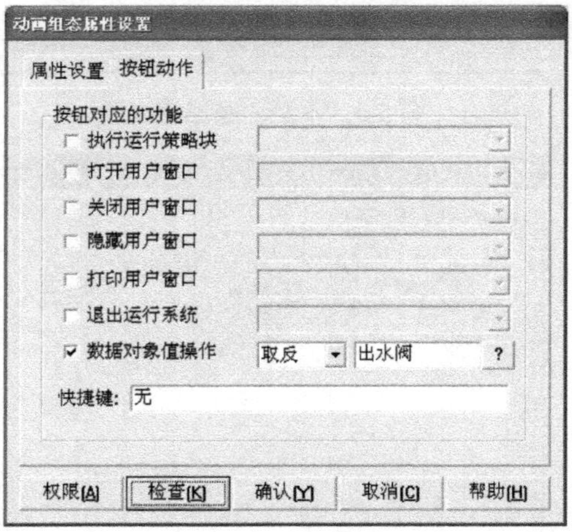

动画组态属性设置
属性设置 按钮动作
按钮对应的功能
执行运行策略块
打开用户窗口
关闭用户窗口
隐藏用户窗口
打印用户窗口
退出运行系统
数据对象值操作 取反 出水阀
快捷键: 无
权限[A] 检查[K] 确认[Y] 取消[C] 帮助[H]

图 5-10　出水阀动画连接设置

6）建立标签的动画连接

双击画面中的空白标签，弹出“单元属性设置”对话框，按图 5-11 所示进行设置。

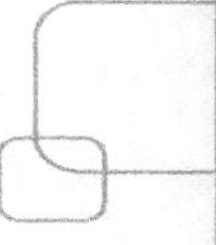

7）建立流动块的动画连接

双击画面中水泵右侧的流动块，弹出“单元属性设置”对话框，按图 5-12 所示进行设置。

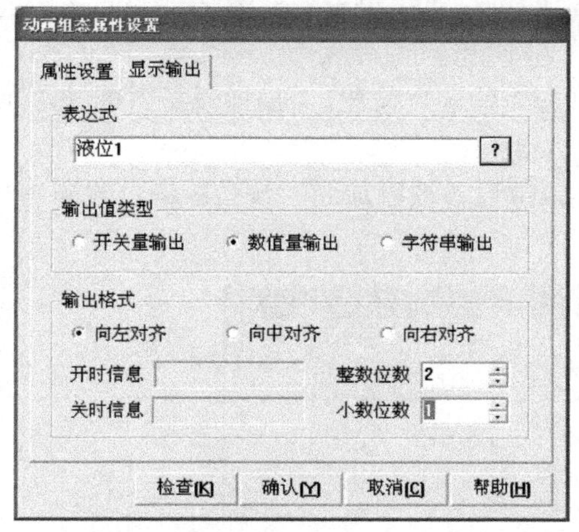

图 5-11　液位显示标签的动画连接设置

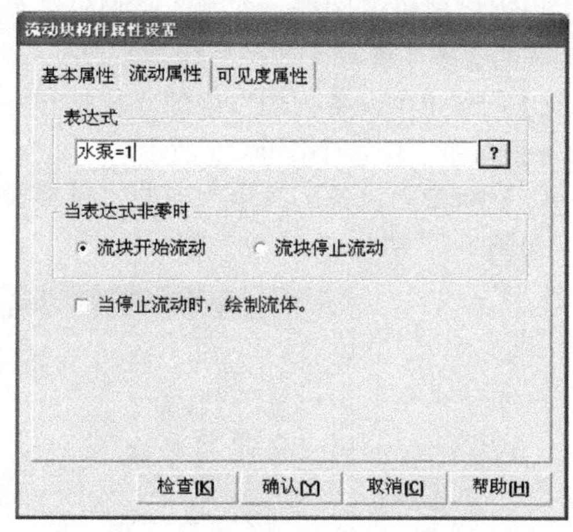

图 5-12　流动块的动画连接设置 1

双击画面中水罐 1 右侧的流动块，弹出“单元属性设置”对话框，按图 5-13 所示进行设置。
双击画面中水罐 2 右侧的流动块，弹出“单元属性设置”对话框，按图 5-14 所示进行设置。

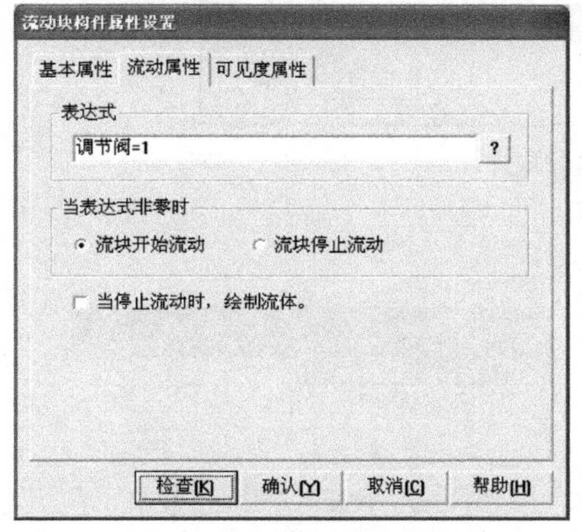

图 5-13　流动块的动画连接设置 2

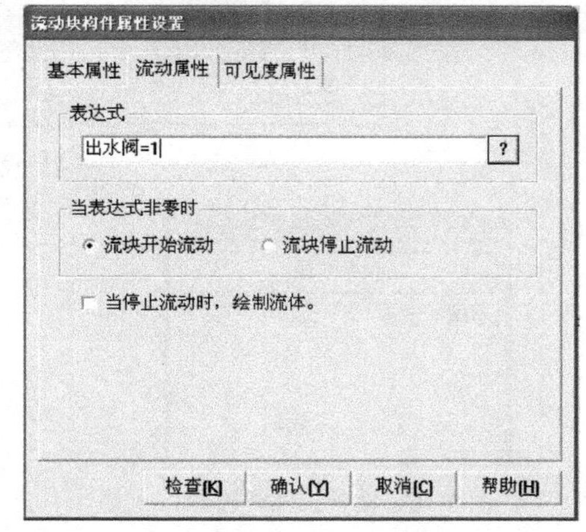

图 5-14　流动块的动画连接设置 3

5．设备连接

模拟设备是供用户调试工程时的虚拟设备。该构件可以产生标准的正弦波、方波、三角波、锯齿波信号。其幅值和周期都可以任意设置。通过模拟设备的连接，可以使动画不需要手动操作，自动运行起来。通常情况下，在启动 MCGS 组态软件时，模拟设备都会自动装载到设备工具箱中。

如果未被装载，可按照以下步骤将其加入：

（1）在工作台“设备窗口”中双击“设备窗口”图标进入“设备组态：设备窗口”。

（2）单击工具条中的“工具箱”图标，弹出“设备工具箱”窗口，单击“设备工具箱”

中的“设备管理”按钮，弹出“设备管理”窗口，如图 5-15 所示。

（3）在“设备管理”窗口的可选设备列表中，双击“通用设备”→“模拟数据设备”，在下方出现模拟设备图标，双击“模拟设备”图标，即可将“模拟设备”添加到右测选定的设备列表中。

（4）选择“设备列表”中的“模拟设备”，单击“确认”按钮，“模拟设备”即被添加到“设备工具箱”中，如图 5-16 所示。

（5）双击“设备工具箱”中的“模拟设备”，模拟设备被添加到“设备组态：设备窗口”中，如图 5-17 所示。

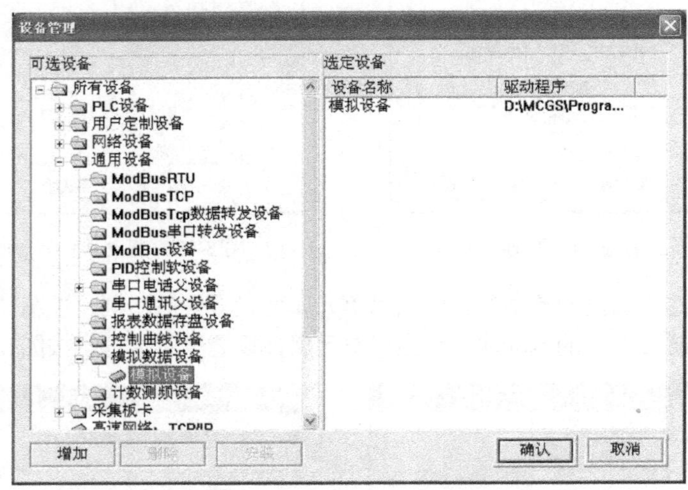

图 5-15 设备管理窗口

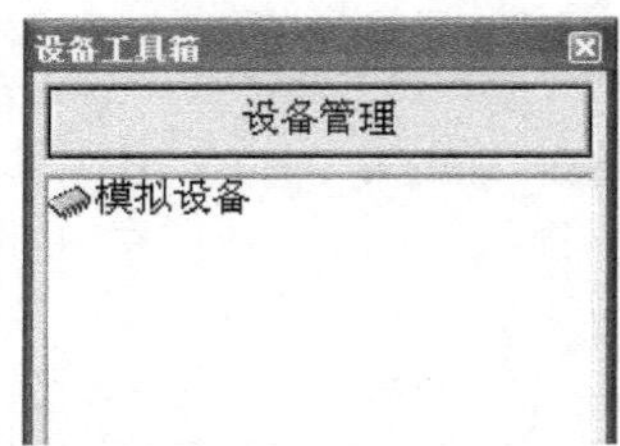

图 5-16 设备工具箱窗口

图 5-17 设备组态：设备窗口

（6）双击“设备 0-[模拟设备]”，进入设备属性设置窗口，如图 5-18 所示。

（7）单击“基本属性”页中的[内部属性]选项，右侧会出现...按钮，单击此按钮进入“内部属性”设置对话框。将通道 1、2 的最大值分别设置为 10 和 6，如图 5-19 所示。单击“确认”，完成“内部属性”设置。

（8）单击“通道连接”属性页，进入通道连接设置。选择通道 0 对应数据对象输入框，输入“液位 1”（或单击鼠标右键，弹出数据对象列表后选择“液位 1”）；选择通道 1 对应数据对象输入框，输入“液位 2”，如图 5-20 所示。

（9）单击“设备调试”属性页，可看到通道 0、通道 1 对应数据对象的值在变化，如图 5-21 所示。

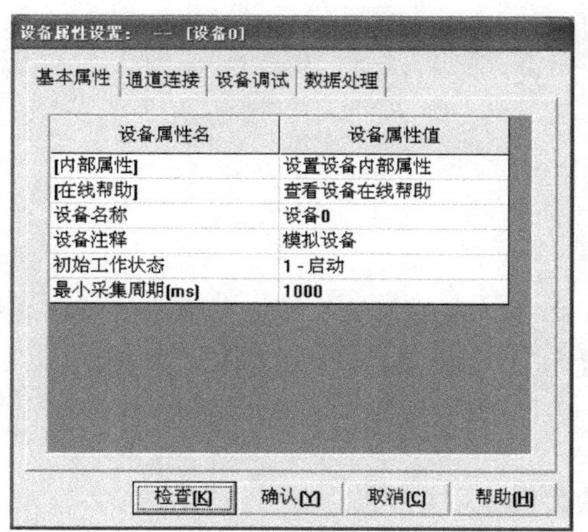

图 5-18　设备属性设置窗口

内部属性

通道	曲线类型	数据类型	最大值	最小值	周期(秒)
1	0 - 正弦	1 - 浮点	10	0	10
2	0 - 正弦	1 - 浮点	6	0	10
3	0 - 正弦	1 - 浮点	1000	0	10
4	0 - 正弦	1 - 浮点	1000	0	10
5	0 - 正弦	1 - 浮点	1000	0	10
6	0 - 正弦	1 - 浮点	1000	0	10
7	0 - 正弦	1 - 浮点	1000	0	10
8	0 - 正弦	1 - 浮点	1000	0	10
9	0 - 正弦	1 - 浮点	1000	0	10
10	0 - 正弦	1 - 浮点	1000	0	10
11	0 - 正弦	1 - 浮点	1000	0	10
12	0 - 正弦	1 - 浮点	1000	0	10
13	0 - 正弦	1 - 浮点	1000	0	10
14	0 - 正弦	1 - 浮点	1000	0	10

曲线条数 16　拷到下行　确认　取消　帮助

图 5-19　“内部属性”设置对话框

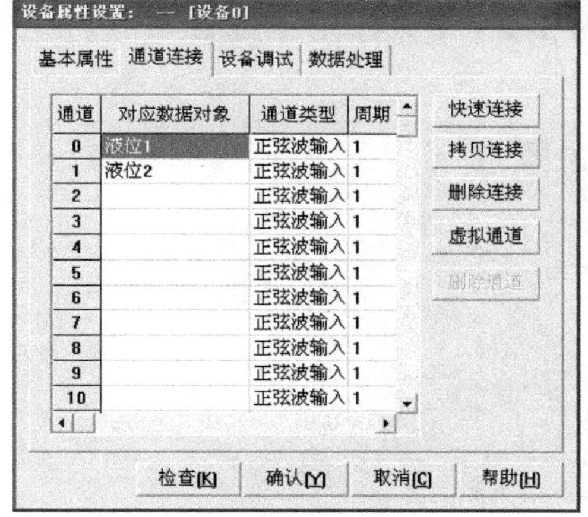

图 5-20　通道连接设置窗口

图 5-21　设备调试窗口

（10）单击“确认”按钮，完成设备属性的设置。

6. 策略编程

在工作台窗口中选择“运行策略”窗口，双击“循环策略”，弹出“策略组态：循环策略”编辑窗口。

新增策略行，添加“脚本程序”，双击策略块进入“脚本程序”编辑窗口，在编辑区输入程序：

```
IF 液位1<10 THEN
    水泵=1
ELSE
    水泵=0
ENDIF
IF 液位2<1 THEN
    出水阀=0
ELSE
```

```
        出水阀=1
ENDIF
IF  液位1>1 and   液位2<6 THEN
        调节阀=1
ELSE
        调节阀=0
ENDIF
```

返回到工作台运行策略窗口，选择循环策略，单击“策略属性”按钮，弹出“策略属性设置”对话框，将策略执行方式定时循环时间设置为200ms，然后单击“确认”按钮。

7．程序运行

保存工程，将“水位控制系统”窗口设为启动窗口，运行工程。

当“水罐 1”的液位小于 10m 时，自动启动“水泵”，否则关闭“水泵”；当“水罐 2”的液位小于 1m 时，自动关闭“出水阀”，否则自动开启“出水阀”；当“水罐 1”的液位大于 1m 同时“水罐 2”的液位小于 6m 时自动开启“调节阀”，否则自动关闭“调节阀”。

程序运行画面如图 5-22 所示。

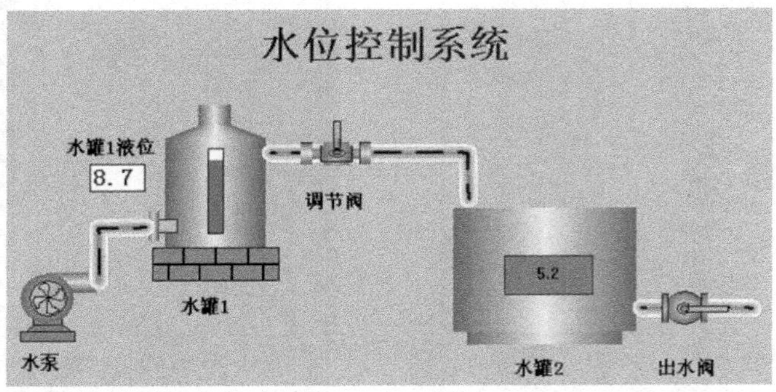

图 5-22　程序运行画面

实例 10　液位组报警显示

一、设计任务

（1）当“水罐 1”的液位达到上限报警值 9m 或低于下限报警值 2m 时，系统报警；

（2）当“水罐 2”的液位达到上限报警值 4m 或低于下限报警值 1.5m 时，系统报警；

（3）可以直接修改报警上、下限值；

（4）系统报警时有相关指示灯变换颜色。

注：本实例是在“实例 9 模拟设备连接”的基础上设计的。

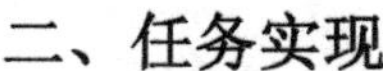

二、任务实现

1. 建立新工程项目

工程名称：“液位组报警显示”。

窗口名称：“报警显示”。

2. 制作图形画面

（1）在画面上添加报警显示框构件：选取“工具箱”中的“报警显示”构件，鼠标指针呈“十”后，在适当的位置拖动鼠标至适当大小，如图 5-23 所示。

时间	对象名	报警类型	报警事件	当前值	界限值	报警描述
11-14 23:04:18.Data0		上限报警	报警产生	120.0	100.0	Data0上限报警
11-14 23:04:18.Data0		上限报警	报警结束	120.0	100.0	Data0上限报警
11-14 23:04:18.Data0		上限报警	报警应答	120.0	100.0	Data0上限报警

图 5-23　报警框

（2）在画面上添加 4 个标签构件和 4 个输入框构件。

（3）在画面上添加 2 个指示灯元件。

设计的图形画面如图 5-24 所示。

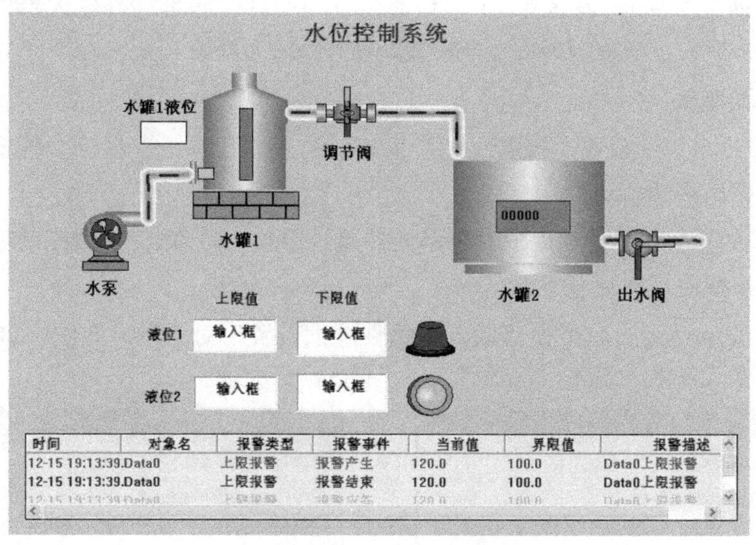

图 5-24　图形画面

3. 定义对象

（1）定义 4 个数值型对象，分别为“液位 1 上限”、“液位 1 下限”、“液位 2 上限”、“液位 2 下限”，初始值依次为 9、2、4、1.5。

（2）设置数据对象的报警属性。

进入实时数据库，双击数据对象“液位 1”，选择“报警属性”页，选中“允许进行报警处理”，报警设置域被激活。选中报警设置域中的“下限报警”，报警值设为“2”，报警注释输入“水罐 1 没水了！”；选中报警设置域中的“上限报警”，报警值设为“9”，报警注释输入

“水罐 1 的水已达上限值！”，如图 5-25 所示。

选择“存盘属性”页，选择报警数值的存盘域中的“自动保存产生的报警信息”，如图 5-26 所示。

单击“确认”按钮，“液位 1”的报警设置完毕。

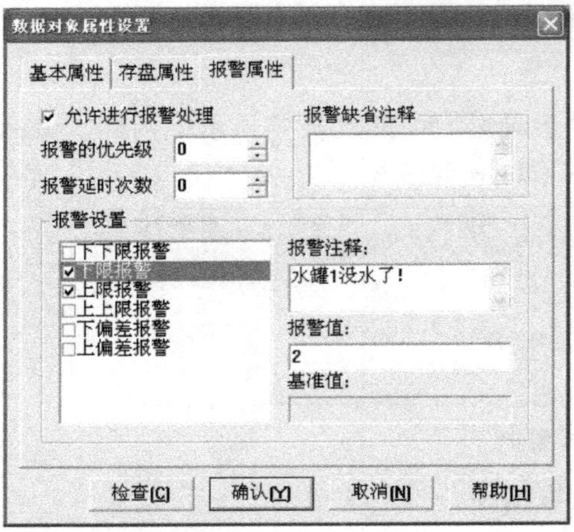

图 5-25 “液位 1”报警属性设置

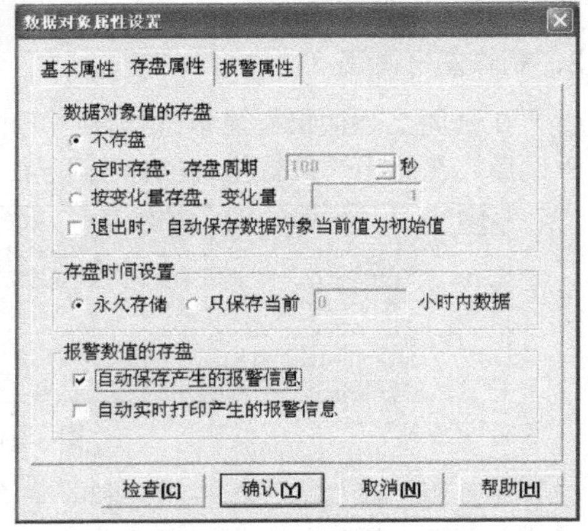

图 5-26 “液位 1”的存盘属性设置

同样设置“液位 2”的报警属性：下限报警值设为“1.5”，报警注释输入“水罐 2 没水了！”；上限报警值设为“4”，报警注释输入“水罐 2 的水已达上限值！”。

4．建立动画连接

在工作台用户窗口中双击“报警显示”窗口，进入“动画组态水位控制系统”画面。

1）建立报警框的动画连接

双击画面中的报警框，弹出“报警显示构件属性设置”对话框，按图 5-27 所示进行设置。

2）建立输入框的动画连接

双击画面中的输入框 1，弹出“输入框构件属性设置”对话框，如图 5-28 所示，输入框 1 对应的数据对象名称为“液位 1 上限”，最小值 5，最大值 10。

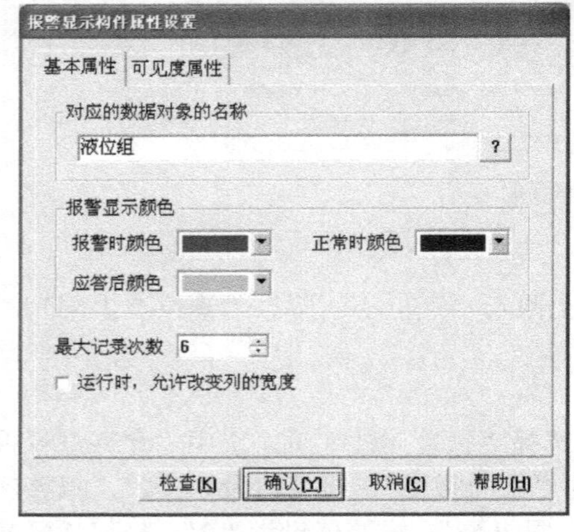

图 5-27 报警显示构件属性设置

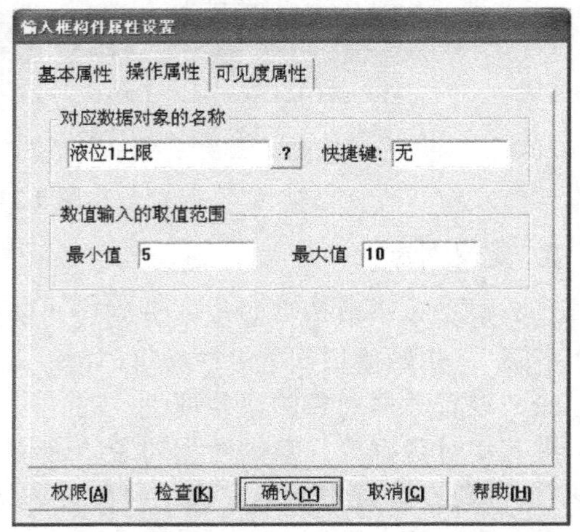

图 5-28 输入框 1 的构件属性设置

依次双击其他输入框分别进行属性设置。输入框 2 对应的数据对象名称为“液位 1 下限”，最小值 0，最大值 5；输入框 3 对应的数据对象名称为“液位 2 上限”，最小值 4，最大值 6；输入框 4 对应的数据对象名称为“液位 2 下限”，最小值 0，最大值 2。

3）建立指示灯的动画连接

双击画面中液位 1 对应的指示灯，弹出“单元属性设置”对话框，单击“动画连接”页，选择组合图符的“填充颜色”，出现 > 按钮，如图 5-29 所示。

单击 > 按钮进入“动画组态属性设置”对话框，选择“填充颜色”页，如图 5-30 所示，表达式设为“液位 1>=液位 1 上限 or 液位 1<=液位 1 下限”，单击“确认”按钮完成设置。

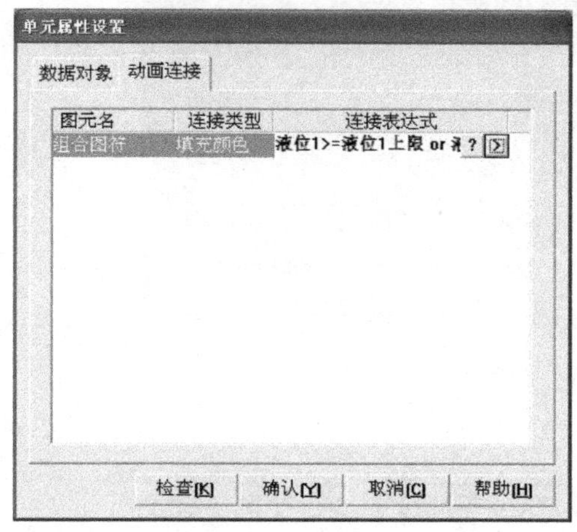

图 5-29　指示灯 1 单元属性设置

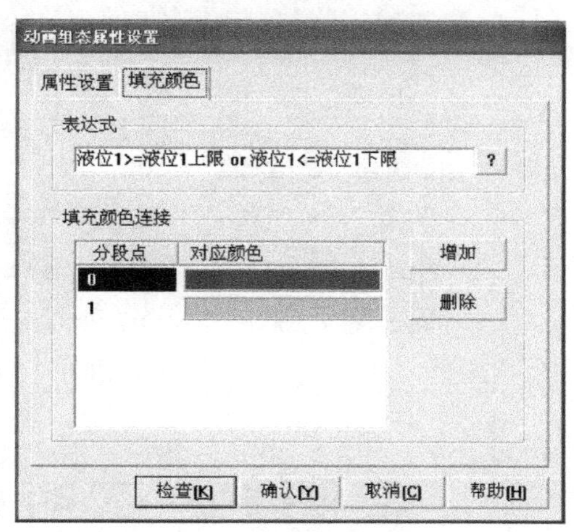

图 5-30　指示灯 1 动画组态属性设置

同样对液位 2 对应的指示灯进行动画连接：“填充颜色”页中表达式设为“液位 2>=液位 2 上限 or 液位 2<=液位 2 下限”。

5．策略编程

在工作台窗口中选择“运行策略”窗口，双击“循环策略”，弹出“策略组态：循环策略”编辑窗口。

双击策略块进入“脚本程序”编辑窗口，在编辑区原有程序（实例 9 程序）下面增加程序：

```
!SETALMVALUE（液位1，液位1上限，3）
!SETALMVALUE（液位1，液位1下限，2）
!SETALMVALUE（液位2，液位2上限，3）
!SETALMVALUE（液位2，液位2下限，2）
```

返回到工作台运行策略窗口，选择循环策略，单击“策略属性”按钮，弹出“策略属性设置”对话框，将策略执行方式定时循环时间设置为 200ms。

6．程序运行

保存工程，将“报警显示”窗口设为启动窗口，运行工程。

当“水罐 1”的液位达到上限报警值或低于下限报警值时，系统报警；当“水罐 2”的液位达到上限报警值或低于下限报警值时，系统报警；系统报警时有相关指示灯变换颜色。可以修改报警上/下限值。

程序运行画面如图 5-31 所示。

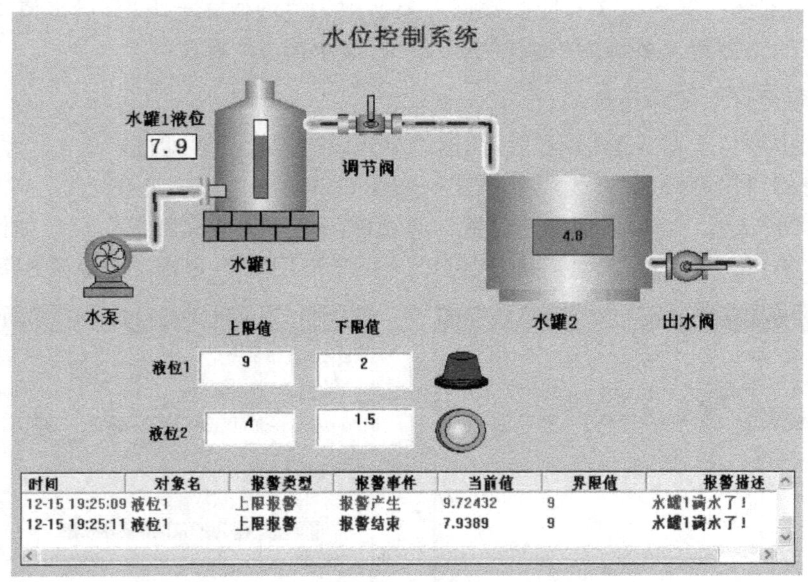

图 5-31　程序运行画面

实例 11　实时报表与历史报表

一、设计任务

（1）建立实时报表，显示液位 1 和液位 2 的实时数据。

（2）建立历史报表，显示液位 1 和液位 2 的历史数据。

注： 本实例是在“实例 9　模拟设备连接”的基础上设计的。

二、任务实现

1. 建立新工程项目

工程名称：“实时报表与历史报表”。

窗口名称：“报表输出”。

2. 制作图形画面

（1）添加 2 个标签构件。边线颜色为“无边线颜色”，对齐方式为“居中对齐”，改字符为“实时报表”和“历史报表”。

（2）添加实时报表构件。选取“工具箱”中的“自由表格”▦图标，在桌面适当位置，绘制一个表格。双击表格进入编辑状态。把鼠标指针移到 A 与 B 或 1 与 2 之间，当鼠标指针呈分隔线形状时，拖动鼠标至所需大小即可。

保持编辑状态，单击鼠标右键，从弹出的下拉菜单中选取“删除一列”选项，连续操作两次，删除两列。再选取“增加一行”，在表格中增加一行。

在 A 列的 5 个单元格中分别输入液位 1、液位 2、水泵、调节阀、出水阀；B 列的 5 个单元格中均输入 1|0，表示输出的数据有 1 位小数，无空格，如图 5-32 所示。

（3）添加历史报表构件。在“报表输出”组态窗口中，选取“工具箱”中的“历史表格”构件，在适当位置绘制一历史表格。

双击历史表格进入编辑状态。使用右键菜单中的“增加一行”、“删除一列”按钮，或者单击按钮，使用编辑条中的、、、编辑表格，制作一个 5 行 3 列的表格。参照实时报表部分相关内容制作列表头，分别为：采集时间、液位 1、液位 2；数值输出格式均为 1|0，如图 5-33 所示。

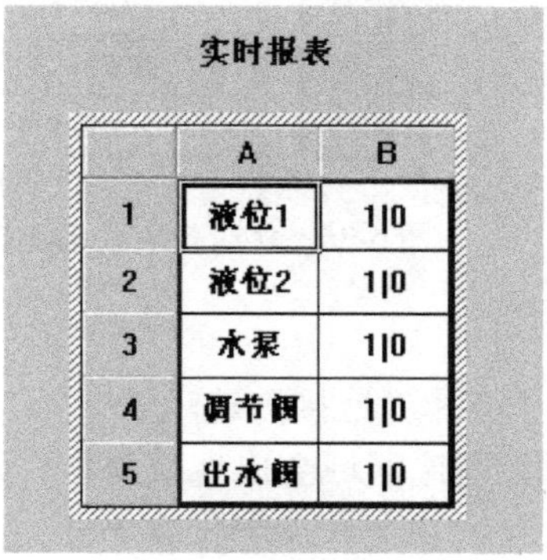

实时报表

	A	B
1	液位1	1|0
2	液位2	1|0
3	水泵	1|0
4	调节阀	1|0
5	出水阀	1|0

图 5-32　实时报表画面设计

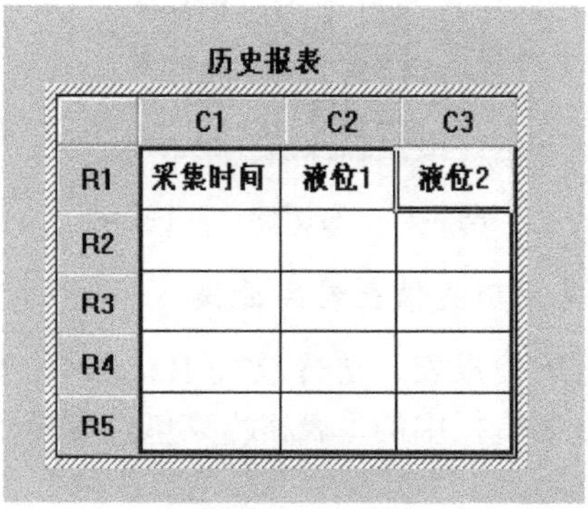

历史报表

	C1	C2	C3
R1	采集时间	液位1	液位2
R2			
R3			
R4			
R5			

图 5-33　历史报表画面设计

设计的图形画面如图 5-34 所示。

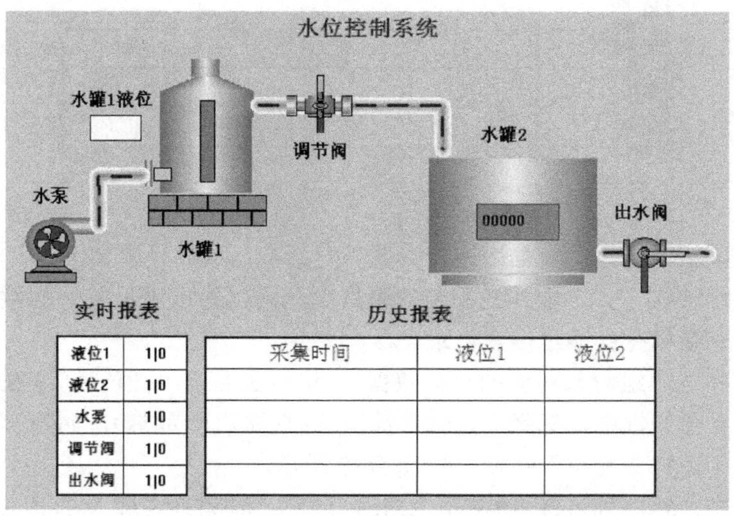

图 5-34　图形画面

3．建立动画连接

1）建立实时报表动画连接

双击实时报表，在B列中，选择液位1对应的单元格，单击右键，从弹出的下拉菜单中选取“连接”项，如图5-35所示。再次单击右键，弹出数据对象列表，双击数据对象“液位1”，B列1行单元格所显示的数值即为“液位1”的数据。

按照上述操作，将B列的2、3、4、5行分别与数据对象：液位2、水泵、调节阀、出水阀建立连接。如图5-36所示。

	A	B
1	液位1	1|0
2	液位2	1|
3	水泵	1|
4	调节阀	1|
5	出水阀	1|

图5-35　右键选“连接”项

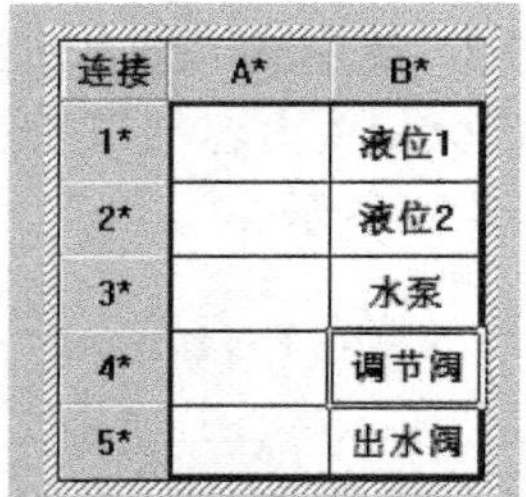

连接	A*	B*
1*		液位1
2*		液位2
3*		水泵
4*		调节阀
5*		出水阀

图5-36　实时报表动画连接

2）建立历史报表动画连接

双击历史报表，选择R2、R3、R4、R5，单击右键，选择“连接”选项。

单击菜单栏中的“表格”菜单，选择“合并表元”项，所选区域会出现反斜杠，如图5-37所示。

连接	C1*	C2*	C3*
R1*			
R2*			
R3*			
R4*			
R5*			

图5-37　合并表元

双击反斜杠区域，弹出“数据库连接设置”对话框，具体设置如下。

基本属性页中连接方式选取：在指定的表格单元内，显示满足条件的数据记录；按照从上到下的方式填充数据行；显示多页记录。

数据来源页中选“组对象对应的存盘数据”，组对象名选“液位组”（在“液位组”数据对象属性设置的存盘属性中，选择“定时存盘”，存盘周期设为5s），如图5-38所示。

显示属性页中单击“复位”按钮，如图5-39所示。

时间条件页中：排序列名选MCGS_TIME，升序；时间列名选MCGS_TIME；所有存盘数据。

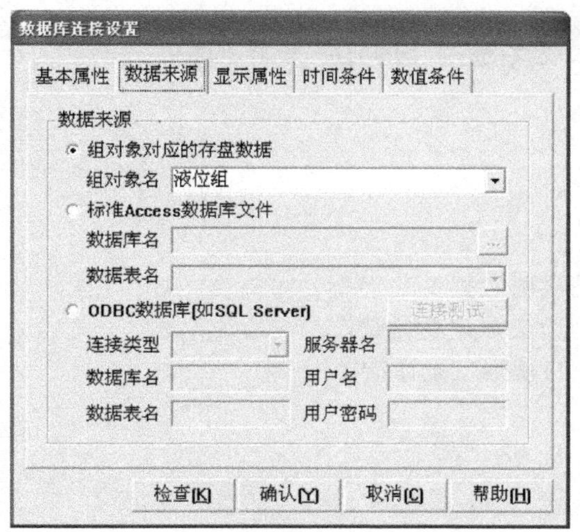

图 5-38　数据库连接数据来源设置

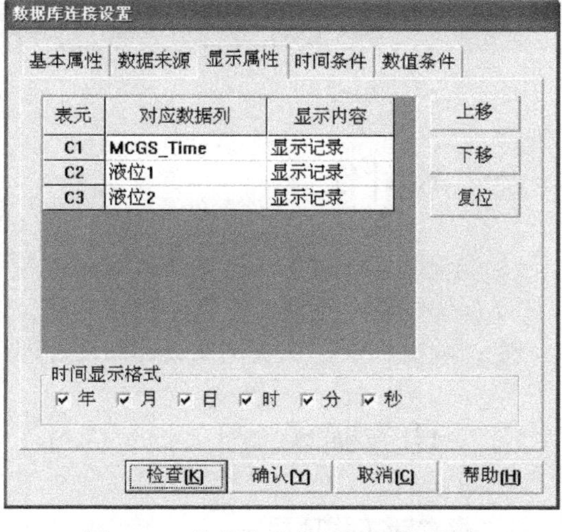

图 5-39　数据库连接显示属性设置

4．程序运行

保存工程，将“报表输出”窗口设为启动窗口，运行工程。

实时报表显示液位 1 和液位 2 的实时数据；历史报表显示液位 1 和液位 2 的历史数据。

程序运行画面如图 5-40 所示。

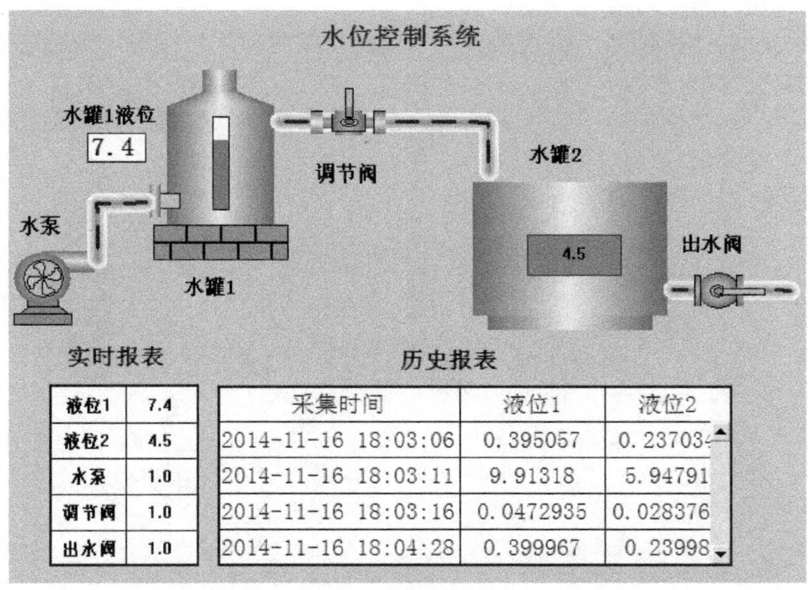

液位1	7.4
液位2	4.5
水泵	1.0
调节阀	1.0
出水阀	1.0

采集时间	液位1	液位2
2014-11-16 18:03:06	0.395057	0.23703
2014-11-16 18:03:11	9.91318	5.94791
2014-11-16 18:03:16	0.0472935	0.028376
2014-11-16 18:04:28	0.399967	0.23998

图 5-40　程序运行画面

实例12　实时曲线与历史曲线

一、设计任务

（1）绘制实时曲线，显示液位1和液位2的实时数据变化情况。
（2）绘制历史曲线，显示液位1和液位2的历史数据变化情况。
注： 本实例是在“实例9　模拟设备连接”的基础上设计的。

二、任务实现

1．建立新工程项目

工程名称：“实时曲线与历史曲线”。
窗口名称：“曲线显示”。

2．制作图形画面

（1）添加2个标签构件。边线颜色为“无边线颜色”，对齐方式为“居中对齐”，改字符为“实时曲线”和“历史曲线”。

（2）添加实时曲线构件。单击“工具箱”中的“实时曲线”图标，在标签下方绘制一个实时曲线，并调整大小。

（3）添加历史曲线构件。单击“工具箱”中的“历史曲线”图标，在标签下方绘制一个历史曲线，并调整大小。

设计的图形画面如图5-41所示。

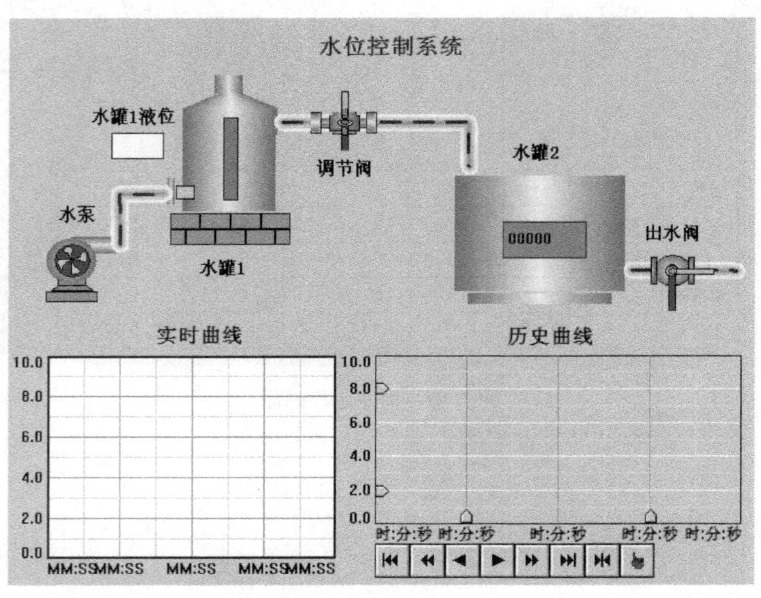

图5-41　设计的图形画面

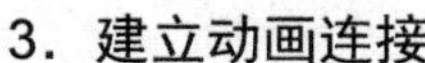

3．建立动画连接

1）建立实时曲线动画连接

双击实时曲线，弹出“实时曲线构件属性设置”窗口。在基本属性页中，Y 轴主划线设为“5”，其他不变；在标注属性页中，时间单位设为“秒钟”，小数位数设为“1”，最大值设为“10”，其他不变，如图 5-42 所示。

在画笔属性页中，将曲线 1 对应的表达式设为“液位 1”，颜色设为蓝色；曲线 2 对应的表达式设为“液位 2”，颜色设为红色，如图 5-43 所示。

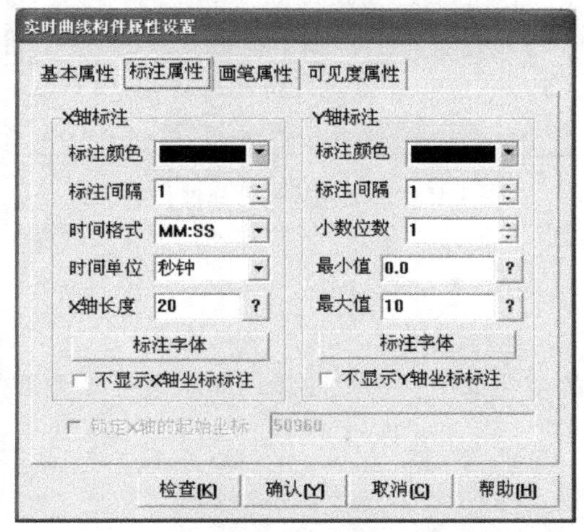

图 5-42　实时曲线标注属性设置

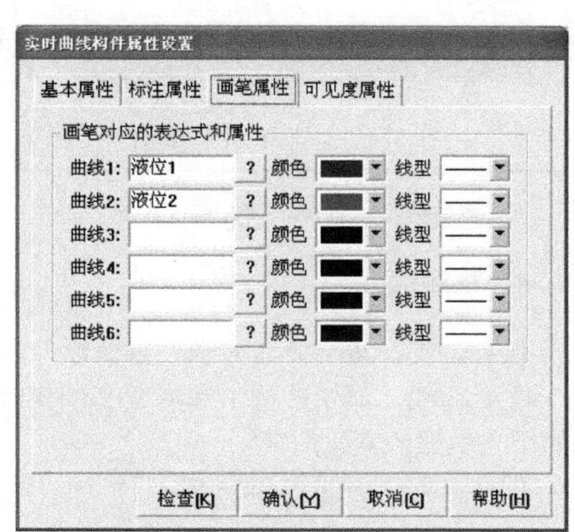

图 5-43　实时曲线画笔属性设置

2）建立历史曲线动画连接

双击历史曲线，弹出“历史曲线构件属性设置”对话框。在基本属性页中，将曲线名称设为“液位历史曲线”，Y 轴主划线设为“5”，背景颜色设为白色。

在存盘数据页中，存盘数据来源选择“组对象对应的存盘数据”，并在下拉菜单中选择“液位组”（在“液位组”数据对象属性设置的存盘属性中，选择“定时存盘”，存盘周期设为 5 秒）。

在标注设置页中，将 X 轴时间单位设为“分”。

在曲线标识页中，选择曲线 1，曲线内容设为“液位 1”，曲线颜色设为蓝色，工程单位设为“m”，小数位数设为“1”，最大坐标设为“10”，实时刷新设为“液位 1”，如图 5-44 所示。

选择曲线 2，曲线内容设为“液位 2”，曲线颜色设为红色，小数位数设为“1”，最大值设为“10”，实时刷新设为“液位 2”。

在高级属性页中，选择“运行时显示曲线翻页操作按钮”、“运行时显示曲线放大操作按钮”、“运行时显示曲线信息显示窗口”、“运行时自动刷新”、将刷新周期设为“1 秒”，并选择在“60”秒后自动恢复刷新状态，如图 5-45 所示。

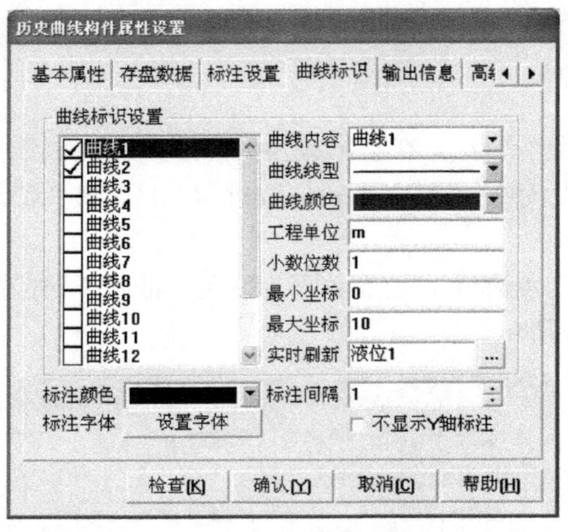

图 5-44 历史曲线构件属性设置（1）

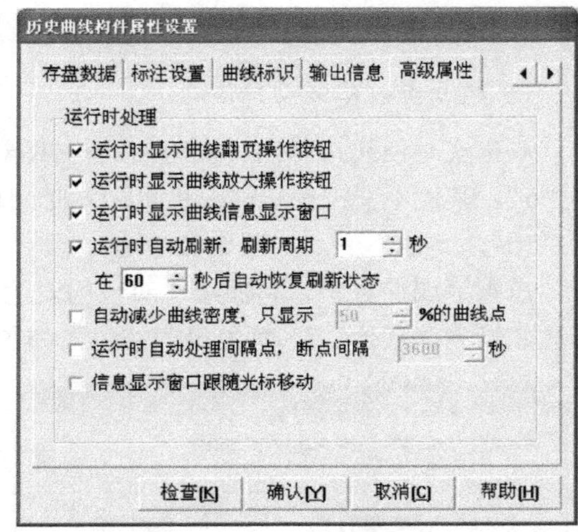

图 5-45 历史曲线构件属性设置（2）

4．程序运行

保存工程，将“曲线显示”窗口设为启动窗口，运行工程。

实时曲线，显示液位 1 和液位 2 的实时数据的变化情况；历史曲线，显示液位 1 和液位 2 的历史数据的变化情况。

程序运行画面如图 5-46 所示。

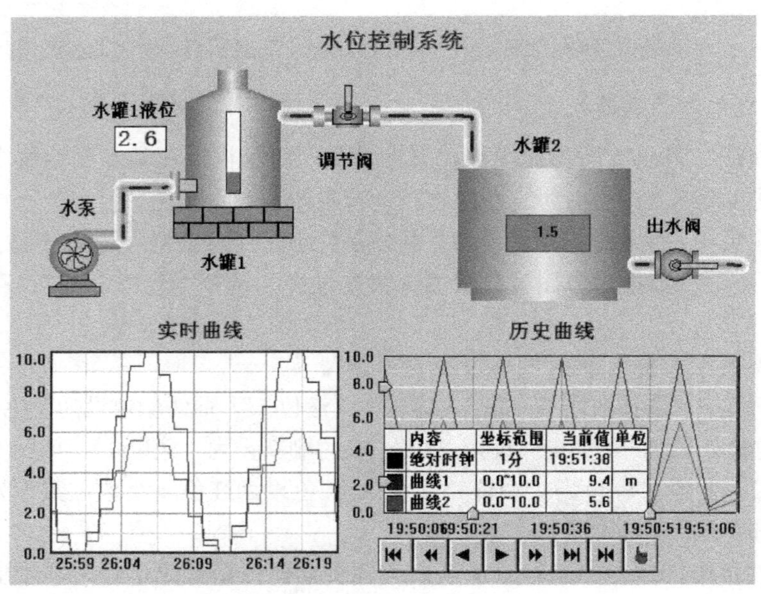

图 5-46 程序运行画面

实例 13　钢铁配方设计

一、设计任务

（1）从配方库中装载指定配方号的配方参数。
（2）把当前变量的值保存到配方库中。
（3）对配方号的配方参数进行编辑。

二、任务实现

1．建立新工程项目

工程名称："钢铁配方设计"。
窗口名称："钢铁厂实例"。

2．制作图形画面

（1）添加 4 个标签构件：标签 1 到标签 3 分别为"钢铁配方编号"、"原料 1"、"原料 2"，右键"属性"填充颜色选择"青绿"；标签 4 为"装载配方号："，右键"属性"中的边线颜色设置为"无边线颜色"。4 个标签的"对齐方式"都选为"居中对齐"。

（2）添加 4 个输入框构件。

（3）添加 3 个按钮构件：分别为"装载指定记录"、"保存当前记录"、"编辑所有配方成员"。设计的图形画面如图 5-47 所示。

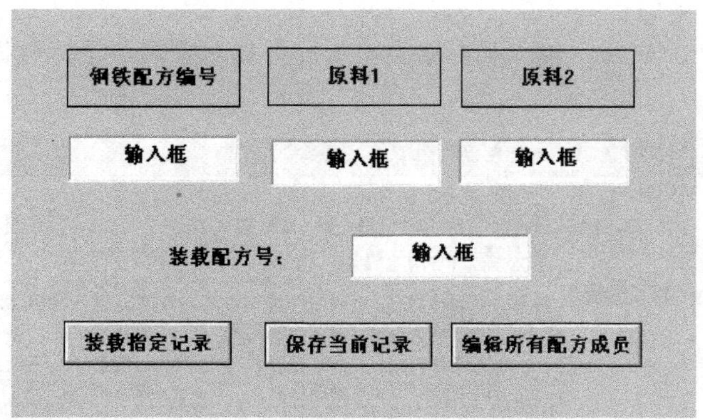

图 5-47　设计的图形画面

3．定义对象

1）定义 2 个数值型对象

对象属性名称分别设为"钢铁原料 1"、"钢铁原料 2"，对象类型选"数值"。

2）定义 2 个字符型对象

对象名称分别设为“钢铁配方批号”和“查询批号”，变量类型选“字符”。

4．配方组态设计

（1）单击“工具”菜单下的“配方组态设计”菜单项，进入 MCGS 配方组态设计对话框。选择“文件”菜单中的“新增配方”项，建立一个默认的配方结构，选择“文件”菜单中的“配方改名”项，将默认配方名改为“钢铁配方一”，如图 5-48 所示。

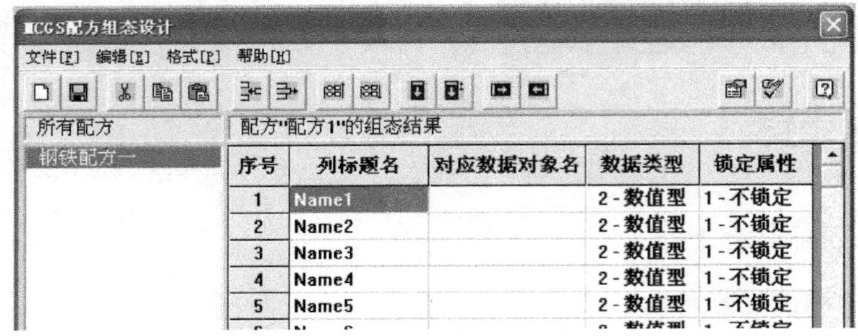

图 5-48 建立新配方

选择“文件”菜单中的“配方参数”项，把配方参数改为 3 列 20 行，如图 5-49 所示。

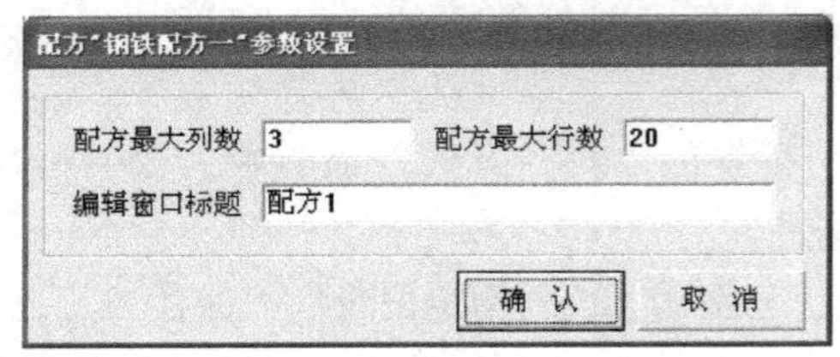

图 5-49 参数设置

在“钢铁配方一”表格中输入列标题名、对应数据对象名，选择数据类型和锁定属性，如图 5-50 所示。

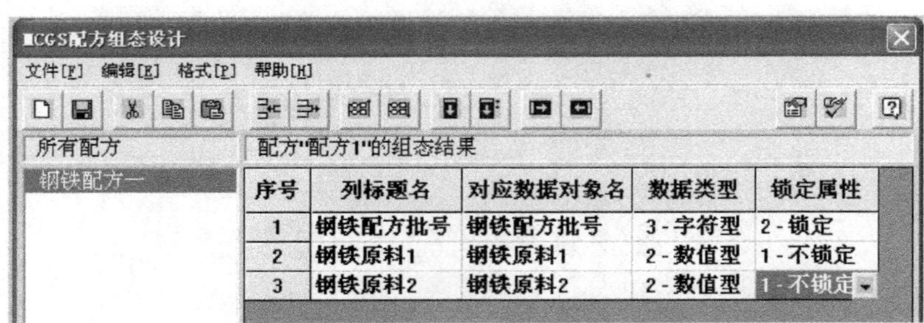

图 5-50 数据对象名连接

注意：“钢铁配方批号”是作为关键字查询的，在一个配方中不能相同。

（2）双击“钢铁配方一”进入配方参数设置窗口，按图 5-51 所示进行配方参数设置，完成后单击“存盘”按钮。

配方组态设计完成后保存退出。

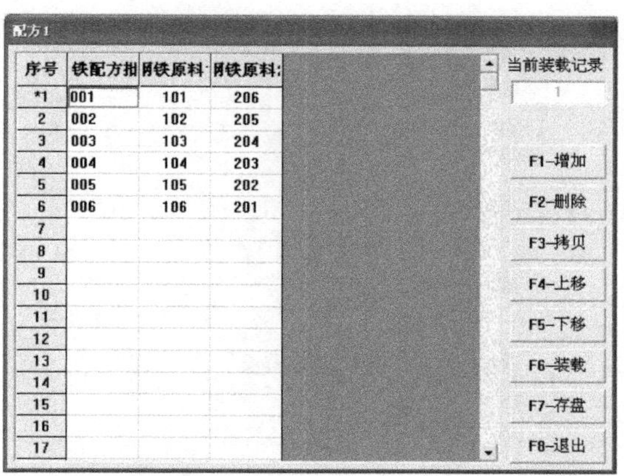

图 5-51　配方参数设置

5．编写控制流程

（1）在工作台中选择运行策略，新建三个用户策略，名字分别为“打开编辑指定配方”、“装载指定配方”和“保存当前配方”，如图 5-52 所示。

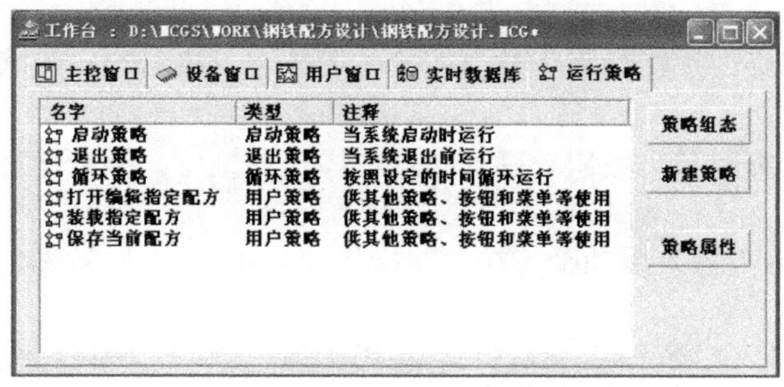

图 5-52　新建策略

（2）在每个策略中都增加一个策略行，并选择“策略工具箱”中的“配方操作处理”，并分别进行配方操作属性设置，“打开编辑指定配方”策略操作属性设置如图 5-53 所示，“装载指定配方”策略操作属性设置如图 5-54 所示，“保存当前配方”策略操作属性设置如图 5-55 所示。

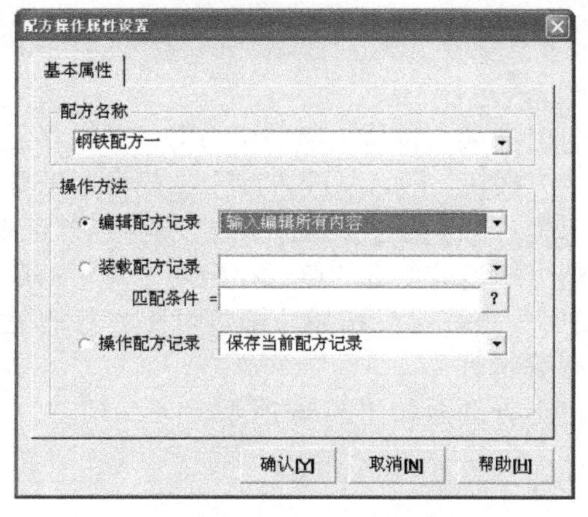

图 5-53　“打开编辑指定配方”策略操作属性设置

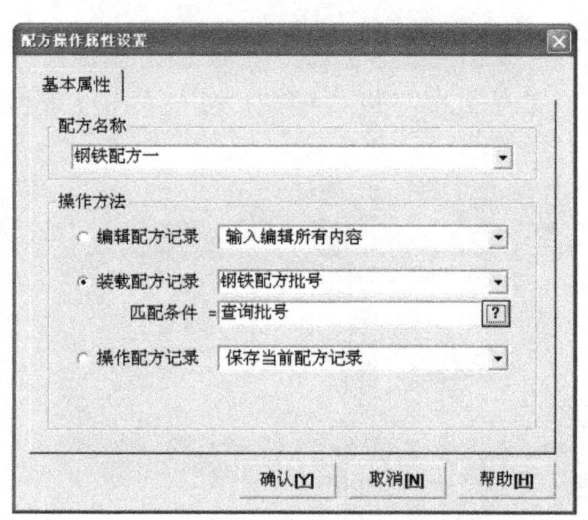

图 5-54　“装载指定配方”策略操作属性设置

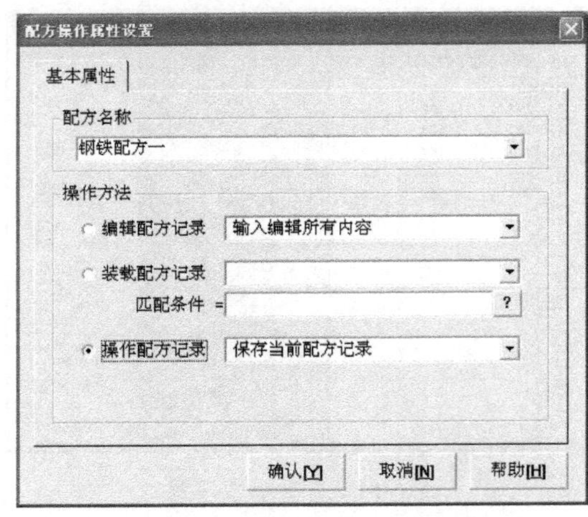

图 5-55 “保存当前配方”策略操作属性设置

6. 动画连接

（1）“装载指定记录”按钮动画连接：在操作属性中，执行运行策略块项选择“装载指定配方”。

（2）“保存当前记录”按钮动画连接：在操作属性中，执行运行策略块项选择“保存当前配方”。

（3）“编辑所有配方成员”按钮动画连接：在操作属性中，执行运行策略块项选择“打开编辑指定配方”。

（4）“装载配方号：”输入框动画连接：在操作属性中，“对应数据对象的名称”选择“查询批号”。

（5）“钢铁配方编号：”输入框动画连接：在操作属性中，“对应数据对象的名称”选择“钢铁配方批号”。

（6）“原料 1：”输入框动画连接：在操作属性中，“对应数据对象的名称”选择“钢铁原料 1”。

（7）“原料 2：”输入框动画连接：在操作属性中，“对应数据对象的名称”选择“钢铁原料 2”。

7. 程序运行

保存工程，将“钢铁厂实例”窗口设为启动窗口，运行工程。

运行时在输入框输入装载配方号，单击“装载指定记录”按钮，即可从配方库中装载指定配方号的配方参数；修改配方参数，单击“保存当前记录”按钮，即可把当前变量的值保存到配方库中；单击“编辑所有配方成员”按钮，即可对配方号的配方参数进行编辑。

程序运行画面如图 5-56 所示。

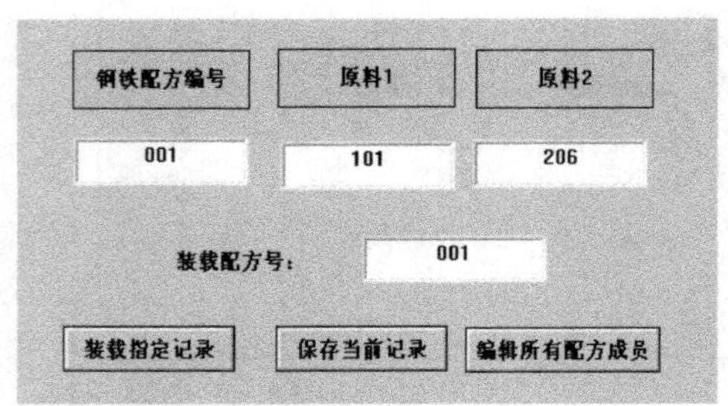

图 5-56 程序运行画面

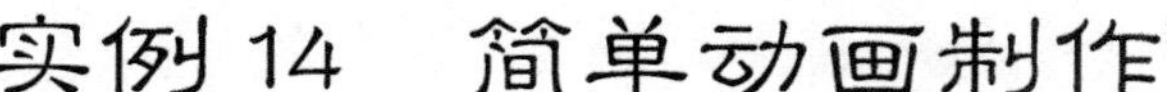

一、设计任务

（1）在图形画面中，让小球绕着椭圆的圆周按顺时针方向运动。
（2）在图形画面中，文字显示为立体效果，并闪烁。

二、任务实现

1．建立新工程项目

工程名称：“动画制作”。
窗口名称：“动画制作”。

2．制作图形画面

（1）添加 1 个椭圆构件：在“工具箱”工具条中选择“椭圆”图标，画一个长轴为 480，短轴为 200 的椭圆（界面右下角显示长轴、短轴数据）；双击图形进入属性设置，颜色选择“浅绿”。

（2）添加 1 个圆构件：在“工具箱”工具条中选择“椭圆”图标，画一个 28×28 的圆（界面右下角显示尺寸数据），位置位于椭圆的中心；双击图形进入属性设置，颜色选择“蓝”。

（3）添加 1 个标签构件：改字符为“动画制作”，边线颜色为“无边线颜色”，填充颜色为“无填充颜色”；字体为“华文彩云”，大小为“二号”，颜色为“白色”。

选择标签，复制出另一个标签，颜色改为“黑色”。改变两个标签的相对位置，使上面的文字遮盖下面文字的一部分，形成立体效果。

设计的图形画面如图 5-57 所示。

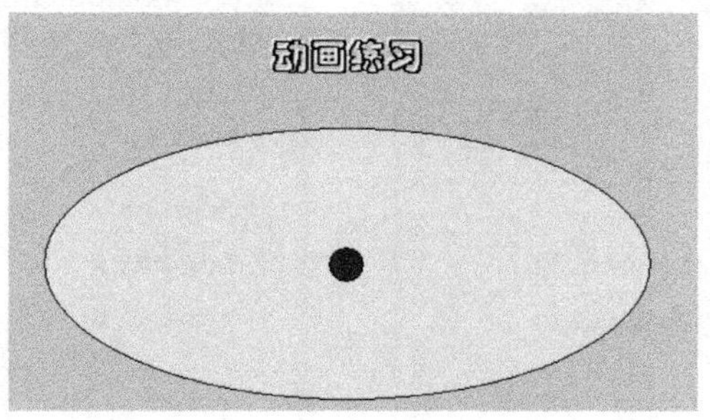

图 5-57　设计的图形画面

3．定义对象

定义 1 个数值型对象：对象名称为“角度”，对象类型选“数值”。

4．建立动画连接

1）建立标签的动画连接

双击画面中的标签，弹出“动画组态属性设置”对话框，在“特殊动画连接”中选择“闪烁效果”，在出现的“闪烁效果”标签页中将表达式设为“1”，表示条件永远成立，如图 5-58 和图 5-59 所示。

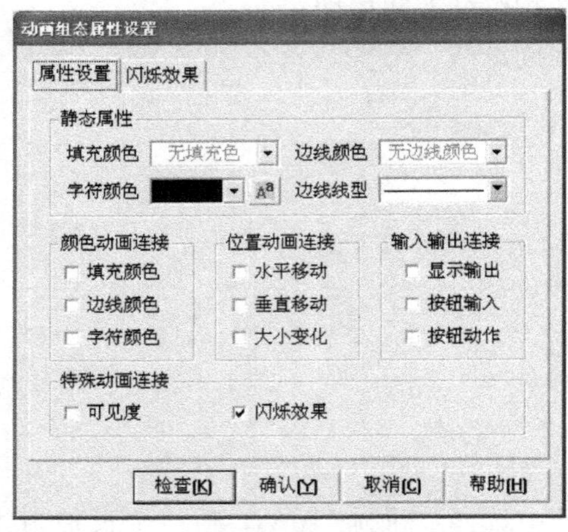

图 5-58　标签动画组态属性设置（1）

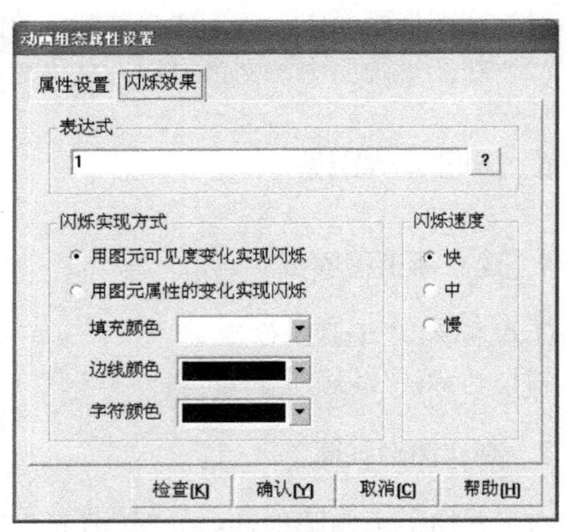

图 5-59　标签动画组态属性设置（2）

2）建立小圆的动画连接

双击画面中的蓝色小球，进入动画组态属性设置窗口。在“属性设置”页中，位置动画连接选择“水平移动”和“垂直移动”。在出现的“水平移动”页中将表达式设为“!cos（角度）*240”，最小移动偏移量设为“-240”，表达式的值设为“-240”，最大移动偏移量设为“240”，表达式的值设为“240”，如图 5-60 所示。在出现的“垂直移动”页中将表达式设为“!sin（角度）*100”，最小移动偏移量设为“-100”，表达式的值设为“-100”，最大移动偏移量设为“100”，表达式的值设为“100”，如图 5-61 所示。

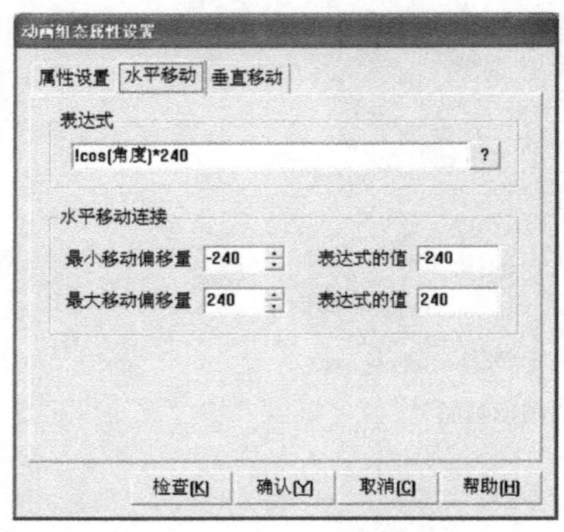

图 5-60　水平移动参数设置

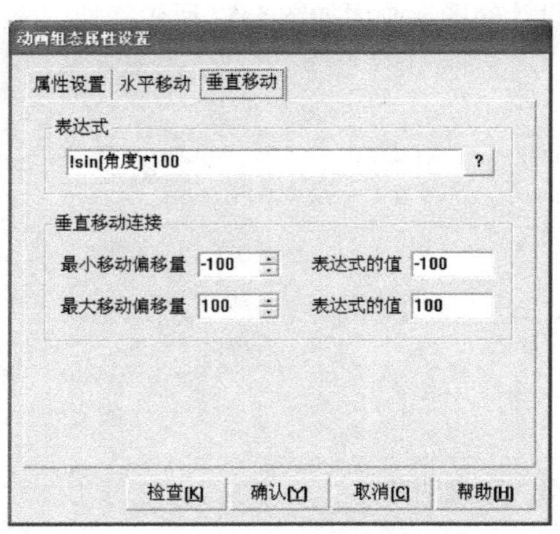

图 5-61　垂直移动参数设置

5．策略编程

在工作台窗口中选择“运行策略”窗口，双击“循环策略”，弹出“策略组态：循环策略”编辑窗口。

新增策略行，添加脚本程序，双击策略块进入“脚本程序”编辑窗口，在编辑区输入程序：

```
角度=角度+3.14/180*2
if 角度>=3.14 then
    角度=-3.14
else
    角度=角度+3.14/180*2
endif
```

单击“确定”按钮，完成命令语言的输入。

返回工作台运行策略窗口，选择循环策略，单击“策略属性”按钮，弹出“策略属性设置”对话框，将策略执行方式定时循环时间设置为 200ms。

6．程序运行

在工作台中选择“主控窗口”，单击“系统属性”按钮，弹出“主控窗口属性设置”对话框，在“基本属性”中把“封面显示时间”设为 30s，“封面窗口”的下拉列表框中选择“动画制作”，如图 5-62 所示。

单击“启动属性”标签，将“动画制作”增加到“自动运行窗口”中，如图 5-63 所示。

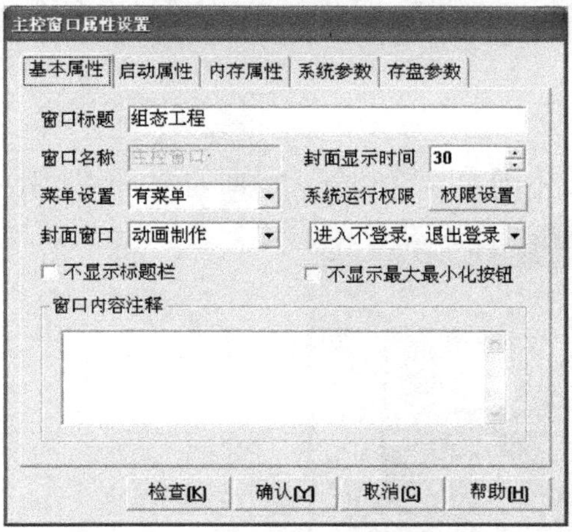

图 5-62　主控窗口基本属性设置

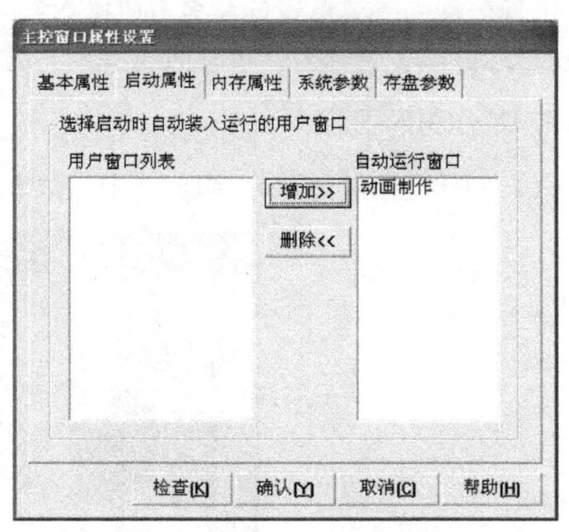

图 5-63　主控窗口启动属性设置

保存工程，将“动画制作”窗口设为启动窗口，运行工程。

在画面中，小球绕着椭圆的圆周按顺时针方向运动；文字显示为立体效果，并闪烁。

程序运行画面如图 5-64 所示。

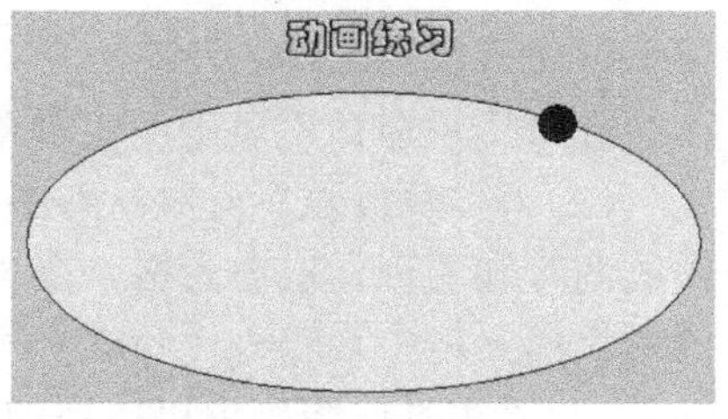

图 5-64　程序运行画面

实例 15　菜单设计与多窗口操作

一、设计任务

（1）创建菜单结构，顶层菜单为“液位管理”和“数据管理”，“液位管理”的快捷键为“Ctrl+S”。

（2）“数据管理”为下拉式菜单，包含“实时报表”和“实时曲线”，系统运行时进入“系统管理”窗口，画面中“水罐 1”和“水罐 2”的液位自动变化，单击菜单分别打开“实时报表”窗口和“实时曲线”窗口。

（3）“实时报表”窗口显示“水罐 1”和“水罐 2”的液位数值变化，“实时曲线”窗口显示根据“水罐 1”和“水罐 2”的液位变化绘制实时曲线。

二、任务实现

1．建立新工程项目

工程名称为“菜单设计与多窗口操作”。窗口 0 名称为“液位管理”。窗口 1 名称为“实时报表”。窗口 2 名称为“实时曲线”。

2．制作图形画面

（1）“液位管理”窗口：添加 2 个储藏罐元件构件和 2 个标签，画面如图 5-65 所示。

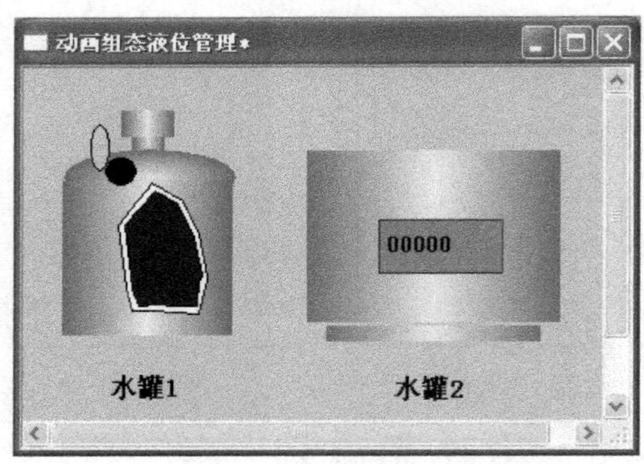

图 5-65　“液位管理”窗口图形画面

在“用户窗口”页中用右键单击“液位管理”，设置为启动窗口。

（2）“实时报表”窗口：添加 1 个“自由表格”构件，出现一个 4 行 4 列的表格，删除其中的两行和两列。双击表格，在 A 列的两个单元格中分别输入“液位 1”、“液位 2”；在 B 列的两个单元格中均输入“1|0”（表示输出的数据有 1 位小数，无空格），如图 5-66 所示。

（3）“实时曲线”窗口：添加 1 个实时曲线构件，画面如图 5-67 所示。

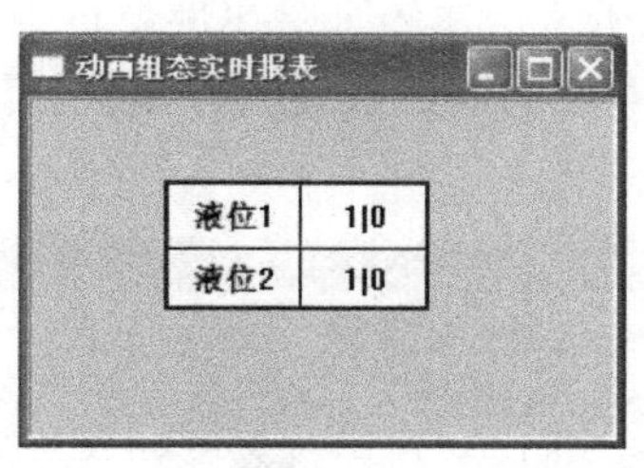

图 5-66　“实时报表”窗口图形画面

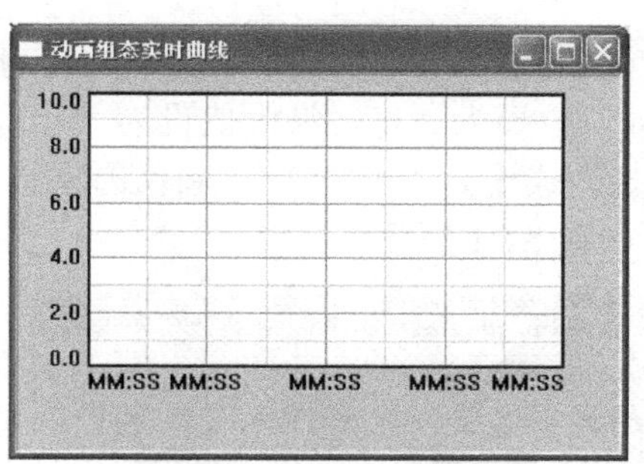

图 5-67　“实时曲线”窗口图形画面

3．定义对象

定义 2 个数值型对象，名称分别为“液位 1”、“液位 2”。

4．建立动画连接

1）建立“液位管理”窗口动画连接

打开“液位管理”窗口，双击画面中的水罐 1，弹出“单元属性设置”对话框，选择“折线”图元，单击按钮[>]，进入“动画组态属性设置”对话框，将表达式设为“液位 1”，最大变化百分比为 100 时表达式的值为 10，如图 5-68 所示。

双击画面中的水罐 2，弹出“单元属性设置”对话框，选择“标签”图元，单击按钮[>]，进入“动画组态属性设置”对话框，将表达式设为“液位 2”，整数位数设为 2，小数位数设为 1，如图 5-69 所示。

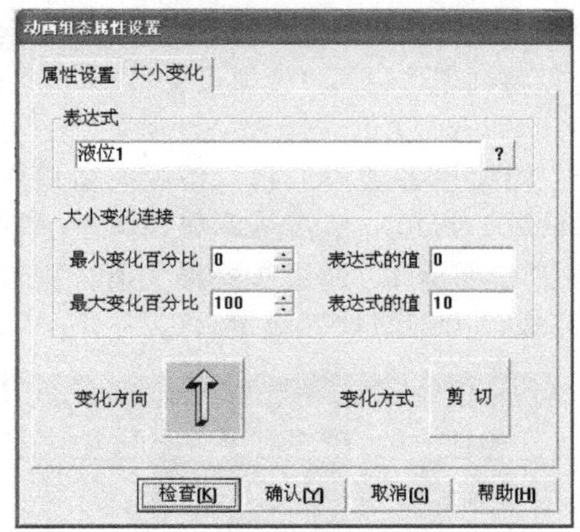

图 5-68　水罐 1 动画组态属性设置

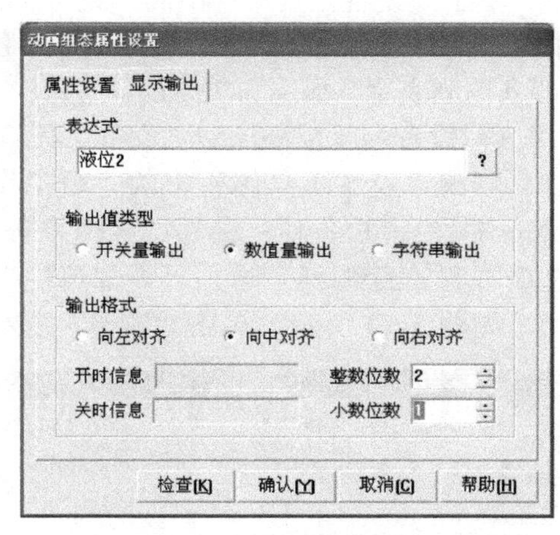

图 5-69　水罐 2 动画组态属性设置

2）建立“实时报表”窗口动画连接

打开“实时报表”窗口，双击画面中的“实时报表”，在 B 列中，选中“液位 1”对应的单元格，单击右键，选取“连接”项，再次单击右键，弹出数据对象列表，双击数据对象“液位 1”，B 列 1 行单元格所显示的数值即为“液位 1”的数据。按照上述操作，将 B 列液位 2 对应的单元格与液位 2 相连。

3）建立“实时曲线”窗口动画连接

打开“实时曲线”窗口，双击实时曲线，弹出“实时曲线构件属性设置”窗口。

在“基本属性”页中，Y 轴主划线设为“5”。在“标注属性”页中，时间单位设为“秒钟”，小数位数设为“1”，最大值设为“10”，如图 5-70 所示。在“画笔属性”页中，将曲线 1 对应的表达式设为“液位 1”，颜色选择蓝色；曲线 2 对应的表达式设为“液位 2”，颜色选择红色，如图 5-71 所示。

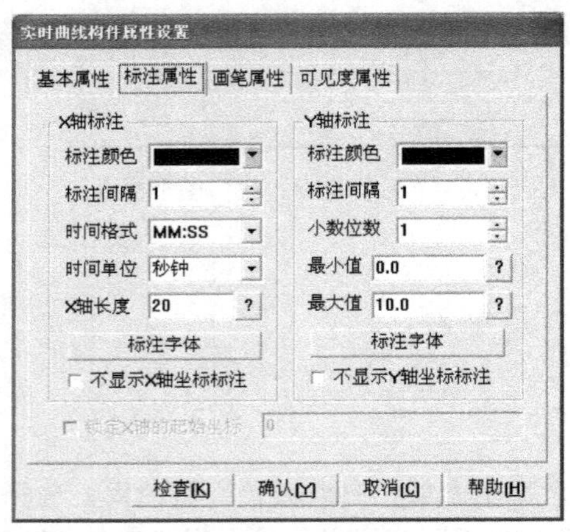

图 5-70　实时曲线标注属性设置

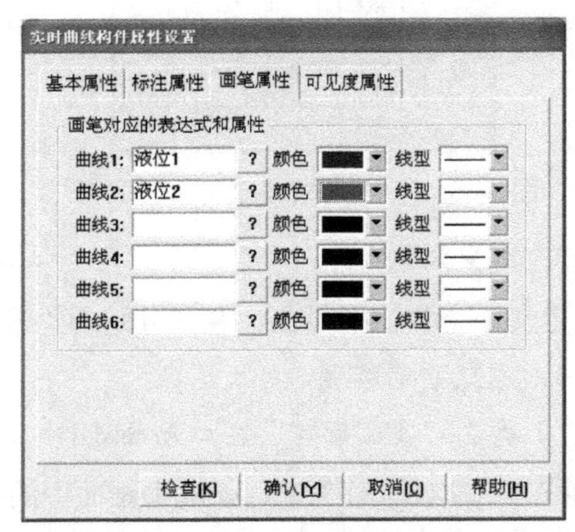

图 5-71　实时曲线画笔属性设置

5. 设备连接

在工作台“设备窗口”中双击“设备窗口”图标进入“设备组态：设备窗口”。

（1）单击“设备工具箱”中的“设备管理”按钮，弹出“设备管理”窗口。在可选设备列表中，双击“通用设备”→“模拟数据设备”→“模拟设备”，将“模拟设备”添加到右测“选定设备”列表中，如图 5-72 所示。选择“选定设备列表”中的“模拟设备”，单击“确认”按钮，“模拟设备”就被添加到“设备工具箱”中。

（2）双击“设备工具箱”中的“模拟设备”，模拟设备被添加到设备组态窗口中，双击“设备 0-[模拟设备]”，进入“模拟设备属性设置”窗口。单击基本属性页中“内部属性”选项右侧的 ... 图标，进入“内部属性”设置。将通道 1、通道 2 的最大值分别设置为 10 和 6，如图 5-73 所示，单击“确认”按钮，完成“内部属性”设置。

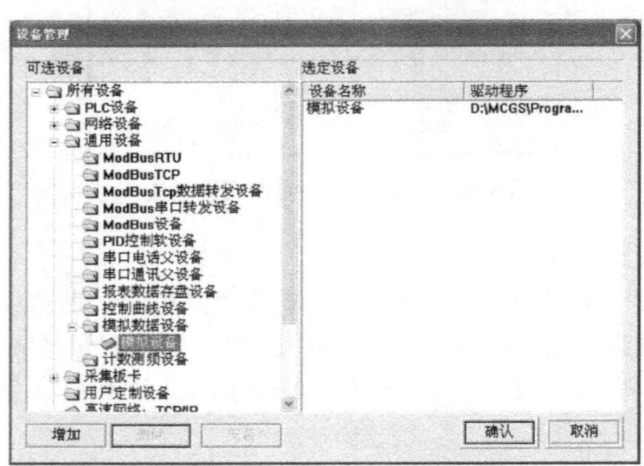

图 5-72　设备管理窗口

图 5-73　内部属性设置

（3）单击“通道连接”标签，进入通道连接设置。选择通道 0 对应数据对象输入框，输入“液位 1”（或单击鼠标右键，弹出数据对象列表后，选择“液位 1”）；选择通道 1 对应数据对象输入框，输入“液位 2”，如图 5-74 所示。

（4）进入“设备调试”属性页，即可看到通道值中的数据在变化，如图 5-75 所示。单击“确认”按钮，完成设备属性设置。

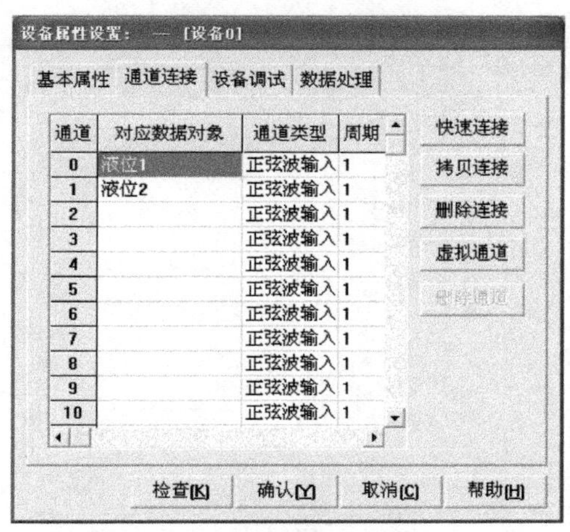

图 5-74　通道连接设置窗口

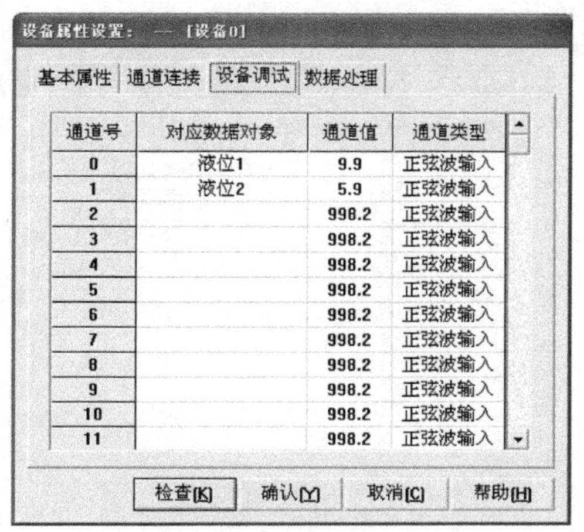

图 5-75　设备调试

6．菜单设计

（1）在“工作台”窗口中选择“主控窗口”，单击“菜单组态”，弹出“菜单组态：运行环境菜单”窗口，如图 5-76 所示。

（2）单击“系统管理[&S]”，单击右键选择“删除菜单”项。单击工具条中的“新增菜单项”按钮，产生[操作 0]菜单。

（3）双击[操作 0]菜单，弹出“菜单属性设置窗口”，在“菜单属性”页中，将“菜单名”改为“文件”，“菜单类型”选择“下拉菜单项”，如图 5-77 所示。

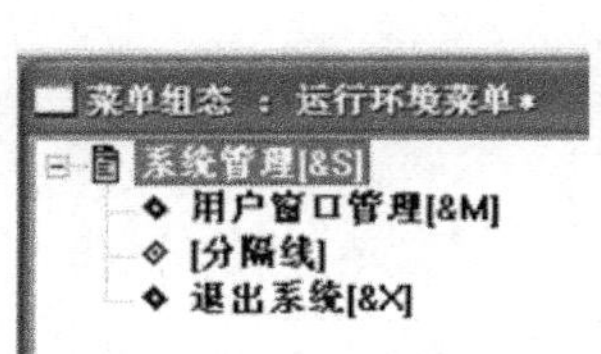

图 5-76　菜单组态窗口

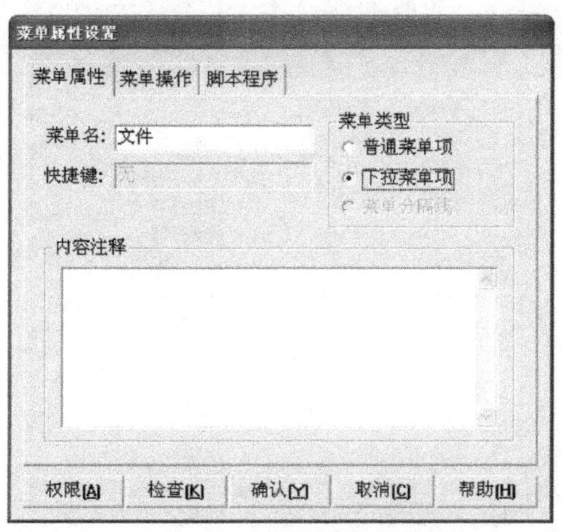

图 5-77　“液位管理”菜单属性设置

（4）单击“文件”菜单，单击右键选择“新增下拉菜单”项，新增1个下拉菜单[操作集0]。双击[操作集 0]菜单，弹出“菜单属性设置窗口”，在“菜单属性”页中，将菜单名改为“退出(X)”，菜单类型选择“普通菜单项”，在“快捷键”后的输入框中按键盘上的“Ctrl+X”键，则输入框中出现“Ctrl+X”，如图5-78所示。在“菜单操作”页中，菜单对应功能选择“退出运行系统”，下拉菜单中选择“退出运行环境”，如图5-79所示。单击“确认”按钮，设置完毕。

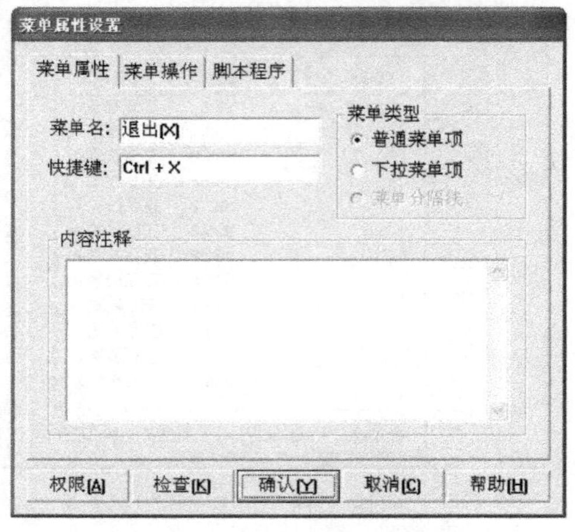

图 5-78 “退出”菜单属性设置

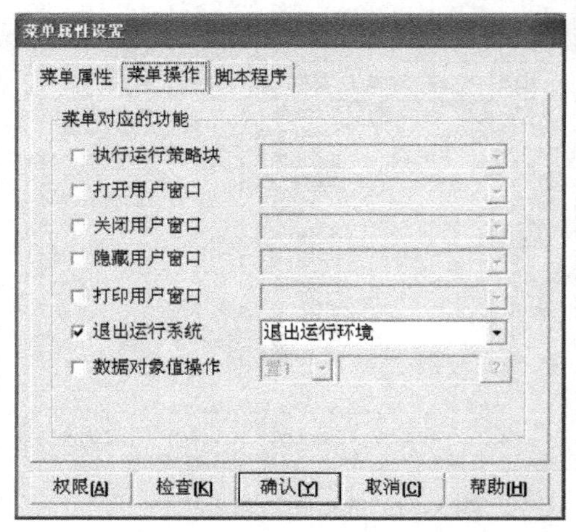

图 5-79 “退出”菜单操作属性设置

（5）单击工具条中的“新增菜单项”按钮，产生[操作 0]菜单。双击[操作 0]菜单，弹出“菜单属性设置窗口”，在“菜单属性”页中，将菜单名改为“数据管理”，菜单类型选择“下拉菜单项”，单击“确认”按钮，设置完毕。

（6）单击“数据管理”，右键选择“新增下拉菜单”，新增两个下拉菜单，分别双击新建菜单，弹出“菜单属性设置窗口”，在“菜单属性”页中，将菜单名分别改为“实时报表”和“实时曲线”，菜单类型均选择“普通菜单项”。“实时报表”菜单按图5-80和图5-81所示进行属性设置，“实时曲线”菜单按图5-82和图5-83所示进行属性设置。

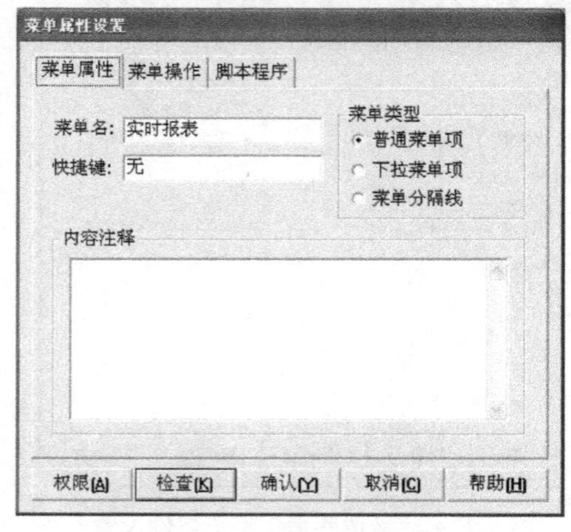

图 5-80 “实时报表”菜单属性设置

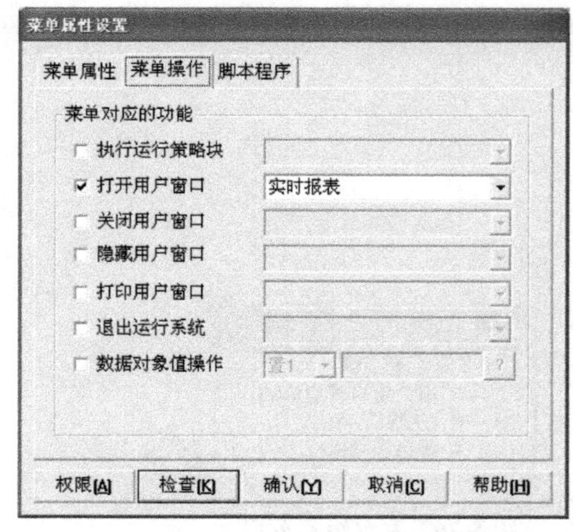

图 5-81 “实时报表”菜单操作属性设置

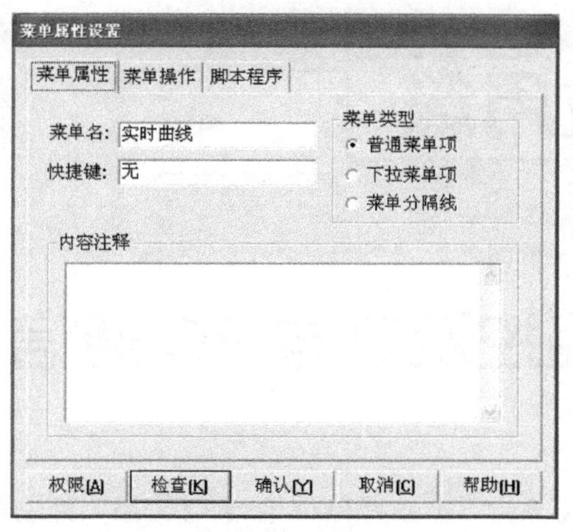

图 5-82　“实时曲线”菜单属性设置

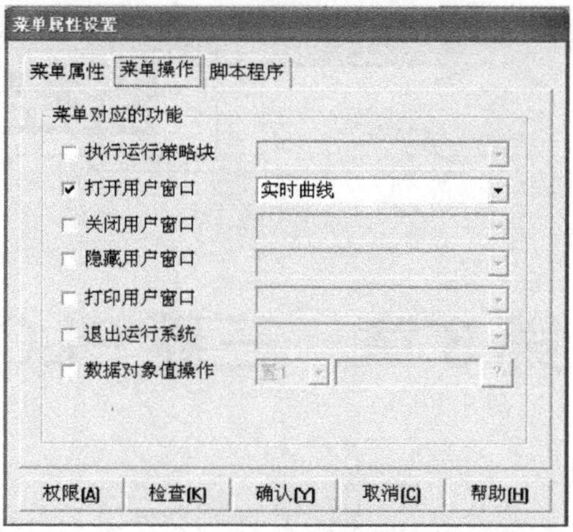

图 5-83　“实时曲线”菜单操作属性设置

（7）用右键分别单击“退出”菜单、“实时报表”菜单和“实时曲线”菜单，选择“菜单右移”项，三个菜单右移，设计完成的菜单如图 5-84 所示。

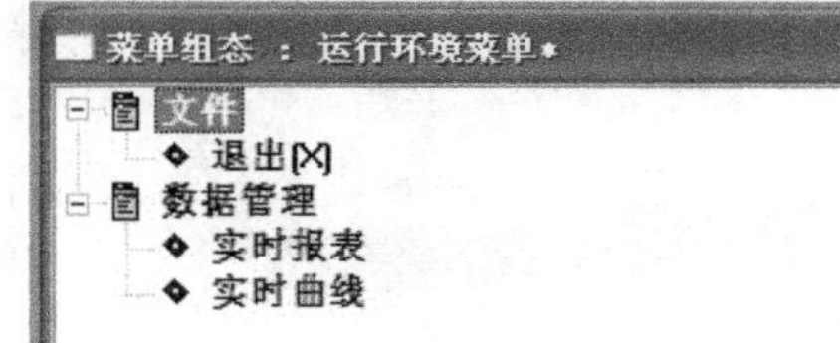

图 5-84　菜单结构

7．程序运行

保存工程，将“菜单设计与多窗口操作”窗口设为启动窗口，运行工程。

单击“数据管理”菜单，弹出下拉菜单，单击“实时报表”子菜单，显示“实时报表”窗口的运行画面；单击“实时曲线”子菜单，显示“实时曲线”窗口的运行画面；单击“文件”菜单，单击“退出(X)”子菜单（或者同时按键盘上的“Ctrl”和“X”键），退出运行环境。

程序运行画面如图 5-85 所示。

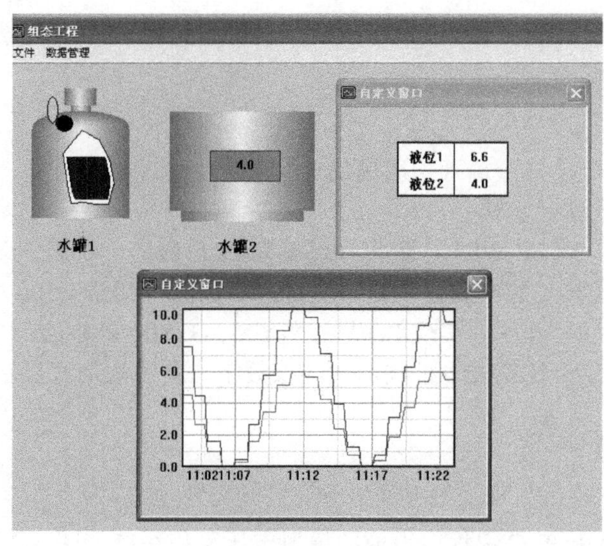

图 5-85　程序运行画面

监控应用篇

第6章　三菱PLC监控及其与PC通信

三菱公司的可编程序控制器分为F系列、FX系列、A系列和Q系列，FX系列是三菱公司近年推出的小型PLC，功能较强，性价比较高，应用比较广泛，如图6-1所示。

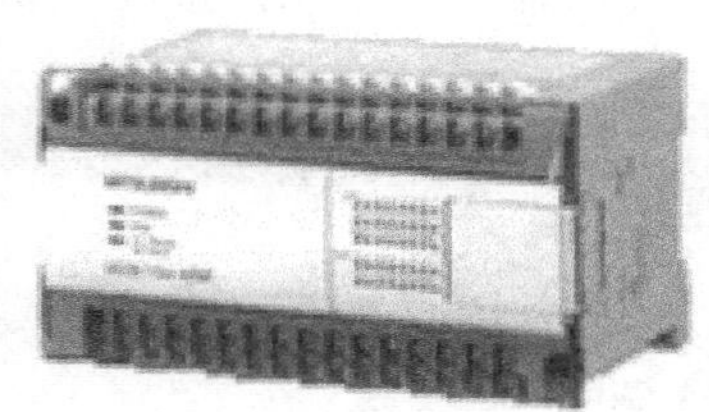

图6-1　三菱FX系列PLC

三菱公司的FX系列PLC吸收了整体式和模块式PLC的优点，其基本单元、扩展单元和扩展模块的高度和宽度相等，相互之间的连接不需要使用基板，仅通过扁平电缆连接，紧密拼装后组成一个整体的长方体。FX系列PLC具有丰富的软硬件资源、强大的功能和很高的运行速度，可用于要求很高的机电一体化控制系统。而其具有的各种扩展单元和扩展模块可以根据现场系统功能的需要组成不同的控制系统。

本章采用组态软件MCGS实现三菱FX_{2N}-32MR PLC模拟电压输入与输出、开关量输入与输出及其温度监控。

实例16　三菱PLC模拟电压采集

一、设计任务

本例通过三菱PLC模拟量输入扩展模块FX_{2N}-4AD实现电压检测，并将检测到的电压值通过通信电缆传送给上位计算机。

（1）采用SWOPC-FXGP/WIN-C编程软件编写PLC程序，实现三菱FX_{2N}-32MR PLC模拟电压的采集，并将采集到的电压值（数字量形式）放入寄存器D100中。

（2）采用MCGS编写程序，实现PC与三菱FX_{2N}-32MR PLC之间的数据通信，要求PC接收PLC发送的电压值，转换成十进制形式，以数字、曲线的形式显示。

二、线路连接

PC通过FX_{2N}-32MR PLC编程口组成的模拟电压采集系统如图6-2所示。

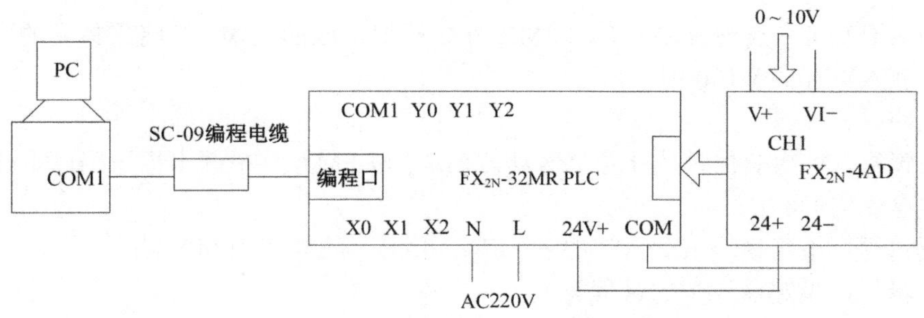

图 6-2　PC 与 FX_{2N} PLC 组成的模拟电压采集系统

图 6-2 中，通过 SC-09 编程电缆将 PC 的串口 COM1 与三菱 FX_{2N}-32MR PLC 的编程口连接起来；将模拟量输入扩展模块 FX_{2N}-4AD 通过编程电缆与 PLC 主机相连。FX_{2N}-4AD 模块的 ID 号为 0，其 DC24V 电源由主机提供（也可使用外接电源）。

在 FX_{2N}-4AD 的模拟量输入 1 通道（CH1）V+与 VI−之间接输入电压 0～10V。

PLC 的模拟量输入模块（FX_{2N}-4AD）负责 A/D 转换，即将模拟量信号转换为 PLC 可以识别的数字量信号。

提示：工业控制现场的模拟量，如温度、压力、物位、流量等参数可通过相应的变送器转换为 1～5V 的电压信号，因此本章提供的电压采集系统同样可以进行温度、压力、物位、流量等参数的采集，只需在程序设计时进行相应的标度变换。

三、任务实现

1．PLC 端电压输入程序

1）PLC 梯形图

三菱 FX_{2N}-32MR 型 PLC 使用 FX_{2N}-4AD 模拟量输入模块实现模拟电压的采集。采用 SWOPC-FXGP/WIN-C 编程软件编写的 PLC 程序梯形图如图 6-3 所示。

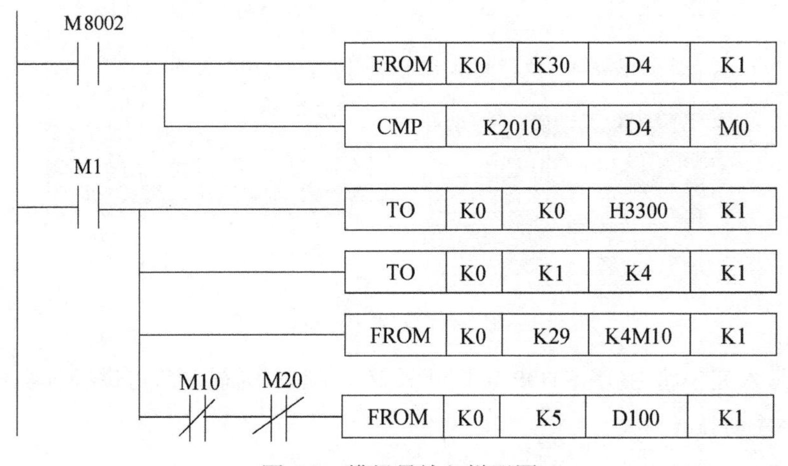

图 6-3　模拟量输入梯形图

程序的主要功能：实现三菱 FX_{2N}-32MR PLC 模拟电压的采集，并将采集到的电压值（数字量形式）放入寄存器 D100 中。

程序说明：

第 1 逻辑行，首次扫描时从 0 号特殊功能模块的 BFM# 30 中读出标识码，即模块 ID 号，并放到基本单元的 D4 中；

第 2 逻辑行，检查模块 ID 号，如果是 FX_{2N}-4AD，结果送到 M0 中；

第 3 逻辑行，设定通道 1 的量程类型；

第 4 逻辑行，设定通道 1 平均滤波的周期数为 4；

第 5 逻辑行，将模块运行状态从 BFM#29 读入 M10～M25；

第 6 逻辑行，如果模块运行没有错，且模块数字量输出值正常，则通道 1 的平均采样值存入寄存器 D100 中。

2）程序的写入

PLC 端程序编写完成后需将其写入 PLC 才能正常运行，步骤如下。

（1）接通 PLC 主机电源，将 RUN/STOP 转换开关置于 STOP 位置。

（2）运行 SWOPC-FXGP/WIN-C 编程软件，打开模拟量输入程序，执行“转换”命令。

（3）执行菜单“PLC”→“传送”→“写出”命令，如图 6-4 所示，打开“PC 程序写入”对话框，选择“范围设置”项，终止步设为 50，单击“确认”按钮，即开始写入程序，如图 6-5 所示。

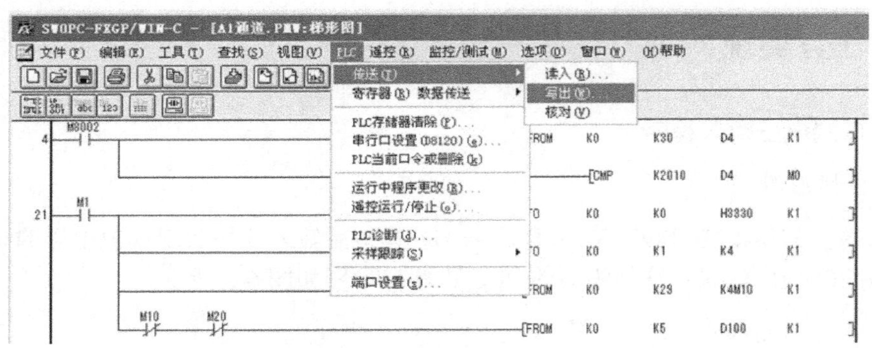

图 6-4　执行菜单“PLC→传送→写出”命令

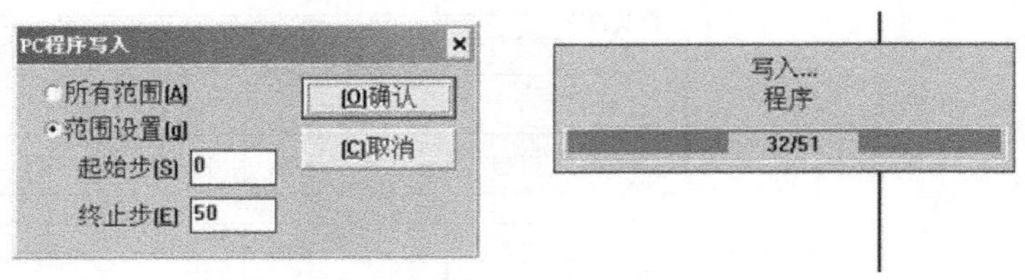

图 6-5　PC 程序写入

（4）程序写入完毕将 RUN/STOP 转换开关置于 RUN 位置，即可进行模拟电压的采集。

3）PLC 程序的监控

PLC 端程序写入后可以进行实时监控，步骤如下。

（1）接通 PLC 主机电源，将 RUN/STOP 转换开关置于 RUN 位置。

（2）运行 SWOPC-FXGP/WIN-C 编程软件，打开模拟量输入程序，并写入。

（3）执行菜单“监控/测试”→“开始监控”命令，即可开始监控程序的运行，如图 6-6 所示。

寄存器 D100 上的蓝色数字如 435 就是模拟量输入 1 通道的电压实时采集值（换算后的电压值为 2.175V，与万用表测量值相同），改变输入电压，该数值随着改变。

（4）监控完毕，执行菜单“监控/测试”→“停止监控”命令，即可停止监控程序的运行。

注意：必须停止监控，否则影响上位机程序的运行。

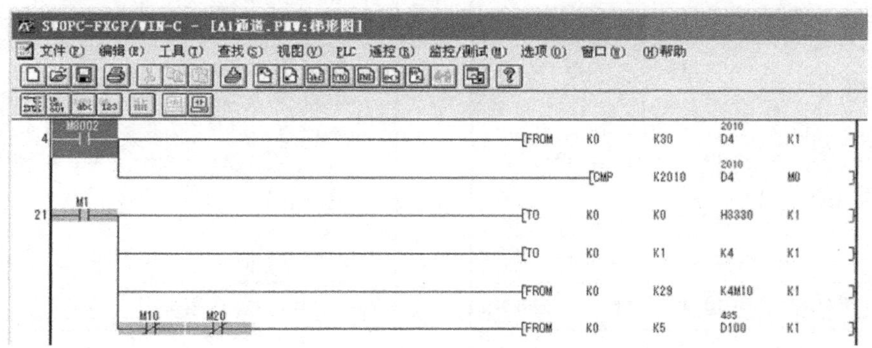

图 6-6　PLC 监控程序

2．PC 端采用 MCGS 实现电压输入

1）建立新工程项目

工程名称：“AI”；窗口名称：“AI”；窗口内容注释：“模拟电压输入”。

2）制作图形画面

（1）为图形画面添加 3 个文本对象：标签“电压值:”、当前电压值显示文本“000”和标签“V”。

（2）为图形画面添加 1 个“实时曲线”构件。

（3）为图形画面添加 1 个“按钮”构件，将按钮标题改为“关闭”。

设计的图形画面如图 6-7 所示。

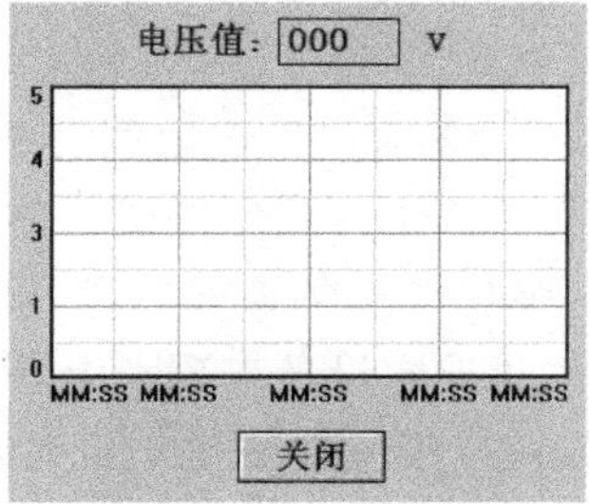

图 6-7　图形画面

3）定义对象

（1）新增对象“电压”，小数位数设 2，最小值设 0，最大值设 10，对象类型选“数值”，如图 6-8 所示。

（2）新增对象“数字量”，小数位数设 0，最小值设 0，最大值设 2000，对象类型选“数值”，如图 6-9 所示。

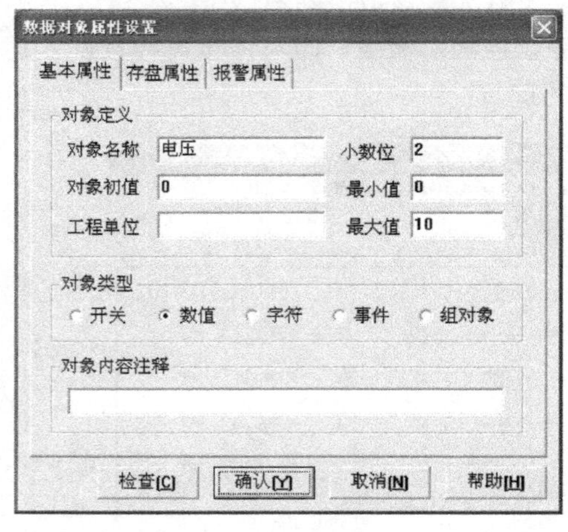

图 6-8　对象“电压”属性设置

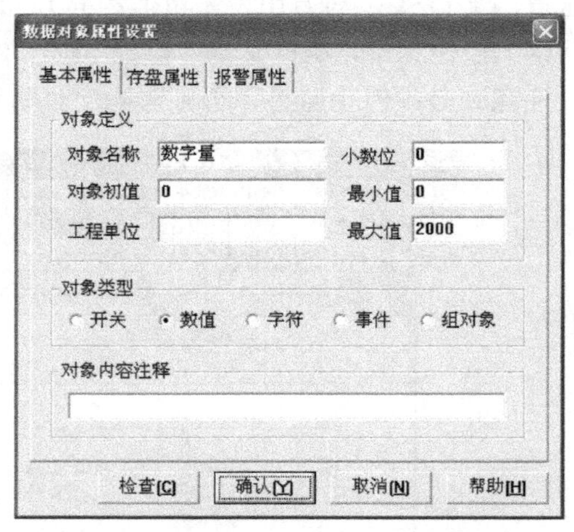

图 6-9　对象“数字量”属性设置

两个对象定义完成，实时数据库如图 6-10 所示。

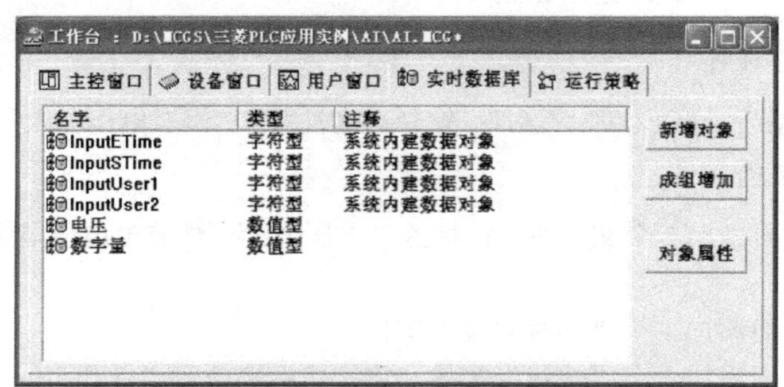

图 6-10　实时数据库

4）添加设备

在 MCGS 组态环境工作台的“设备窗口”选项页，在下侧双击“设备窗口”，出现“设备组态：设备窗口”，单击工具条上的“工具箱”按钮，弹出“设备工具箱”窗口。

（1）单击“设备管理”按钮，弹出“设备管理”窗口。在“可选设备”列表中双击“通用串口父设备”，将其添加到右侧的“选定设备”列表中。

（2）选择所有设备→PLC 设备→三菱→三菱_FX 系列编程口→三菱_FX 系列编程口，单击“增加”按钮，将“三菱_FX 系列编程口”添加到右侧的“选定设备”列表中，如图 6-11 所示。单击“确认”按钮，选定设备添加到“设备工具箱”窗口中，如图 6-12 所示。

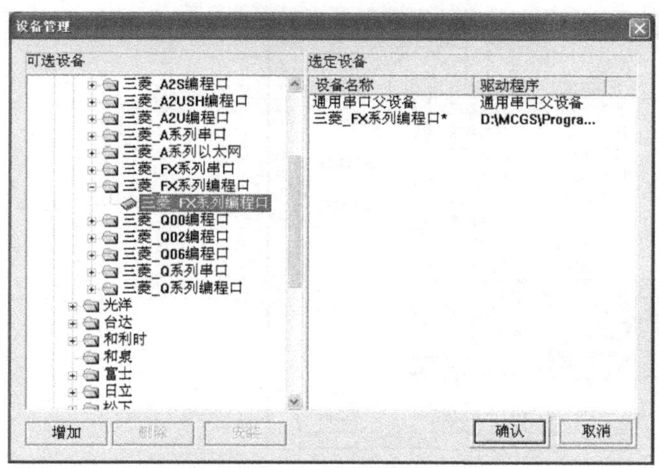

图 6-11　设备管理窗口

图 6-12　设备工具箱窗口

（3）在“设备工具箱”窗口下双击“通用串口父设备”，“设备组态：设备窗口”中出现“通用串口父设备 0-[通用串口父设备]”。同理，在“设备工具箱”窗口下双击“三菱_FX 系列编程口”，“设备组态：设备窗口”中出现“设备 0-[三菱_FX 系列编程口]”，设备添加完成，如图 6-13 所示。

图 6-13　添加设备窗口

5）设备属性设置

（1）双击“通用串口父设备 0-[通用串口父设备]”，弹出“通用串口设备属性编辑”对话框。在“基本属性”页中设置串口端口号为“0-COM1”，通信波特率为“6-9600”，数据位位数为“0-7 位”，停止位位数为“0-1 位”，数据校验方式为“2-偶校验”，参数设置完毕，单击“确认”按钮，如图 6-14 所示。

（2）双击“设备 0-[三菱_FX 系列编程口]”，弹出“设备属性设置”对话框，如图 6-15 所示。选择“基本属性”页中的“设置设备内部属性”，出现 ... 图标，单击该图标弹出“三菱_FX 系列编程口通道属性设置”对话框，如图 6-16 所示。

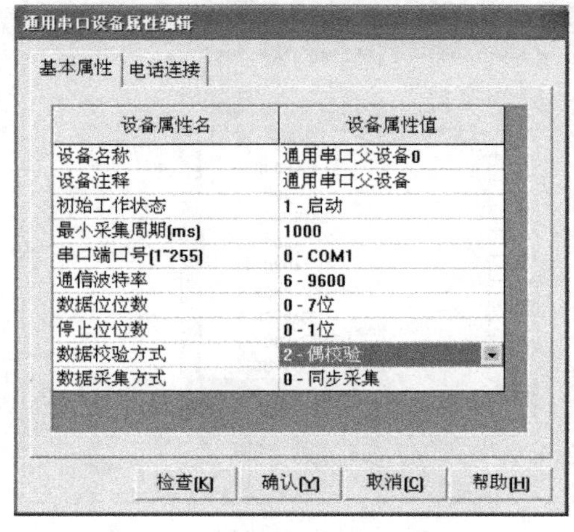

图 6-14　通用串口设备

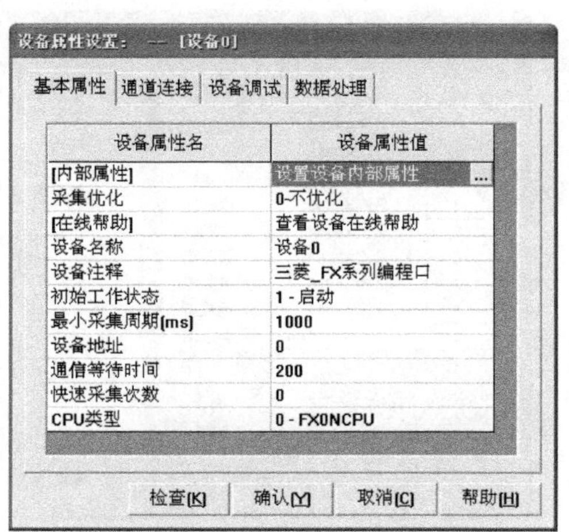

图 6-15　三菱 PLC 属性设置

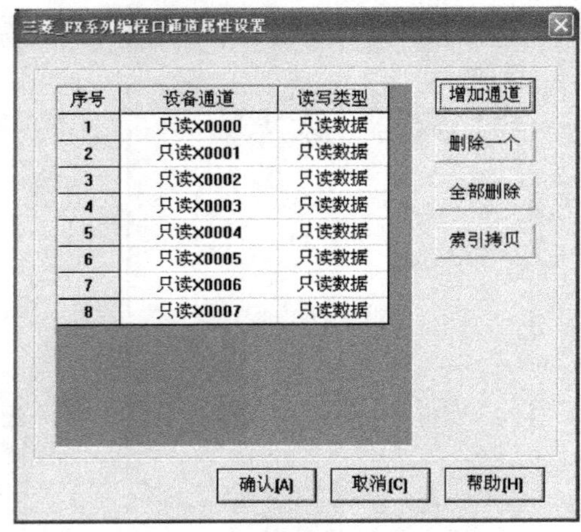

图 6-16　三菱_FX 系列编程口通道属性设置

单击“增加通道”按钮，弹出“增加通道”对话框，选择“D 数据寄存器”，设置寄存器地址为“100”，通道数量为“1”，操作方式选“只读”，数据类型选“16 位无符号二进制”，如图 6-17 所示，单击“确认”按钮，“三菱_FX 系列编程口通道属性设置”对话框中出现新增通道 9“只读 DWUB0100”，如图 6-18 所示。

（3）在“设备属性设置”窗口中选择“通道连接”页，选择通道 9 对应数据对象单元格，右键弹出连接对象对话框，选择要连接的对象“数字量”（或者直接在单元格中输入“数字量”），如图 6-19 所示。

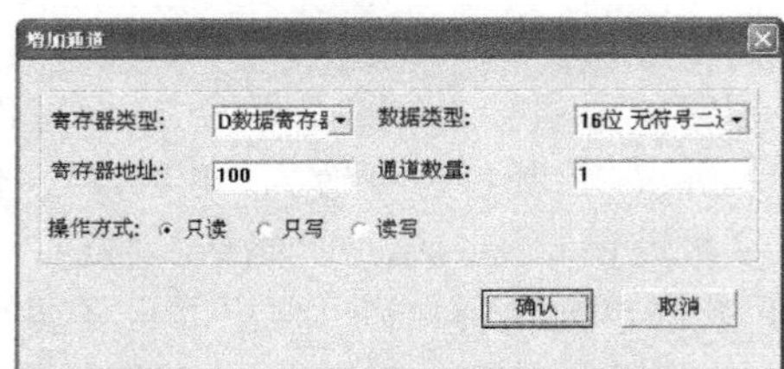

图 6-17　增加通道

图 6-18　设备通道

图 6-19　设备通道连接

（4）在“设备属性设置”窗口中选择“设备调试”页，可以看到三菱 PLC 模拟量输入通道输入电压的数字量值，如图 6-20 所示。数字量值除以 200 就是电压值。

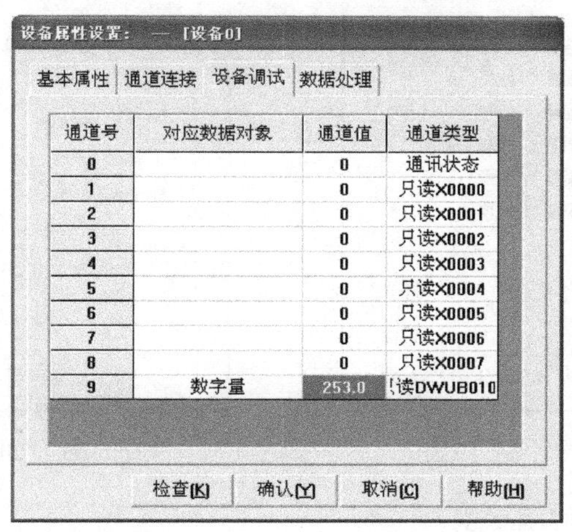

图 6-20　设备调试

6）建立动画连接

（1）建立当前电压值显示文本动画连接。

双击画面中的当前电压值显示文本“000”，出现“动画组态属性设置”对话框，选择“输入输出连接”中的“显示输出”项，出现“显示输出”选项页，如图 6-21 所示。

选择“显示输出”页，将表达式设置为“电压”（可以直接输入，也可以单击表达式文本框右边的“？”号，选择已定义好的变量名“电压”），输出值类型选择“数值量输出”，输出格式选择“向中对齐”，整数位数设为“1”，小数位数设为“2”，如图 6-22 所示。

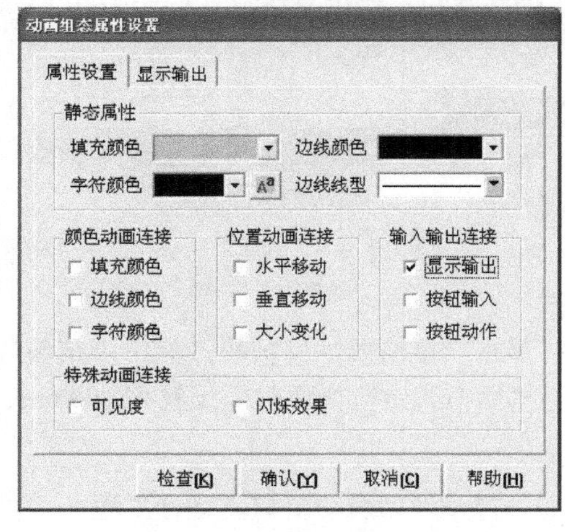

图 6-21　标签属性设置

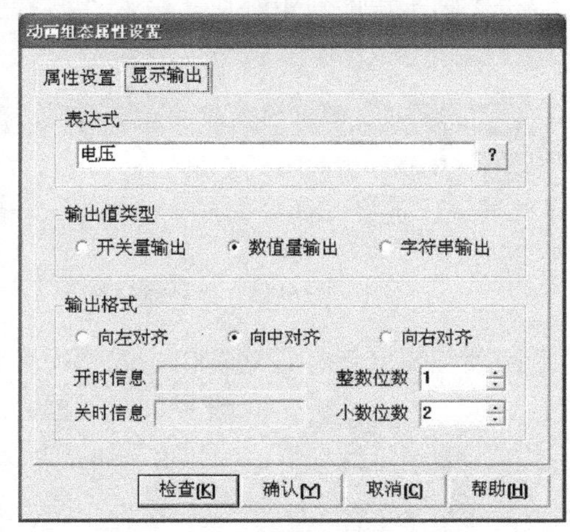

图 6-22　标签显示输出属性设置

（2）建立实时曲线的动画连接。

双击画面中的实时曲线构件，弹出“实时曲线构件属性设置”窗口。在“画笔属性”页中，单击曲线 1 表达式文本框右边的“？”号，选择已定义好的变量“电压”，如图 6-23 所示。在“标注属性”页中，X 轴长度设为“2”，Y 轴标注最大值设为“5”，如图 6-24 所示。

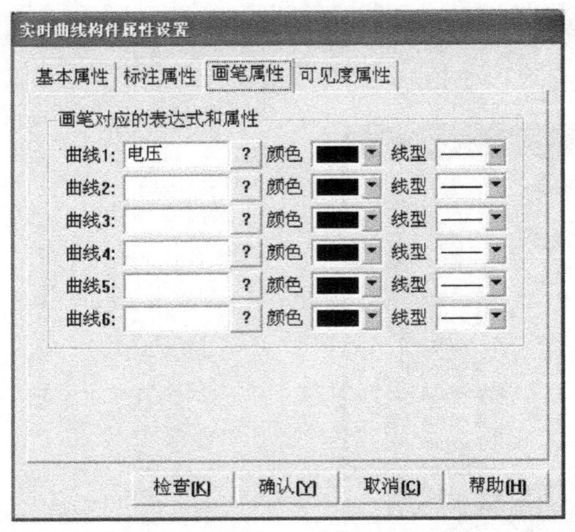

图 6-23 实时曲线画笔属性设置

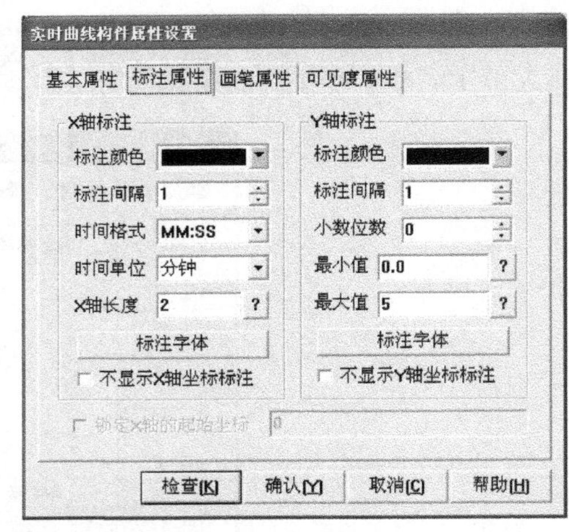

图 6-24 实时曲线标注属性设置

（3）建立按钮对象的动画连接。

双击“关闭”按钮对象，出现“标准按钮构件属性设置”对话框。选择“操作属性”页，选择“按钮对应的功能”下的“关闭用户窗口”，下拉项选择“AI”窗口。

7）策略编程

在工作台窗口中选择“运行策略”窗口，双击“循环策略”，弹出“策略组态：循环策略”编辑窗口。

单击工具条中的“新增策略行”按钮，“策略组态：循环策略”编辑窗口中出现新增策略行。选择策略工具箱中的“脚本程序”，将鼠标指针移动到策略块图标上，单击鼠标左键，添加“脚本程序”策略块，如图 6-25 所示。

双击“脚本程序”策略块，进入“脚本程序”编辑窗口，在编辑区输入如图 6-26 所示的程序。

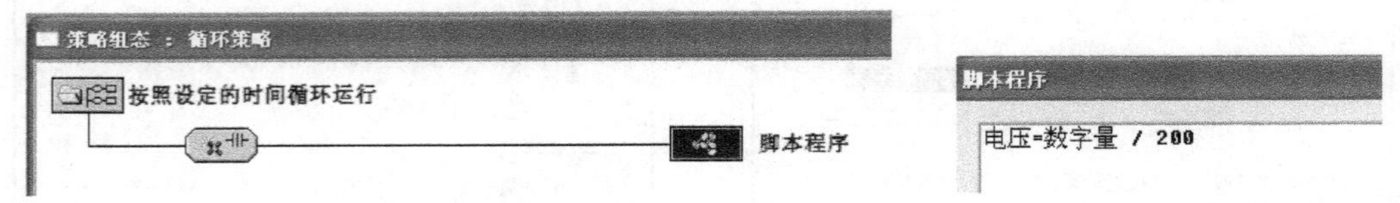

图 6-25 循环策略

图 6-26 输入脚本程序

返回到工作台运行策略窗口，选择循环策略，单击“策略属性”按钮，弹出“策略属性设置”对话框，将策略执行方式定时循环时间设置为 1000ms。

8）调试与运行

保存工程，将“AI”窗口设为启动窗口，运行工程。

FX_{2N}-4AD 模拟量输入模块 1 通道输入电压值（范围是 0～10V），程序画面中显示输入电压值和实时变化曲线。

程序运行画面如图 6-27 所示。

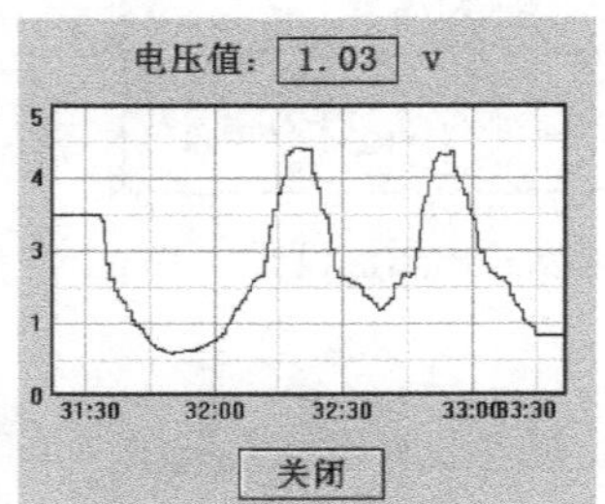

图 6-27 运行画面

实例 17　三菱 PLC 模拟电压输出

一、设计任务

本实例通过 PC 产生模拟电压值，通过三菱 PLC 模拟量输出扩展模块 FX_{2N}-4DA 输出该电压。

（1）采用 SWOPC-FXGP/WIN-C 编程软件编写 PLC 程序，将上位 PC 输出的电压值（数字量形式，在寄存器 D123 中）放入寄存器 D100 中，并在 FX_{2N}-4DA 模拟量输出 1 通道输出同样大小的电压值（0～10V）。

（2）采用 MCGS 编写程序，实现 PC 与三菱 FX_{2N}-32MR PLC 的数据通信，要求在 PC 程序界面输入一个数值（范围为 0～10）转换成数字量形式，并发送到 PLC 的寄存器 D123 中。

二、线路连接

PC 通过 FX_{2N}-32MR PLC 的编程口组成的模拟电压输出系统如图 6-28 所示。

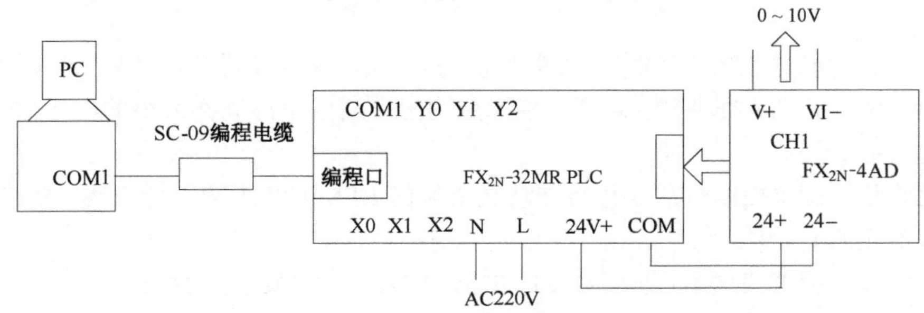

图 6-28　PC 与 FX_{2N}PLC 组成的模拟电压输出系统

图 6-28 中通过 SC-09 编程电缆将 PC 的串口 COM1 与三菱 FX_{2N}-32MR PLC 的编程口连接起来；将模拟量输出扩展模块 FX_{2N}-4DA 与 PLC 主机通过扁平电缆相连。FX_{2N}-4DA 模块的 ID 号为 0，其 DC24V 电源由主机提供（也可使用外接电源）。

PC 发送到 PLC 的数值（范围 0～10，反映电压大小）由 FX_{2N}-4DA 的模拟量输出 1 通道（CH1）V+与 VI−之间接输出，可由万用表测量。

PLC 的模拟量输出模块（FX_{2N}-4DA）负责 D/A 转换，即将数字量信号转换为模拟量信号输出。

三、任务实现

1. PLC 端电压输出程序

1）PLC 梯形图

三菱 FX_{2N}-32MR 型 PLC 使用 FX_{2N}-4DA 模拟量输出模块实现模拟电压输出，采用

SWOPC-FXGP/WIN-C 编程软件编写的 PLC 程序梯形图如图 6-29 所示。

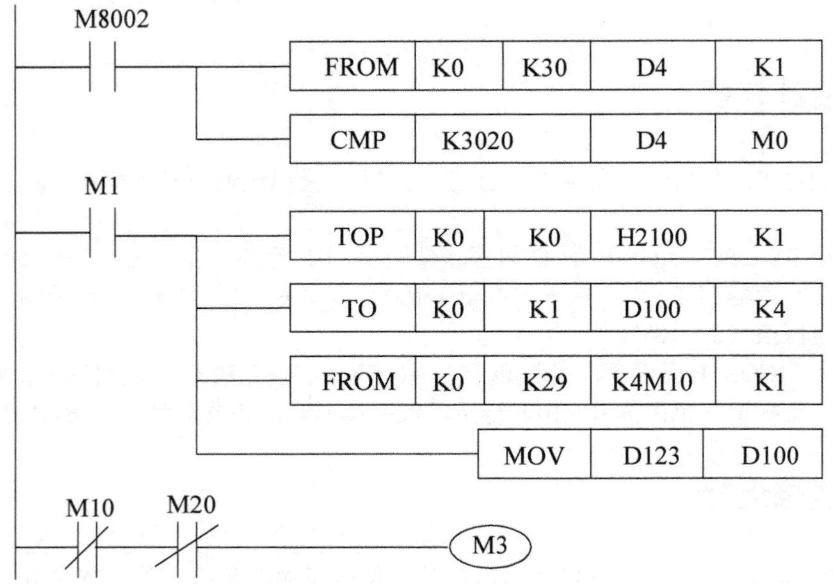

图 6-29　模拟量输出梯形图

程序的主要功能是：PC 程序中设置的数值写入 PLC 的寄存器 D123 中，并将数据传送到寄存器 D100 中，在扩展模块 FX_{2N}-4DA 模拟量输出 1 通道输出同样大小的电压值。

程序说明：

第 1 逻辑行，首次扫描时从 0 号特殊功能模块的 BFM# 30 中读出标识码，即模块 ID 号，并放到基本单元的 D4 中；

第 2 逻辑行，检查模块 ID 号，如果是 FX_{2N}-4DA，则结果送到 M0；

第 3 逻辑行，传送控制字，设置模拟量输出类型；

第 4 逻辑行，将从 D100 开始的 4 字节数据写到 0 号特殊功能模块的编号从 1 开始的 4 个缓冲寄存器中；

第 5 逻辑行，独处通道工作状态，将模块运行状态从 BFM#29 读入 M10～M17；

第 6 逻辑行，将上位计算机传送到 D123 的数据传送给寄存器 D100；

第 7 逻辑行，如果模块运行没有错，且模块数字量输出值正常，则将内部寄存器 M3 置“1”。

2）程序的写入

PLC 端程序编写完成后需将其写入 PLC 才能正常运行，步骤如下。

（1）接通 PLC 主机电源，将 RUN/STOP 转换开关置于 STOP 位置。

（2）运行 SWOPC-FXGP/WIN-C 编程软件，打开模拟量输出程序，执行“转换”命令。

（3）执行菜单“PLC”→“传送”→“写出”命令，如图 6-30 所示，打开“PC 程序写入”对话框，选择“范围设置”项，终止步设为 100，单击“确认”按钮，即开始写入程序，如图 6-31 所示。

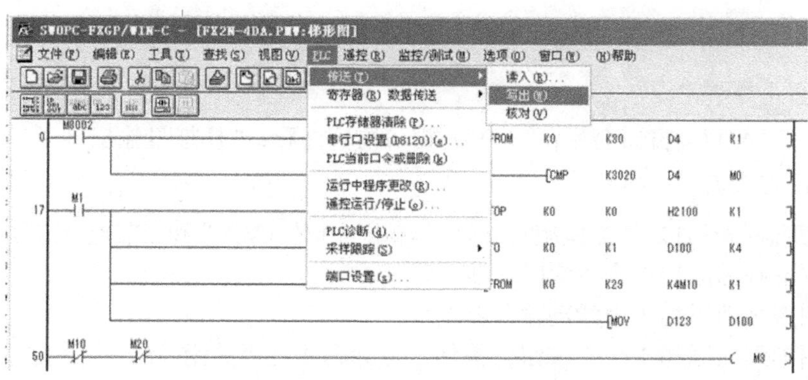

图 6-30　执行菜单“PLC→传送→写出”命令

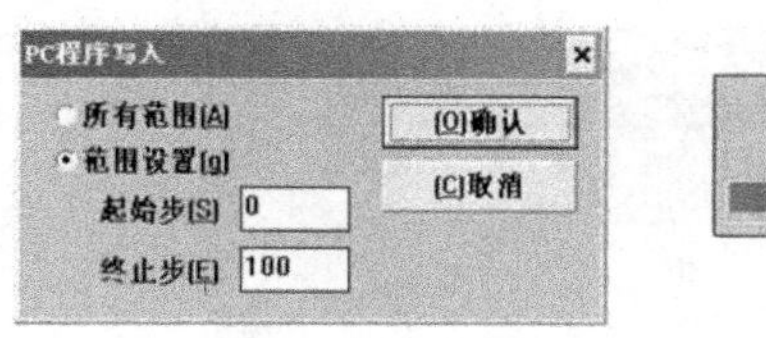

图 6-31　PC 程序写入

（4）程序写入完毕将 RUN/STOP 转换开关置于 RUN 位置，即可进行模拟电压的输出。

3）PLC 程序的监控

PLC 端程序写入后，可以进行实时监控，步骤如下。

（1）接通 PLC 主机电源，将 RUN/STOP 转换开关置于 RUN 位置。

（2）运行 SWOPC-FXGP/WIN-C 编程软件，打开模拟量输出程序，并写入。

（3）执行菜单“监控/测试”→“开始监控”命令，即可开始监控程序的运行，如图 6-32 所示。

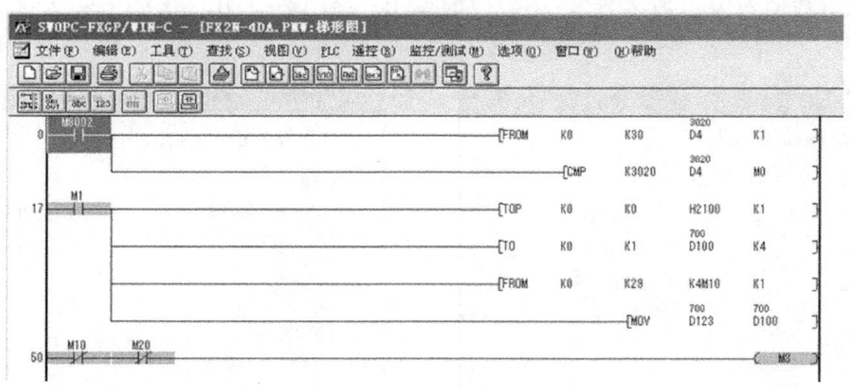

图 6-32　PLC 程序监控

寄存器 D123 和 D100 上的蓝色数字如 700 就是要输出到模拟量输出 1 通道的电压值（换算后的电压值为 3.5V，与万用表测量值相同）。

注意：模拟量输出程序监控前，要保证往寄存器 D123 中发送数字量 700。实际测试时先运行上位机程序，输入数值 3.5（反映电压大小），转换成数字量 700 后再发送给 PLC。

（4）监控完毕，执行菜单“监控/测试”→“停止监控”命令，即可停止监控程序的运行。

注意：必须停止监控，否则影响上位机程序的运行。

2. PC 端采用 MCGS 实现电压输出

1）建立新工程项目

工程名称："AO"；窗口名称："AO"；窗口内容注释："模拟量输出"。

2）制作图形画面

（1）为图形画面添加 2 个文本构件：标签"输出电压值（V）："和当前电压值显示文本"000"。

（2）为图形画面添加 1 个"实时曲线"构件。

（3）为图形画面添加 1 个滑动输入器构件。

（4）为图形画面添加 1 个"按钮"构件，将标题改为"关闭"。

设计的图形画面如图 6-33 所示。

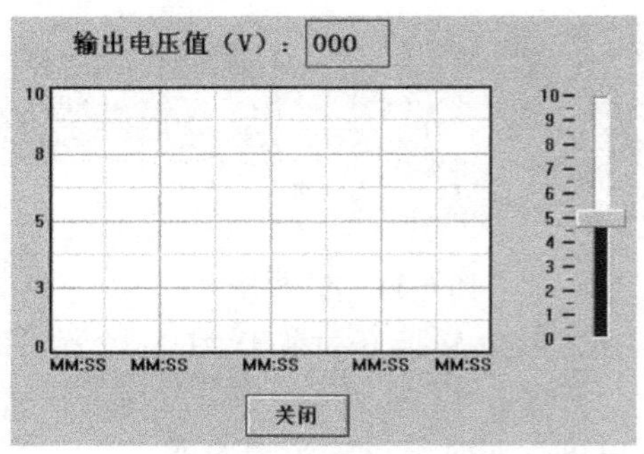

图 6-33　图形画面

3）定义对象

（1）新增数值对象"电压"，小数位数设 2，最小值设 0，最大值设 10，如图 6-34 所示。

（2）新增数值对象"数字量"，小数位数设 0，最小值设 0，最大值设 2000，如图 6-35 所示。

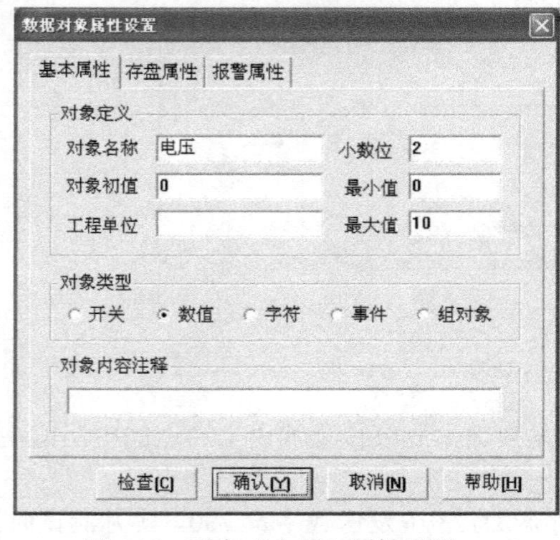

图 6-34　对象"电压"属性设置

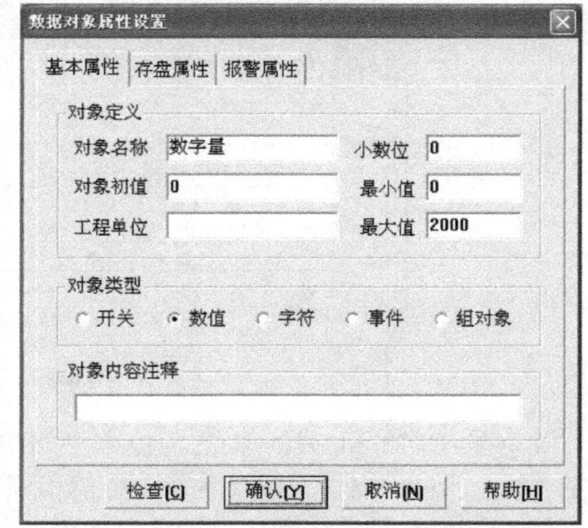

图 6-35　对象"数字量"属性设置

对象全部定义完成，实时数据库如图 6-36 所示。

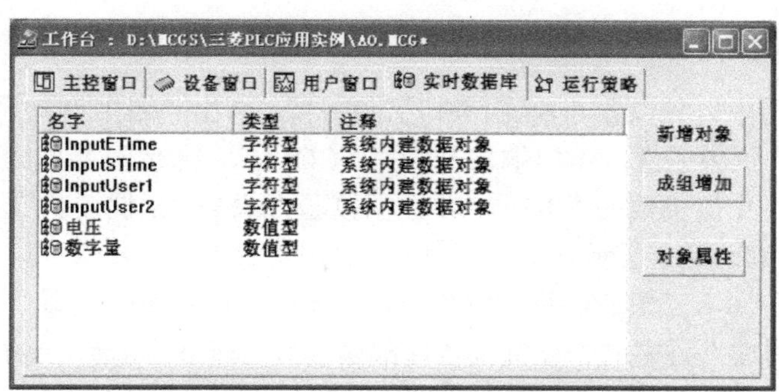

图 6-36　实时数据库

4）添加设备

在 MCGS 组态环境工作台的“设备窗口”选项页，在下侧双击“设备窗口”，出现“设备组态：设备窗口”，单击工具条上的“工具箱”按钮，弹出“设备工具箱”窗口。

（1）单击“设备管理”按钮，弹出“设备管理”窗口。在“可选设备”列表中双击“通用串口父设备”，将其添加到右侧的“选定设备”列表中。

（2）选择所有设备→PLC 设备→三菱→三菱_FX 系列编程口→三菱_FX 系列编程口，单击“增加”按钮，将“ 三菱_FX 系列编程口”添加到右侧的“选定设备”列表中，如图 6-37 所示。单击“确认”按钮，选定设备添加到“设备工具箱”窗口中，如图 6-38 所示。

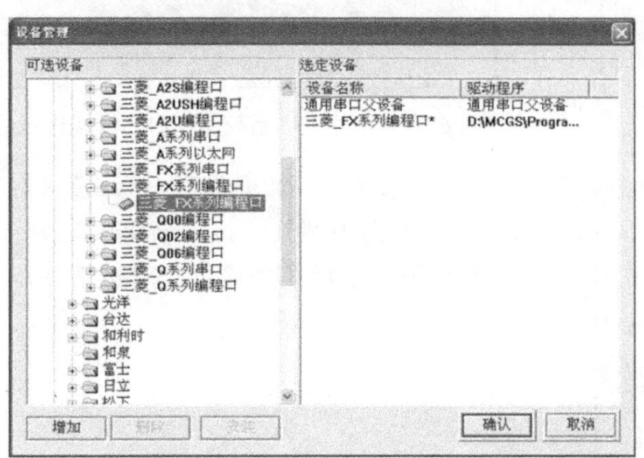

图 6-37　设备管理窗口

图 6-38　设备工具箱

（3）在“设备工具箱”窗口下双击“通用串口父设备”，“设备组态：设备窗口”中出现“通用串口父设备 0-[通用串口父设备]”。同理，在“设备工具箱”窗口双击“三菱_FX 系列编程口”，“设备组态：设备窗口”中出现“设备 0-[三菱_FX 系列编程口]”，设备添加完成，如图 6-39 所示。

图 6-39　添加设备窗口

5）设备属性设置

（1）双击“通用串口父设备 0-[通用串口父设备]”，弹出“通用串口设备属性编辑”对话框。在“基本属性”页中设置：串口端口号为“0-COM1”，通信波特率为“6-9600”，数据位位数为“0-7 位”，停止位位数为“0-1 位”，数据校验方式为“2-偶校验”，参数设置完毕，单击“确认”按钮，如图 6-40 所示。

（2）双击“设备 0-[三菱_FX 系列编程口]”，弹出“设备属性设置”对话框，如图 6-41 所示。选择“基本属性”页中的“设置设备内部属性”，出现 … 图标，单击该图标弹出“三菱_FX 系列编程口通道属性设置”对话框，如图 6-42 所示。

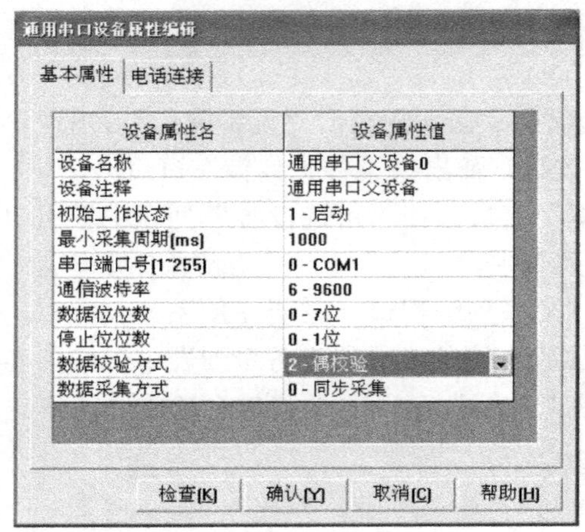

图 6-40　通用串口设备属性编辑

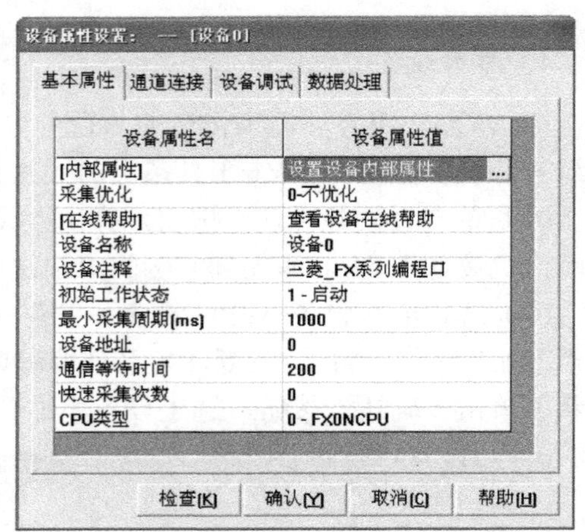

图 6-41　三菱 FX_系列编程口通道属性设置

单击“增加通道”按钮，弹出“增加通道”对话框，选择“D 数据寄存器”，设置寄存器地址为“123”，通道数量为“1”，操作方式选“只写”，数据类型选“16 位无符号二进制”，如图 6-43 所示，单击“确认”按钮，“三菱_FX 系列编程口通道属性设置”对话框中出现新增通道 9“只写 DWUB0123”，如图 6-44 所示。

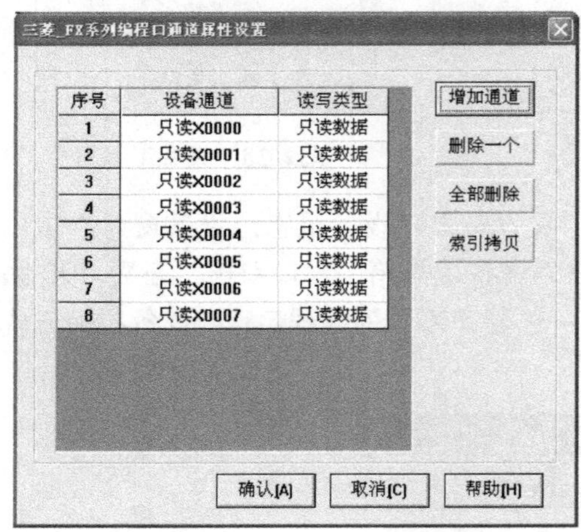

图 6-42　三菱 PLC 属性设置

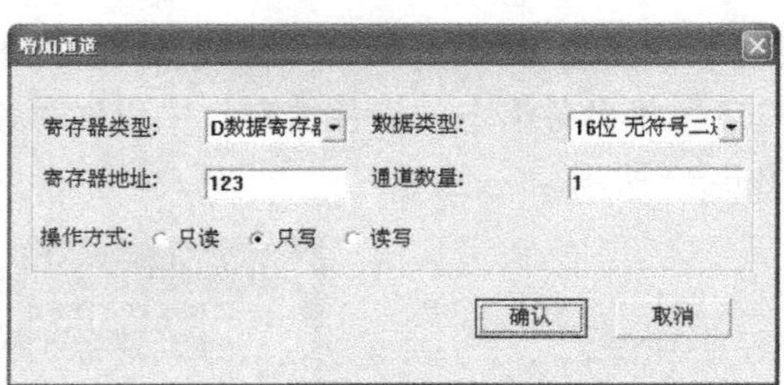

图 6-43　增加通道

（3）在“设备属性设置”窗口中选择“通道连接”页，选择通道 9 对应数据对象单元格，右键弹出连接对象对话框，选择要连接的对象“数字量”(或者直接在单元格中输入“数字量”)，如图 6-45 所示。

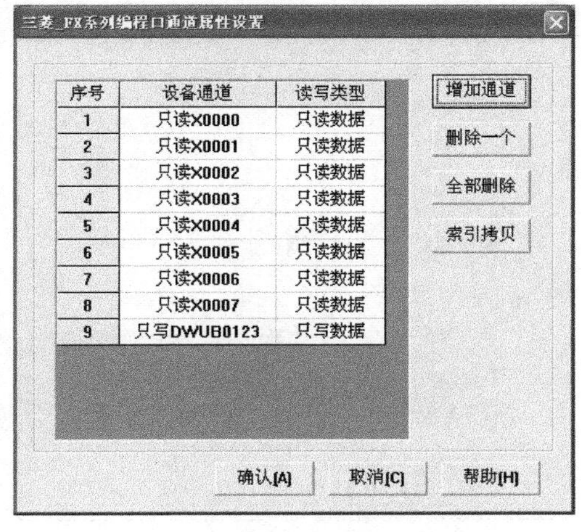

图 6-44　设备通道

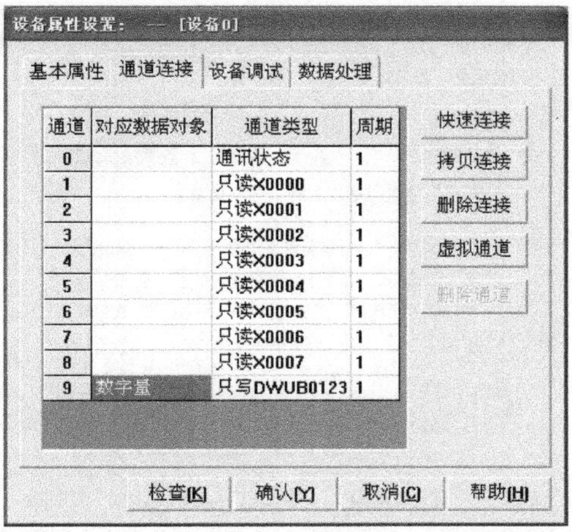

图 6-45　设备通道连接

（4）在“设备属性设置”窗口中选择“设备调试”页，设置 9 通道对应数据对象“数字量”的通道值，如输入“800”，如图 6-46 所示，单击通道号，PLC 模拟量扩展模块模拟量输出 1 通道输出 4.0V 电压值。

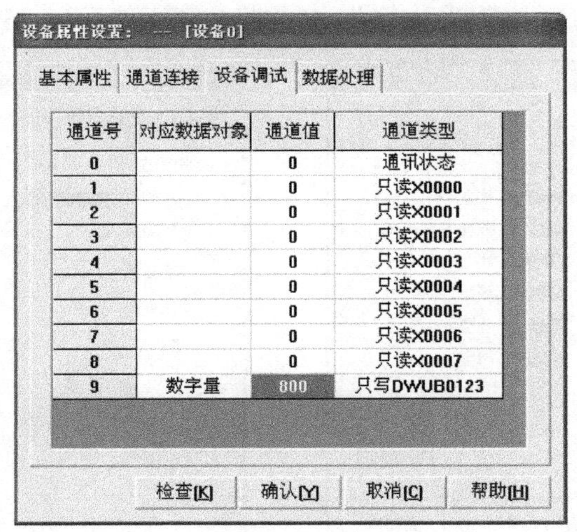

图 6-46　设备调试

6）建立动画连接

（1）建立当前电压值显示文本动画连接。

双击画面中当前电压值显示文本“000”，出现“动画组态属性设置”对话框，选择“输入输出连接”中的“显示输出”项，出现“显示输出”选项页，如图 6-47 所示。

选择“显示输出”页，将表达式设置为“电压”（可以直接输入，也可以单击表达式文本框右边的“？”号，选择已定义好的变量名“电压”），输出值类型选择“数值量输出”，输出格式选择“向中对齐”，整数位数设为“1”，小数位数设为“2”，如图 6-48 所示。

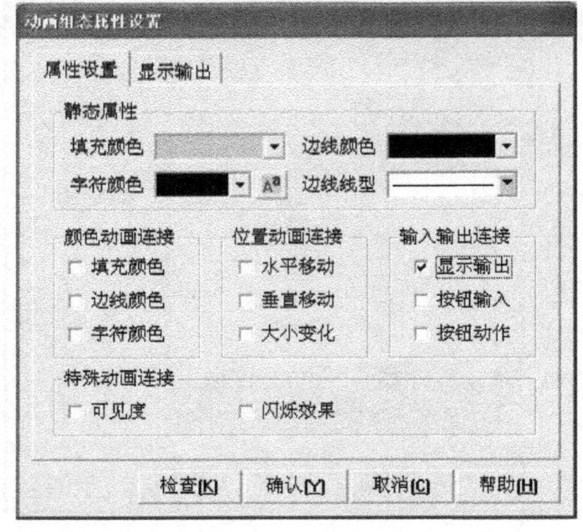

图 6-47　标签属性设置

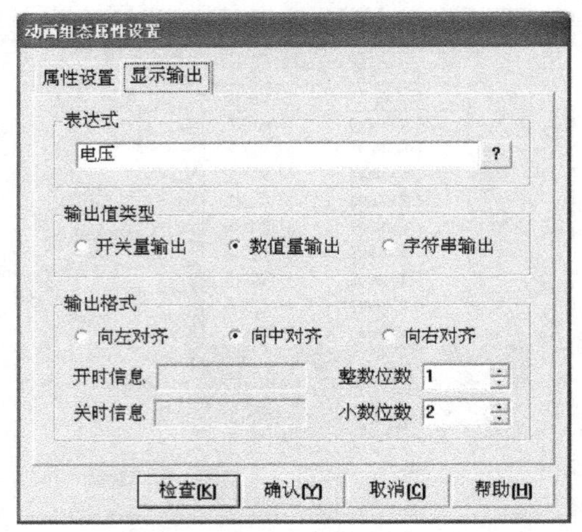

图 6-48　标签显示输出设置

（2）建立实时曲线的动画连接。

双击画面中实时曲线构件，弹出“实时曲线构件属性设置”窗口。在“画笔属性”页中，单击曲线 1 表达式文本框右边的“？”号，选择已定义好的变量“电压”，如图 6-49 所示。在“标注属性”页中，X 轴长度设为“2”，Y 轴标注最大值设为“5”，如图 6-50 所示。

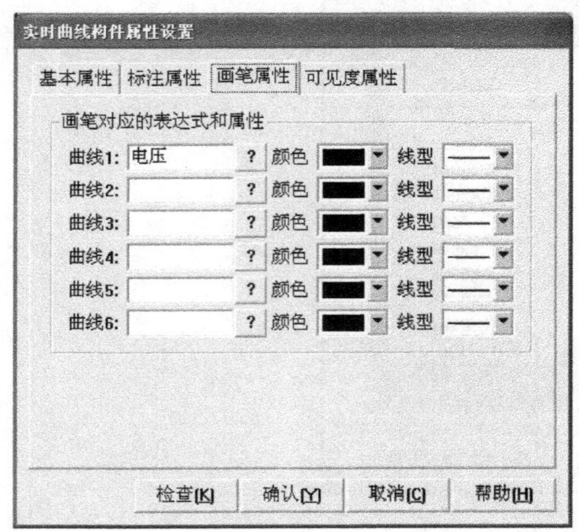

图 6-49　实时曲线画笔属性设置

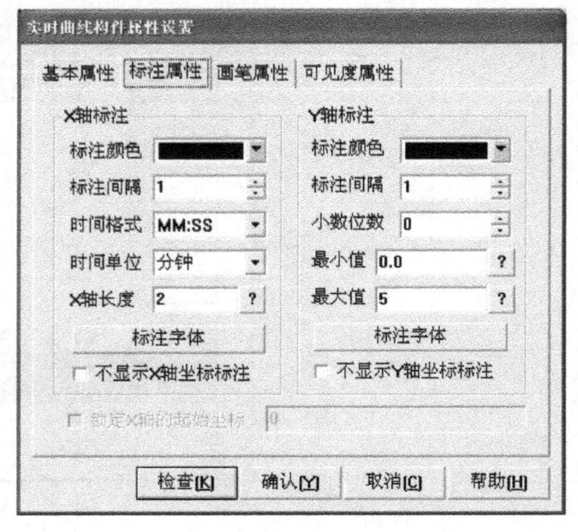

图 6-50　实时曲线标注属性设置

（3）建立滑动输入器构件的动画连接。

双击画面中滑动输入器构件，弹出“滑动输入器构件属性设置”窗口，选择“操作属性”页，将对应数据对象的名称设为“电压”，滑块在最右（下）边时对应的值设为“10”，如图 6-51 所示。

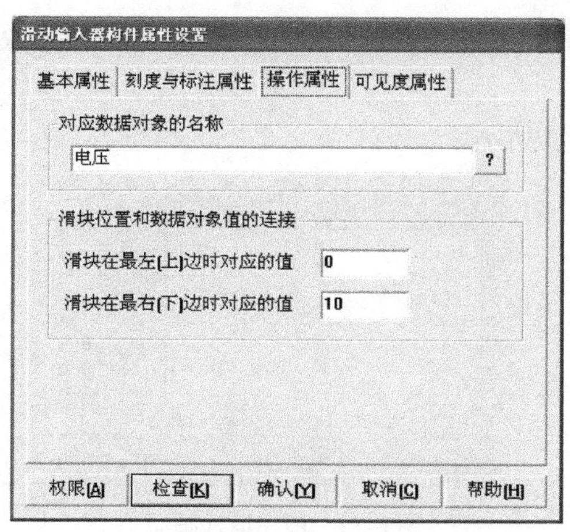

图 6-51　滑动输入器动画连接

（4）建立按钮对象的动画连接。

双击“关闭”按钮对象，出现“标准按钮构件属性设置”对话框。选择“操作属性”页，选择“按钮对应的功能”下的“关闭用户窗口”，下拉项选择“AO”窗口。

7）策略编程

在工作台窗口中选择“运行策略”窗口，双击“循环策略”，弹出“策略组态：循环策略”编辑窗口。

单击工具条中的“新增策略行”按钮，“策略组态：循环策略”编辑窗口中出现新增策略行。选择策略工具箱中的“脚本程序”，将鼠标指针移动到策略块图标上，单击鼠标左键，添加“脚本程序”策略块，如图 6-52 所示。

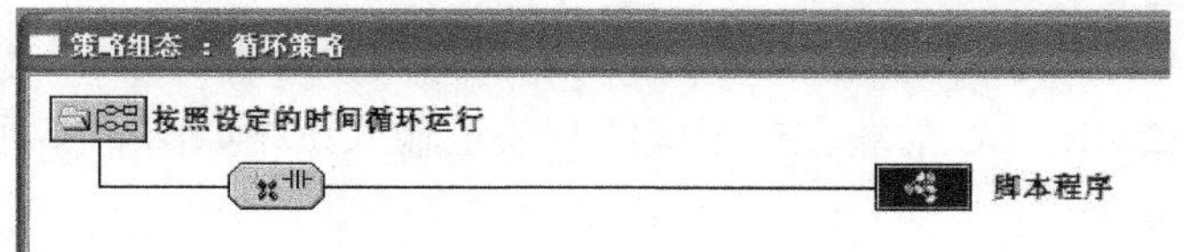

图 6-52　循环策略

双击“脚本程序”策略块，进入“脚本程序”编辑窗口，在编辑区输入如图 6-53 所示程序。

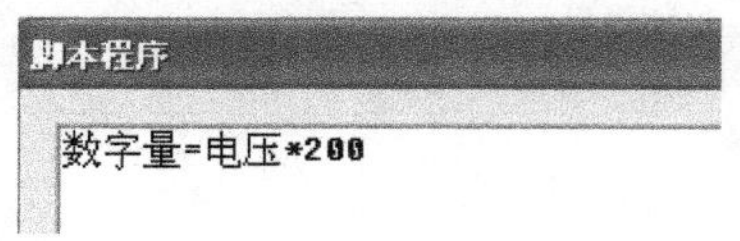

图 6-53　输入脚本程序

返回到工作台运行策略窗口，选择循环策略，单击“策略属性”按钮，弹出“策略属性设置”对话框，将策略执行方式定时循环时间设置为 1000ms。

8）调试与运行

保存工程，将“AO”窗口设为启动窗口，运行工程。

在画面中用鼠标拉动滑动输入器，生成一间断变化的数值（0～10），在程序界面中产生一个随之变化的曲线。同时，线路中在 FX_{2N}-4DA 模拟量输出模块 1 通道将输出同样大小的电压值。

程序运行画面如图 6-54 所示。

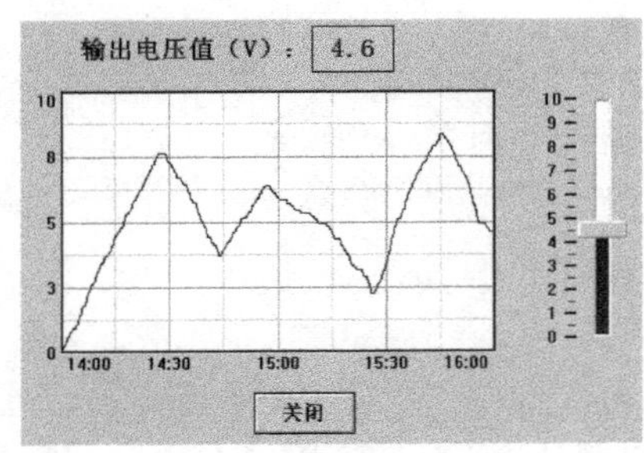

图 6-54　程序运行画面

实例 18　三菱 PLC 开关信号输入

一、设计任务

采用 MCGS 编写程序，实现 PC 与三菱 FX_{2N}-32MR PLC 之间的数据通信，要求 PC 接收 PLC 发送的开关量输入信号状态值，并在程序中显示出来。

二、线路连接

PC 通过 FX_{2N}-32MR PLC 的编程口组成的开关量输入系统如图 6-55 所示。

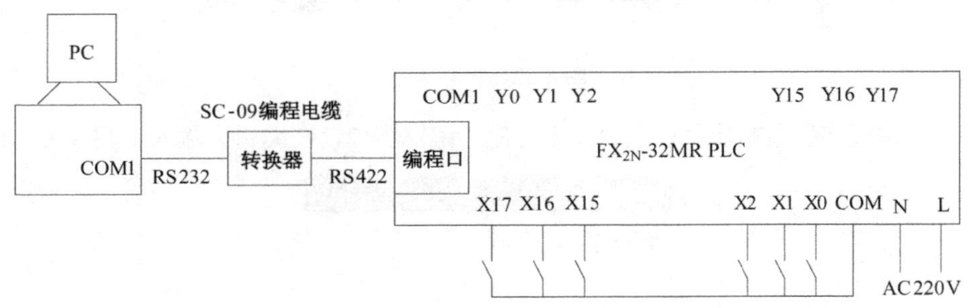

图 6-55　PC 与 FX_{2N}PLC 组成的开关量输入系统

图 6-55 中，通过 SC-09 编程电缆将 PC 的串口 COM1 与三菱 FX_{2N}-32MR PLC 的编程口连接起来。将按钮、行程开关、继电器开关等的常开触点接 PLC 开关量输入端点，改变 PLC 某个输入端口的状态（打开/关闭）。

实际测试中，可用导线将 X0、X1、…、X17 与 COM 端点之间短接或断开产生开关量输入信号。

三、任务实现

1. 建立新工程项目

工程名称："DI"；窗口名称："DI"；窗口内容注释："开关量输入"。

2. 制作图形画面

（1）为图形画面添加 8 个指示灯构件。
（2）为图形画面添加 8 个文本构件，分别为 X0、X1、X2、X3、X4、X5、X6、X7。
（3）为图形画面添加 1 个按钮构件，将标题改为"关闭"。
设计的图形画面如图 6-56 所示。

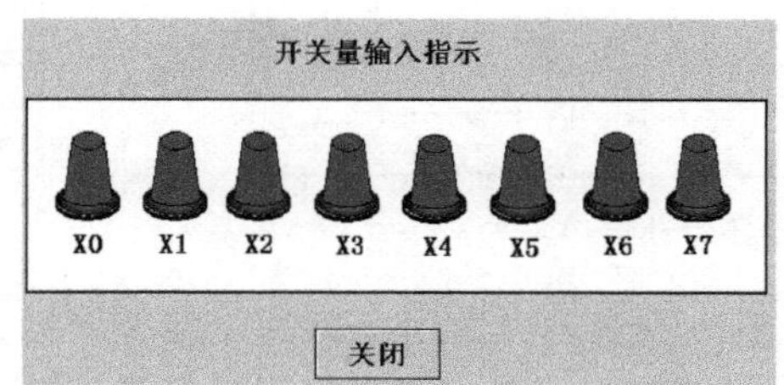

图 6-56　图形画面

3. 定义对象

新增对象"DI00"，对象初值设为"0"，对象类型选择"开关"，如图 6-57 所示。
同理增加 7 个开关型对象 DI01～DI07，对象全部增加完成，实时数据库如图 6-58 所示。

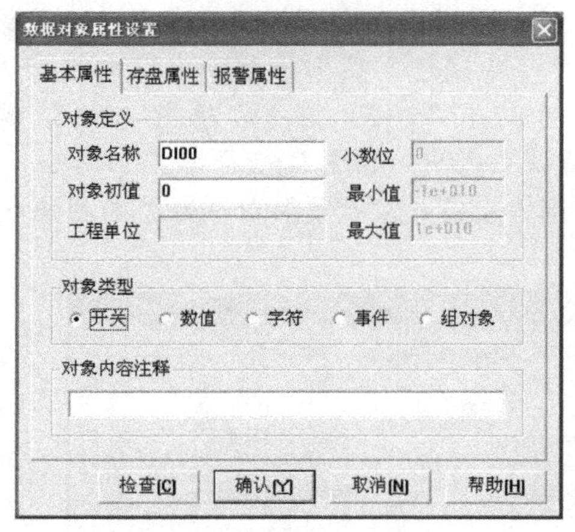

图 6-57　对象"DI00"属性设置

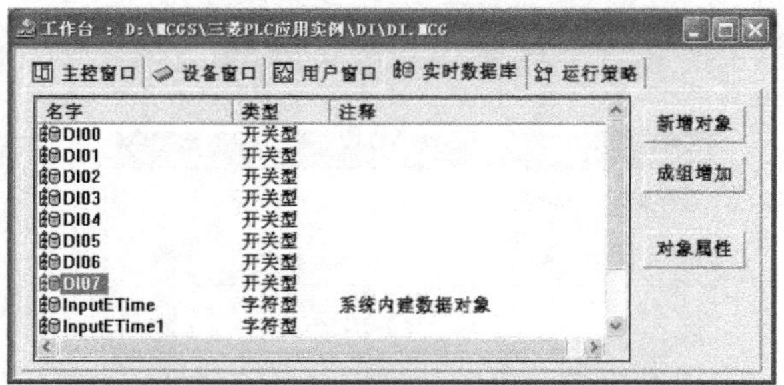

图 6-58　实时数据库

4. 添加设备

在 MCGS 组态环境工作台的"设备窗口"选项页，在下侧双击"设备窗口"，出现"设备组态：设备窗口"，单击工具条上的"工具箱"按钮，弹出"设备工具箱"窗口。

（1）单击"设备管理"按钮，弹出"设备管理"窗口。在"可选设备"列表中双击"通用串口父设备"，将其添加到右侧的"选定设备"列表中。

（2）选择所有设备→PLC 设备→三菱→三菱_FX 系列编程口→三菱_FX 系列编程口，单击“增加”按钮，将“三菱_FX 系列编程口”添加到右侧的“选定设备”列表中，如图 6-59 所示。单击“确认”按钮，选定设备添加到“设备工具箱”窗口中，如图 6-60 所示。

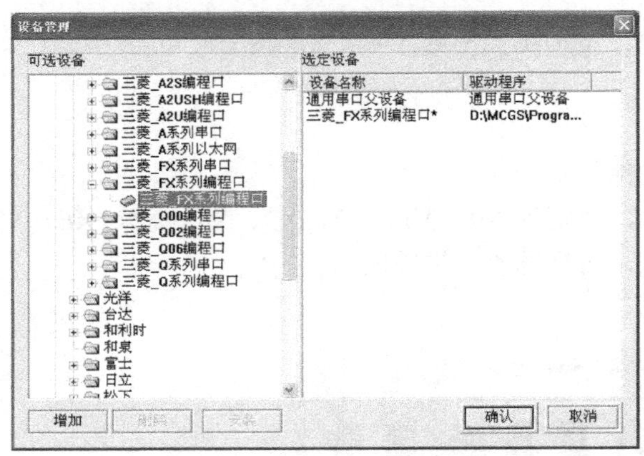

图 6-59　设备管理窗口

图 6-60　设备工具箱

（3）在“设备工具箱”窗口下双击“通用串口父设备”，“设备组态：设备窗口”中出现“通用串口父设备 0-[通用串口父设备]”。同理，在“设备工具箱”窗口中双击“三菱_FX 系列编程口”，“设备窗口”中出现“设备 0-[三菱_FX 系列编程口]”，设备添加完成，如图 6-61 所示。

图 6-61　添加设备窗口

5．设备属性设置

（1）双击“通用串口父设备 0-[通用串口父设备]”，弹出“通用串口设备属性编辑”对话框。在“基本属性”页中设置：串口端口号为“0-COM1”，通信波特率为“6-9600”，数据位位数为“0-7 位”，停止位位数为“0-1 位”，数据校验方式为“2-偶校验”，参数设置完毕，单击“确认”按钮，如图 6-62 所示。

（2）双击“设备 0-[三菱_FX 系列编程口]”，弹出“设备属性设置”对话框，如图 6-63 所示。

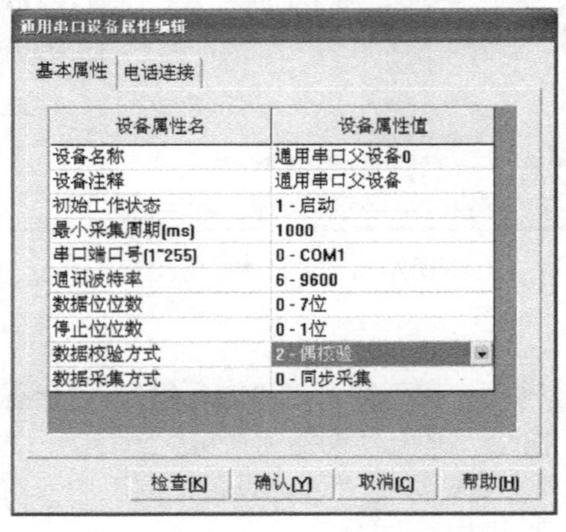

图 6-62 通用串口设备属性编辑

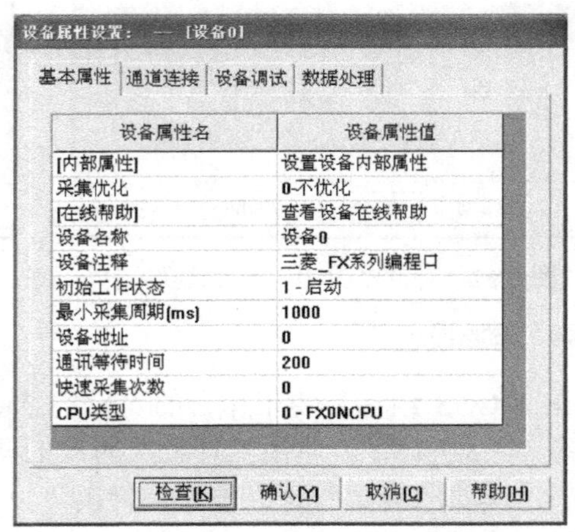

图 6-63　三菱 PLC 属性设置

（3）在“设备属性设置”窗口选择“通道连接”页，选择通道 1 对应数据对象单元格，单击右键弹出连接对象对话框，双击要连接的“DI00”对象。同理连接通道 2～通道 8 对应的对象，如图 6-64 所示。

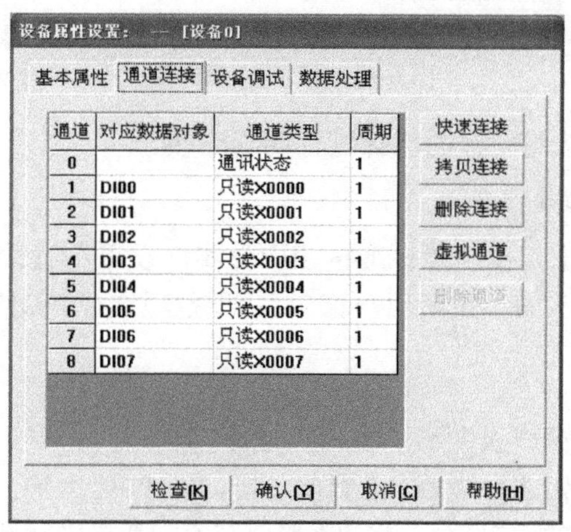

图 6-64　设备通道连接

（4）在“设备属性设置”窗口选择“设备调试”页，查看通道值。

如将 PLC 上的输入端口 X5 与 COM 端口短接，则观察到 DI05 对应的通道值变为 1，如图 6-65 所示。

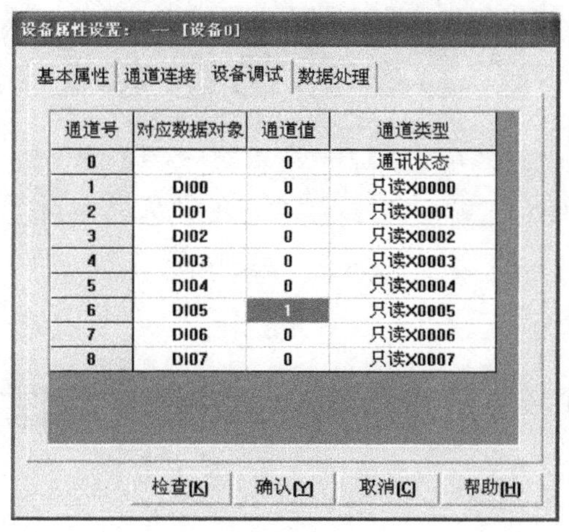

图 6-65　设备调试

6．建立动画连接

1）建立指示灯的动画连接

双击画面中的指示灯 0，弹出“单元属性设置”窗口。在“动画连接”页中，选择组合图符“填充颜色”项，单击连接表达式中的“>”按钮，弹出“动画组态属性设置”窗口，在“填充颜色”页，表达式选择已定义好的对象“DI00”，设置完成后如图 6-66 所示。

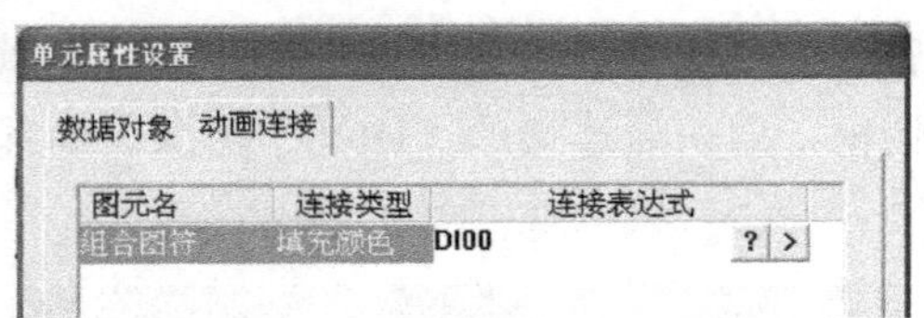

图 6-66　指示灯动画连接

指示灯 1～指示灯 7 按照同样的步骤进行动画连接。

2）建立按钮对象的动画连接

双击“关闭”按钮对象，出现“标准按钮构件属性设置”对话框。选择“操作属性”页，选择“按钮对应的功能”下的“关闭用户窗口”，下拉项选择“DI”窗口。

7. 调试与运行

保存工程，将“DI”窗口设为启动窗口，运行工程。

将线路中的输入端口如 X4 与 COM 端口短接，则 PLC 上输入信号指示灯 4 亮，程序画面中开关量输入指示灯 X4 变成红色；将 X4 端口与 COM 端口断开，则 PLC 上输入信号指示灯 4 灭，程序画面中开关量输入指示灯 X4 变成绿色。

同样的方法可以测试其他输入端口的状态。

程序运行画面如图 6-67 所示。

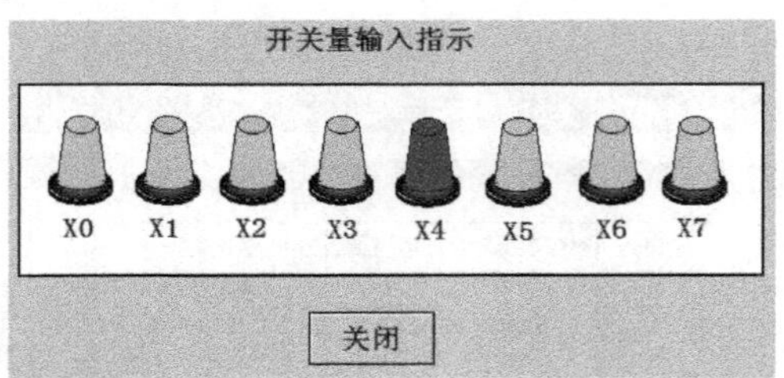

图 6-67　运行画面

实例 19　三菱 PLC 开关信号输出

一、设计任务

采用 MCGS 编写程序，实现 PC 与三菱 FX_{2N}-32MR PLC 之间的数据通信，要求在 PC 程序界面中指定元件地址，单击打开/关闭命令按钮，置指定地址的元件端口（继电器）状态为 ON 或 OFF，使线路中 PLC 指示灯亮/灭。

二、线路连接

PC 通过 FX_{2N}-32MR PLC 的编程口组成的开关量输出系统如图 6-68 所示。

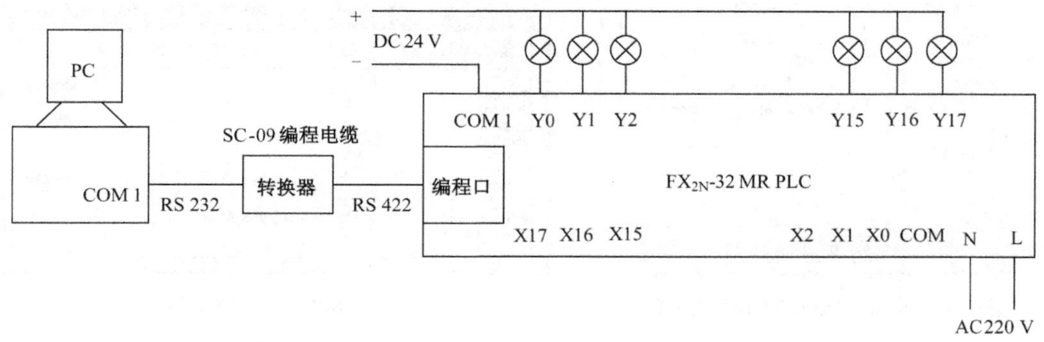

图 6-68　PC 与 FX_{2N}PLC 组成的开关量输出系统

图 6-68 中，通过 SC-09 编程电缆将 PC 的串口 COM1 与三菱 FX_{2N}-32MR PLC 的编程口连接起来。可外接指示灯或继电器等装置来显示开关输出状态（打开/关闭）。

实际测试中，不需外接指示装置，直接使用 PLC 面板上提供的输出信号指示灯即可。

三、任务实现

1. 建立新工程项目

工程名称：“DO”；窗口名称：“DO”；窗口内容注释：“开关量输出”。

2. 制作图形画面

画面名称为“PLC 开关量输出”。

（1）为图形画面添加 8 个开关构件。

（2）为图形画面添加 8 个文本构件，分别为 Y0、Y1、Y2、Y3、Y4、Y5、Y6、Y7。

（3）为图形画面添加 1 个按钮构件，将标题改为“关闭”。

设计的图形画面如图 6-69 所示。

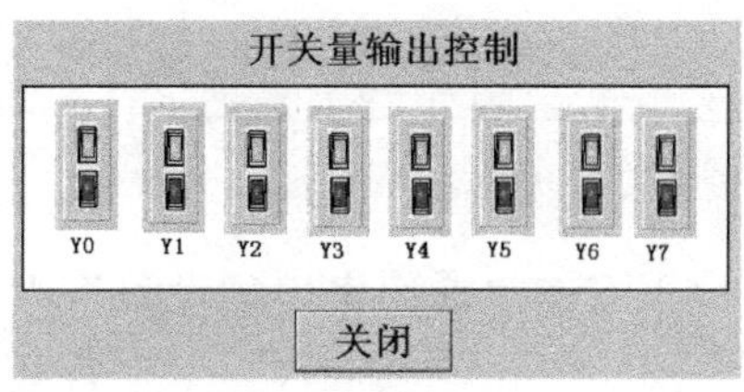

图 6-69　图形画面

3. 定义对象

新增对象“DO00”，对象初值设为“0”，对象类型选择“开关”，如图 6-70 所示。

同理增加 7 个开关型对象 DO01～DO07，对象全部增加完成后实时数据库如图 6-71 所示。

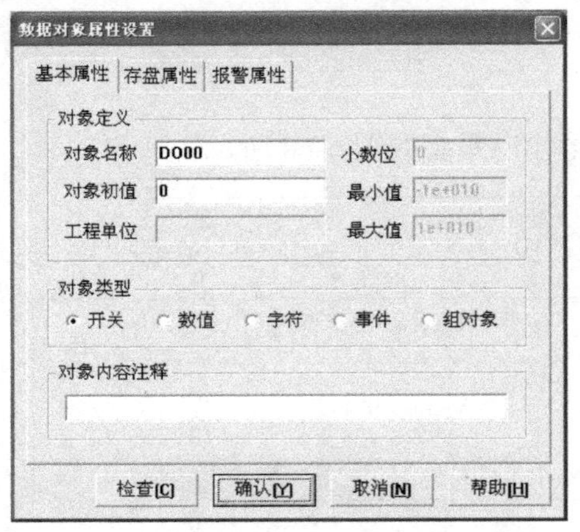

图 6-70　对象“DI00”的属性设置

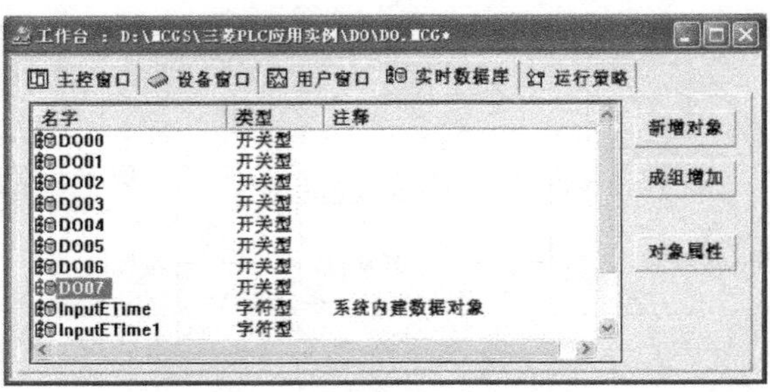

图 6-71　实时数据库

4．添加设备

在 MCGS 组态环境工作台的“设备窗口”选项页，在下侧双击“设备窗口”，出现“设备组态：设备窗口”，单击工具条上的“工具箱”按钮，弹出“设备工具箱”窗口。

（1）单击“设备管理”按钮，弹出“设备管理”窗口。在“可选设备”列表中双击“通用串口父设备”，将其添加到右侧的“选定设备”列表中。

（2）选择所有设备→PLC 设备→三菱→三菱_FX 系列编程口→三菱_FX 系列编程口，单击“增加”按钮，将“ 三菱_FX 系列编程口”添加到右侧的“选定设备”列表中，如图 6-72 所示。单击“确认”按钮，选定设备添加到“设备工具箱”窗口中，如图 6-73 所示。

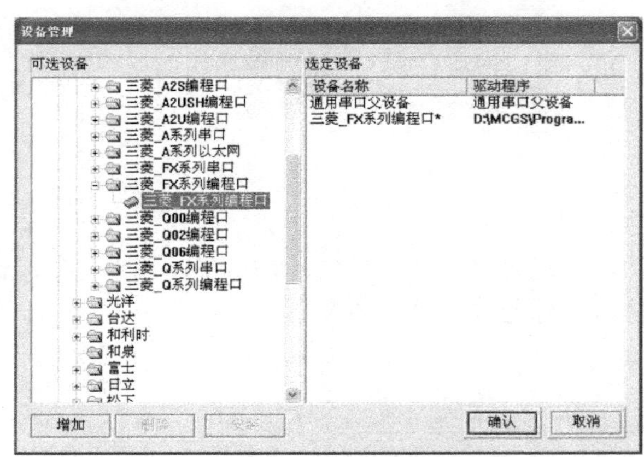

图 6-72　设备管理窗口

图 6-73　设备工具箱

（3）在“设备工具箱”窗口下双击“通用串口父设备”，“设备组态：设备窗口”中出现“通用串口父设备 0-[通用串口父设备]”。同理，在“设备工具箱”窗口双击“三菱_FX 系列编程口”，“设备窗口”中出现“设备 0-[三菱_FX 系列编程口]”，设备添加完成，如图 6-74 所示。

图 6-74　添加设备窗口

5．设备属性设置

（1）双击“通用串口父设备 0-[通用串口父设备]”，弹出“通用串口设备属性编辑”对话框。在“基本属性”页中设置：串口端口号为“0-COM1”，通信波特率为“6-9600”，数据位位数为“0-7 位”，停止位位数为“0-1 位”，数据校验方式为“2-偶校验”，参数设置完毕，单击“确认”按钮，如图 6-75 所示。

（2）双击“设备 0-[三菱_FX 系列编程口]”，弹出“设备属性设置”对话框，如图 6-76 所示。选择“基本属性”页中的“设置设备内部属性”，出现…图标，单击该图标弹出“三菱_FX 系列编程口通道属性设置”对话框，如图 6-77 所示。

单击“增加通道”按钮，弹出“增加通道”对话框，选择“Y 输出寄存器”，设置寄存器地址为“0”，通道数量为“8”，操作方式选“只写”，如图 6-78 所示，单击“确认”按钮，“三菱_FX 系列编程口通道属性设置”对话框中出现新增加的通道，如图 6-79 所示。依次删除通道 1～通道 8，留下上一步增加的 8 个通道，如图 6-80 所示。

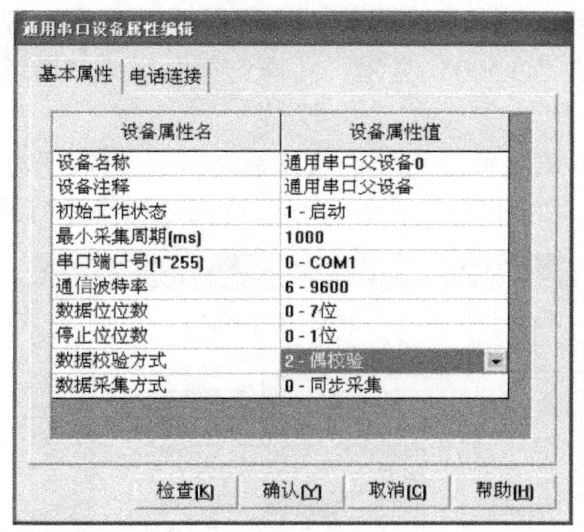

图 6-75　通用串口设备

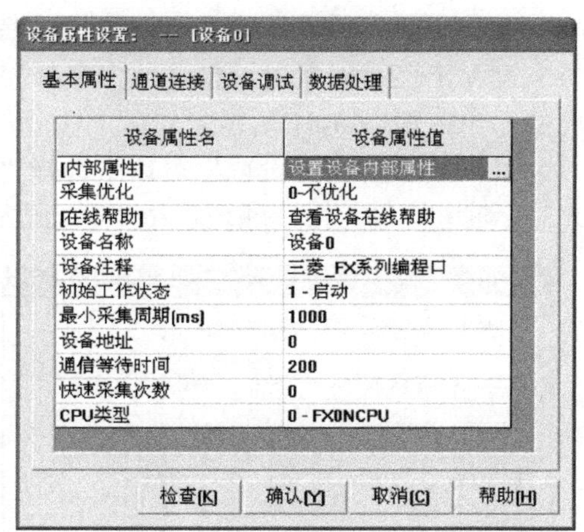

图 6-76　三菱 PLC 属性设置

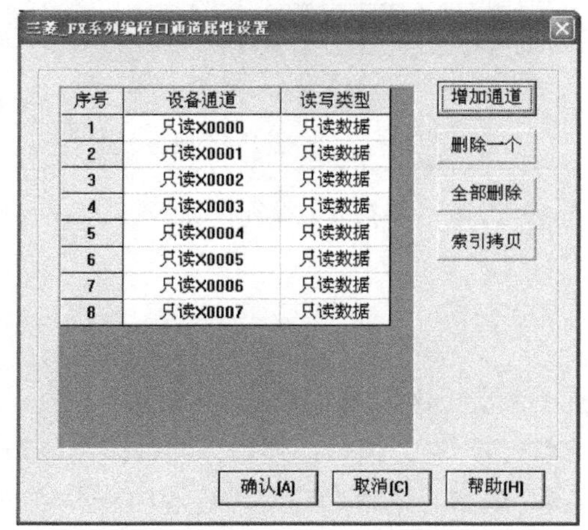

图 6-77　三菱_FX 系列编程口通道属性设置

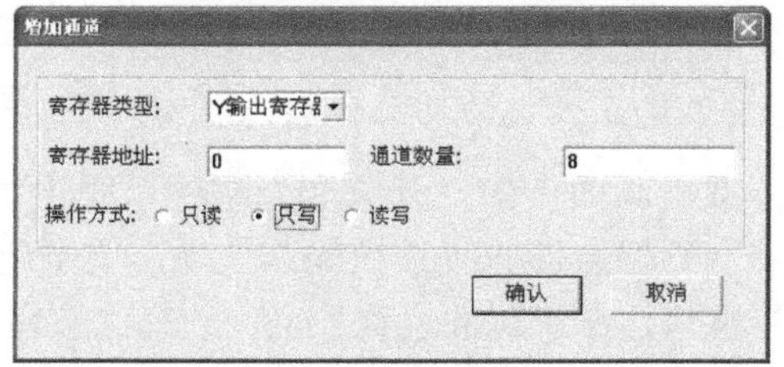

图 6-78　增加通道

图 6-79　设备通道

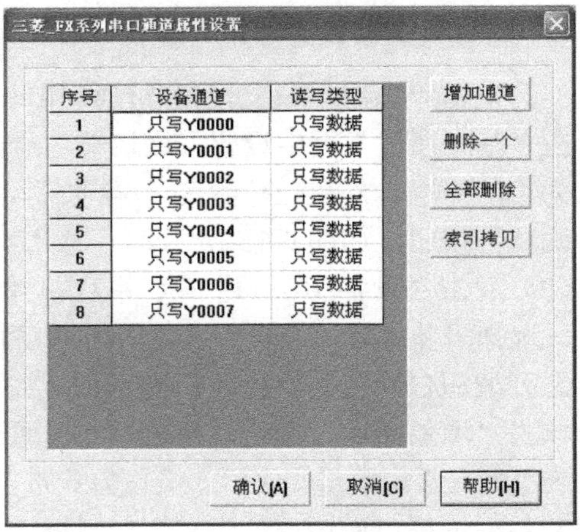

图 6-80　有效设备通道

（3）在“设备属性设置”窗口选择“通道连接”页，选择通道 1 对应数据对象单元格，单击右键弹出连接对象对话框，双击选择要连接的“DO00”对象。同理连接通道 2～通道 8 对应的对象，如图 6-81 所示。

（4）在“设备属性设置”窗口中选择“设备调试”页，用鼠标长按通道 4 对应数据对象 DO03 的通道值单元格，通道值由“0”变为“1”，如图 6-82 所示，PLC 对应通道指示灯亮。

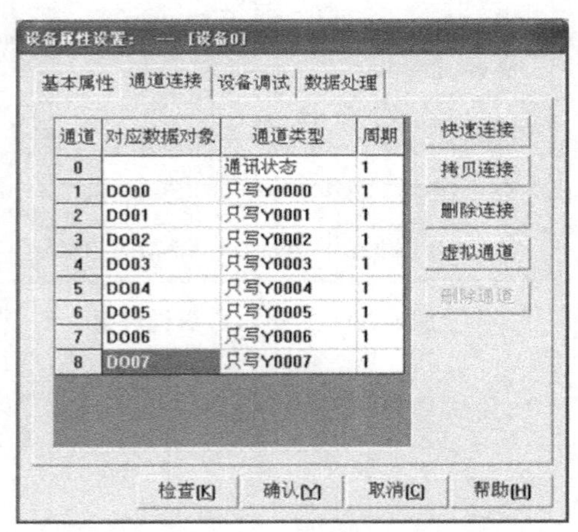

图 6-81　设备通道连接

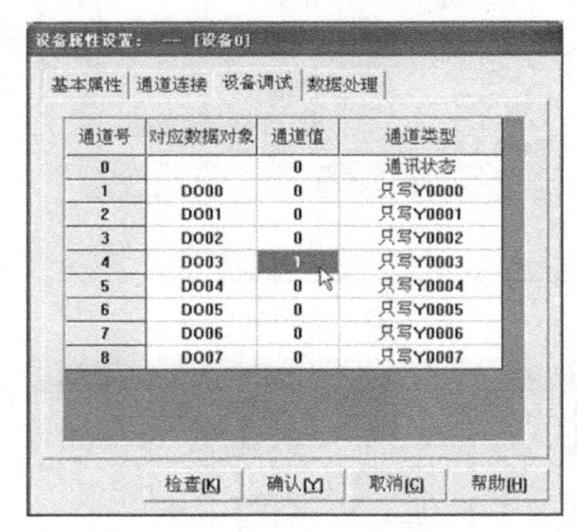

图 6-82　设备调试

6．建立动画连接

1）建立开关的动画连接

双击画面中的“开关 0”构件，弹出“单元属性设置”对话框，在“动画连接”页，选择第一行组合图符“按钮输入”项，单击连接表达式中的“>”按钮，弹出“动画组态属性设置”窗口，在“属性设置”页，选择“按钮动作”项，出现“按钮动作”页，如图 6-83 所示。单击“数据对象值操作”项，选择“取反”、“DO00”。在“可见度”页中表达式连接“DO00”。

同理选择第三行组合图符“按钮输入”项，按上述步骤设置属性。开关 0 动画连接完成后的画面如图 6-84 所示。

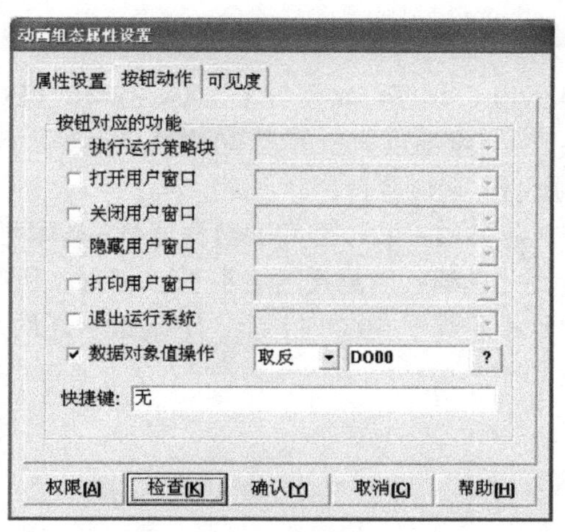

图 6-83　开关 0 动画连接

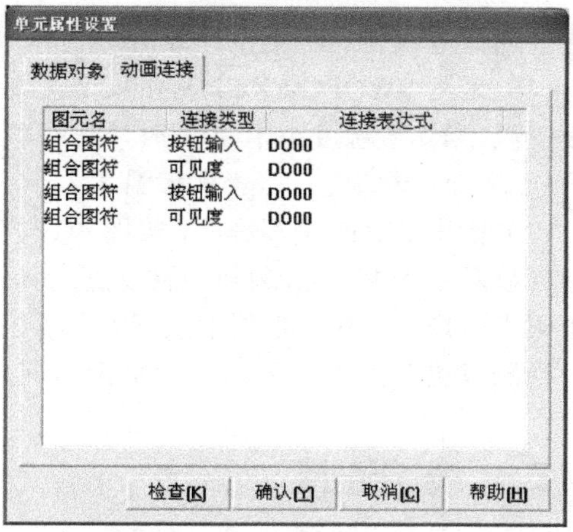

图 6-84　开关 0 完整动画

开关 1～开关 7 按照同样的步骤进行动画连接。

2）建立按钮对象的动画连接

双击“关闭”按钮对象，出现“标准按钮构件属性设置”对话框。选择“操作属性”页，选择“按钮对应的功能”下的“关闭用户窗口”，下拉项选择“DO”窗口。

7．调试与运行

保存工程，将“DO”窗口设为启动窗口，运行工程。

启/闭程序画面中的开关按钮，线路中 PLC 上对应端口的输出信号指示灯的亮/灭。

程序运行画面如图 6-85 所示。

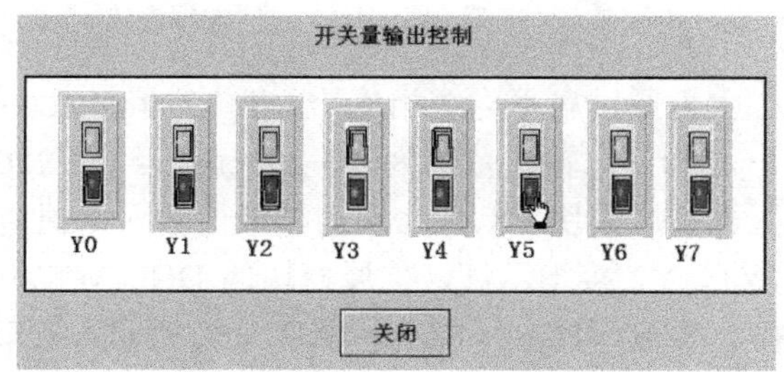

图 6-85　程序运行画面

实例 20　三菱 PLC 温度监控

一、设计任务

本例通过三菱模拟量输入扩展模块 FX_{2N}-4AD 实现 PLC 的温度监测，并将监测到的温度值通过通信电缆传送给上位计算机。

（1）采用 SWOPC-FXGP/WIN-C 编程软件编写 PLC 程序，实现三菱 FX_{2N}-32MR PLC 的温度监测。当测量温度小于 30℃时，Y0 端口置位；当测量温度大于等于 30℃且小于等于 50℃时，Y0 和 Y1 端口复位；当测量温度大于 50℃时，Y1 端口置位。

（2）采用 MCGS 编写程序，实现 PC 与三菱 FX_{2N}-32MR PLC 之间的数据通信，具体要求：读取并显示三菱 PLC 监测到的温度值，绘制温度变化曲线；当测量温度小于 30℃时，程序界面下限指示灯为红色，当测量温度大于等于 30℃且小于等于 50℃时，上、下限指示灯均为绿色，当测量温度大于 50℃时，上限指示灯为红色。

二、线路连接

将三菱 FX_{2N}-32MR PLC 的编程口通过 SC-09 编程电缆与 PC 的串口 COM1 连接起来，组成温度监控系统，如图 6-86 所示。

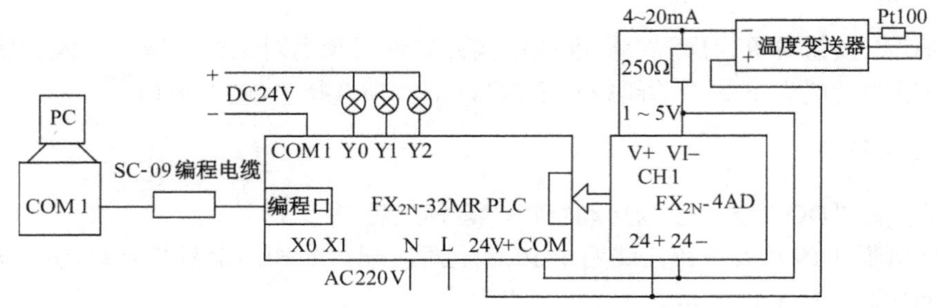

图 6-86　PC 与三菱 FX_{2N} PLC 通信实现温度监控

将 FX_{2N}-4AD 与 PLC 主机通过扁平电缆相连，温度传感器 Pt100 接到温度变送器输入端，温度变送器输入范围是 0～200℃，输出范围为 4～200mA，经过 250Ω 的电阻将电流信号转换为 1～5V 电压信号输入到扩展模块 FX_{2N}-4AD 的模拟量输入 1 通道（CH1）端口 V+和 V−。PLC 主机输出端口 Y0、Y1、Y2 接指示灯，扩展模块的 DC24V 电源由主机提供（也可使用外接电源）。FX_{2N}-4AD 模块的 ID 号为 0。FX_{2N}-4AD 空闲的输入端口一定要用导线短接以免干扰信号窜入。

PLC 的模拟量输入模块（FX_{2N}-4AD）负责 A/D 转换，即将模拟量信号转换为 PLC 可以识别的数字量信号。

三、任务实现

1. PLC 端温度监控程序

1）PLC 梯形图

采用 SWOPC-FXGP/WIN-C 编程软件编写的温度测控程序梯形图如图 6-87 所示。

程序的主要功能：实现三菱 FX_{2N}-32MR PLC 的温度采集，当测量温度小于 30℃时，Y0

端口置位，当测量温度大于等于 30℃而小于等于 50℃时，Y0 和 Y1 端口复位，当测量温度大于 50℃时，Y1 端口置位。

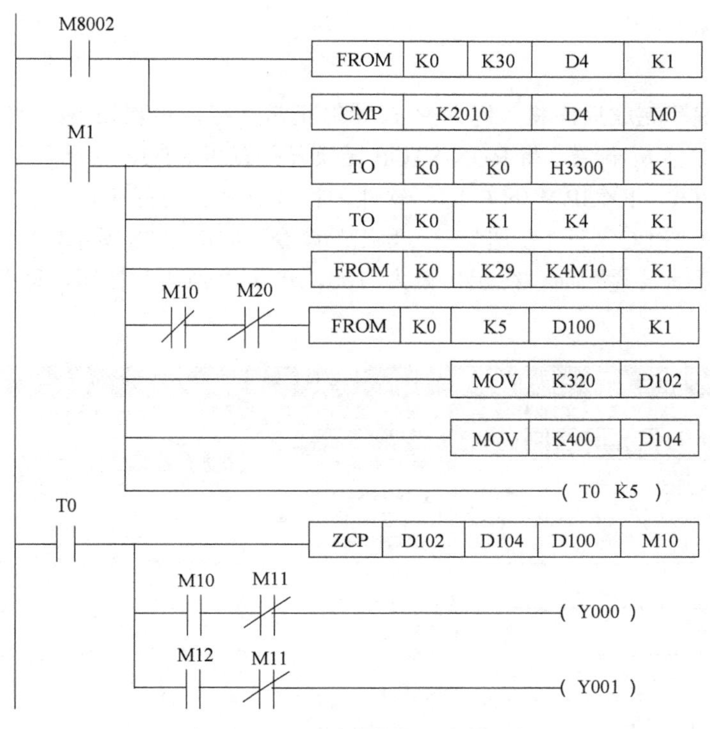

图 6-87　PLC 温度监控程序梯形图

程序说明：

第 1 逻辑行，首次扫描时从 0 号特殊功能模块的 BFM# 30 中读出标识码，即模块 ID 号，并放到基本单元的 D4 中。

第 2 逻辑行，检查模块 ID 号，如果是 FX_{2N}-4AD，则结果送到 M0。

第 3 逻辑行，设定通道 1 的量程类型。

第 4 逻辑行，设定通道 1 平均滤波的周期数为 4。

第 5 逻辑行，将模块运行状态从 BFM#29 读入 M10～M25。

第 6 逻辑行，如果模块运行正常，且模块数字量输出值正常，则通道 1 的平均采样值（温度的数字量值）存入寄存器 D100 中。

第 7 逻辑行，将下限温度数字量值 320（对应温度 30℃）放入寄存器 D102 中。

第 8 逻辑行，将上限温度数字量值 400（对应温度 50℃）放入寄存器 D104 中。

第 9 逻辑行，延时 0.5s。

第 10 逻辑行，将寄存器 D102 和 D104 中的值（上、下限）与寄存器 D100 中的值（温度采样值）进行比较。

第 11 逻辑行，当寄存器 D100 中的值小于寄存器 D102 中的值时，Y000 端口置位。

第 12 逻辑行，当寄存器 D100 中的值大于寄存器 D104 中的值时，Y001 端口置位。

温度与数字量值的换算关系：0～200℃对应电压值 1～5V，0～10V 对应数字量值

0～2000，那么1～5V对应数字量值200～1000，因此0～200℃对应数字量值200～1000。

上位机程序读取寄存器 D100 中的数字量值，然后根据温度与数字量值的对应关系计算出温度测量值。

2）程序写入

PLC端程序编写完成后需将其写入PLC才能正常运行，步骤如下：

（1）接通PLC主机电源，将RUN/STOP转换开关置于STOP位置。

（2）运行SWOPC-FXGP/WIN-C编程软件，打开温度测控程序。

（3）执行菜单“PLC”→“传送”→“写出”命令，如图6-88所示，打开“PC程序写入”对话框，选择“范围设置”项，终止步设为100，单击“确认”按钮，即开始写入程序，如图6-89所示。

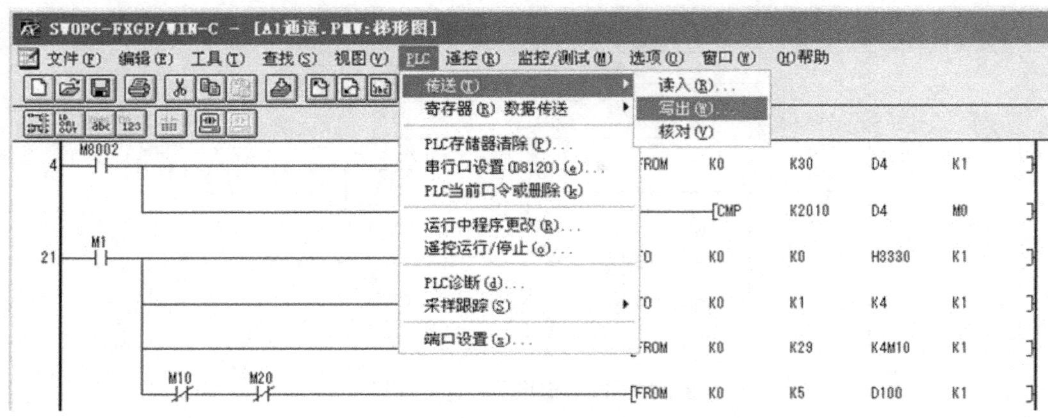

图6-88 执行菜单“PLC→传送→写出”命令

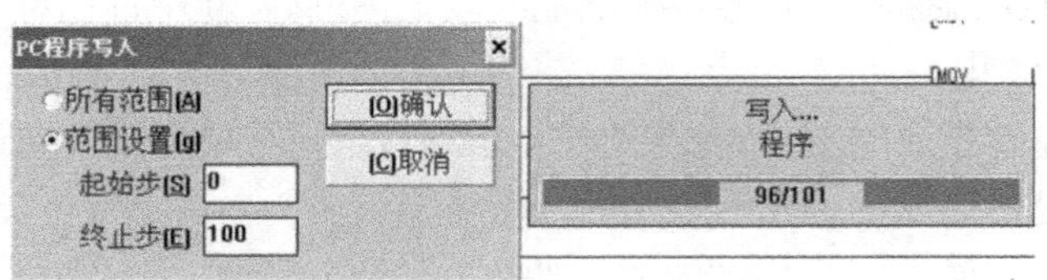

图6-89 PC程序写入

（4）程序写入完毕将RUN/STOP转换开关置于RUN位置，即可进行温度测控。

3）程序监控

PLC端程序写入后，可以进行实时监控。步骤如下：

（1）接通PLC主机电源，将RUN/STOP转换开关置于RUN位置。

（2）运行SWOPC-FXGP/WIN-C编程软件，打开温度测控程序，并写入。

（3）执行菜单“监控/测试”→“开始监控”命令，即可开始监控程序的运行，如图6-90所示。

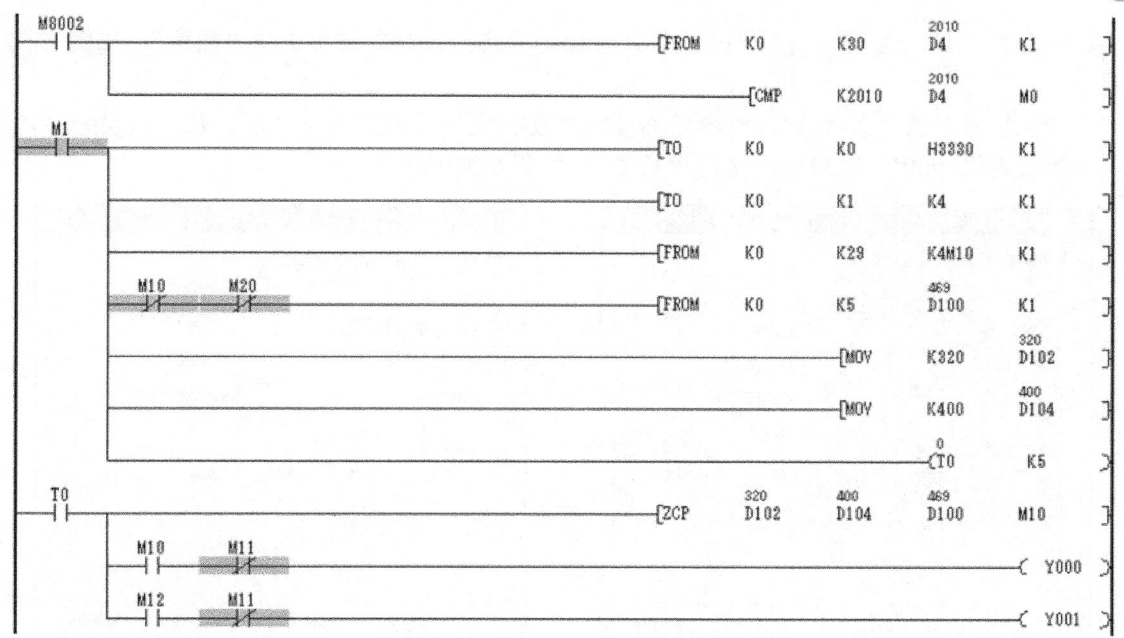

图 6-90　PLC 程序监控

监控画面中，寄存器 D100 上的蓝色数字如 469 就是模拟量输入 1 通道的电压实时采集值（换算后的电压值为 2.345V，与万用表测量值相同，换算为温度值 67.25℃），改变温度值，输入电压发生改变，该数值随着改变。

当寄存器 D100 中的值小于寄存器 D102 中的值时，Y000 端口置位；当寄存器 D100 中的值大于寄存器 D104 中的值时，Y001 端口置位。

（4）监控完毕，执行菜单“监控/测试”→“停止监控”命令，即可停止监控程序的运行。

注意：必须停止监控，否则影响上位机程序的运行。

2．PC 端采用 MCGS 实现温度监测

1）建立新工程项目

工程名称：“AI”；窗口名称：“AI”，窗口内容注释：“模拟电压输入”。

2）制作图形画面

（1）为图形画面添加 1 个“实时曲线”构件。

（2）为图形画面添加 4 个文本构件：标签“温度值:”、当前电压值显示文本“000”、标签“下限灯:”、标签“上限灯:”。

（3）为图形画面添加 2 个指示灯构件。

（4）为图形画面添加 1 个按钮构件，将标题改为“关闭”。

设计的图形画面如图 6-91 所示。

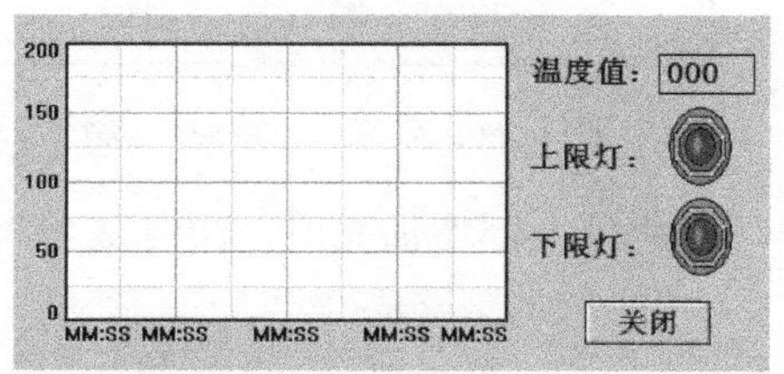

图 6-91　图形画面

3）定义对象

（1）新增对象“温度”，对象名称设为“温度”，

小数位设为“1”，最小值设为“0”，最大值设为“200”，对象类型选择“数值”，如图 6-92 所示。

（2）新增对象“数字量”，对象名称设为“数字量”，小数位设为“0”，最小值设为“0”，最大值设为“2000”，对象类型选择“数值”，如图 6-93 所示。

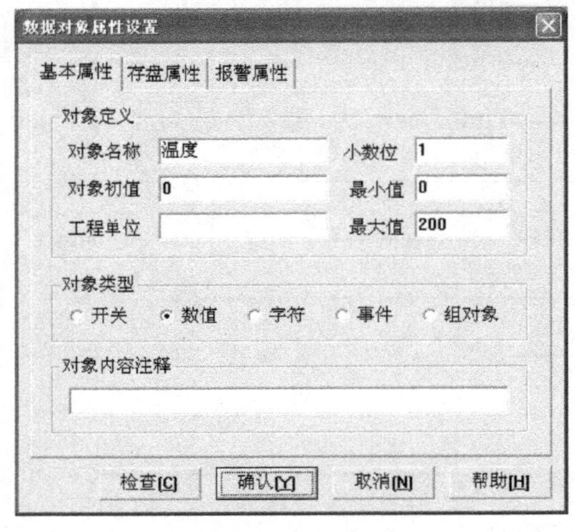

图 6-92　对象“温度”属性设置

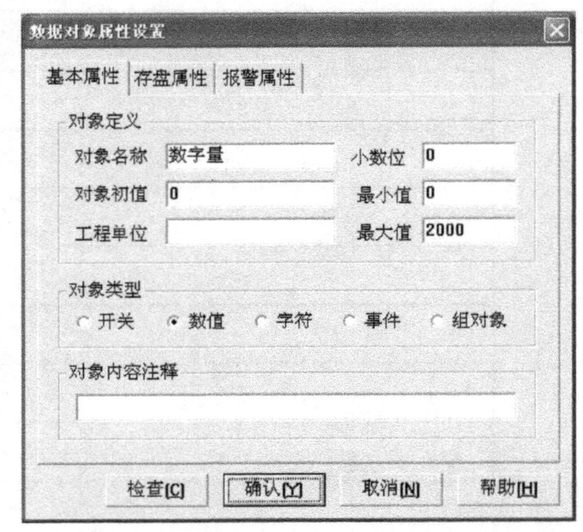

图 6-93　对象“数字量”属性设置

（3）新增对象“上限灯”，对象名称设为“上限灯”，对象初值设为“0”，对象类型选择“开关”，如图 6-94 所示。

（4）新增对象“下限灯”，对象名称设为“下限灯”，对象初值设为“0”，对象类型选择“开关”，如图 6-95 所示。

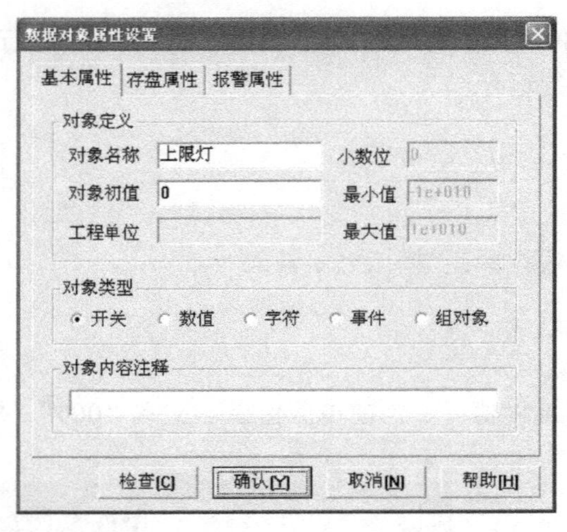

图 6-94　对象“上限灯”属性设置

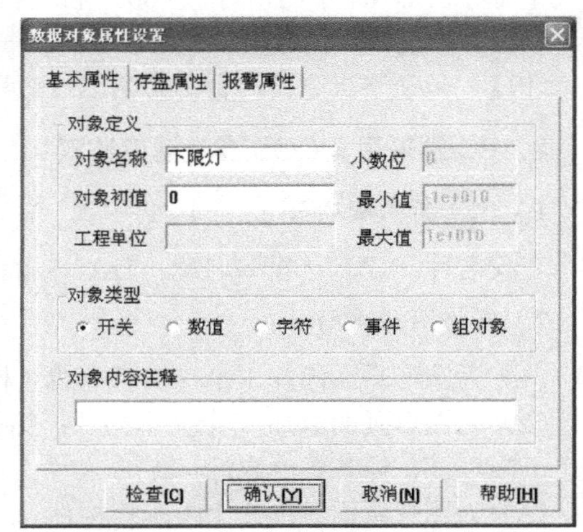

图 6-95　对象“下限灯”属性设置

对象全部增加完成，实时数据库如图 6-96 所示。

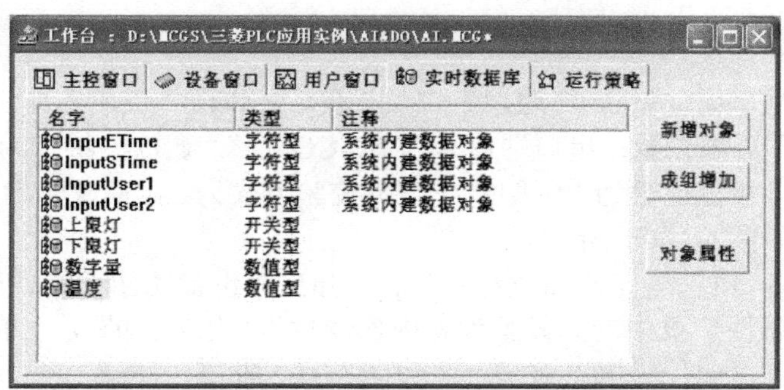

图 6-96　实时数据库

4）添加设备

在 MCGS 组态环境工作台的“设备窗口”选项页，在下侧双击“设备窗口”，出现“设备组态：设备窗口”，单击工具条上的“工具箱”按钮，弹出“设备工具箱”窗口。

（1）单击“设备管理”按钮，弹出“设备管理”窗口。在“可选设备”列表中双击“通用串口父设备”，将其添加到右侧的“选定设备”列表中。

（2）选择所有设备→PLC 设备→三菱→三菱_FX 系列编程口→三菱_FX 系列编程口，单击“增加”按钮，将“三菱_FX 系列编程口”添加到右侧的“选定设备”列表中，如图 6-97 所示。单击“确认”按钮，选定设备添加到“设备工具箱”窗口中，如图 6-98 所示。

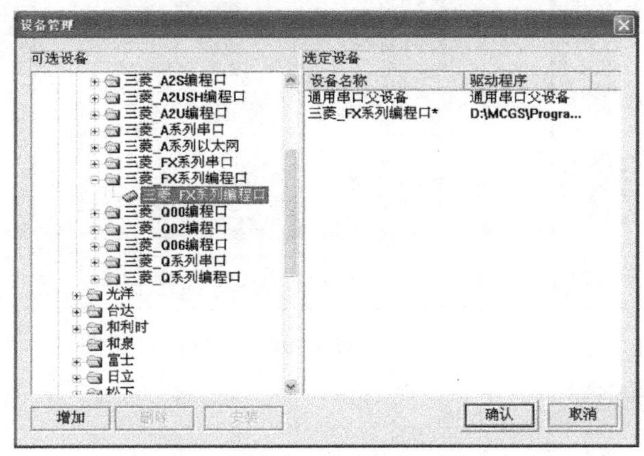

图 6-97　设备管理窗口

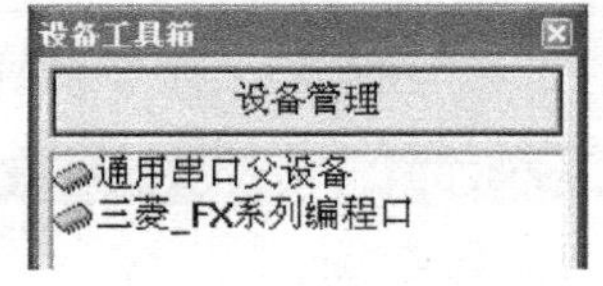

图 6-98　设备工具箱

（3）在“设备工具箱”窗口下双击“通用串口父设备”，“设备组态：设备窗口”中出现“通用串口父设备 0-[通用串口父设备]”。同理，在“设备工具箱”窗口双击“三菱_FX 系列编程口”，“设备窗口”中出现“设备 0-[三菱_FX 系列编程口]”，设备添加完成，如图 6-99 所示。

图 6-99　添加设备窗口

5）设备属性设置

（1）双击“通用串口父设备 0-[通用串口父设备]”，弹出“通用串口设备属性编辑”对话框。在“基本属性”页中设置：串口端口号为“0-COM1”，通信波特率为“6-9600”，数据位位数为“0-7 位”，停止位位数为“0-1 位”，数据校验方式为“2-偶校验”，参数设置完毕，单击“确认”按钮，如图 6-100 所示。

（2）双击“设备 0-[三菱_FX 系列编程口]”，弹出“设备属性设置”对话框，如图 6-101 所示。选择“基本属性”页中的“设置设备内部属性”，出现 **...** 图标，单击该图标弹出“三菱_FX 系列编程口通道属性设置”对话框，如图 6-102 所示。

单击“增加通道”按钮，弹出“增加通道”对话框，选择“D 数据寄存器”，数据类型为“16 位无符号二进制”，设置寄存器地址为“100”，通道数量为“1”，操作方式选为“只读”，如图 6-103 所示。单击“确认”按钮，“三菱_FX 系列编程口通道属性设置”对话框中出现新增加的通道通道 9“只读 DWUB0100”，如图 6-104 所示。

（3）在“设备属性设置”窗口选择“通道连接”页，选择通道 9 对应数据对象单元格，单击鼠标右键弹出连接对象对话框，双击选择要连接的“数字量”对象，如图 6-105 所示。

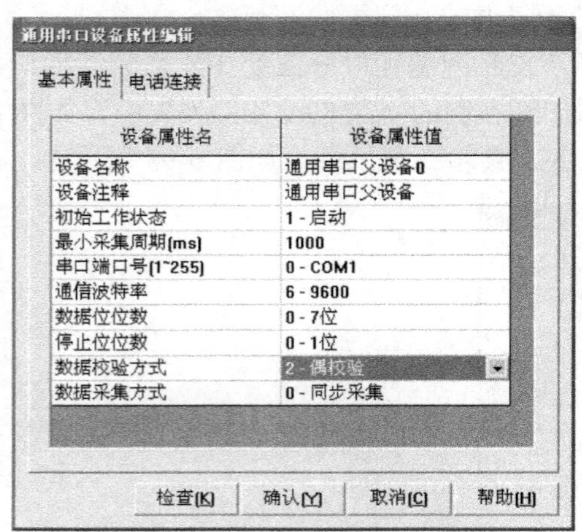

图 6-100　通用串口设备

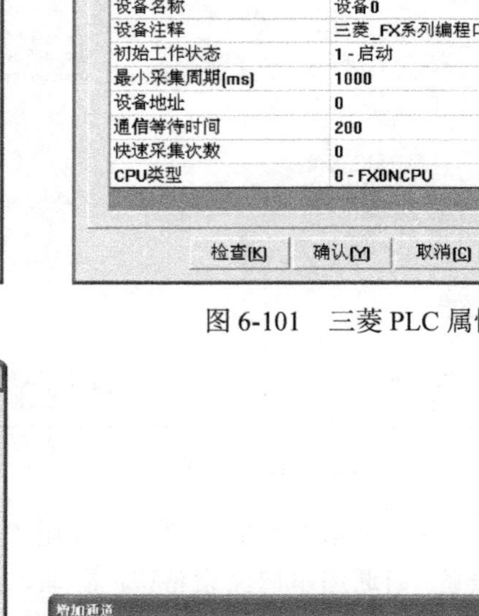

图 6-101　三菱 PLC 属性

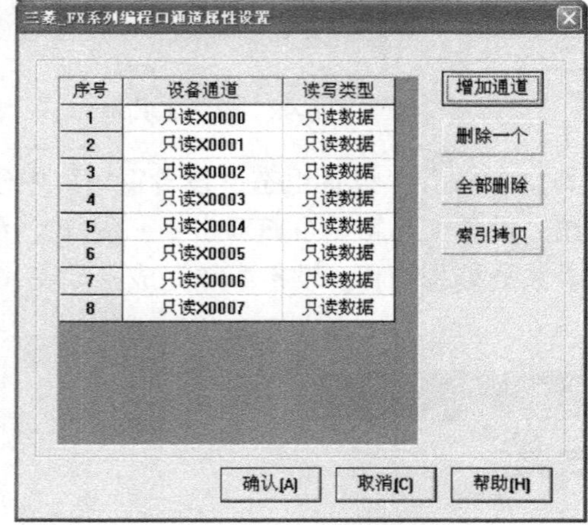

图 6-102　三菱_FX 系列编程口通道属性设置

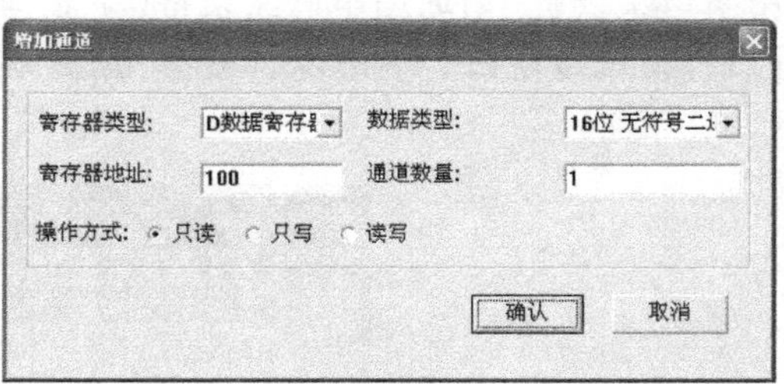

图 6-103　增加通道

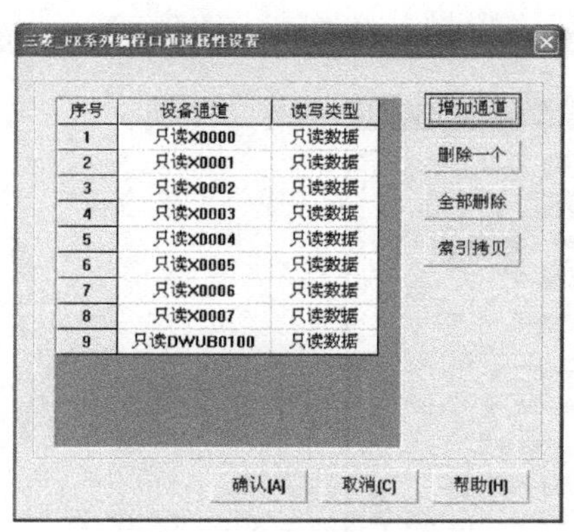

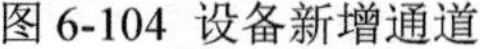
图 6-104 设备新增通道

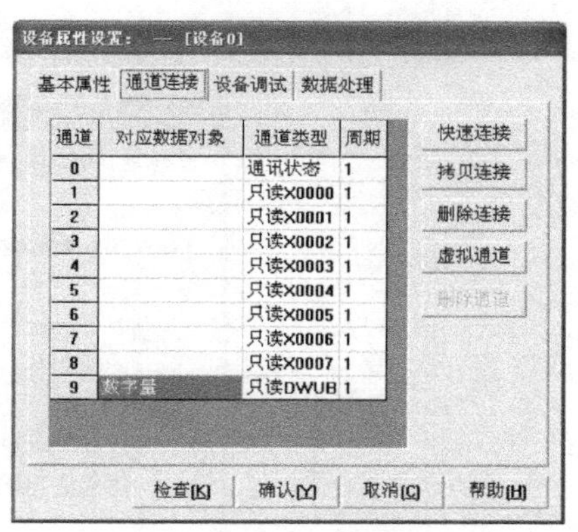

图 6-105　设备通道连接

（4）在“设备属性设置”窗口中选择“设备调试”页，可以看到三菱 PLC 模拟量输入通道输入电压（反映温度大小）的数字量值，如图 6-106 所示。

图 6-106　设备调试

6）建立动画连接

（1）建立实时趋势曲线对象的动画连接。

双击画面中的实时趋势曲线对象，弹出“实时曲线构件属性设置”窗口。在“画笔属性”页中，单击曲线 1 表达式文本框右边的？号，选择已定义好的变量“温度”，如图 6-107 所示。

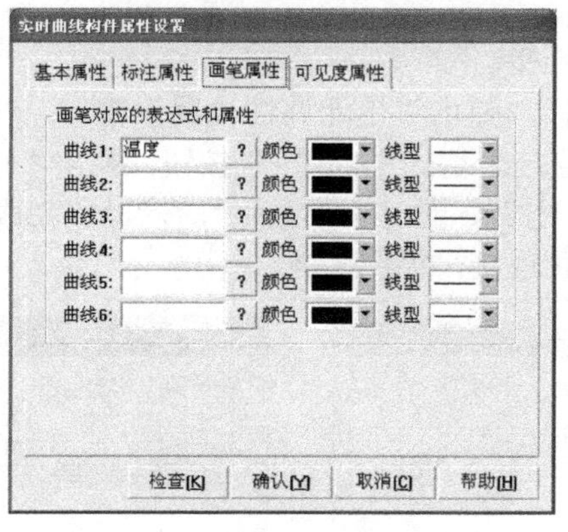

图 6-107　实时曲线画笔属性

在“标注属性”页中，将X轴长度设为5，Y轴标注最大值设为200，如图6-108所示。

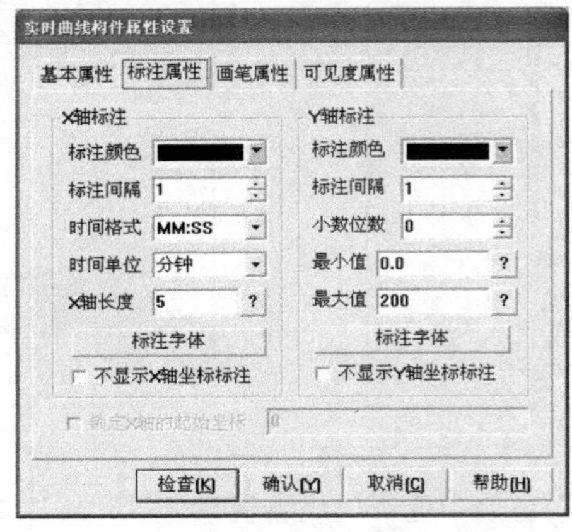

图6-108　实时曲线标注属性设置

（2）建立显示标签的动画连接。

双击画面中的“000”标签，弹出“动画组态属性设置”窗口。在“显示输出”页中，输入表达式“温度”，选输出值类型为“数值量输出”，输出格式为“向中对齐”，选整数位数为“3”，小数位数为“1”，如图6-109所示。

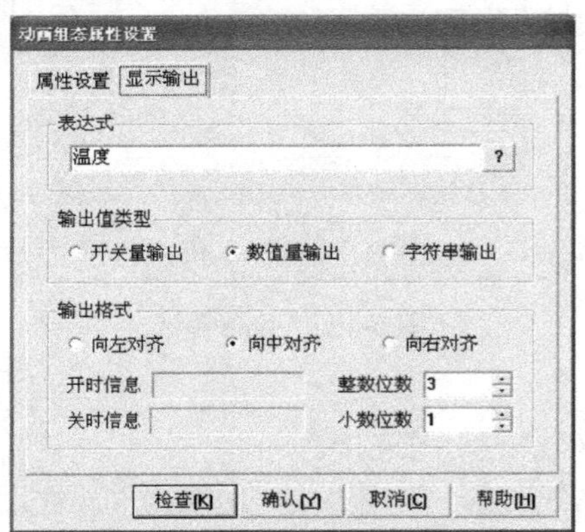

图6-109　标签“000”动画连接

（3）建立指示灯的动画连接。

双击画面中的上限指示灯，弹出“单元属性设置”窗口。在“动画连接”页中，选择组合图符“可见度”项，单击连接表达式中的“>”按钮，弹出“动画组态属性设置”窗口，在“可见度”页，表达式选择已定义好的对象“上限灯”，设置完成后如图6-110所示。

同理，完成下限灯的动画连接，如图6-111所示。

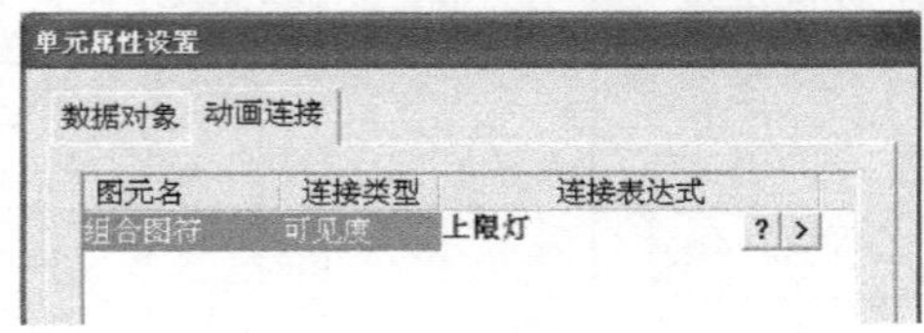

图6-110　上限灯的动画连接

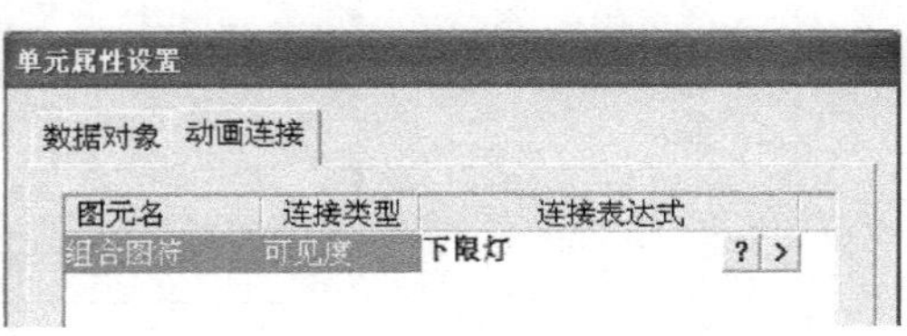

图6-111　下限灯的动画连接

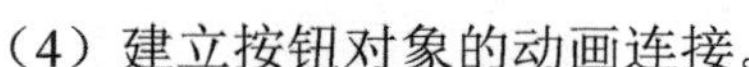

（4）建立按钮对象的动画连接。

双击“关闭”按钮对象，出现“标准按钮构件属性设置”对话框。选择“操作属性”页，再选择“按钮对应的功能”下的“关闭用户窗口”，下拉项选择“AI”窗口。

7）策略编程

在工作台窗口中选择“运行策略”窗口，如图 6-112 所示。双击“循环策略”，弹出“策略组态：循环策略”编辑窗口。

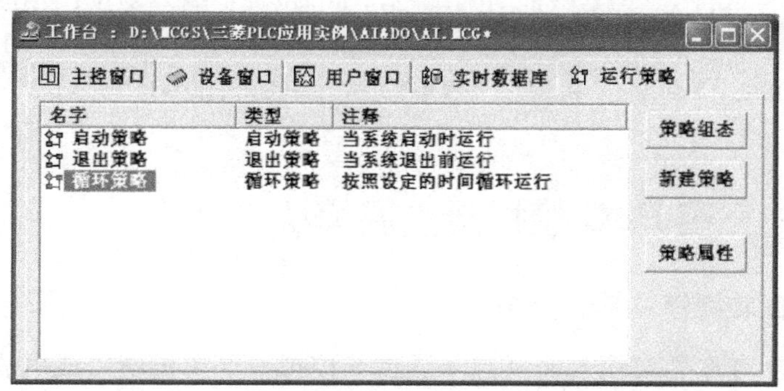

图 6-112　运行策略

单击工具条中的“新增策略行”按钮，在启动策略编辑窗口中出现新增策略行。单击选择策略工具箱中的“脚本程序”，将鼠标指针移动到策略块图标上，单击鼠标左键，添加脚本程序构件，如图 6-113 所示。

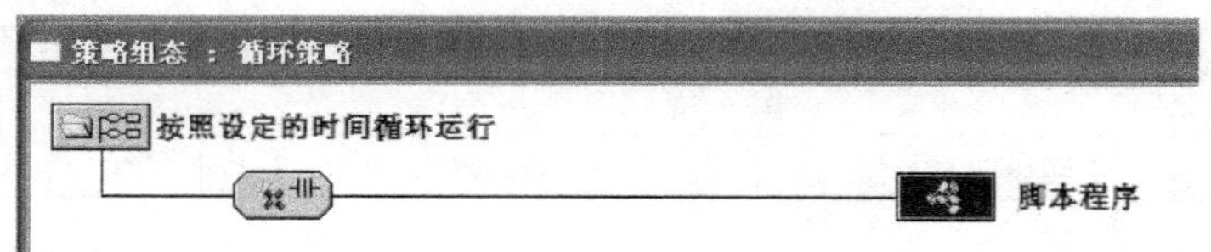

图 6-113　循环策略

双击策略块，进入“脚本程序”编辑窗口，在编辑区输入程序，如图 6-114 所示。

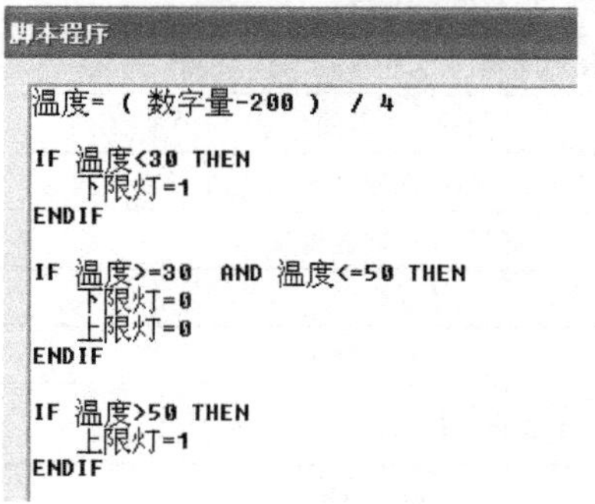

图 6-114　输入脚本程序

返回到工作台运行策略窗口，选择循环策略，单击“策略属性”按钮，弹出“策略属性设置”对话框，将策略执行方式定时循环时间设置为 1000ms。

8）调试与运行

保存工程，将“AI”窗口设为启动窗口，运行工程。

PC 读取并显示三菱 PLC 检测到的温度值，绘制温度变化曲线。当测量温度小于 30℃时，程序画面下限指示灯为红色，PLC 的 Y0 端口置位；当测量温度大于等于 30℃且小于等于 50℃时，程序画面上、下限指示灯均为绿色，Y0 和 Y1 端口复位；当测量温度大于 50℃时，程序画面上限指示灯为红色，Y1 端口置位。

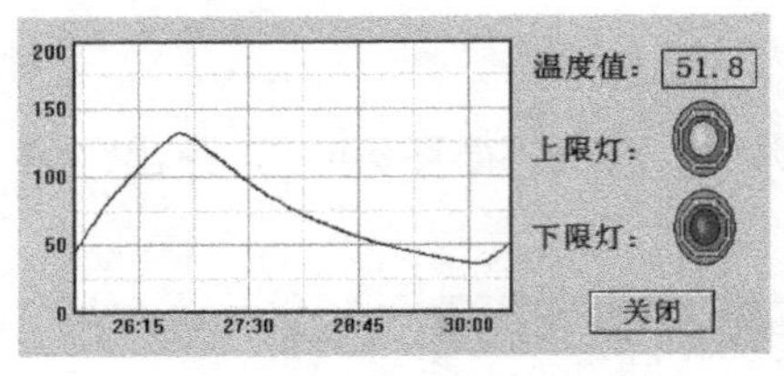

图 6-115　程序运行画面

程序运行画面如图 6-115 所示。

知识链接　三菱 PLC 模拟量扩展模块

1. 四通道 A/D 转换模块 FX_{2N}-4AD

三菱 FX_{2N}-4AD 可将外部输入的 4 点（通道）模拟量（模拟电压或电流）转换为 PLC 内部处理需要的数字量。FX_{2N}-4AD 的模拟量输入可以是双极性的，其转换结果为 12 位带符号的数字量。

1）性能规格

三菱 FX_{2N}-4AD 的主要性能参数如表 6-1 所示。

表 6-1　三菱 FX_{2N}-4AD 的主要性能表

项　目	参　数		备　注
	电压输入	电流输入	
输入点数	4 点（通道）		4 通道输入方式可以不同
输入要求	DC -10～10V	DC 4～20mA 或-20～20mA	
输入极限	DC -15～15V	DC -32～+32V	输入超过极限可能损坏模块
输入阻抗	≤200kΩ	≤250kΩ	
数字输出	带符号 12 位		-2048～2047
分辨率	5mV（DC -10～10 输入）	20μA（DC -20～20mA 输入）	
转换精度	±1%（全范围）		
处理时间	15ms/通道；高速时 6ms/通道		
调整	偏移调节/增益调节		数字调节（需要编程）
输出隔离	光电耦合		模拟电路与数字电路相同
占用 I/O 点数	8 点		
电源要求	DC 24V/55mA；5V/30mA		DC 24V 需要外部供给
编程指令	FROM/TO		

2）模块连接

三菱 FX_{2N}-4AD 模块通过扩展电缆与 PLC 基本单元或扩展单元相连接，通过 PLC 内部总线传送数字量并且需要外部提供 DC 24V 电源输入。

外部模拟量输入及 DC 24V 电源与模块间的连接要求如图 6-116 所示。

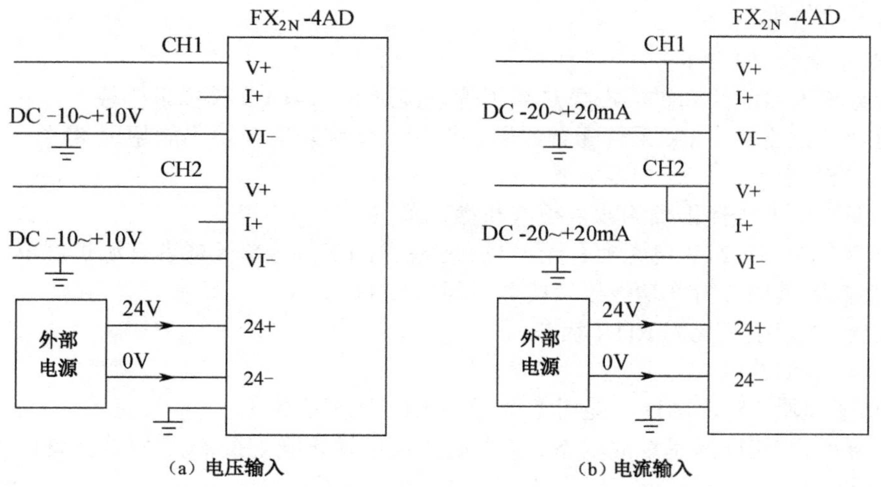

（a）电压输入　　（b）电流输入

图 6-116　外部模拟量输入与 FX_{2N}-4AD 模块的连接

接线说明如下：

（1）模拟量输入通道通过屏蔽双绞线来接收，电缆应远离电源线或其他可能产生电气干扰的电线和电源。

（2）如果输入电压有波动，或在外部接线中有电气干扰，则可以在 Vin 和 COM 之间接入一个平滑电容器，容量为 0.1～0.47μF/25V。

（3）如果使用电流输入，则必须连接 V+和 I-端子。

（4）如果存在过多的电气干扰，则需将电缆屏蔽层与 FG 端连接，并连接到 FX_{2N}-4AD 的接地端。

（5）连接模块的接地端与主单元的接地端，如果可行，则在主单元使用 3 级接地（接地电阻小于 100Ω）。

3）输出特性

三菱 FX_{2N}-4AD 模块的输出特性如图 6-117 所示，4 通道的输出特性可以不同。

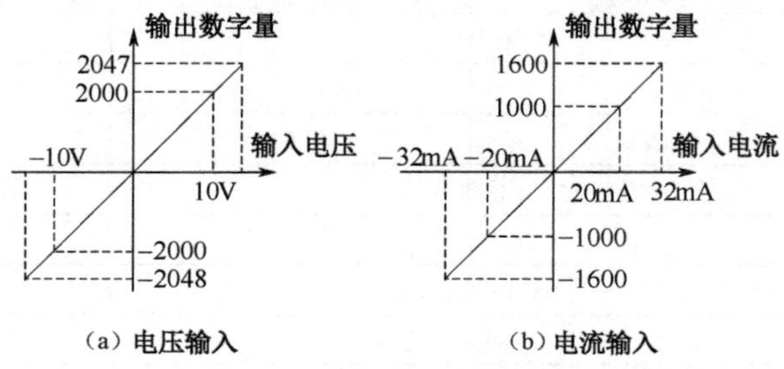

（a）电压输入　　（b）电流输入

图 6-117　三菱 FX_{2N}-4AD 模块的 A/D 转换输出特性

模块的最大转换位数为 12 位，首位为符号位，对应的数字量输出范围为-2048～2047。同样，为了计算方便，通常情况下将最大模拟量输入（DC 10V 或 20mA）所对应的数字量输出设定为2000（DC 10V）或1000（20mA）。

4）诊断与检查

（1）初步检查

① 检查输入接配线和扩展电缆是否正确连接到FX_{2N}-4AD模拟量模块上。

② 检查有无违背FX_{2N}系统配置原则。例如，特殊功能模块不能超过8个，系统的I/O点不能超过256个。

③ 确保应用中选择正确的输入模式和操作范围。

④ 检查在5V或24V电源上有无过载。应注意，FX_{2N}主单元或者有源扩展单元的负载是根据所连接扩展模块或特殊功能模块的数目而变化的。

⑤ 设置FX_{2N}主单元为RUN状态。

（2）错误发生检查

如果功能模块FX_{2N}-4AD不能正常运行，应检查下列项目。

① 检查电源LED指示灯的状态。点亮时扩展电缆正确连接； 熄灭或闪烁时检查扩展电缆的连接情况。

② 检查"24V"LED指示灯状态（在FX_{2N}-4AD右上角）。点亮时FX_{2N}-4AD正常，DC 24V电源正常；熄灭时可能是DC 24V电源故障或FX_{2N}故障。

③ 检查"A/D" LED指示灯状态（FX_{2N}-4AD右上角）。闪烁时A/D转换正常运行；熄灭时检查缓冲存储器BFM#29的状态。如果任何一位（D2或b3）是ON状态，那就是A/D指示灯熄灭的原因。

2．四通道D/A转换模块FX_{2N}-4DA

FX_{2N}-4DA的作用是将PLC内部的数字量转换为外部控制作用的模拟量（模拟电压或电流）输出，可以进行转换的通道数为4通道。

1）性能规格

FX_{2N}-4DA模块的主要性能参数如表6-2所示。

表6-2　FX_{2N}-4DA的主要性能表

项　目	参　数		备　注
	电压输出	电流输出	
输出点数	4点（通道）		
输出范围	DC-10～10V	DC0～20mA	4通道输出可以不一致
负载阻抗	≥2kΩ	≤500Ω	
数字输入	16位带符号		-2048～+2047
分辨率	5mV	20μA	
转换精度	±1%（全范围）		
处理时间	2.1ms/4通道		
调整	偏移调节/增益调节		参数调节
输出隔离	光电耦合		模拟电路与数字电路间
占用I/O点数	8点		
消耗电流	24V/200mA（外部电源供给）；5V/30mA		5V需要PLC供给
编程指令	FROM/TO		

2）模块连接

FX_{2N}-4DA 模块通过扩展电缆与 PLC 基本单元或扩展单元相连接，通过 PLC 内部总线传送数字量，模块需要外加 DC 24V 电源。

模块模拟量输出、DC 24V 电源与外部的连接要求及内部接口原理如图 6-118 所示。

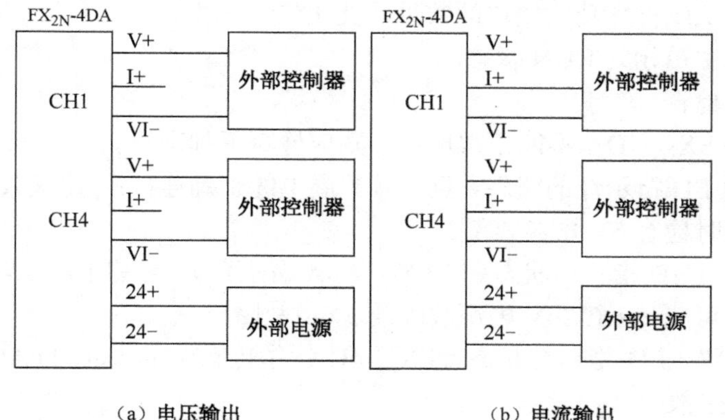

图 6-118　FX_{2N}-4DA 模块与外部的连接

接线说明如下：

（1）模拟输出应使用双绞屏蔽电缆，电缆应远离电源线或其他可能产生电气干扰的电线。

（2）在输出电缆的负载端使用单点接地（3 级接地不大于 100Ω）。

（3）如果输出存在电气噪声或电压波动，可以连接一个平滑电容器（0.1～0.47μF/25V）。

（4）将 FX_{2N}-4DA 的接地端与 PLC 的接地端连接在一起。

（5）电压输出端子短路或者连接电流输出负载到电压输出端子都有可能损坏 FX_{2N}-4AD。

（6）不要将任何单元接到未用端子"·"。

3）输出特性

FX_{2N}-4DA 模块的输出特性如图 6-119 所示。

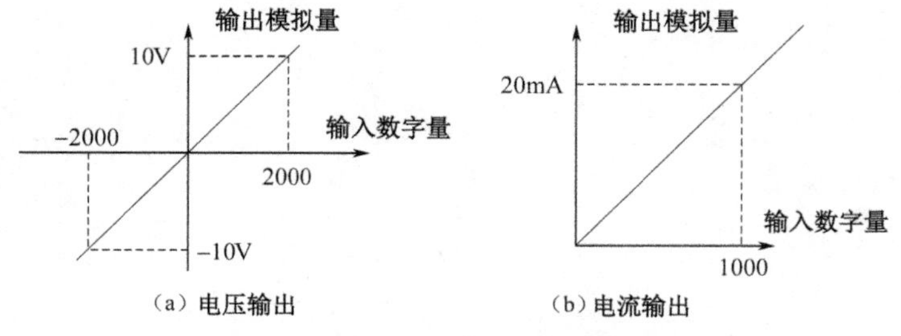

图 6-119　FX_{2N}-4DA 模块的输出特性

模块的最大 D/A 转换位为 16 位，但实际有效的位数为 12 位，且首位（第 12 位）为符号位，因此，对应的最大数字量仍然为 2047。同样，为了计算方便，在电压输出时，通常将最大模拟量输出 DC 10V 时所对应的数字量设定为 2000；电流输出时，通常将最大模拟量输出 20mA 时所对应的数字量设定为 1000。

4）诊断与检查

（1）初步检查

① 检查输入接配线和扩展电缆是否正确连接到 FX_{2N}-4DA 模拟量模块上。

② 检查有无违背 FX_{2N} 系统配置原则。例如，特殊功能模块不能超过 8 个，系统的 I/O 点不能超过 256 个。

③ 确保应用中选择正确的输入模式。

④ 检查在 5V 或 24V 电源上有无过载。应注意，FX_{2N} 主单元或者有源扩展单元的负载是根据所连接扩展模块或特殊功能模块的数目而变化的。

⑤ 设置 FX_{2N} 主单元为 RUN 状态。

（2）错误发生检查

如果功能模块 FX_{2N}-4DA 不能正常运行，则应检查下列项目。

① 检查电源 LED 指示灯的状态。点亮时扩展电缆正确连接； 熄灭或闪烁时检查扩展电缆的连接情况，同时检查 5V 电源容量。

② 检查“24V”LED 指示灯状态（在 FX_{2N}-4DA 右上角）。点亮时 FX_{2N}-4AD 正常，DC 24V 电源正常；熄灭时可能是 DC 24V 电源故障或 FX_{2N} 故障。

③ 检查“A/D” LED 指示灯状态（FX_{2N}-4DA 右上角）。闪烁时 D/A 转换正常运行；熄灭时 FX_{2N}-4DA 发生故障。

④ 检测连接到每个模块的输出端子的外部负载阻抗有没有超出 FX_{2N}-4DA 可以驱动的容量（电压输出：2kΩ～1MΩ；电流输出：500Ω）。

⑤ 用电流表或电压表检查输出电压或电流是否符合输出标定值，如果不符合，调整零点和增益值。

第 7 章　西门子 PLC 监控及其与 PC 通信

西门子 S7-200 PLC 具有极高的可靠性、丰富的指令集和内置的集成功能、强大的通信能力和品种丰富的扩展模块。S7-200 PLC 可以单机运行，用于代替继电器控制系统，也可以用于复杂的自动化控制系统。由于它具有极强的通信功能，在网络控制系统中也能充分发挥其作用。

本章采用组态软件 MCGS 实现西门子 S7-200 PLC 模拟电压的输入与输出、开关量的输入与输出及其温度监控。

实例 21　西门子 PLC 模拟电压采集

一、设计任务

本例通过西门子 PLC 模拟量扩展模块 EM235 实现电压监测，并将监测到的电压值通过通信电缆传送给上位计算机显示与处理。

（1）采用 STEP 7-Micro/WIN 编程软件编写 PLC 程序，实现西门子 S7-200 PLC 模拟电压的采集，并将采集到的电压值（数字量形式）放入寄存器 VW100 中。

（2）采用 MCGS 软件编写程序，实现 PC 与西门子 S7-200 PLC 的数据通信，要求 PC 接收 PLC 发送的电压值，转换成十进制形式，以数字、曲线的形式显示。

二、线路连接

将 S7-200 PLC 主机通过 PC/PPI 电缆与计算机连接，将模拟量扩展模块 EM235 与 PLC 主机通过扁平电缆相连构成模拟电压输入系统，如图 7-1 所示。

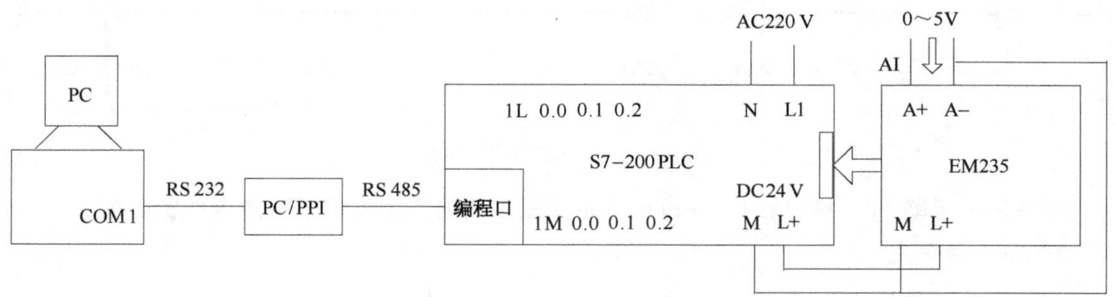

图 7-1　PC 与 S7-200 PLC 组成的模拟电压采集系统

模拟电压 0~5V 从 CH1（A+和 A-）输入。

EM235 扩展模块的电源是 DC 24V，这个电源一定要外接而不可就近接 PLC 本身输出的 DC 24V 电源，但两者一定要共地。

为避免共模电压，须将主机 M 端、扩展模块 M 端和所有信号负端连接，未接输入信号的通道要短接。在 DIP 开关设置中，将开关 SW1 和 SW6 设为 ON，其他设为 OFF，表示电压单极性输入，范围是 0~5V。

提示：工业控制现场的模拟量，如温度、压力、物位、流量等参数可通过相应的变送器转换为 1~5V 的电压信号，因此本章提供的电压采集系统同样可以进行温度、压力、物位、流量等参数的采集，只需在程序设计时做相应的标度变换。

三、任务实现

1．PLC 端电压输入程序

1）PLC 梯形图

为了保证 S7-200 PLC 能够正常与 PC 进行模拟量输入通信，需要在 PLC 中运行一段程序。可采用以下 2 种设计思路。

思路 1：将采集到的电压数字量值（0~32000，在寄存器 AIW0 中）发送给寄存器 VW100。上位机程序读取 PLC 寄存器 VW100 中的数字量值，然后根据电压与数字量的对应关系（0~5V 对应 0~32000）计算出电压的实际值。PLC 程序如图 7-2 所示。

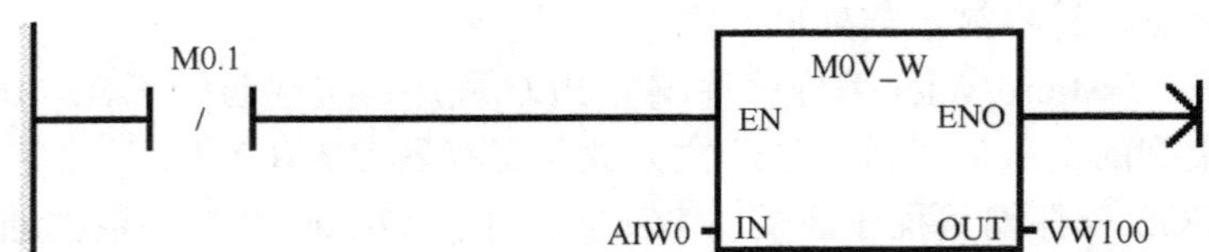

图 7-2　PLC 电压采集程序 1

思路 2：将采集到的电压数字量值（0~32000，在寄存器 AIW0 中）发送给寄存器 VW415，该数字量值除以 6400 就是采集到的电压值（0~5V 对应 0~32000），再送给寄存器 VW100。上位机程序读取 PLC 寄存器 VW100 中的值就是电压实际值。PLC 程序如图 7-3 所示。

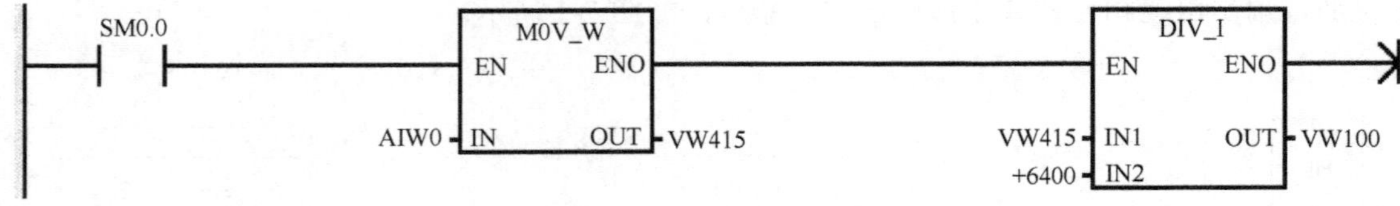

图 7-3　PLC 电压采集程序 2

本章采用思路 1，也就是由上位机程序将反映电压的数字量值转换为电压实际值。

2）程序的下载

PLC 端程序编写完成后需将其下载到 PLC 才能正常运行。步骤如下：

（1）接通 PLC 主机电源，将 RUN/STOP 转换开关置于 STOP 位置。

（2）运行 STEP 7-Micro/WIN 编程软件，打开模拟量输入程序。

（3）执行菜单“File”→“Download...”命令，打开“Download”对话框，单击“Download”按钮，即开始下载程序，如图 7-4 所示。

（4）程序下载完毕将 RUN/STOP 转换开关置于 RUN 位置，即可进行模拟电压的采集。

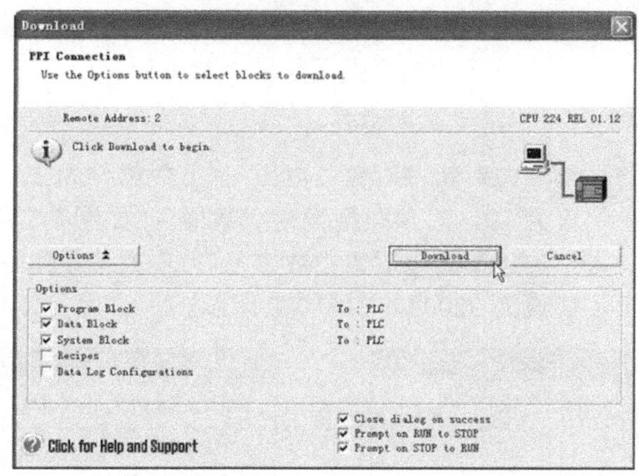

图 7-4　程序下载对话框

3）PLC 程序的监控

PLC 端程序写入后，可以进行实时监控。步骤如下：

（1）接通 PLC 主机电源，将 RUN/STOP 转换开关置于 RUN 位置。

（2）运行 STEP 7-Micro/WIN 编程软件，打开模拟量输入程序，并下载。

（3）执行菜单“Debug”→“Start Program Status”命令，即可开始监控程序的运行，如图 7-5 所示。

寄存器 VW100 右边的黄色数字如 18075 就是模拟量输入 1 通道的电压实时采集值(数字量形式，根据 0～5V 对应 0～32000，换算后的电压实际值为 2.82V，与万用表测量值相同)，改变输入电压，该数值随着改变。

（4）监控完毕，执行菜单“Debug”→“Stop Program Status”命令，即可停止监控程序的运行。注意：必须停止监控，否则影响上位机程序的运行。

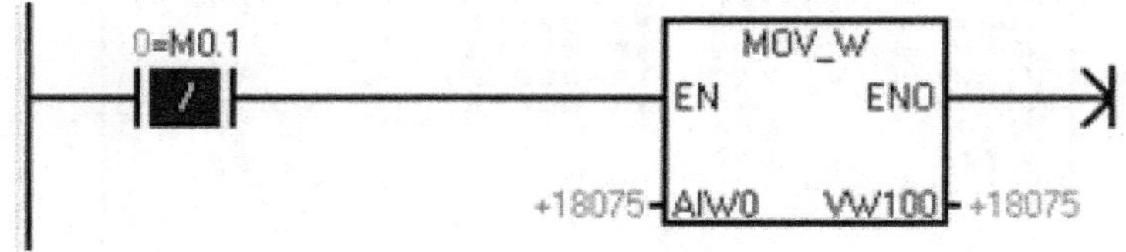

图 7-5　监控程序的运行

2．PC 端采用 MCGS 实现电压输入

1）建立新工程项目

工程名称：“AI”；窗口名称：“AI”；窗口内容注释：“模拟电压输入”。

2）制作图形画面

（1）为图形画面添加 3 个文本构件：标签“电压值:”、当前电压值显示文本“000”和标签“V”。

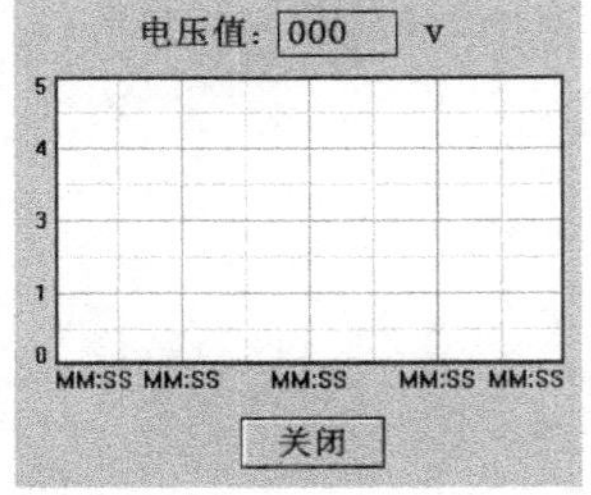

图 7-6　图形画面

（2）为图形画面添加 1 个“实时曲线”构件。

（3）为图形画面添加 1 个“按钮”构件，将标题改为“关闭”。设计的图形画面如图 7-6 所示。

3）定义对象

（1）新增对象“电压”，小数位设为 2，最小值设为 0，最大值设为 10，对象类型设为“数值”，如图 7-7 所示。

（2）新增对象“数字量”，小数位设为 0，最小值设为 0，最大值设为 32000，如图 7-8 所示。

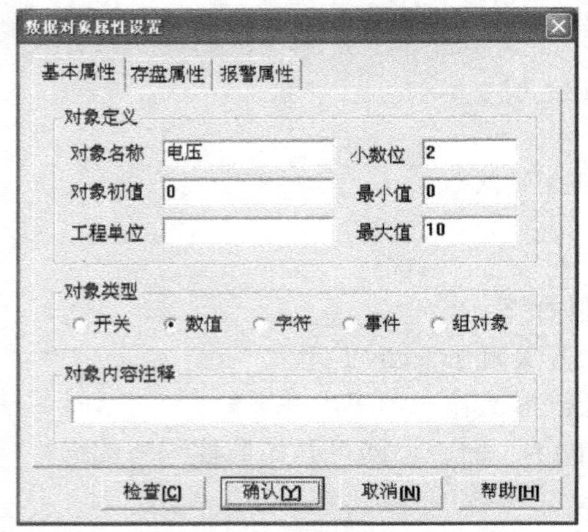

图 7-7　对象“电压”属性设置

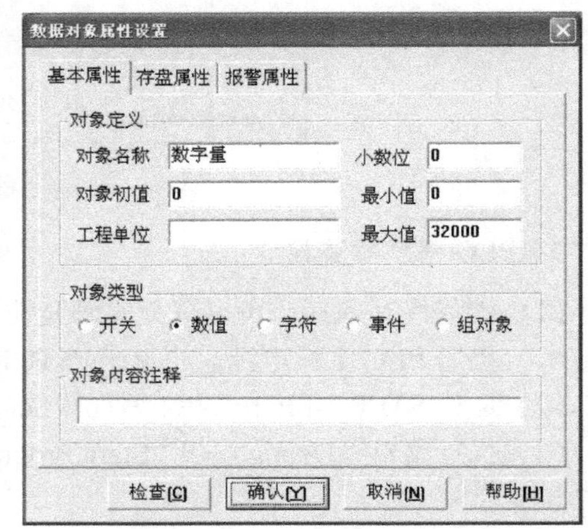

图 7-8　对象“数字量”属性设置

对象全部增加完成，实时数据库如图 7-9 所示。

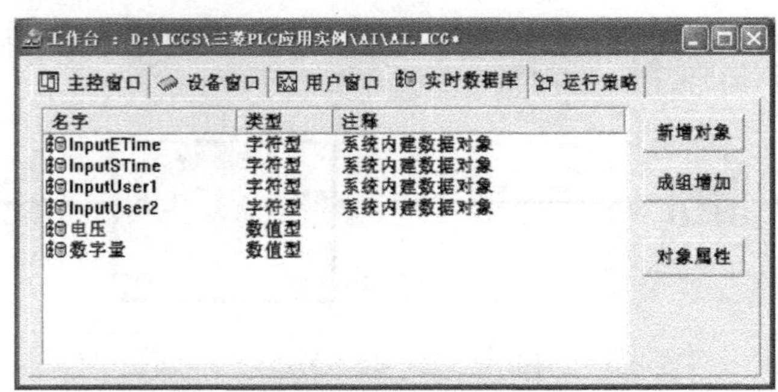

图 7-9　实时数据库

4）添加设备

在 MCGS 组态环境工作台的“设备窗口”选项页下侧，双击“设备窗口”，出现“设备组态：设备窗口”；单击工具条上的“工具箱”按钮，弹出“设备工具箱”窗口。

（1）单击“设备管理”按钮，弹出“设备管理”窗口。在“可选设备”列表中双击“通用串口父设备”，将其添加到右侧的“选定设备”列表中。

（2）选择所有设备→PLC 设备→西门子→S7-200-PPI→西门子_S7200PPI，双击“西门子_S7200PPI”，单击“增加”按钮，将“西门子_S7200PPI”添加到右侧的“选定设备”列表中，如图 7-10 所示。单击“确认”按钮，选定设备添加到“设备工具箱”窗口中，如图 7-11 所示。

（3）在“设备工具箱”窗口下双击“通用串口父设备”，则“设备窗口”中出现“通用串口父设备 0-[通用串口父设备]”。同理，在“设备工具箱”窗口下双击“西门子_S7200PPI”，则“设备窗口”中出现“设备 0-[西门子_S7200PPI]”，设备添加完成，如图 7-12 所示。

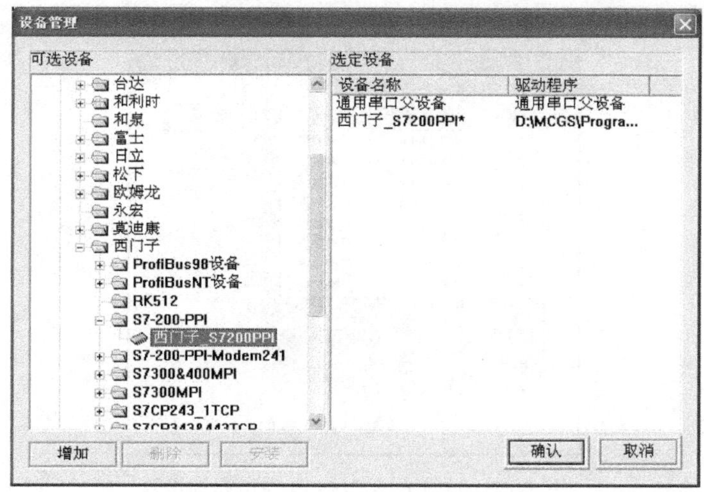

图 7-10　设备管理窗口

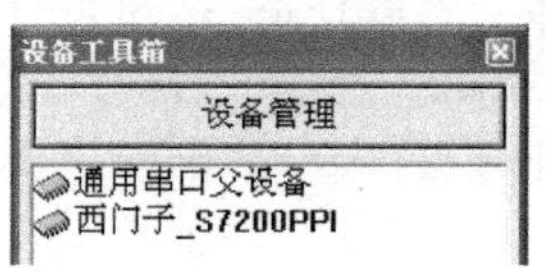

图 7-11　设备工具箱

图 7-12　添加设备窗口

5）设备属性设置

（1）双击“通用串口父设备 0-[通用串口父设备]”，弹出“通用串口设备属性编辑”对话框。在“基本属性”页中设置：串口端口号为“0-COM1”，通信波特率为“6-9600”，数据位位数为“1-8 位”，停止位位数为“0-1 位”，数据校验方式为“2-偶校验”。参数设置完毕，单击“确认”按钮，如图 7-13 所示。

（2）双击“设备 0-[西门子_S7200PPI]”，弹出“设备属性设置”对话框，如图 7-14 所示。选中“基本属性”中的“设置设备内部属性”，出现…图标，单击该图标弹出“西门子_S7200PPI 通道属性设置”对话框，如图 7-15 所示。

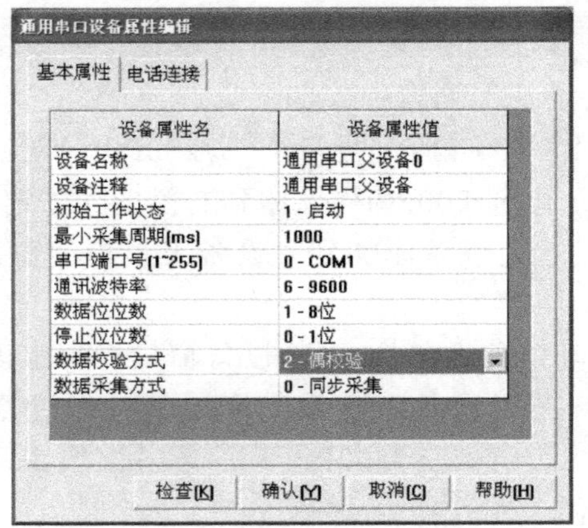

图 7-13　通用串口设备属性编辑

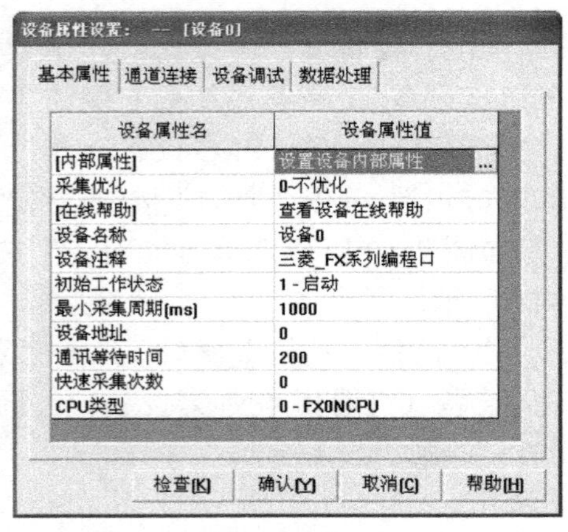

图 7-14　西门子 S7-200PLC 属性设置

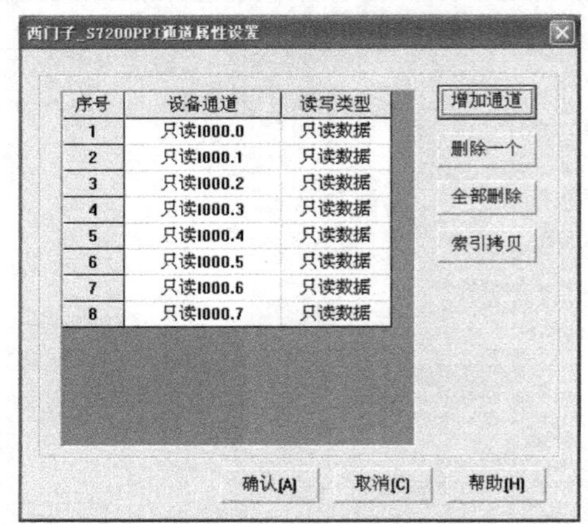

图 7-15　西门子_S7200PPI 通道属性设置

单击“增加通道”按钮，弹出“增加通道”对话框，选择“V 寄存器”，将寄存器地址设为“100”，通道数量设为“1”，操作方式选“只读”，数据类型选“16 位无符号二进制”，如图 7-16 所示。单击“确认”按钮，“西门子_S7200PPI 通道属性设置”对话框中出现新增加的通道，如图 7-17 所示。

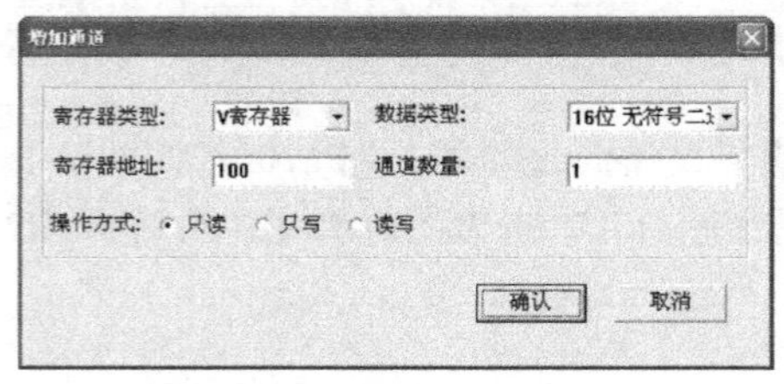

图 7-16　增加通道

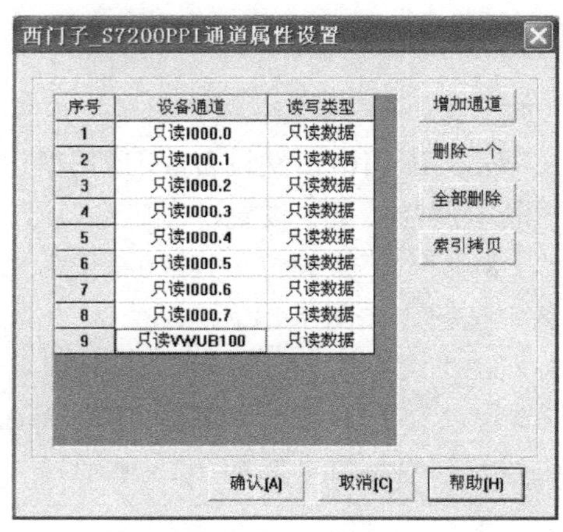

图 7-17　设备通道

（3）在“设备属性设置”窗口中选择“通道连接”页，选中通道 9 对应数据对象单元格，单击右键，弹出连接对象对话框，选中要连接的对象“数字量”（或者直接在单元格中输入“数字量”），如图 7-18 所示。

（4）在“设备属性设置”窗口中选择“设备调试”页，可以看到西门子 PLC 模拟量输入通道输入电压的数字量值，如图 7-19 所示。数字量值除以 6400 就是电压值。

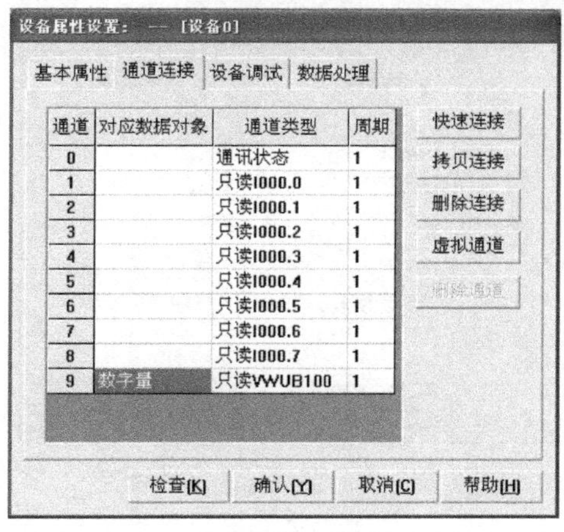

图 7-18　设备通道连接

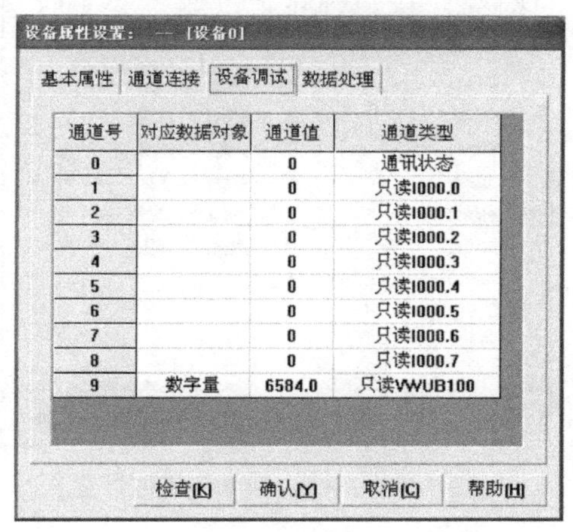

图 7-19　设备调试

6）建立动画连接

（1）建立当前电压值显示文本的动画连接。双击画面中的当前电压值显示文本“000”，出现“动画组态属性设置”对话框，选择“输入输出连接”中的“显示输出”项，出现“显示输出”选项页，如图 7-20 所示。

选择“显示输出”页，将表达式设置为“电压”（可以直接输入，也可以单击表达式文本框右边的“？”号，选择已定义好的变量名“电压”），输出值类型选择“数值量输出”，输出格式选择“向中对齐”，整数位数设为“1”，小数位数设为“2”，如图 7-21 所示。

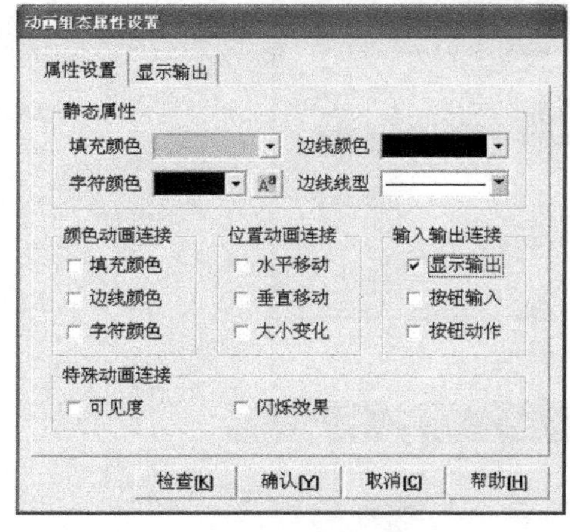

图 7-20　标签属性设置

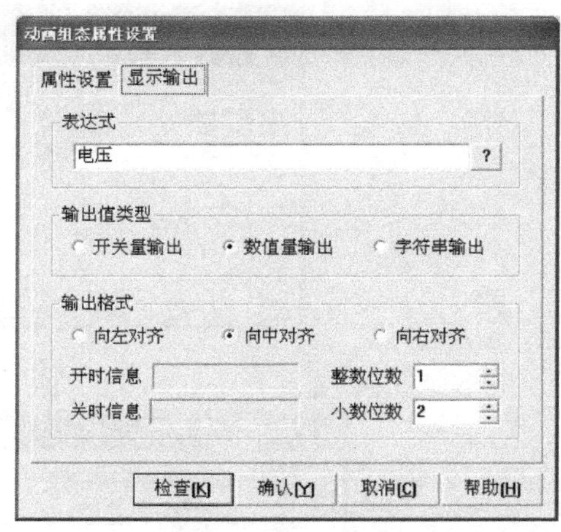

图 7-21　标签显示输出设置

（2）建立实时曲线的动画连接。双击画面中的实时曲线构件，弹出“实时曲线构件属性设置”窗口。在“画笔属性”页中，单击曲线1表达式文本框右边的“？”号，选择已定义好的变量“电压”，如图7-22所示。在“标注属性”页中，X轴长度设为“2”，Y轴标注最大值设为“5”，如图7-23所示。

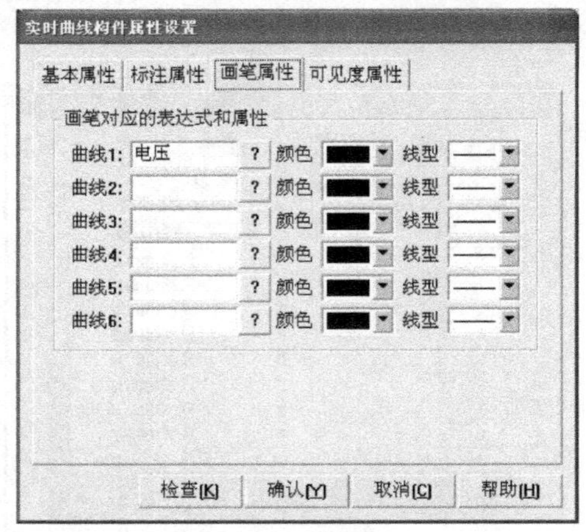

图7-22　实时曲线画笔属性设置

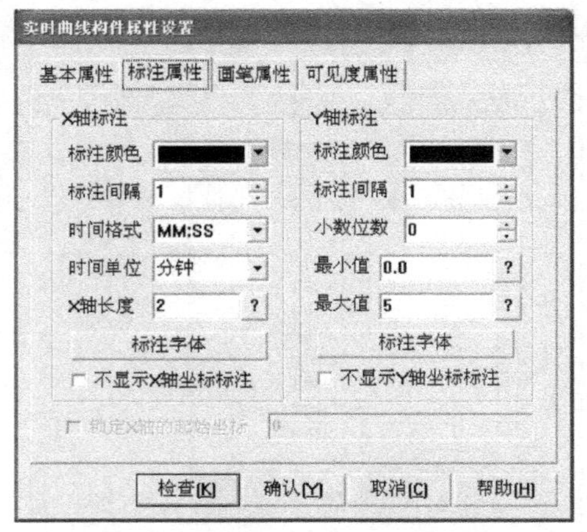

图7-23　实时曲线标注属性设置

（3）建立按钮对象的动画连接。双击“关闭”按钮对象，出现“标准按钮构件属性设置”对话框。选择“操作属性”页，选择“按钮对应的功能”下的“关闭用户窗口”，下拉项选择“AI”窗口。

7）策略编程

在工作台窗口中选择“运行策略”窗口，如图7-24所示。双击“循环策略”，弹出“策略组态：循环策略”编辑窗口。

单击工具条中的“新增策略行”按钮，策略编辑窗口中出现新增策略行。单击策略工具箱中的“脚本程序”，将鼠标指针移动到策略块图标上，单击鼠标左键，添加“脚本程序”策略块，如图7-25所示。

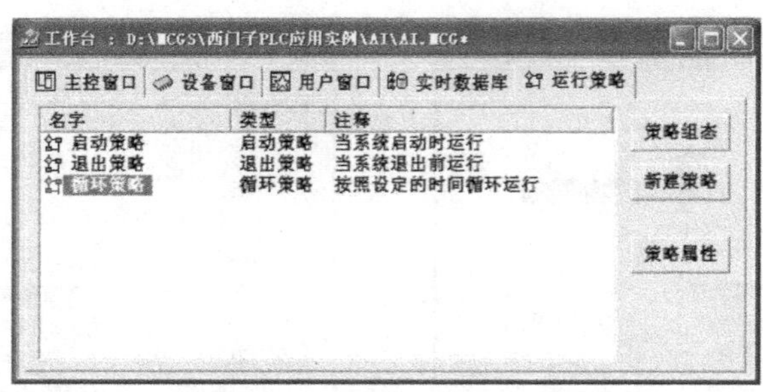

图7-24　运行策略

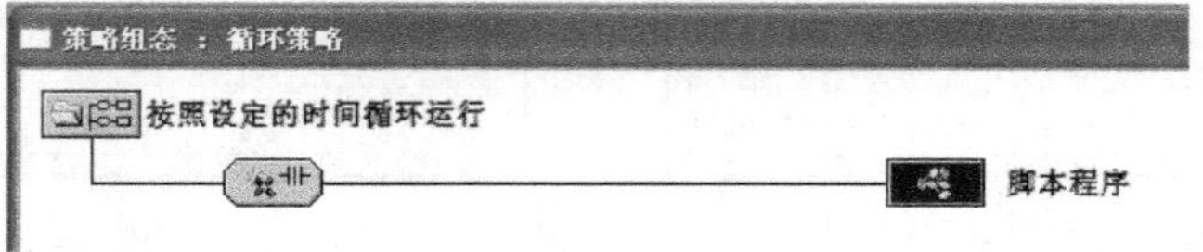

图7-25　循环策略

双击“脚本程序”策略块，进入“脚本程序”编辑窗口，在编辑区输入如图 7-26 所示程序。

图 7-26　输入脚本程序

返回到工作台运行策略窗口，选择循环策略，单击“策略属性”按钮，弹出“策略属性设置”对话框，将策略执行方式定时循环时间设置为 1000ms。

8）调试与运行

保存工程，将“AI”窗口设为启动窗口，运行工程。

启动 S7-200 PLC，给 EM235 模拟量扩展模块 CH1 通道输入变化电压值，PC 程序画面显示该电压，并绘制实时变化曲线。

程序运行画面如图 7-27 所示。

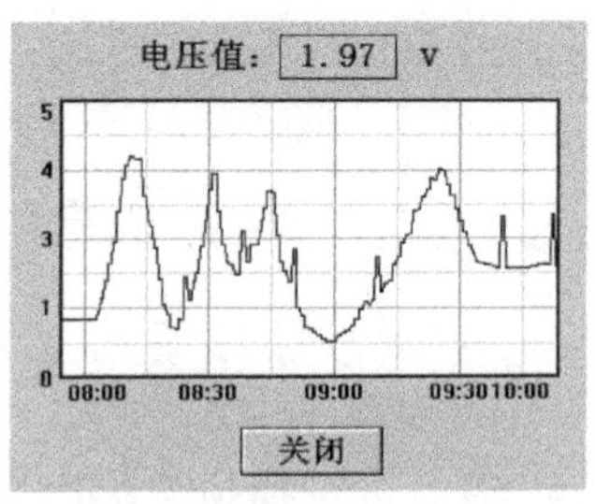

图 7-27　运行画面

实例 22　西门子 PLC 模拟电压输出

一、设计任务

本例通过 PC 产生模拟电压值，通过西门子 PLC 模拟量扩展模块 EM235 输出该电压。

（1）采用 STEP 7-Micro/WIN 编程软件编写 PLC 程序，将上位 PC 输出的电压值（数字量形式，在寄存器 VW100 中）放入寄存器 AQW0 中，并在 EM235 模拟量输出通道输出同样大小的电压值（0～10V）。

（2）采用 MCGS 软件编写程序，实现 PC 与西门子 S7-200 PLC 的数据通信，要求在 PC 程序界面中输入一个数值（范围为 0～10），转换成数字量形式，并发送到 PLC 的寄存器 VW100 中。

二、线路连接

将 S7-200 PLC 主机通过 PC/PPI 电缆与计算机连接，将模拟量扩展模块 EM235 与 PLC 主机通过扁平电缆相连构成模拟电压输出系统，如图 7-28 所示。

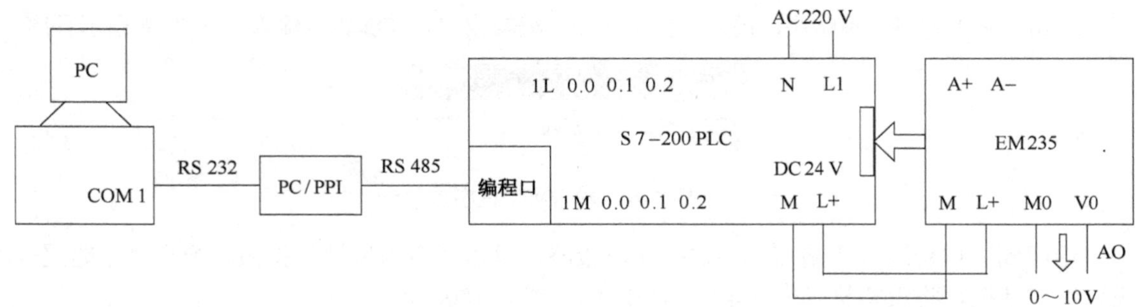

图 7-28　PC 与 S7-200PLC 组成的模拟电压输出系统

PC 发送到 PLC 的数值（范围为 0～10，反映电压大小）由 M0（-）和 V0（+）输出（0～10V）。实际测试时，不需要连线，直接用万用表测量输出电压。

EM235 扩展模块的电源是 DC 24V，这个电源一定要外接而不可就近接 PLC 本身输出的 DC 24V 电源，但两者一定要共地。

三、任务实现

1．PLC 端电压输出程序

1）PLC 梯形图

为了保证 S7-200 PLC 能够正常与 PC 进行模拟量输出通信，需要在 PLC 中运行一段程序。PLC 程序如图 7-29 所示。

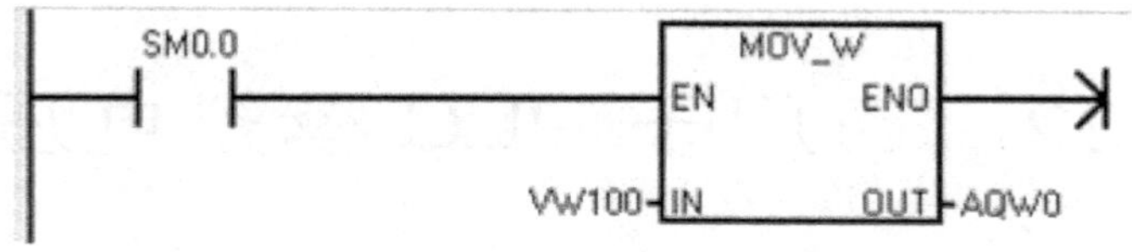

图 7-29　PLC 电压输出程序

在上位机程序中输入数值（范围为 0～10）并转换为数字量值（0～32000），发送到 PLC 寄存器 VW100 中。在下位机程序中，将寄存器 VW100 中的数字量值发送给输出寄存器 AQW0。PLC 自动将数字量值转换为对应的电压值（0～10V）在模拟量输出通道输出。

2）程序的下载

PLC 端程序编写完成后需将其下载到 PLC 才能正常运行。步骤如下：

（1）接通 PLC 主机电源，将 RUN/STOP 转换开关置于 STOP 位置。

（2）运行 STEP 7-Micro/WIN 编程软件，打开模拟量输出程序。

（3）执行菜单“File”→“Download...”命令，打开“Download”对话框，单击“Download”按钮，即开始下载程序，如图 7-30 所示。

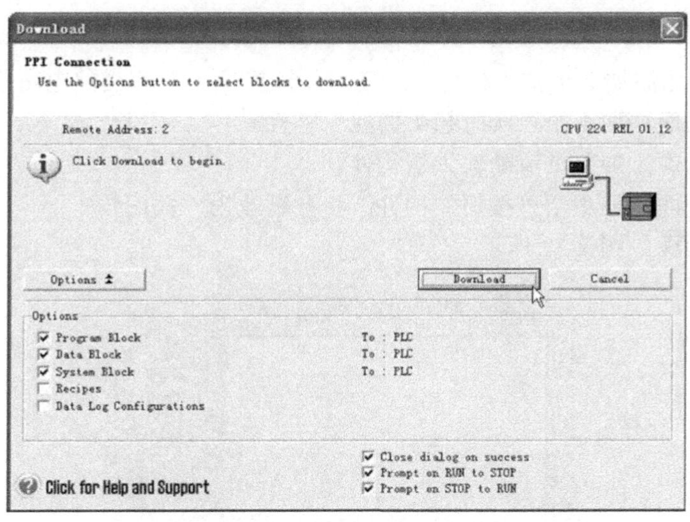

图 7-30　程序下载对话框

（4）程序下载完毕将 RUN/STOP 转换开关置于 RUN 位置，即可进行模拟电压的输出。

3）PLC 程序的监控

PLC 端程序写入后，可以进行实时监控。步骤如下：

（1）接通 PLC 主机电源，将 RUN/STOP 转换开关置于 RUN 位置。

（2）运行 STEP 7-Micro/WIN 编程软件，打开模拟量输出程序，并下载。

（3）执行菜单“Debug”→“Start Program Status”命令，即可开始监控程序的运行，如图 7-31 所示。

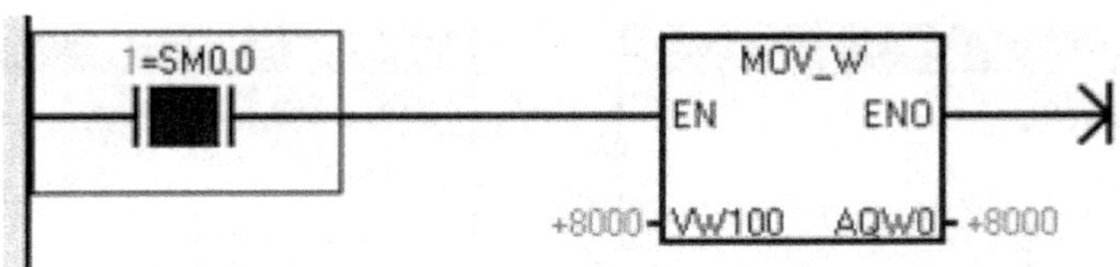

图 7-31　PLC 程序的监控

寄存器 AQW0 右边的黄色数字如 8000 就是要输出到模拟量输出通道的电压值（数字量形式，根据 0～32000 对应 0～10V，换算后的电压实际值为 2.5V，与万用表测量值相同），改变输入电压，该数值随之改变。

注意：模拟量输出程序监控前，要保证往寄存器 VW100 中发送数字量 8000。实际测试时先运行上位机程序，输入数值 2.5（反映电压大小），转换成数字量 8000 后再发送给 PLC。

（4）监控完毕，执行菜单“Debug”→“Stop Program Status”命令，即可停止监控程序的运行。注意：必须停止监控，否则影响上位机程序的运行。

2. PC 端采用 MCGS 实现电压输出

1）建立新工程项目

工程名称：“AO”；窗口名称：“AO”；窗口内容注释：“模拟量输出”。

2）制作图形画面

（1）为图形画面添加 2 个文本构件：标签“输出电压值：”和当前电压值显示文本“000”。

（2）为图形画面添加 1 个“实时趋势曲线”构件。

（3）为图形画面添加 1 个滑动输入器构件。

（4）为图形画面添加 1 个“按钮”构件，将标题改为“关闭”。

设计的图形画面如图 7-32 所示。

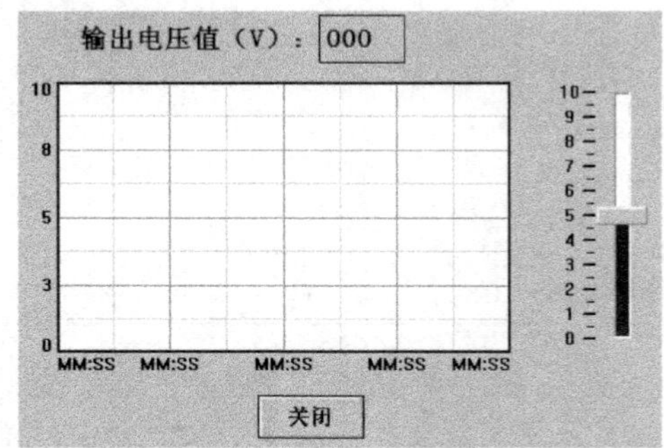

图 7-32　图形画面

3）定义对象

（1）新增数值对象“电压”，设置：小数位数为 2，最小值为 0，最大值设为 10，如图 7-33 所示。

（2）新增数值对象“数字量”，设置：小数位数为 0，最小值为 0，最大值设为 2000，如图 7-34 所示。

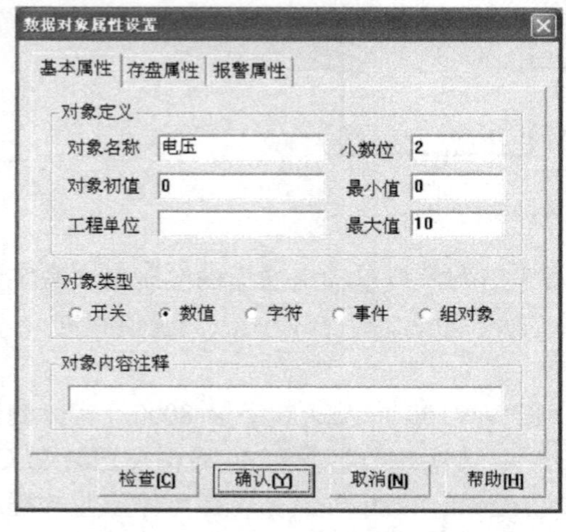

图 7-33　对象“电压”属性设置

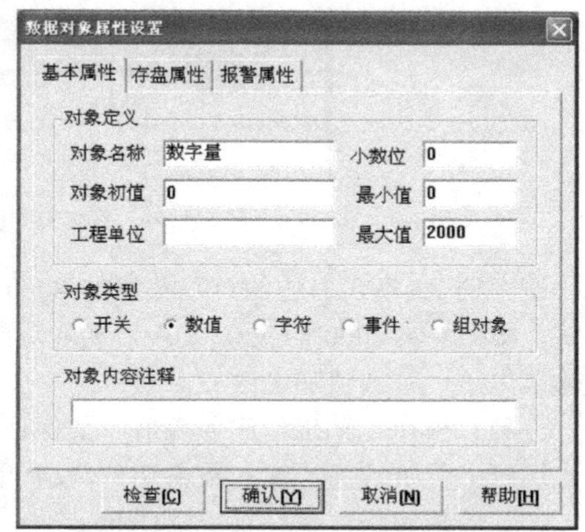

图 7-34　对象“数字量”属性设置

对象全部增加完成，实时数据库如图 7-35 所示。

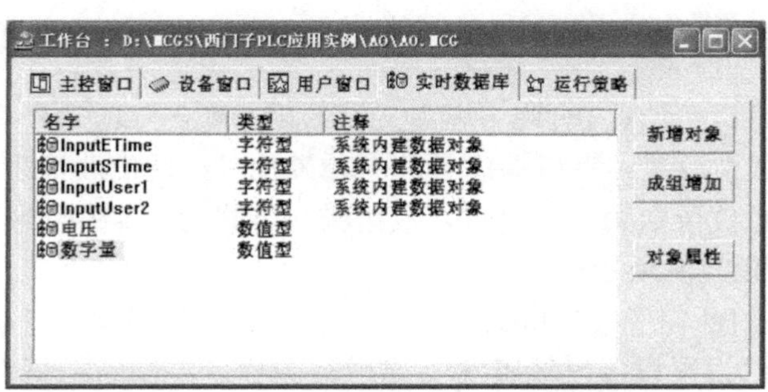

图 7-35　实时数据库

4）添加设备

在 MCGS 组态环境工作台的“设备窗口”选项页下侧双击“设备窗口”，出现“设备组态：设备窗口”，单击工具条上的“工具箱”按钮，弹出“设备工具箱”窗口。

（1）单击“设备管理”按钮，弹出“设备管理”窗口。在“可选设备”列表中双击“通用串口父设备”，将其添加到右侧的“选定设备”列表中。

（2）选择所有设备→PLC 设备→西门子→S7-200 -PPI→西门子_S7200PPI，双击“西门子_S7200PPI”，单击“增加”按钮，将“西门子_S7200PPI”添加到右侧的“选定设备”列表中，如图 7-36 所示。单击“确认”按钮，选定设备添加到“设备工具箱”窗口中，如图 7-37 所示。

（3）在“设备工具箱”窗口下双击“通用串口父设备”，“设备窗口”中出现“通用串口父设备 0-[通用串口父设备]”。同理，在“设备工具箱”窗口下双击“西门子_S7200PPI ”，“设备窗口”中出现“设备 0-[西门子_S7200PPI]”，设备添加完成，如图 7-38 所示。

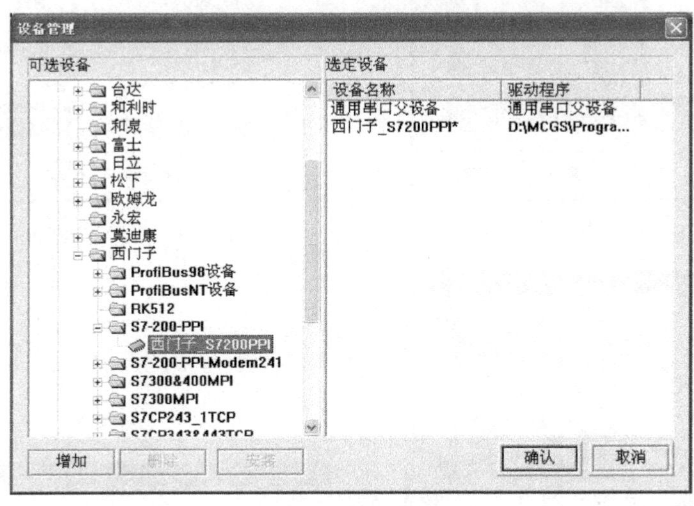

图 7-36 设备管理窗口

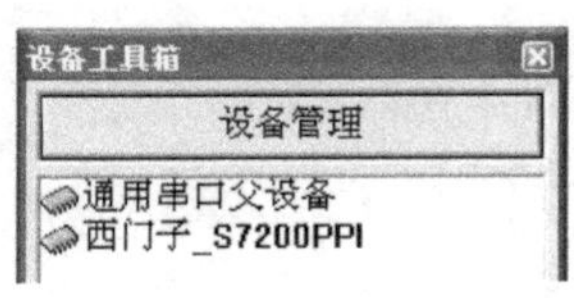

图 7-37　设备工具箱

图 7-38　添加设备窗口

5）设备属性设置

（1）双击“通用串口父设备0-[通用串口父设备]”，弹出“通用串口设备属性编辑”对话框。在“基本属性”页中设置：串口端口号为“0-COM1”，通信波特率为“6-9600”，数据位位数为“1-8位”，停止位位数为“0-1位”，数据校验方式为“2-偶校验”。参数设置完毕，单击“确认”按钮，如图7-39所示。

（2）双击“设备0-[西门子_S7200PPI]”，弹出“设备属性设置”对话框，如图7-40所示。选中“基本属性”中的“设置设备内部属性”，出现…图标，单击该图标弹出“西门子_S7200PPI通道属性设置”对话框，如图7-41所示。

单击“增加通道”按钮，弹出“增加通道”对话框，选择“V寄存器”，设置寄存器地址为“100”，通道数量设为“1”，操作方式为“只写”，数据类型选“16位无符号二进制”，如图7-42所示。单击“确认”按钮，“西门子_S7200PPI通道属性设置”对话框中出现新增加的通道，如图7-43所示。

（3）在“设备属性设置”窗口选择“通道连接”页，选中通道9对应数据对象单元格，右键弹出连接对象对话框，选中要连接的对象“数字量”，如图7-44所示。

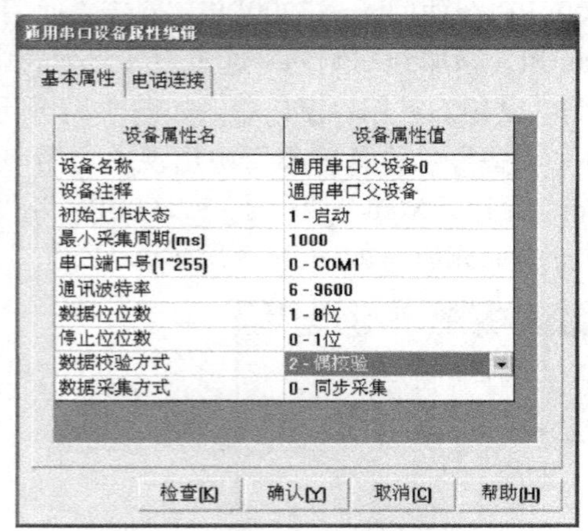

图7-39 通用串口设备属性编辑

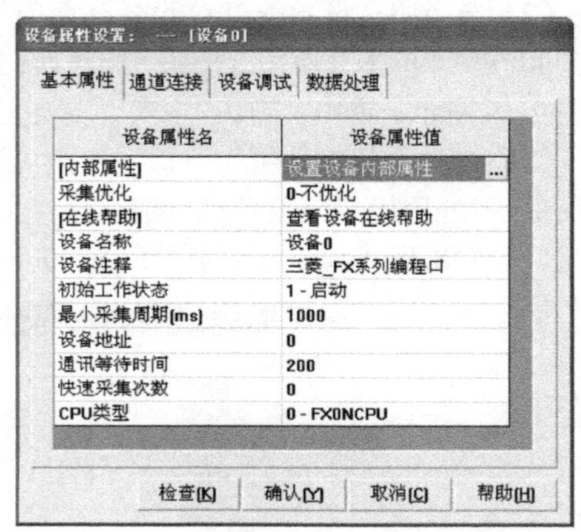

图7-40 西门子S7-200PLC属性设置

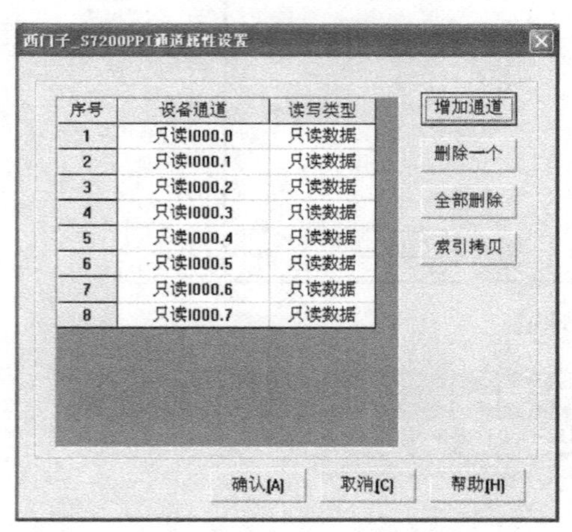

图7-41 西门子_S7200PPI通道属性设置

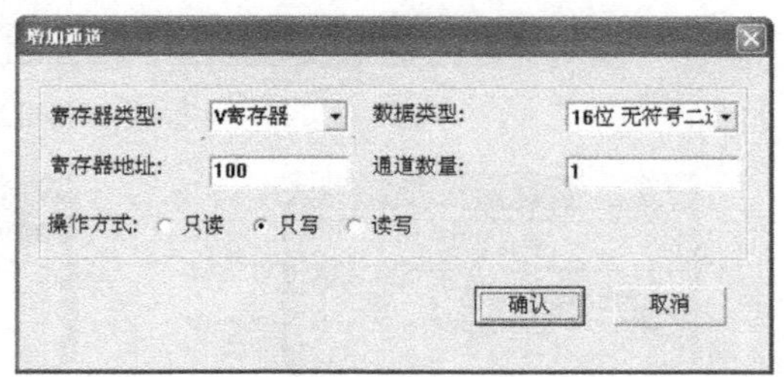

图7-42 增加通道

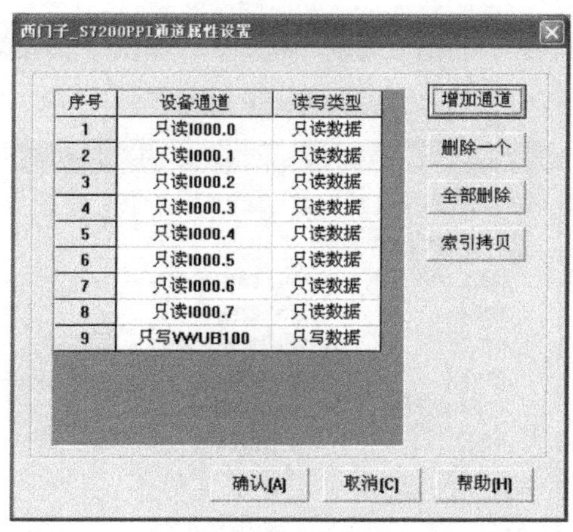

图 7-43　设备通道设置

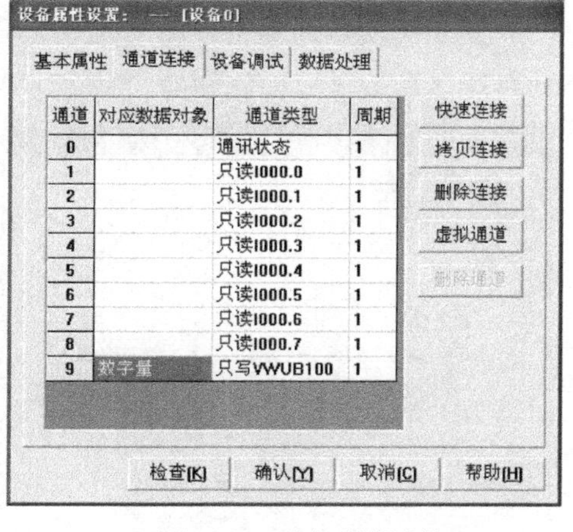

图 7-44　设备通道连接

（4）在“设备属性设置”窗口中选择“设备调试”页，设置 9 通道对应数据对象“数字量”的通道值，如输入“8000”，如图 7-45 所示。单击通道号 9，在西门子 PLC 模拟量扩展模块模拟量输出通道输出 2.5V 电压值。可以用万用表测出此电压值。

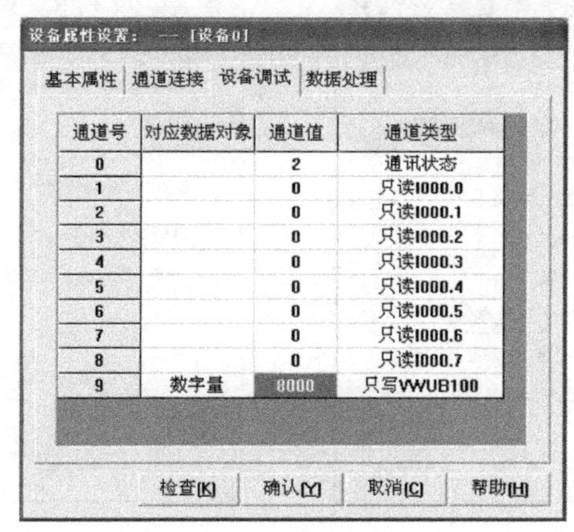

图 7-45　设备调试

6）建立动画连接

（1）建立当前电压值显示文本的动画连接。双击画面中当前电压值显示文本“000”，出现“动画组态属性设置”对话框，选择“输入输出连接”中的“显示输出”项，出现“显示输出”选项页。

选择“显示输出”页，将表达式设置为“电压”(可以直接输入，也可以单击表达式文本框右边的“？”号选择已定义好的变量名“电压”)，输出值类型选择“数值量输出”，输出格式选择“向中对齐”，整数位数设为“1”，小数位数设为“2”，如图 7-46 所示。

（2）建立实时曲线的动画连接。双击画面中的实时曲线构件，弹出“实时曲线构件属性设置”窗口。在“画笔属性”页中，单击曲线 1 表达式文本框右边的“？”号，选择已定义好的变量“电压”，如图 7-47 所示。在“标注属性”页中，X 轴长度设为“2”，Y 轴标注最大值设为“10”，如图 7-48 所示。

（3）建立滑动输入器构件的动画连接。双击画面中的滑动输入器构件，弹出“滑动输入器构件属性设置”窗口，按如图 7-49 所示进行设置。

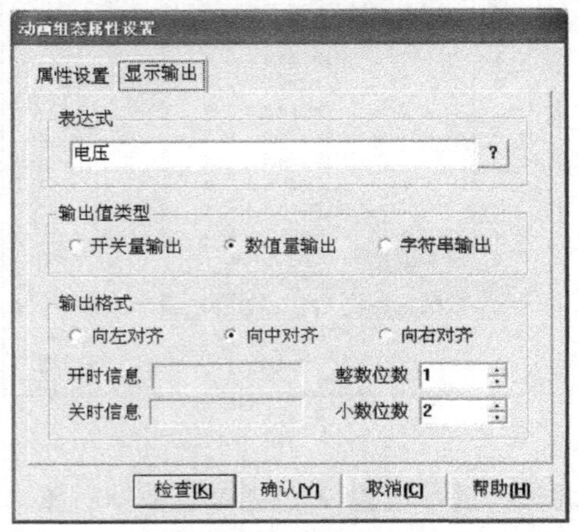

图 7-46　标签动画连接

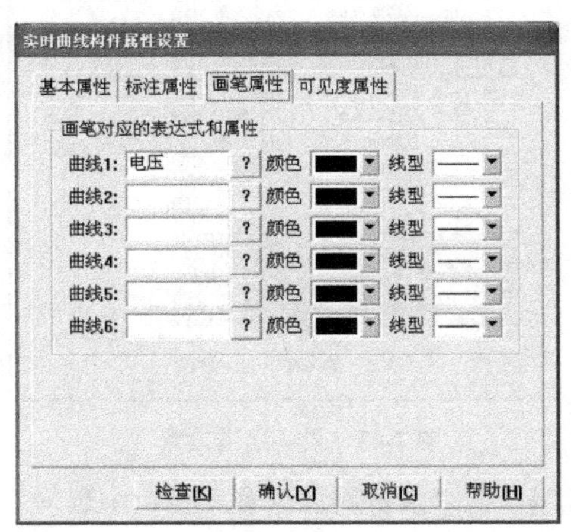

图 7-47　实时曲线画笔属性设置

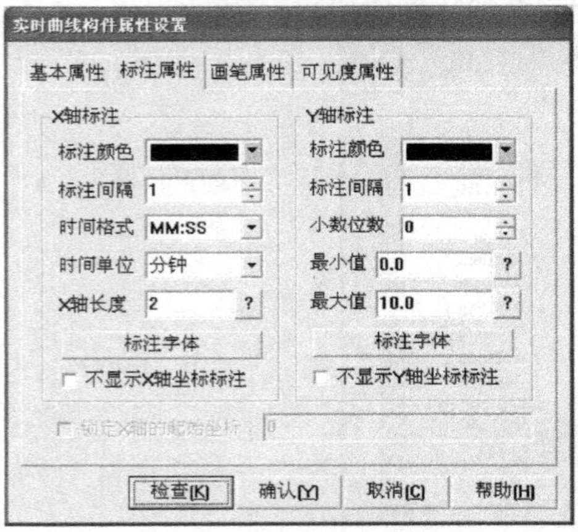

图 7-48　实时曲线标注属性设置

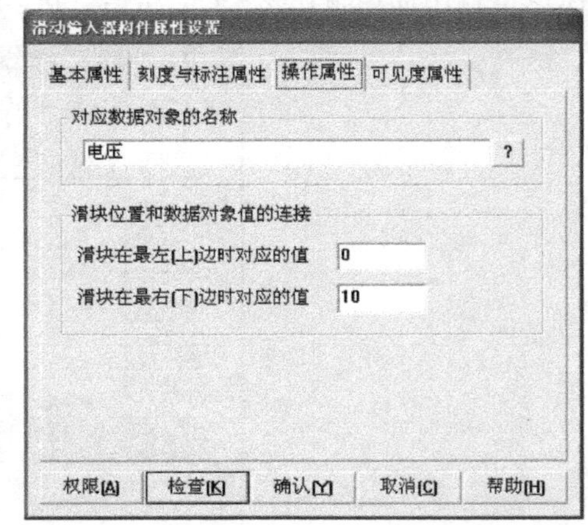

图 7-49　滑动输入器动画连接

（4）建立按钮对象的动画连接。双击“关闭”按钮对象，出现“标准按钮构件属性设置”对话框。选择“操作属性”页，再选择“按钮对应的功能”下的“关闭用户窗口”，下拉项选择“AO”窗口。

7）策略编程

在工作台窗口中选择“运行策略”窗口。双击“循环策略”，弹出“策略组态：循环策略”编辑窗口。

单击工具条中的“新增策略行”按钮，策略编辑窗口中出现新增策略行。单击策略工具箱中的“脚本程序”，将鼠标指针移动到策略块图标上，单击鼠标左键，添加“脚本程序”策略块。

双击“脚本程序”策略块，进入“脚本程序”编辑窗口，在编辑区输入如图 7-50 所示的程序。

图 7-50　输入脚本程序

返回到工作台运行策略窗口，选择循环策略，单击“策略属性”按钮，弹出“策略属性设置”对话框，将策略执行方式定时循环时间设置为 1000ms。

8）调试与运行

保存工程，将“AO”窗口设为启动窗口，运行工程。

在画面中用鼠标拉动滑动输入器，生成一间断变化的数值（0～10），在程序界面中产生一个随之变化的曲线。同时，线路中模拟量扩展模块模拟量输出通道将输出同样大小的电压值。

程序运行画面如图 7-51 所示。

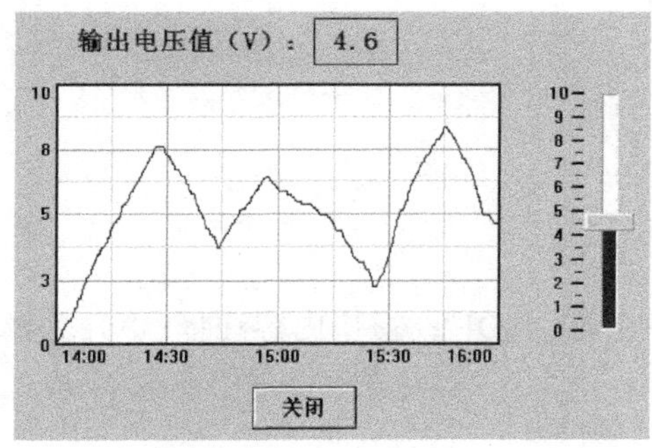

图 7-51　程序运行画面

实例 23　西门子 PLC 开关信号输入

一、设计任务

采用 MCGS 软件编写程序，实现 PC 与西门子 S7-200 PLC 之间的数据通信；要求 PC 接收 PLC 发送的开关量输入信号状态值，并在程序中显示。

二、线路连接

通过 PC/PPI 编程电缆将 PC 的串口 COM1 与西门子 S7-200 PLC 的编程口连接起来构成一套开关量输入系统，如图 7-52 所示。

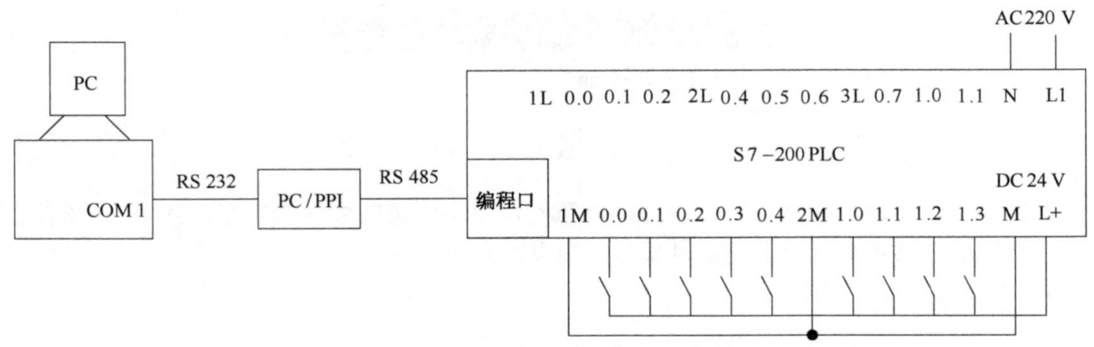

图 7-52　PC 与 S7-200 PLC 组成的开关量输入系统

采用按钮、行程开关、继电器开关等改变 PLC 某个输入端口的状态（打开/关闭）。

用导线将 M、1M 和 2M 端点短接，按钮、行程开关等的常开触点接 PLC 开关量输入端点（实际测试中，可用导线将输入端点 0.0、0.1、0.2…与 L+端点之间短接或断开产生开关量输入信号）。

三、任务实现

1．建立新工程项目

工程名称："DI"；窗口名称："DI"；窗口内容注释："开关量输入"。

2．制作图形画面

（1）为图形画面添加 8 个指示灯构件。

（2）为图形画面添加 8 个文本构件，分别为 I0.0、I0.1、I0.2、I0.3、I0.4、I0.5、I0.6、I0.7。

（3）为图形画面添加 1 个按钮构件，将标题改为"关闭"。

设计的图形画面如图 7-53 所示。

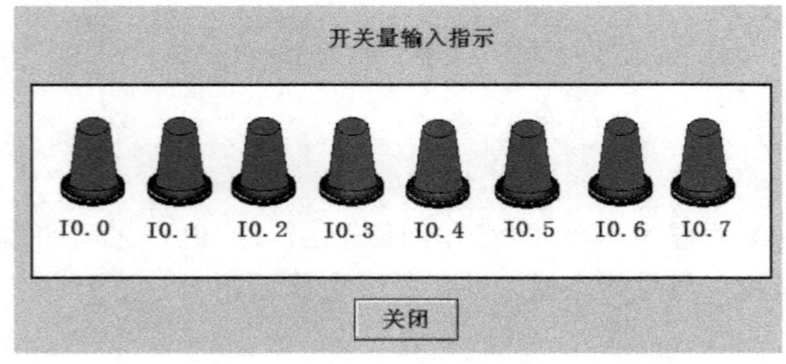

图 7-53　图形画面

3．定义对象

新增对象"DI00"，对象初值设为"0"，对象类型选"开关"，如图 7-54 所示。

同理增加 7 个开关型对象 DI01 至 DI07，对象全部增加完成，实时数据库如图 7-55 所示。

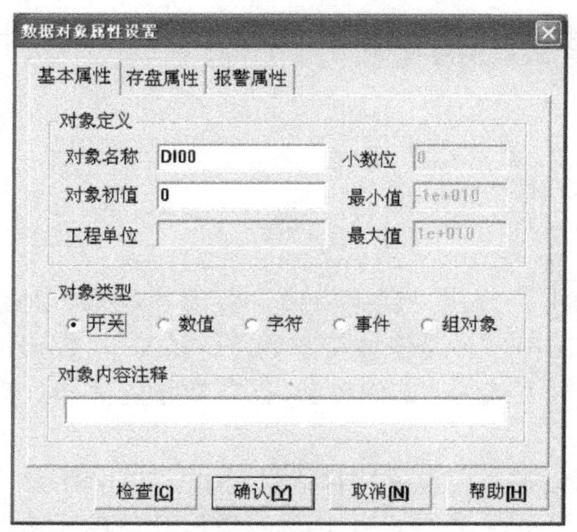

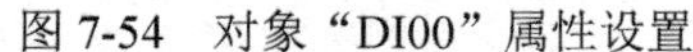

图 7-54 对象“DI00”属性设置

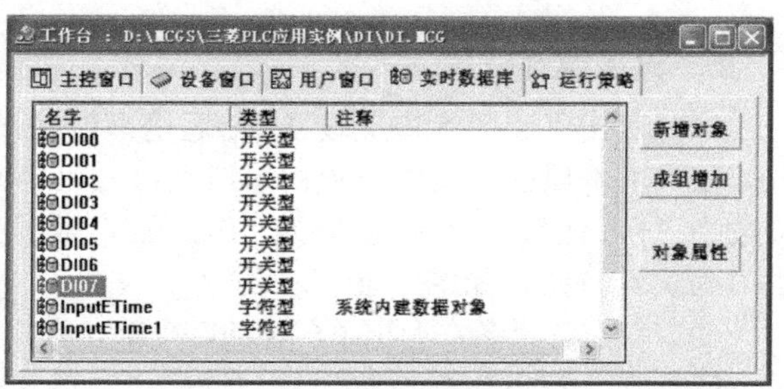

图 7-55 实时数据库

4. 添加设备

在 MCGS 组态环境工作台的“设备窗口”选项页下侧双击“设备窗口”，出现“设备窗口”，单击工具条上的“工具箱”按钮，弹出“设备工具箱”窗口。

（1）单击“设备管理”按钮，弹出“设备管理”窗口。在“可选设备”列表中双击“通用串口父设备”，将其添加到右侧的“选定设备”列表中。

（2）选择所有设备→PLC 设备→西门子→S7-200 -PPI→西门子_S7200PPI，双击“西门子_S7200PPI”，单击“增加”按钮，将“西门子_S7200PPI”添加到右侧的“选定设备”列表中，如图 7-56 所示。单击“确认”按钮，选定设备添加到“设备工具箱”窗口中，如图 7-57 所示。

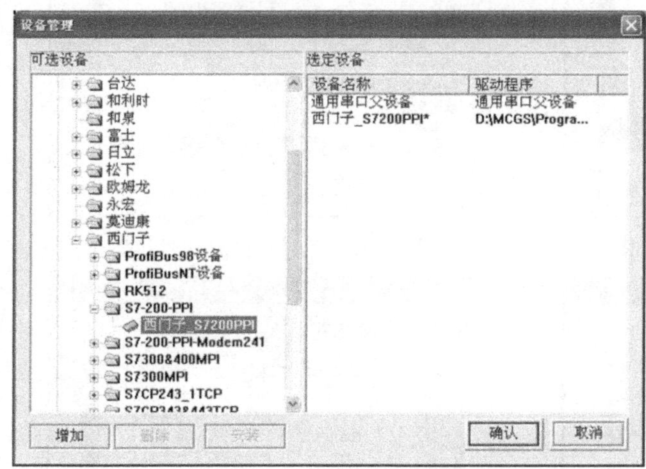

图 7-56 设备管理窗口

图 7-57 设备工具箱

（3）在“设备工具箱”窗口下双击“通用串口父设备”，“设备窗口”中出现“通用串口父设备 0-[通用串口父设备]”。同理，在“设备工具箱”窗口双击“西门子_S7200PPI ”，“设备窗口”中出现“设备 0-[西门子_S7200PPI]”，设备添加完成，如图 7-58 所示。

图 7-58　添加设备窗口

5．设备属性设置

（1）双击“通用串口父设备 0-[通用串口父设备]”，弹出“通用串口设备属性编辑”对话框。在“基本属性”页中设置：串口端口号为“0-COM1”，通信波特率为“6-9600”，数据位位数为“1-8 位”，停止位位数为“0-1 位”，数据校验方式为“2-偶校验”。参数设置完毕，单击“确认”按钮，如图 7-59 所示。

（2）双击“设备 0-[西门子_S7200PPI]”，弹出“设备属性设置”对话框，如图 7-60 所示。

（3）在“设备属性设置”窗口选择“通道连接”页，选中通道 1 对应数据对象单元格，单击右键弹出连接对象对话框，双击选中要连接的“DI00”对象。同理连接通道 2 至通道 8 对应的对象，如图 7-61 所示。

（4）在“设备属性设置”窗口选择“设备调试”页查看通道值。

如将 PLC 上的输入端口 I0.1 与 L+端口短接，则观察到 DI01 对应的通道值变为 1，如图 7-62 所示。

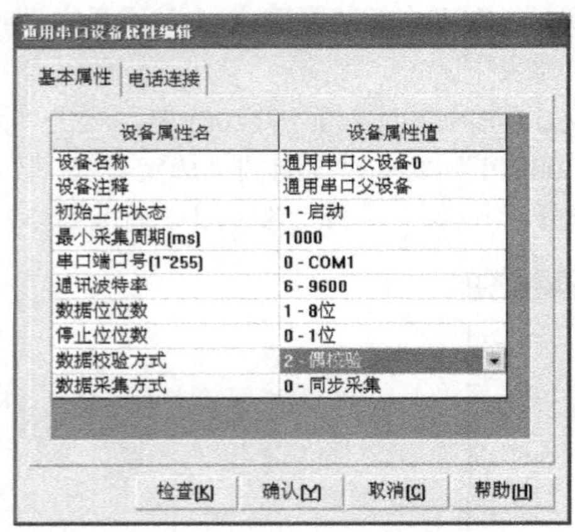

图 7-59　通用串口设备属性编辑

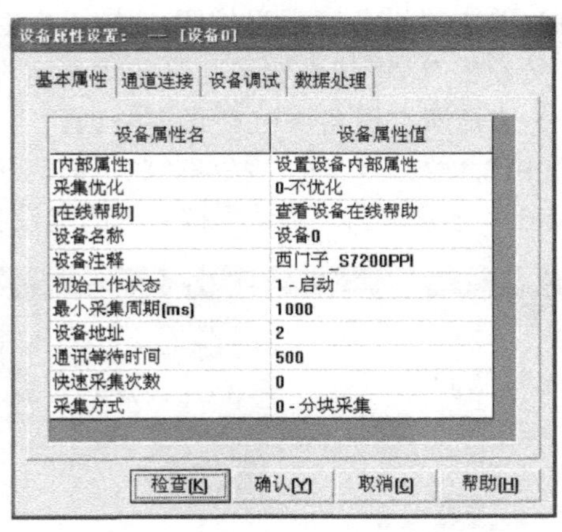

图 7-60　西门子 PLC 属性设置

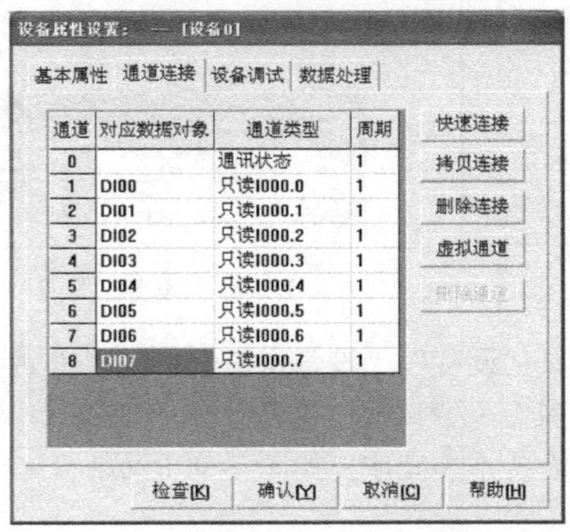

图 7-61　设备通道连接

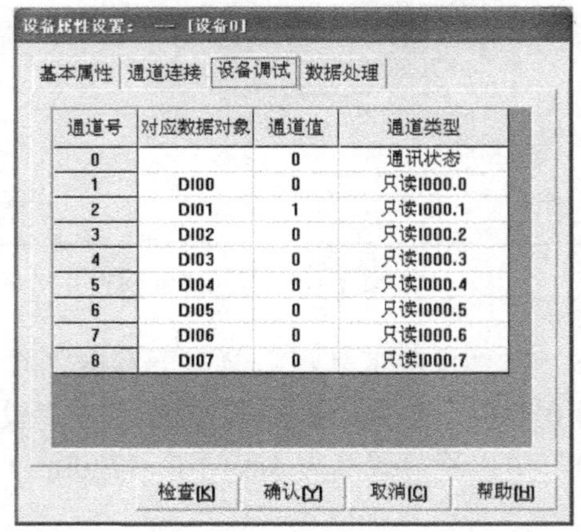

图 7-62　设备调试

6．建立动画连接

1）建立指示灯的动画连接

双击画面中的指示灯 I0.0，弹出“单元属性设置”窗口。在“动画连接”页中，选择组合图符“填充颜色”项，单击连接表达式中的“>”按钮，弹出“动画组态属性设置”窗口；在“填充颜色”页，表达式选择已定义好的对象“DI00”，设置完成后如图 7-63 所示。

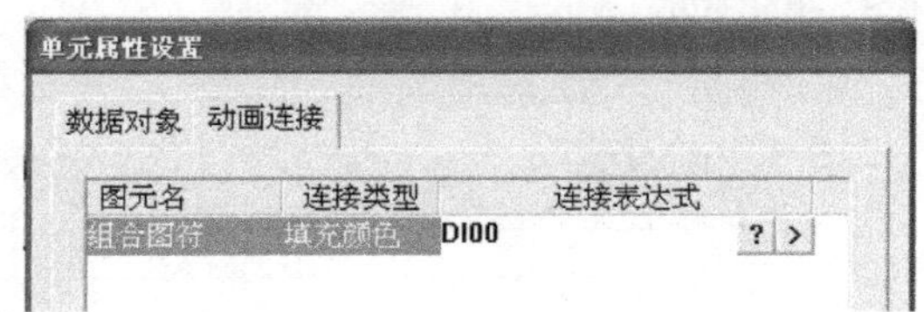

图 7-63　指示灯的动画连接

指示灯 I0.1 至指示灯 I0.7 按照同样的步骤进行动画连接。

2）建立按钮对象的动画连接

双击“关闭”按钮对象，出现“标准按钮构件属性设置”对话框。选择“操作属性”页，选择“按钮对应的功能”下的“关闭用户窗口”，下拉项选择“DI”窗口。

7．调试与运行

保存工程，将“DI”窗口设为启动窗口，运行工程。

将线路中 I0.5 端口与 L+端口短接，则 PLC 上输入信号指示灯 5 亮，程序画面中的状态指示灯 I0.5 变成红色；将 I0.5 端口与 L+端口断开，则 PLC 上输入信号指示灯 5 灭，程序画面中的状态指示灯 I0.5 变成绿色。同样可以测试其他输入端口的状态。

程序运行画面如图 7-64 所示。

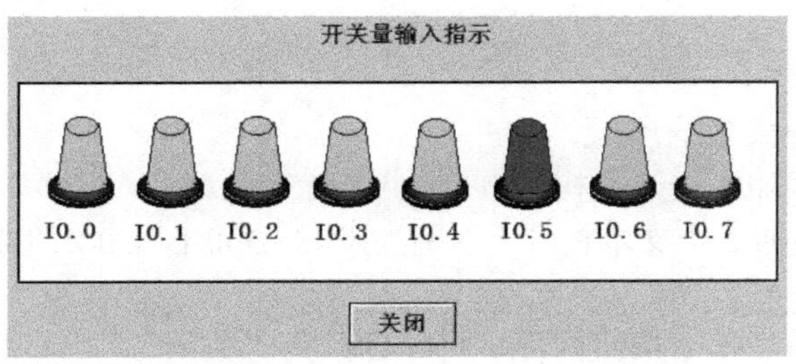

图 7-64　程序运行画面

实例 24　西门子 PLC 开关信号输出

一、设计任务

采用 MCGS 软件编写程序，实现 PC 与西门子 S7-200 PLC 之间的数据通信；具体要求：在 PC 程序界面中指定元件地址，单击置位/复位（或打开/关闭）命令按钮，置指定地址的元件端口（继电器）状态为 ON 或 OFF，使线路中的 PLC 指示灯亮/灭。

二、线路连接

通过 PC/PPI 编程电缆将 PC 的串口 COM1 与西门子 S7-200 PLC 的编程口连接起来构成一套开关量输出系统，如图 7-65 所示。

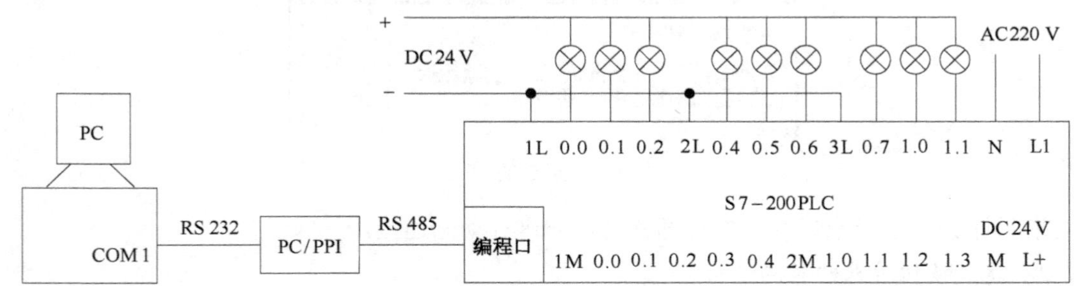

图 7-65 PC 与 S7-200PLC 组成的开关量输出系统

可外接指示灯或继电器等装置来显示开关输出状态（打开/关闭）。实际测试中不需要外接指示装置，直接使用 PLC 提供的输出信号指示灯即可。

三、任务实现

1. 建立新工程项目

工程名称：“DO”；窗口名称：“DO”；窗口内容注释：“开关量输出”。

2. 制作图形画面

画面名称“PLC 开关量输出”。

（1）为图形画面添加 8 个开关构件。

（2）为图形画面添加 8 个文本构件，分别为 Q0.0、Q0.1、Q0.2、Q0.3、Q0.4、Q0.5、Q0.6、Q0.7。

（3）为图形画面添加 1 个按钮构件，将标题改为“关闭”。

设计的图形画面如图 7-66 所示。

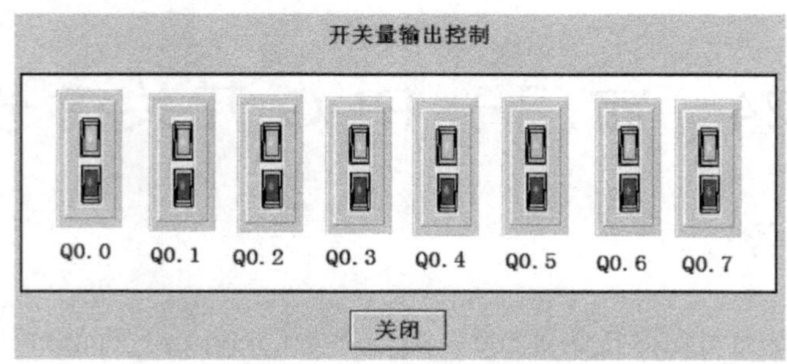

图 7-66 图形画面

3．定义对象

新增对象“DO00”，设置对象初值为“0”，对象类型选“开关”，如图 7-67 所示。

同理增加 7 个开关型对象 DO01 至 DO07，对象全部增加完成，实时数据库如图 7-68 所示。

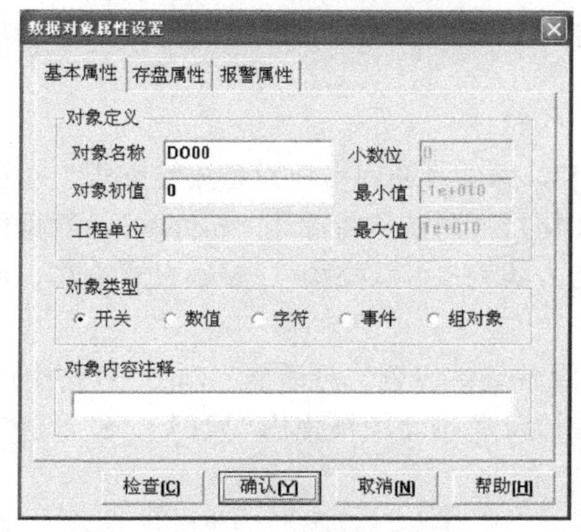

图 7-67　对象“DI00”属性设置

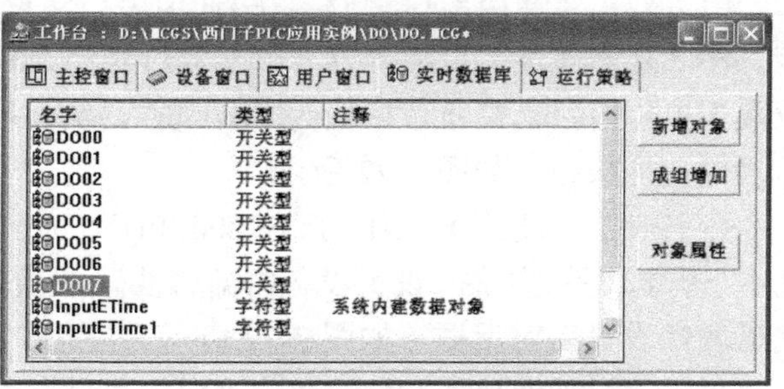

图 7-68　实时数据库

4．添加设备

在 MCGS 组态环境工作台的“设备窗口”选项页下侧双击“设备窗口”，出现“设备窗口”，单击工具条上的“工具箱”按钮，弹出“设备工具箱”窗口。

（1）单击“设备管理”按钮，弹出“设备管理”窗口。在“可选设备”列表中双击“通用串口父设备”，将其添加到右侧的“选定设备”列表中。

（2）选择：所有设备→PLC 设备→西门子→S7-200-PPI→西门子_S7200PPI，双击“西门子_S7200PPI”，单击“增加”按钮，将“西门子_S7200PPI”添加到右侧的“选定设备”列表中，如图 7-69 所示。单击“确认”按钮，选定设备添加到“设备工具箱”窗口中，如图 7-70 所示。

（3）在“设备工具箱”窗口下双击“通用串口父设备”，“设备窗口”中出现“通用串口父设备 0-[通用串口父设备]”。同理，在“设备工具箱”窗口双击“西门子_S7200PPI”，“设备窗口”中出现“设备 0-[西门子_S7200PPI]”，设备添加完成，如图 7-71 所示。

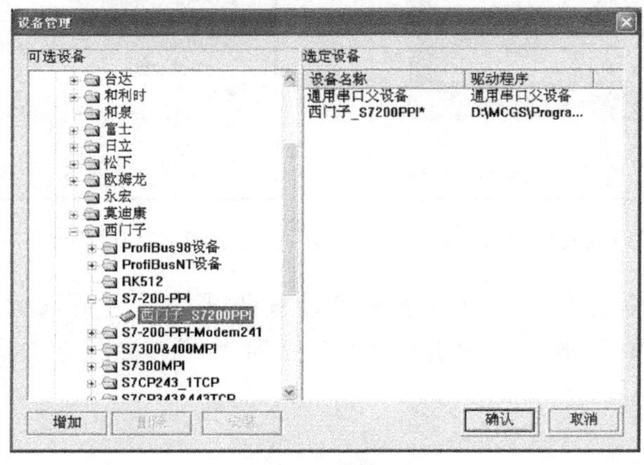

图 7-69　设备管理窗口

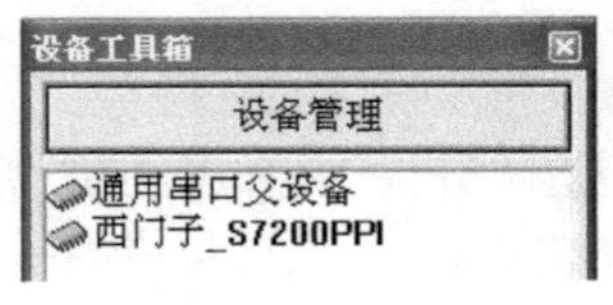

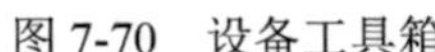

图 7-70　设备工具箱　　　　图 7-71 添加设备窗口

5. 设备属性设置

（1）双击“通用串口父设备 0−[通用串口父设备]”，弹出“通用串口设备属性编辑”对话框。在“基本属性”页中设置：串口端口号为“0-COM1”，通信波特率为“6-9600”，数据位位数为“1-8 位”，停止位位数为“0-1 位”，数据校验方式为“2-偶校验”。参数设置完毕，单击“确认”按钮，如图 7-72 所示。

（2）双击“设备 0−[西门子_S7200PPI]”，弹出“设备属性设置”对话框，如图 7-73 所示。选中“基本属性”中的“设置设备内部属性”，出现…图标，单击该图标弹出“西门子_S7200PPI 通道属性设置”对话框，如图 7-74 所示。

单击“增加通道”按钮，弹出“增加通道”对话框，选择寄存器类型为“Q 寄存器”，数据类型为“通道的第 00 位”，设置寄存器地址为“0”，通道数量为“8”，操作方式选“只写”，如图 7-75 所示；单击“确认”按钮，“西门子_S7200PPI 通道属性设置”对话框中出现新增加的 8 个通道，删除原有通道，留下新增通道，如图 7-76 所示。

（3）在“设备属性设置”窗口选择“通道连接”页，选中通道 1 对应数据对象单元格，单击右键弹出连接对象对话框，双击选中要连接的 DO00 对象。同理连接通道 2 至通道 8 对应的对象，如图 7-77 所示。

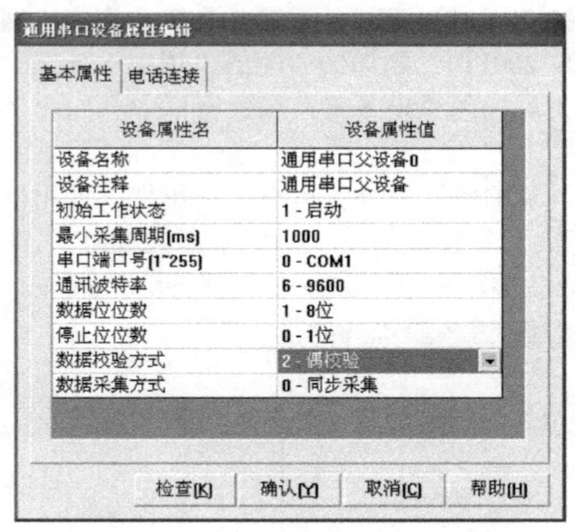

设备属性名	设备属性值
设备名称	通用串口父设备0
设备注释	通用串口父设备
初始工作状态	1 - 启动
最小采集周期[ms]	1000
串口端口号[1~255]	0 - COM1
通讯波特率	6 - 9600
数据位位数	1 - 8位
停止位位数	0 - 1位
数据校验方式	2 - 偶校验
数据采集方式	0 - 同步采集

图 7-72　通用串口设备属性编辑

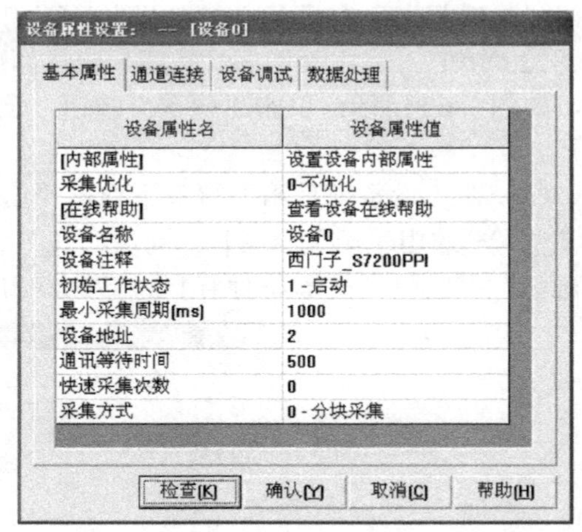

设备属性名	设备属性值
[内部属性]	设置设备内部属性
采集优化	0-不优化
[在线帮助]	查看设备在线帮助
设备名称	设备0
设备注释	西门子_S7200PPI
初始工作状态	1 - 启动
最小采集周期[ms]	1000
设备地址	2
通讯等待时间	500
快速采集次数	0
采集方式	0 - 分块采集

图 7-73　西门子 S7-200PLC 属性设置

（4）在“设备属性设置”窗口中选择“设备调试”页，用鼠标长按 5 通道对应数据对象 DO04 的通道值单元格，则通道值“0”变为“1”，如图 7-78 所示，PLC 对应通道指示灯亮。

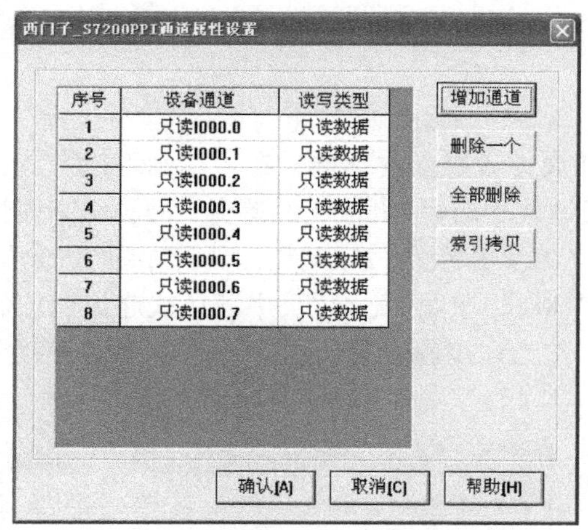

图 7-74　西门子_S7200PPI 通道属性设置

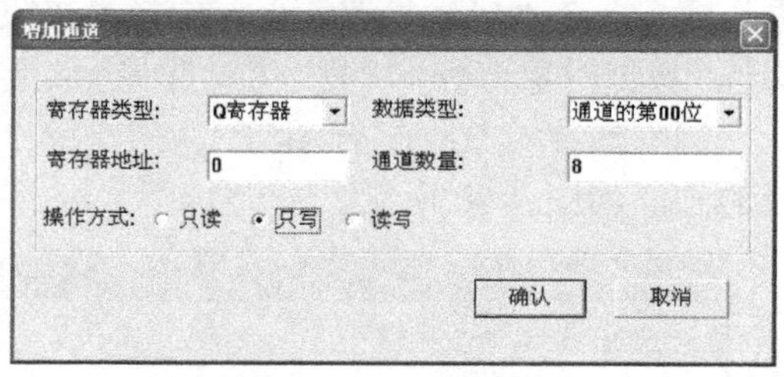

图 7-75　增加通道

图 7-76　有效设备通道

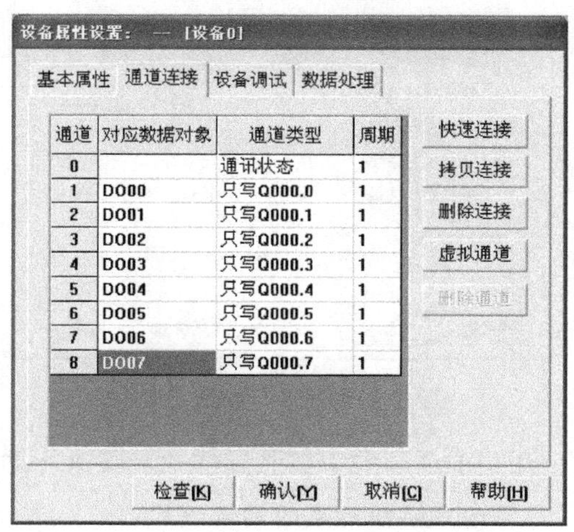

图 7-77　设备通道连接

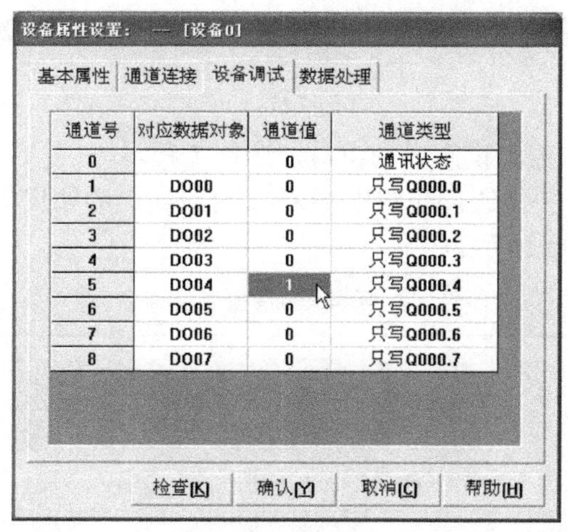

图 7-78　设备调试

6. 建立动画连接

1）建立开关的动画连接

双击画面中的“开关 0”构件，弹出“单元属性设置”对话框；在“动画连接”页，选择第一行组合图符“按钮输入”项，单击连接表达式中的“>”按钮，弹出“动画组态属性设置”窗口；在“属性设置”页，选择“按钮动作”项，出现“按钮动作”页，如图 7-79 所示。勾选“数据对象值操作”复选框，选择“取反”、“DO00”。在“可见度”页中表达式连接“DO00”。

同理选择第三行组合图符“按钮输入”项，按上述步骤设置属性。开关 0 动画连接完成后的画面如图 7-80 所示。

动画组态属性设置

属性设置 | 按钮动作 | 可见度

按钮对应的功能

- [ ] 执行运行策略块
- [ ] 打开用户窗口
- [ ] 关闭用户窗口
- [ ] 隐藏用户窗口
- [ ] 打印用户窗口
- [ ] 退出运行系统
- [x] 数据对象值操作　取反　DO00　?

快捷键：无

权限(A)　检查(K)　确认(Y)　取消(C)　帮助(H)

图 7-79　开关 0 动画连接

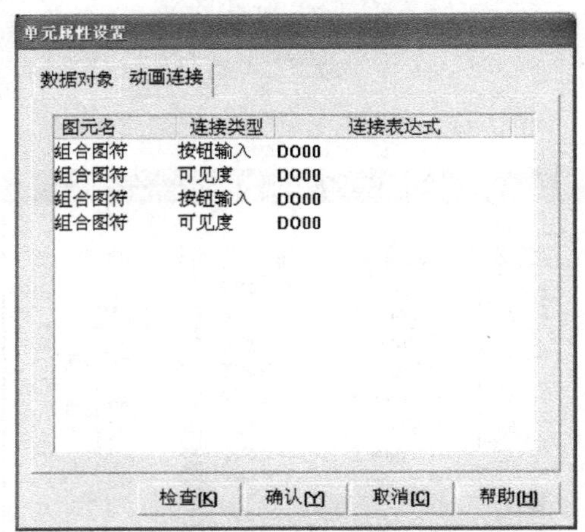
单元属性设置

数据对象　动画连接

图元名	连接类型	连接表达式
组合图符	按钮输入	DO00
组合图符	可见度	DO00
组合图符	按钮输入	DO00
组合图符	可见度	DO00

检查(K)　确认(Y)　取消(C)　帮助(H)

图 7-80　开关 0 完整动画

开关 1 至开关 7 按照同样的步骤进行动画连接。

2）建立按钮对象的动画连接

双击“关闭”按钮对象，出现“标准按钮构件属性设置”对话框。选择“操作属性”页，再选择“按钮对应的功能”下的“关闭用户窗口”，下拉项选择“DO”窗口。

7. 调试与运行

保存工程，将“DO”窗口设为启动窗口，运行工程。

启/闭程序画面中的开关按钮，线路中 PLC 上对应端口的输出信号指示灯亮/灭。

程序运行画面如图 7-81 所示。

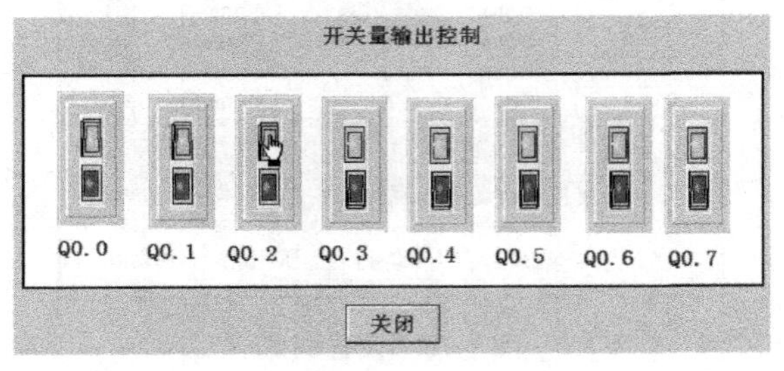

图 7-81　程序运行画面

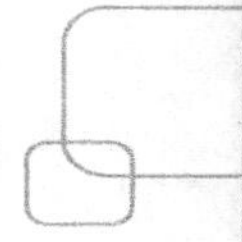

实例 25　西门子 PLC 温度监控

一、设计任务

本例通过西门子 PLC 模拟量扩展模块 EM235 实现温度监测，并将监测到的温度值通过通信电缆传送给上位计算机显示与处理。

（1）采用 STEP 7-Micro/WIN 编程软件编写 PLC 程序，实现西门子 S7-200 PLC 的温度监测。当测量温度小于 30℃时，Q0.0 端口置位；当测量温度大于或等于 30℃且小于或等于 50℃时，Q0.0 和 Q0.1 端口复位；当测量温度大于 50℃时，Q0.1 端口置位。

（2）采用 MCGS 软件编写程序，实现 PC 与西门子 S7-200 PLC 之间的数据通信；具体要求：读取并显示西门子 PLC 监测到的温度值，绘制温度变化曲线。当测量温度小于 30℃时，下限指示灯为红色；当测量温度大于或等于 30℃且小于或等于 50℃时，上、下限指示灯均为绿色；当测量温度大于 50℃时，上限指示灯为红色。

二、线路连接

将西门子 S7-200 PLC 的编程口通过 PC/PPI 编程电缆与 PC 的串口 COM1 连接起来，组成温度监控系统，如图 7-82 所示。

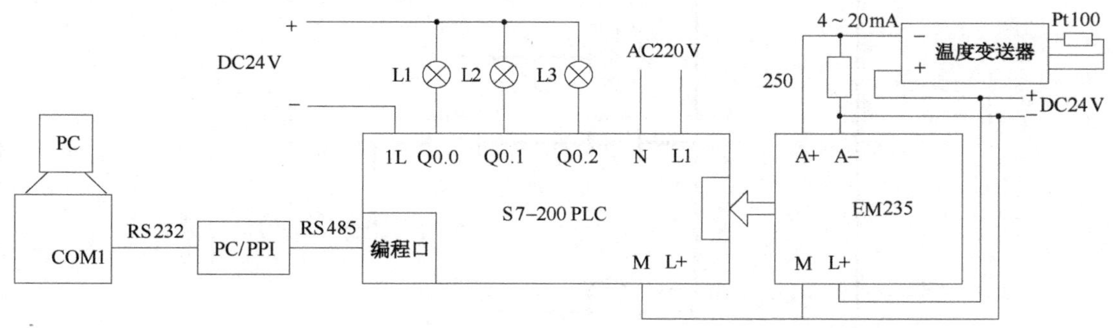

图 7-82　PC 与 S7-200 PLC 通信实现温度监控

将 EM235 与 PLC 主机通过扁平电缆相连，温度传感器 Pt100 接到温度变送器输入端；温度变送器的输入范围是 0～200℃，输出范围是 4～200mA；经过 250Ω 电阻将电流信号转换为 1～5V 电压信号输入到 EM235 的模拟量输入 1 通道（CH1）输入端口 A+和 A−。

输出端口 Q0.0、Q0.1、Q0.2 接指示灯，EM235 扩展模块的电源是 DC24V；这个电源一定要外接而不可就近接 PLC 本身输出的 DC 24V 电源，但两者一定要共地。EM235 空闲的输入端口一定要用导线短接以免干扰信号窜入，即将 RB、B+、B-短接，将 RC、C+、C−短接，将 RD、D+、D−短接。

为避免共模电压，须将主机 M 端、扩展模块 M 端和所有信号负端连接 。在 DIP 开关设置中，将开关 SW1 和 SW6 设为 ON，其他设为 OFF，表示电压单极性输入，范围为 0～5V。

三、任务实现

1. PLC端温度监控程序

1）PLC梯形图

为了保证S7-200 PLC能够正常与PC进行温度监测，需要在PLC中运行一段程序。可采用以下3种设计思路。

思路1：将采集到的电压数字量值（在寄存器AIW0中）发送给寄存器VW100。当VW100中的值小于10240（代表30℃）时，Q0.0端口置位；当VW100中的值大于等于10240（代表30℃）且小于或等于12800（代表50℃）时，Q0.0和Q0.1端口复位；当VW100中的值大于12800（代表50℃）时，Q0.1端口置位。

上位机程序读取寄存器VW100中的数字量值，然后根据温度与数字量值的对应关系计算出温度测量值。

温度与数字量值的换算关系：0～200℃对应电压值1～5V，0～5V对应数字量值0～32000，则1～5V对应数字量值6400～32000，0～200℃对应数字量值6400～32000。

PLC程序如图7-83所示。

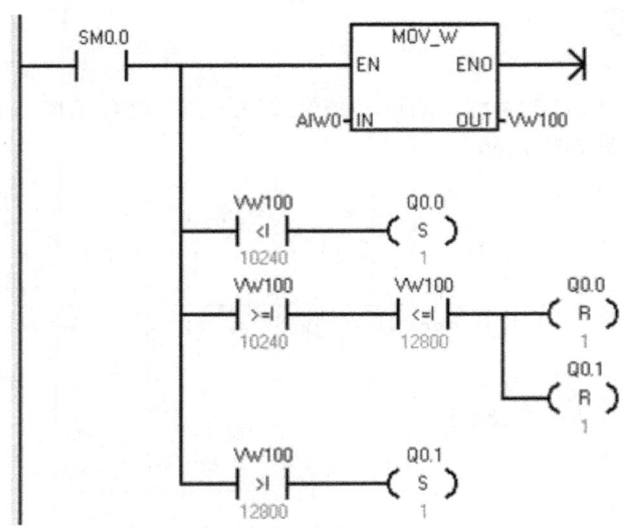

图7-83　PLC温度测控程序思路1

思路2：将采集到的电压数字量值（在寄存器AIW0中）发送给寄存器VD0，该数字量值除以6400就是采集到的电压值（0～5V对应0～32000），再发送给寄存器VD100。

当VD100中的值小于1.6（1.6V代表30℃）时，Q0. 0端口置位；当VD100中的值大于或等于1.6（代表30℃）且小于或等于2（2.0V代表50℃）时，Q0.0和Q0.1端口复位；当VD100中的值大于2（代表50℃）时，Q0.1端口置位。PLC程序如图7-84所示。

上位机程序读取寄存器VD100中的值，然后根据温度与电压值的对应关系计算出温度测量值（0～200℃对应电压值1～5V）。

思路3：将采集到的电压数字量值（在寄存器AIW0中）发送给寄存器VD0，该数字量值除以6400就是采集到的电压值（0～5V对应0～32000），再发送给寄存器VD4。该电压值减 1 乘以 50 就是采集到的温度值（0～200℃对应电压值 1～5V），发送给寄存器 VD100。

当 VD100 中的值小于 30（代表 30℃）时，Q0.0 端口置位；当 VD100 中的值大于或等于 30（代表 30℃）且小于或等于 50（代表 50℃）时，Q0.0 和 Q0.1 端口复位；当 VD100 中的值大于 50（代表 50℃）时，Q0.1 端口置位。

PLC 程序如图 7-85 所示。

上位机程序读取寄存器 VW100 中的值就是温度测量值。

本章采用思路 1，也就是由上位机程序将反映温度的数字量值转换为温度实际值。

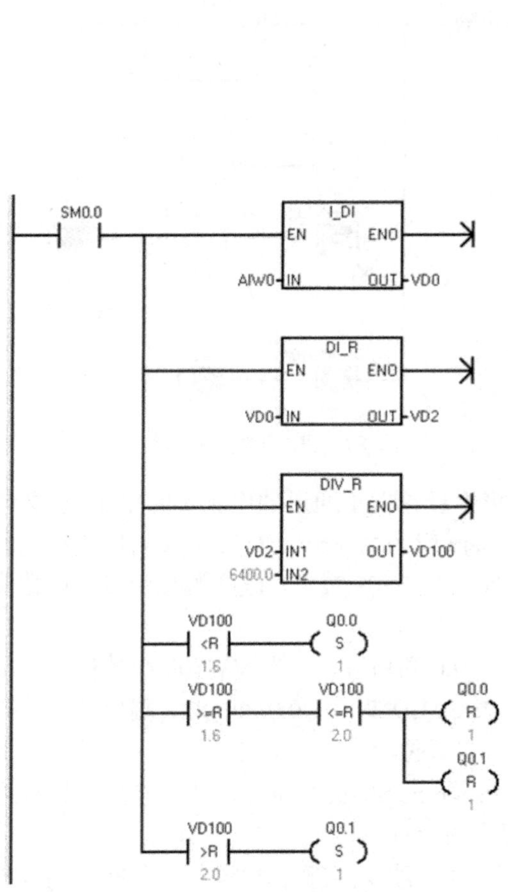

图 7-84　PLC 温度测控程序思路 2

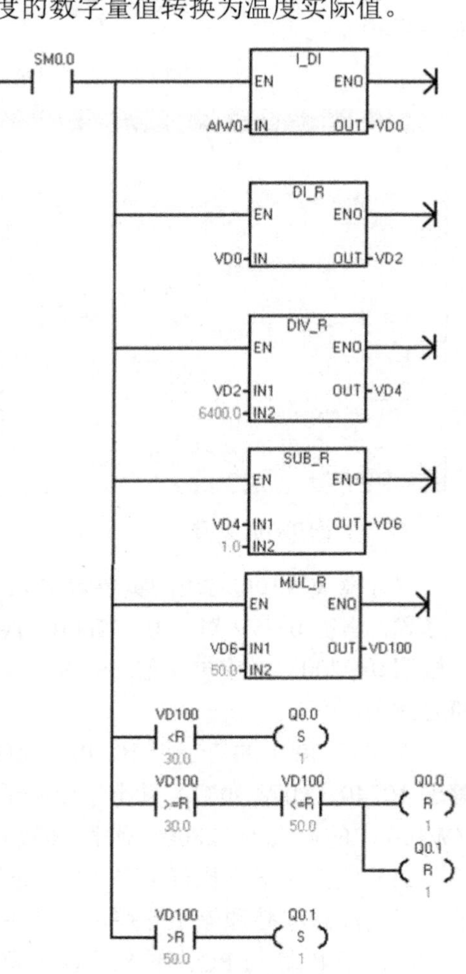

图 7-85　PLC 温度测控程序思路 3

2）程序下载

PLC 端程序编写完成后需将其下载到 PLC 才能正常运行，其步骤如下。

（1）接通 PLC 主机电源，将 RUN/STOP 转换开关置于 STOP 位置。

（2）运行 STEP 7-Micro/WIN 编程软件，打开温度测控程序。

（3）执行菜单“File”→“Download...”命令，打开“Download”对话框，单击“Download”按钮，即开始下载程序，如图 7-86 所示。

（4）程序下载完毕将 RUN/STOP 转换开关置于 RUN 位置，即可进行温度的采集。

3）程序监控

PLC 端程序写入后，可以进行实时监控；步骤如下。

（1）接通 PLC 主机电源，将 RUN/STOP 转换开关置于 RUN 位置。

（2）运行 STEP 7-Micro/WIN 编程软件，打开温度测控程序，并下载。

（3）执行菜单“Debug”→“Start Program Status”命令，即可开始监控程序的运行，如图 7-87 所示。

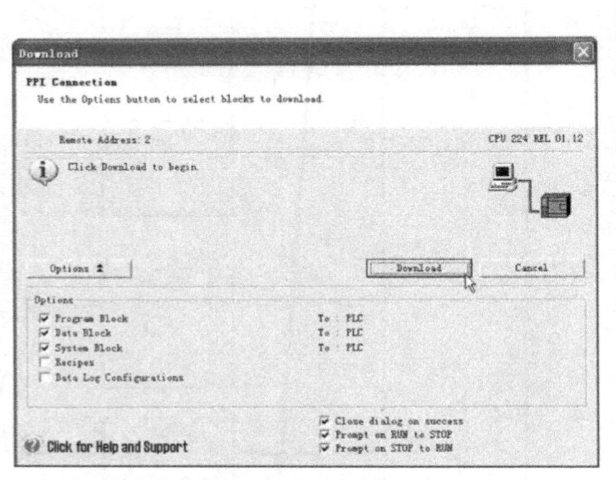

图 7-86　程序下载对话框

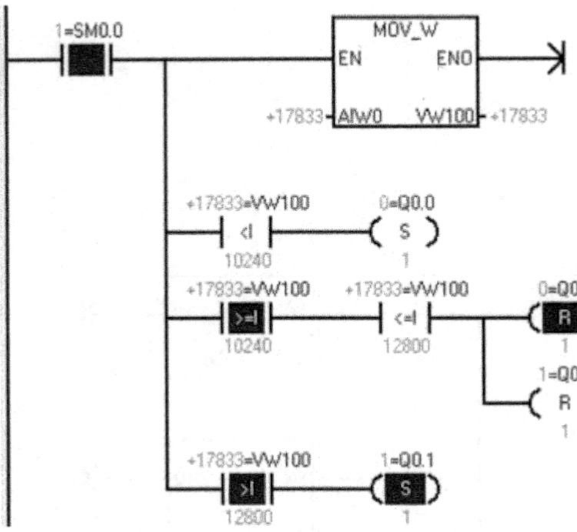

图 7-87　PLC 程序的监控

寄存器 VW100 右边的黄色数字如 17833 就是模拟量输入 1 通道的电压实时采集值（数字量形式，根据 0～5V 对应 0～32000，换算后的电压实际值为 2.786V，与万用表测量值相同）；再根据 0～200℃对应电压值 1～5V，换算后的温度测量值为 89.32℃，改变测量温度，该数值随之改变。

当 VW100 中的值小于 10240（代表 30℃）时，Q0.0 端口置位；当 VW100 中的值大于或等于 10240（代表 30℃）且小于或等于 12800（代表 50℃）时，Q0.0 和 Q0.1 端口复位；当 VW100 中的值大于 12800（代表 50℃）时，Q0.1 端口置位。

（4）监控完毕，执行菜单“Debug”→“Stop Program Status”命令，即可停止监控程序的运行。注意：必须停止监控，否则影响上位机程序的运行。

西门子 PLC 与 PC 通信实现温度测控，在程序设计上涉及两部分内容：一是 PLC 端数据采集、控制和通信程序；二是 PC 端通信和功能程序。

2. PC 端采用 MCGS 实现温度监测

1）建立新工程项目

工程名称：“AI”；窗口名称：“AI”；窗口内容注释：“模拟电压输入”。

2）制作图形画面

（1）为图形画面添加 1 个“实时曲线”构件。

（2）为图形画面添加 4 个文本构件：标签“温度值：”、当前电压值显示文本“000”、标签“下限灯：”、标签“上限灯：”。

（3）为图形画面添加 2 个指示灯构件。

（4）为图形画面添加 1 个按钮构件，将标题改为“关闭”。

设计的图形画面如图 7-88 所示。

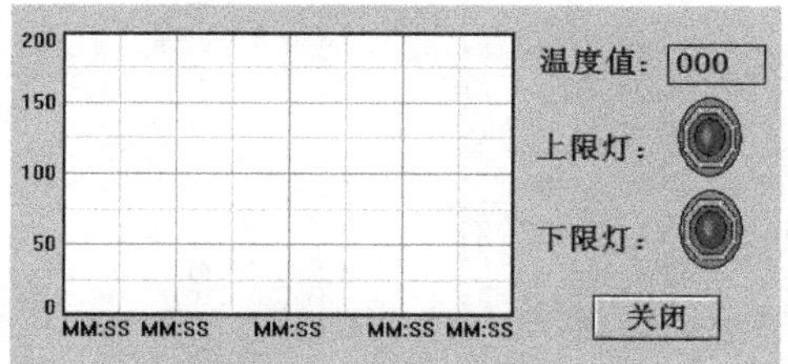

图 7-88　图形画面

3）定义对象

（1）新增对象“温度”，对象名称设为“温度”，小数位设为“1”，最小值设为“0”，最大值设为“200”，对象类型选“数值”，如图 7-89 所示。

（2）新增对象“数字量”，对象名称设为“数字量”，小数位设为“0”，最小值设为“0”，最大值设为“32000”，对象类型选“数值”，如图 7-90 所示。

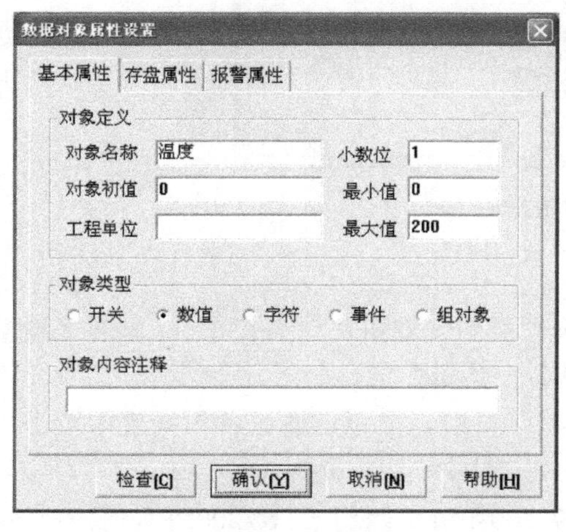

图 7-89　对象“温度”属性设置

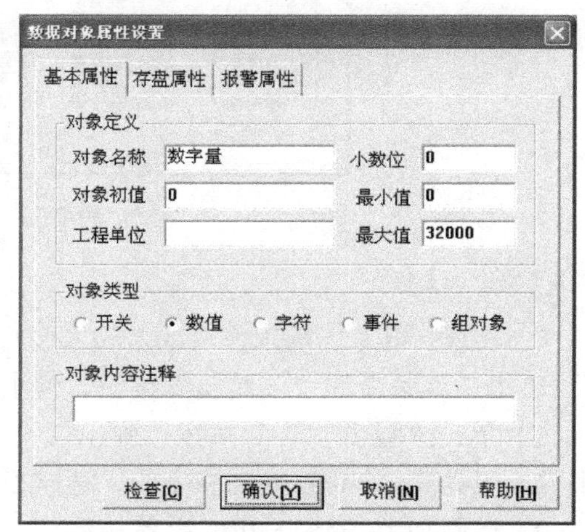

图 7-90　对象“数字量”属性设置

（3）新增对象“上限灯”，对象名称设为“上限灯”，对象初值设为“0”，对象类型选“开关”，如图 7-91 所示。

（4）新增对象“下限灯”，对象名称设为“下限灯”，对象初值设为“0”，对象类型选“开关”。

（5）新增对象“电压”，对象名称设为“电压”，对象初值设为“0”，对象类型选“数值”，小数位为“0”，最小值为“0”，最大值为“5”，如图 7-92 所示。

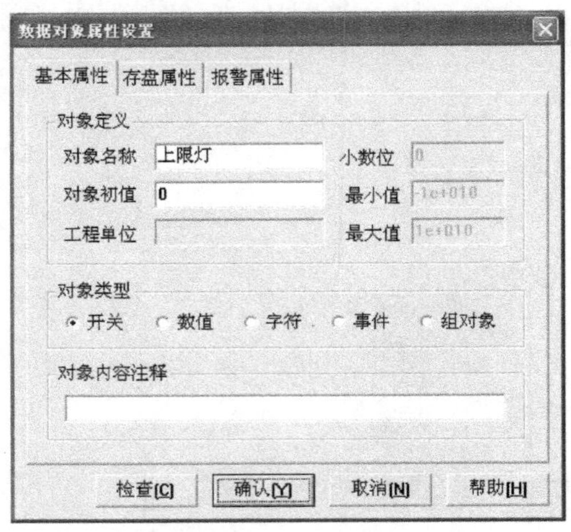

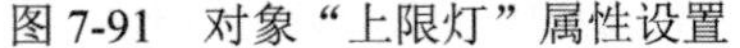
图 7-91　对象“上限灯”属性设置

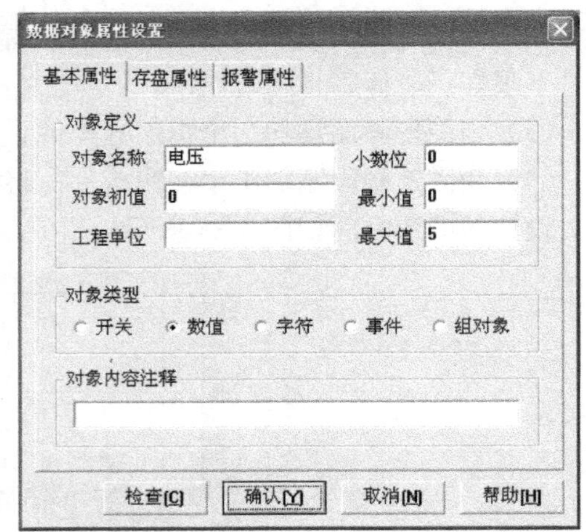

图 7-92　对象“电压”属性设置

对象全部增加完成，实时数据库如图 7-93 所示。

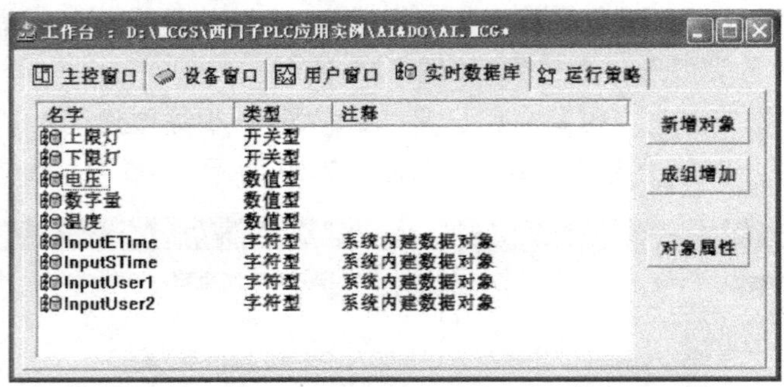

图 7-93　实时数据库

4）添加设备

在 MCGS 组态环境工作台的“设备窗口”选项页下侧双击“设备窗口”，出现“设备窗口”；单击工具条上的“工具箱”按钮，弹出“设备工具箱”窗口。

（1）单击“设备管理”按钮，弹出“设备管理”窗口。在“可选设备”列表中双击“通用串口父设备”，将其添加到右侧的“选定设备”列表中。

（2）选择所有设备→PLC 设备→西门子→S7-200-PPI→西门子_S7200PPI，双击“西门子_S7200PPI”，单击“增加”按钮，将“西门子_S7200PPI”添加到右侧的“选定设备”列表中，如图 7-94 所示。单击“确认”按钮，选定设备添加到“设备工具箱”窗口中，如图 7-95 所示。

（3）在“设备工具箱”窗口下双击“通用串口父设备”，“设备窗口”中出现“通用串口父设备 0-[通用串口父设备]”。同理，在“设备工具箱”窗口双击“西门子_S7200PPI”，“设备窗口”中出现“设备 0-[西门子_S7200PPI]”，设备添加完成，如图 7-96 所示。

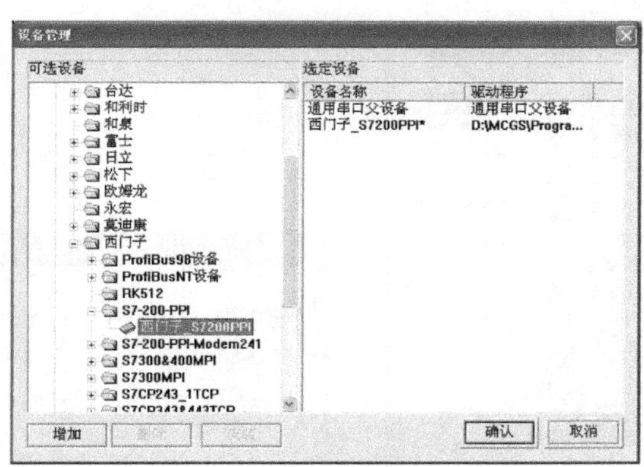

图 7-94　设备管理窗口

图 7-95　设备工具箱

图 7-96　添加设备窗口

5）设备属性设置

（1）双击“通用串口父设备 0–[通用串口父设备]”，弹出“通用串口设备属性编辑”对话框。在“基本属性”页中设置：串口端口号为“0-COM1”，通信波特率为“6-9600”，数据位位数为“1-8 位”，停止位位数为“0-1 位”，数据校验方式为“2-偶校验”。参数设置完毕，单击“确认”按钮，如图 7-97 所示。

（2）双击“设备 0–[西门子_S7200PPI]”，弹出“设备属性设置”对话框，如图 7-98 所示。选中“基本属性”中的“设置设备内部属性”，出现…图标，单击该图标弹出“西门子_S7200PPI 通道属性设置”对话框，如图 7-99 所示。

单击“增加通道”按钮，弹出“增加通道”对话框，选择“V 寄存器”，数据类型选为“16 位无符号二进制”，设置寄存器地址为 100，通道数量为 1，操作方式为“只读”，如图 7-100 所示；单击“确认”按钮，“西门子_S7200PPI 通道属性设置”对话框中出现新增加的通道 9“只读 VWUB100”，如图 7-101 所示。

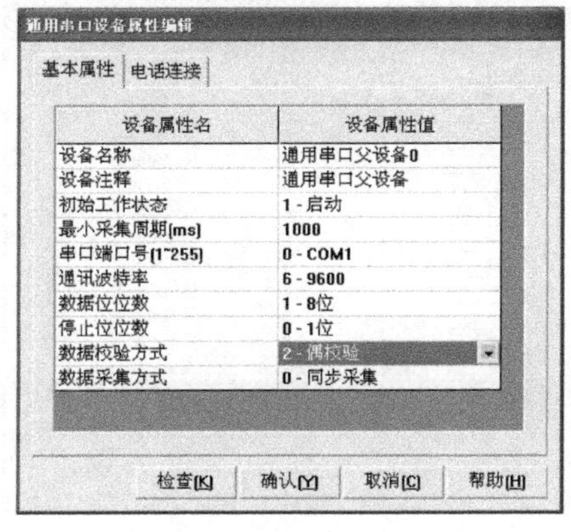

图 7-97　通用串口设备

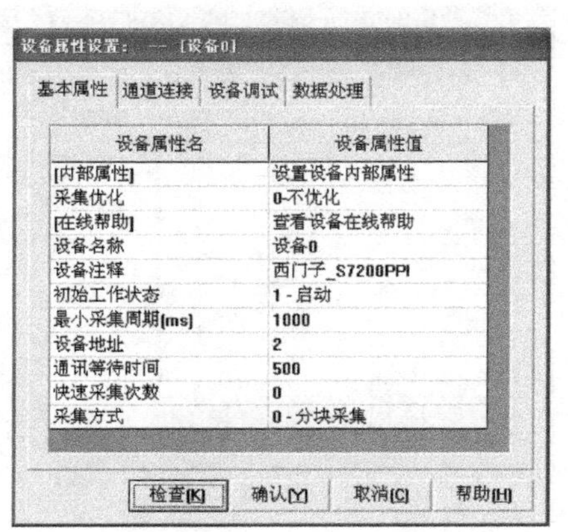

图 7-98　西门子 S7-200PLC 属性设置

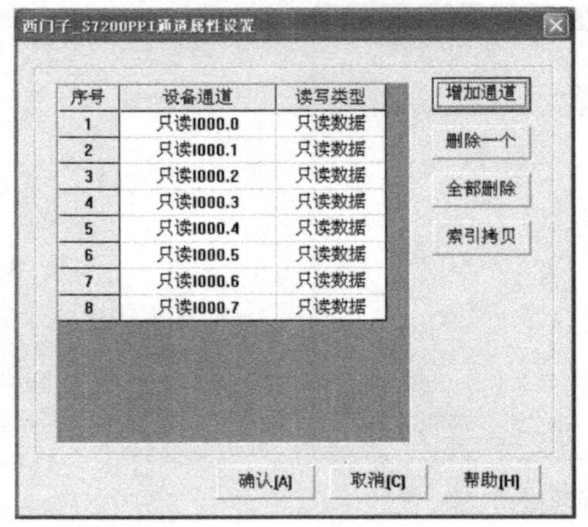

图 7-99　西门子_S7200PPI 通道属性设置

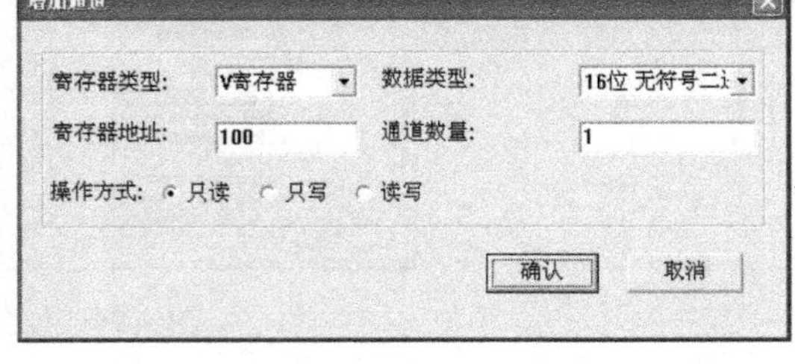

图 7-100　增加通道

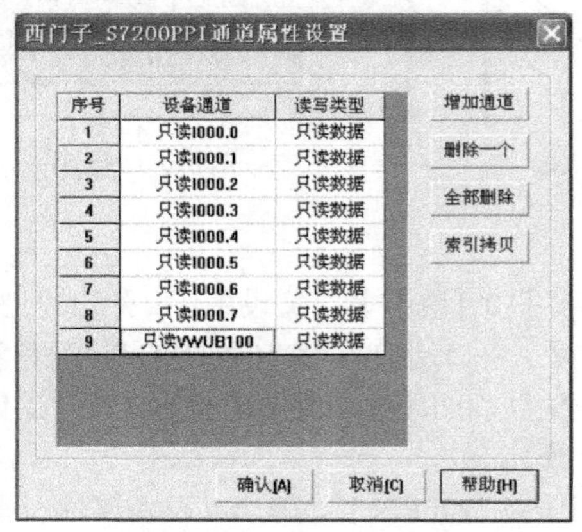

图 7-101　设备新增通道

（3）在“设备属性设置”窗口中选择“通道连接”页，选中通道 9 对应数据对象单元格；单击右键弹出连接对象对话框，双击选中要连接的“数字量”对象，如图 7-102 所示。

（4）在“设备属性设置”窗口中选择“设备调试”页，可以看到西门子 PLC 模拟量扩展模块模拟量输入通道输入电压（反映温度大小）的数字量值，如图 7-103 所示。

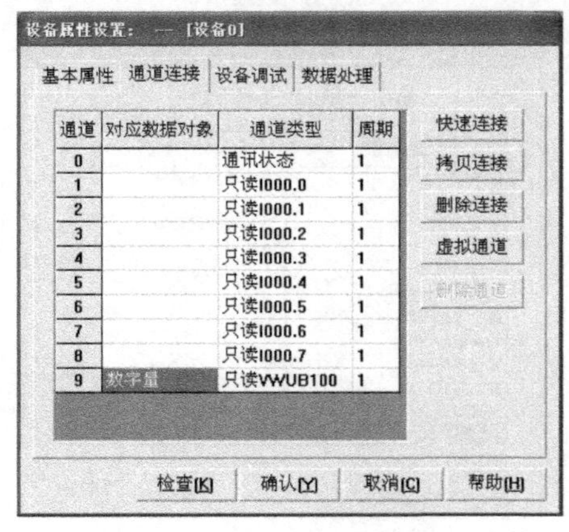

图 7-102　设备通道连接

图 7-103　设备调试

6）建立动画连接

（1）建立实时趋势曲线对象的动画连接。双击画面中的实时趋势曲线对象，弹出“实时曲线构件属性设置”窗口。在“画笔属性”页中，单击曲线 1 表达式文本框右边的？号，选择已定义好的变量“温度”，如图 7-104 所示。

在“标注属性”页中，将 X 轴长度设为“2”，Y 轴标注最大值设为 200，如图 7-105 所示。

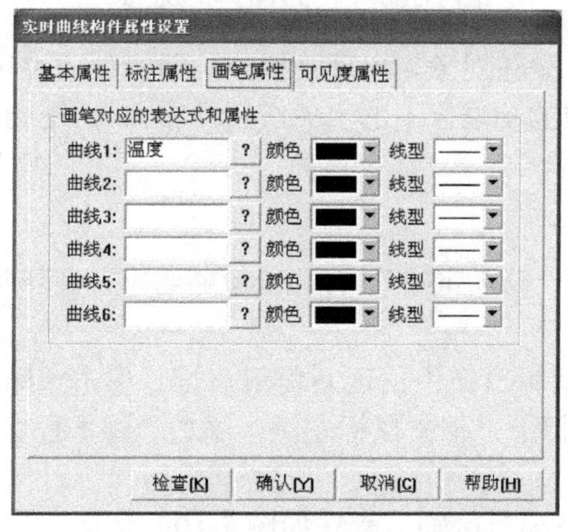

图 7-104　实时曲线画笔属性设置

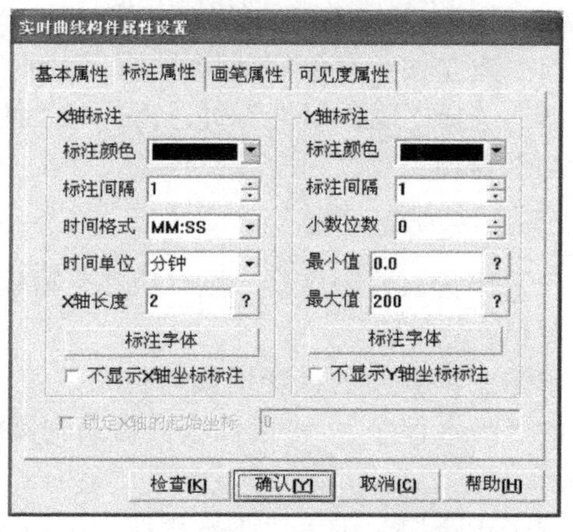

图 7-105　实时曲线标注属性设置

（2）建立显示标签的动画连接。双击画面中的“000”标签，弹出“动画组态属性设置”对话框。在“显示输出”页中，将表达式设为“温度”，输出值类型选为“数值量输出”，输出格式选为“向中对齐”，整数位数选为“3”，小数位数选为“1”，如图 7-106 所示。

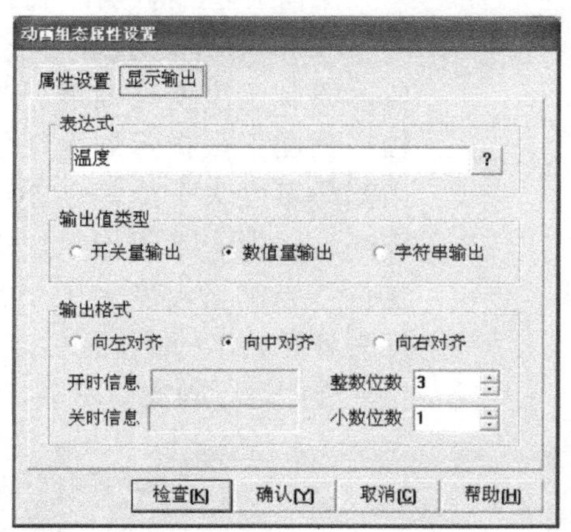

图 7-106　标签“000”的动画连接

（3）建立指示灯的动画连接。双击画面中的上限指示灯，弹出“单元属性设置”窗口。在“动画连接”页中，选择组合图符“可见度”项；单击连接表达式中的“>”按钮，弹出“动画组态属性设置”窗口；在“可见度”页，表达式选择已定义好的对象“上限灯”，设置完成后如图 7-107 所示。

同理，完成下限灯的动画连接，如图 7-108 所示。

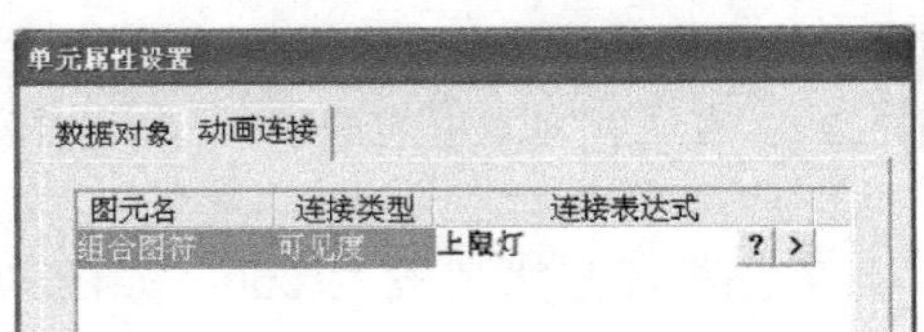

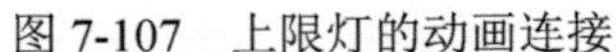

图 7-107　上限灯的动画连接

图 7-108　下限灯的动画连接

（4）建立按钮对象的动画连接。双击“关闭”按钮对象，出现“标准按钮构件属性设置”对话框。选择“操作属性”页，再选择“按钮对应的功能”下的“关闭用户窗口”，下拉项选择“AI”窗口。

7）策略编程

在工作台窗口中选择“运行策略”窗口。双击“循环策略”，弹出“策略组态：循环策略”编辑窗口。

单击工具条中的“新增策略行”按钮，策略编辑窗口中出现新增策略行。单击策略工具箱中的“脚本程序”，将鼠标指针移动到策略块图标上，单击鼠标左键，添加“脚本程序”策略块。

双击策略块，进入“脚本程序”编辑窗口，在编辑区输入程序如图 7-109 所示。

返回到工作台运行策略窗口，选择循环策略；单击“策略属性”按钮，弹出“策略属性设置”对话框，将策略执行方式定时循环时间设置为 1000ms。

脚本程序

```
电压=数字量 / 6400
温度= ( 电压-1) *50

IF 温度<30 THEN
    下限灯=1
ENDIF
IF 温度>=30  AND 温度<=50 THEN
    下限灯=0
    上限灯=0
ENDIF
IF 温度>50 THEN
    上限灯=1
ENDIF
```

图 7-109　输入脚本程序

8）调试与运行

保存工程，将“AI”窗口设为启动窗口，运行工程。

PC 读取并显示西门子 S7-200PLC 监测到的温度值，绘制温度变化曲线。当测量温度小于 30℃时，程序画面下限指示灯为红色，PLC 的 Y0 端口置位；当测量温度大于或等于 30℃且小于或等于 50℃时，程序画面上、下限指示灯均为绿色，Y0 和 Y1 端口复位；当测量温度大于 50℃时，程序画面上限指示灯为红色，Y1 端口置位。

程序运行画面如图 7-110 所示。

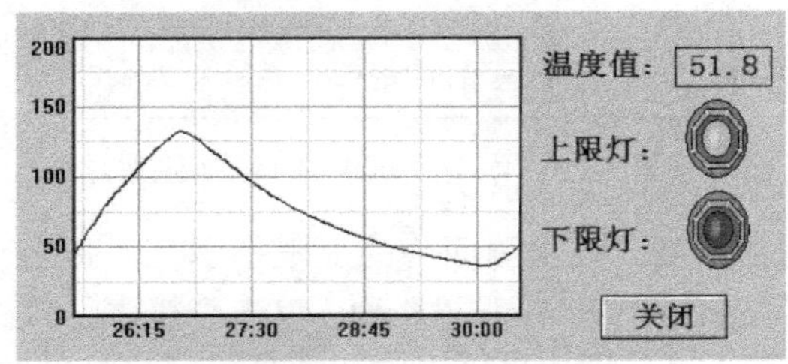

图 7-110　程序运行画面

知识链接　西门子 PLC 模拟量扩展模块

1. 模拟量输入模块

模拟量输入模块是把来自现场设备的标准信号，经过滤波去掉干扰信号后，再通过 A/D 转换将模拟量信号变换成 PLC 能够处理的数字信号；然后经过光电耦合器隔离后传送给 PLC 内部电路，供 PLC CPU 处理。这一过程如图 7-111 所示。

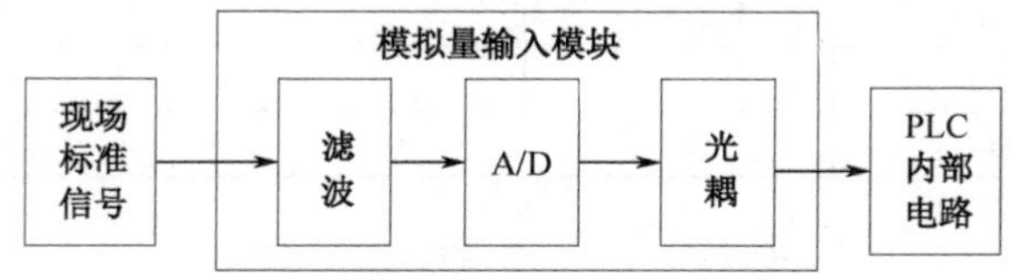

图 7-111　模拟量输入信号的处理过程

EM231 和 EM235 模拟量输入模块的一些重要参数和说明如表 7-1 所示，其中包括用户在选型时最关心的模块极性、转换量程、输入/输出电压范围和 A/D 转换时间等参数。

表 7-1　EM231 和 EM235 模拟量输入模块的重要参数及说明

模块型号	EM231	EM235
订货号	6ES7 231-0HC21-0XA0	6ES7 235-0KD21-0XA0
功能	4 路模拟量输入	4 路模拟量输入，1 路模拟量输出
双极性，满量程 单极性，满量程	-32 000～+32 000 0～32 000	-32 000～+32 000 0～32 000
DC 输入阻抗	≥10MΩ 电压输入，250Ω 电流输入	≥10MΩ 电压输入，250Ω 电流输入
输入滤波衰减	-3dB，3.1kHz	-3dB，3.1kHz
最大输入电压	DC 30V	DC 30V
最大输入电流	32mA	32mA
精度：双极性 精度：单极性	11 位，加符号位 12 位	11 位，加符号位 12 位
隔离	无	无
输入类型	差分	差分
电压输入范围	可选择，见表 7-2	可选择，见表 7-3
电流输入范围	0～20mA	0～20mA
输入分辨率	可选择，见表 7-2	可选择，见表 7-3
转换时间	<250μs	<250μs
模拟输入阶跃响应	1.5ms 到 95%	1.5ms 到 95%
共模抑制	40dB，DC 到 60Hz	40dB，DC 到 60Hz
共模电压	信号电压加共模电压必须小于或等于±12V	
电源	DC 24V	

带正、负号的电流或电压在 A/D 转换后用二进制补码表示。对于不同的输入，都应该设置硬跳线（拨码开关）或软跳线（参数设定）。模拟量输入模块有多种单极性、双极性直流电流、电压输入量程，可以用模块上的 DIP 开关来设置，如表 7-2 和表 7-3 所示。

表 7-2　EM231 模拟量输入模块配置

单极性			满量程输入	分辨率
SW1	SW2	SW3		
ON	OFF	ON	0～10V	2.5mV
	ON	OFF	0～5V	1.25mV
			0～20mA	5μA
双极性			满量程输入	分辨率
SW1	SW2	SW3		
OFF	OFF	ON	±5V	2.5mV
	ON	OFF	±2.5V	1.25mV

表 7-3　EM235 模块组态配置

单极性						满量程输入	分辨率
SW1	SW2	SW3	Sw4	SW5	SW6		
ON	OFF	OFF	ON	OFF	ON	0～50mV	12.5μV
OFF	ON	OFF	ON	OFF	ON	0～100mV	25μV
ON	OFF	OFF	OFF	ON	ON	0～500mV	125μV
OFF	ON	OFF	OFF	ON	ON	0～1V	250μV
ON	OFF	OFF	OFF	OFF	ON	0～5V	1.25mV
OFF	ON	OFF	OFF	OFF	ON	0～10V	2.5mV
ON	OFF	OFF	OFF	OFF	ON	0～20mA	5μA
双极性						满量程输入	分辨率
SW1	SW2	SW3	Sw4	SW5	SW6		
ON	OFF	OFF	ON	OFF	OFF	±25mV	12.5μV
OFF	ON	OFF	ON	OFF	OFF	±50mV	25μV
OFF	OFF	ON	ON	OFF	OFF	±100mV	50μV
ON	OFF	OFF	OFF	ON	OFF	±250mV	125μV
OFF	ON	OFF	OFF	ON	OFF	±500mV	250μV
OFF	OFF	ON	OFF	ON	OFF	±1V	500μV
ON	OFF	OFF	OFF	OFF	OFF	±2.5V	1.25mV
OFF	ON	OFF	OFF	OFF	OFF	±5V	2.5mV
OFF	OFF	ON	OFF	OFF	OFF	±10V	5mV

表 7-2 中，SW1 规定了输入信号的极性（ON 配置模块按单极性转换，OFF 配置模块按双极性转换），SW2 和 SW3 的设置分别配置了模块的不同量程和分辨率。表 7-3 中，SW1、SW2 和 SW3 规定了信号的衰减，SW4 和 SW5 规定了信号的增益，SW6 规定了输入信号的极性（ON 表示输入信号为单极性，OFF 表示输入信号为双极性）。

开关的设置应用于整个模块，一个模块只能设置为一种测量范围，开关设置只有在重新上电后才能生效。

模拟量输入模块的输入信号经 A/D 转换后的二进制数在 CPU 中的存放格式如图 7-112 所示。模拟量转换为数字量的 12 位读数是左对齐的，MSB 和 LSB 分别是最高有效位和最低有效位。最高有效位是符号位，0 表示正值，1 表示负值。在单极性格式中，最低位是 3 个连续的 0，相当于 A/D 转换值被乘以 8。在双极性格式中，最低位是 4 个连续的 0，相当于 A/D 转换值被乘以 16。

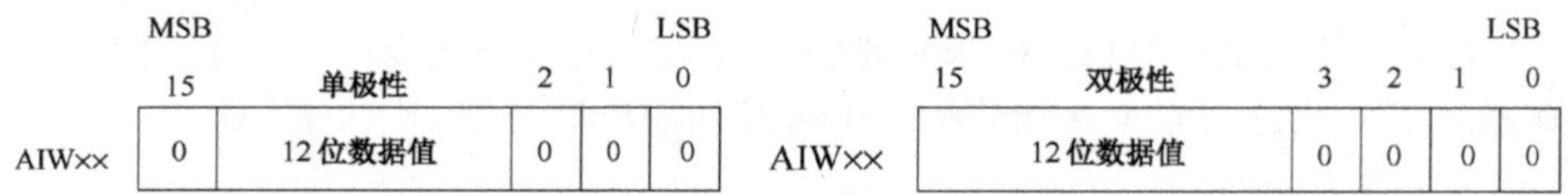

图 7-112 模拟量输入数据字的格式

将模拟量输入模块的输出值转换为实际的物理量时应考虑变送器的输入/输出量程和模拟量输入模块的量程，找出被测物理量与 A/D 转换后的数字值之间的比例关系。

2. 模拟量输出模块

模拟量输出模块是把 PLC 输出的数字量经光电耦合器后，再经过 D/A 转换器，将数字信号转换成模拟信号，经过运算放大器后驱动输出，该过程如图 7-113 所示。

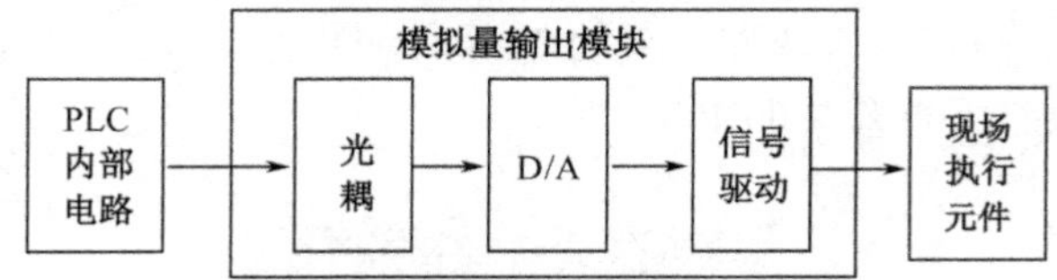

图 7-113 模拟量输出信号处理过程

EM232 和 EM235 模拟量输出模块的一些重要参数和说明如表 7-4 所示，其中包括用户在选型时最关心的量程、输入/输出电压范围和 D/A 转换时间等参数。

表 7-4 EM232 和 EM235 模拟量输出模块的重要参数及说明

模块型号		EM232	EM235
订货号		6ES7 231-0HB21-0XA0	6ES7 235-0KD21-0XA0
功能		4 路模拟量输入	4 路模拟量输入 1 路模拟量输出
隔离		无	无
电源		DC 24V	DC 24V
信号范围	电压输出电流输出	±10V 0～20mA	±10V 0～20mA
分辨率 （满量程）	电压 电流	12 位，加符号位 11 位	11 位，加符号位 11 位
数据字 格式	电压 电流	-32 000～+32 000 0～32 000	-32 000～+32 000 0～32 000
精度 （25℃，满量程）	电压输出 电流输出	±0.5% ±0.5%	±0.5% ±0.5%
建立时间	电压输出 电流输出	100μs 2ms	100μs 2ms
最大驱动	电压输出 电流输出	5kΩ 最小 500Ω 最大	5kΩ 最小 500Ω 最大

对于模拟量输出模块的选择，应该注意模块的信号输出范围、数字格式、精度和驱动能力等。

经 PLC CPU 模块处理后的 12 位数据字输出格式如图 7-114 所示。模拟量输出数据字是左对齐的，最高有效位是符号位，0 表示正值。最低位是 4 个连续的 0，在将数据字装载到 DAC 寄存器之前，低位的 4 个 0 被截断，不会影响输出信号值。

	MSB 15	电流输出	3	2	LSB 1	0
AQW××	0	11位数据值	0	0	0	0

	MSB 15	电压输出	3	2	1	LSB 0
AQW××	12位数据值		0	0	0	0

图 7-114 模拟量输出数据字的格式

EM235 是最常用的模拟量扩展模块（如图 7-115 所示），它实现了 4 路模拟量输入和 1 路模拟量输出功能。EM235 模拟量扩展模块的接线方法：对于电压信号，按正、负极直接接入 X＋和 X-；对于电流信号，将 RX 和 X＋短接后接入电流输入信号的"＋"端；未连接输入信号的通道要将 X＋和 X-短接。模块左下部的 M 和 L+端接入 DC24V 电源。右端与之相邻的分别是校准电位器和组态配置开关 DIP。

图 7-115 EM235 模块

需要注意的是，为避免共模电压，需将 M 端与所有信号负端连接。

每个模拟量扩展模块的寻址按扩展模块的先、后顺序进行排序，其中，模拟量根据输入、输出的不同分别排序。模拟量的数据格式为一个字长，所以地址必须从偶数字节开始，精度为 12 位；模拟量值为 0～32000 的数值。

输入格式：AIW[起始字节地址]；

输出格式：AQW[起始字节地址]。

每个模拟量输入模块的地址是固定的，地址编号按模块的安装顺序由前向后排。例如，AIW0，AIW2，AIW4…。

每个模拟量输出模块占两个通道，即使第一个模块只有一个输出 AQW0（EM235 只有一个模拟量输出），第二个模块模拟量输出地址也应从 AQW4 开始寻址，依次类推。

第 8 章　远程 I/O 模块监控及其与 PC 通信

远程 I/O 模块又称为牛顿模块，为近年来比较流行的一种 I/O 方式，它安装在工业现场，就地完成 A/D、D/A 转换，I/O 操作及脉冲量的计数、累计等操作。

远程 I/O 模块的通信接口一般采用 RS-485 总线，通信协议与模块的生产厂家有关，但都是采用面向字符的通信协议。

市场上使用比较广泛的远程 I/O 模块有研华公司的 ADAM-4000 系列，如图 8-1 所示。这些远程 I/O 模块是传感器到计算机的多功能远程 I/O 单元，专为恶劣环境下的可靠操作而设计，具有内置的微处理器，严格的工业级塑料外壳，使其可以独立提供智能信号调理、模拟量 I/O、数字量 I/O、数据显示和 RS-485 通信。

远程 I/O 模块价格比较低，安装也比较简单，只需通过双绞线将其连接在 RS-485 总线上即可。PC 一般为 RS-232 接口，要安装一个 RS-232 转 RS-485 的模块。

图 8-1　远程 I/O 模块

实例 26　远程 I/O 模块模拟电压采集

一、设计任务

采用 MCGS 语言编写程序实现 PC 与远程 I/O 模拟电压采集。任务要求：

PC 读取远程 I/O 模块输入电压值（0～5V），并以数值或曲线形式显示电压变化值。

二、线路连接

如图 8-2 所示，ADAM-4520（RS-232 与 RS-485 转换模块）与 PC 的串口 COM1 连接，转换为 RS-485 总线；ADAM-4012（模拟量输入模块）的信号输入端子 DATA+、DATA-分别与 ADAM-4520 的 DATA+、DATA 连接，电源端子+Vs、GND 分别与 DC24V 电源的+、-连接。

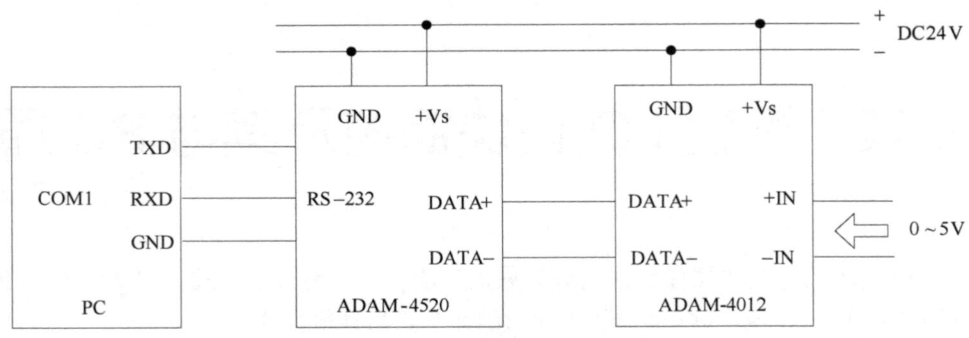

图 8-2　PC 与远程 I/O 模块组成的电压采集系统

将 ADAM-4012 的地址设为 01。在模拟量输入通道（+IN 和-IN）接模拟输入电压 0～5V。

三、任务实现

1．建立新的工程项目

工程名称："AI"；窗口名称："AI"；窗口内容注释："模拟电压输入"。

2．制作图形画面

（1）为图形画面添加 1 个"仪表"元件。

（2）为图形画面添加 1 个"实时曲线"构件。

（3）为图形画面添加 3 个文本构件：分别标签"电压值:"、当前电压值显示文本"000"和标签"V"。

（4）为图形画面添加 1 个"按钮"构件，将标题改为"关闭"。

设计的图形画面如图 8-3 所示。

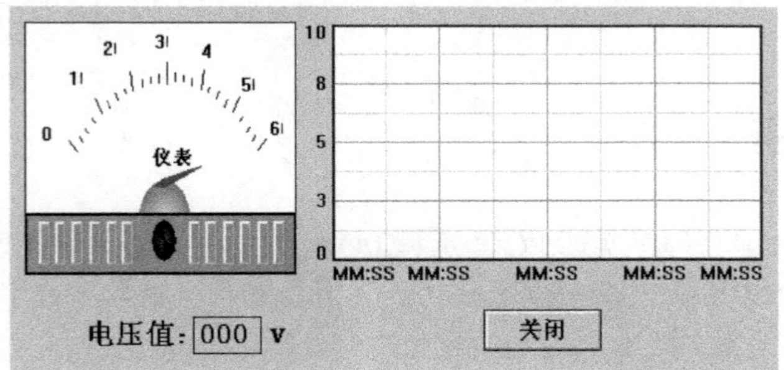

图 8-3　图形画面

3．定义对象

新增对象"电压"，小数位数设为"2"，最小值设为"0"，最大值设为"10"，对象类型选择"数值"，新增对象完成，实时数据库如图 8-4 所示。

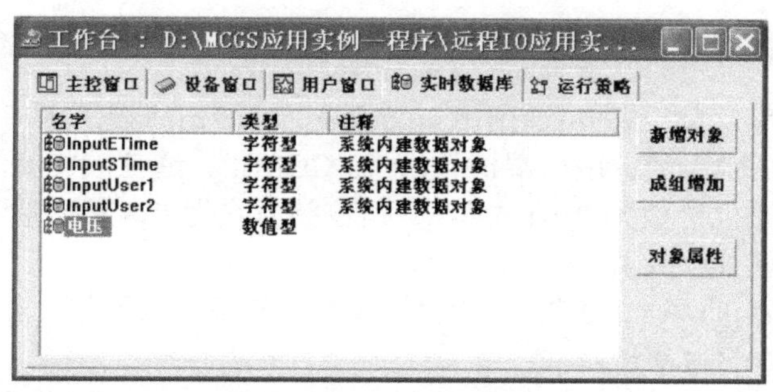

图 8-4　实时数据库

4．添加设备

在 MCGS 组态环境工作台的“设备窗口”选项页下侧双击“设备窗口”，出现“设备组态：设备窗口”，单击工具条上的“工具箱”按钮，弹出“设备工具箱”窗口。

（1）单击“设备管理”按钮，弹出“设备管理”窗口。在“可选设备”列表中双击“通用串口父设备”，将其添加到右侧的“选定设备”列表中。

（2）选择所有设备→智能模块→研华模块→ADAM4000→研华-4012，单击“增加”按钮，将“研华-4012”添加到右侧的“选定设备”列表中，如图 8-5 所示。

单击“确认”按钮，选定设备“通用串口父设备”和“研华-4012”添加到“设备工具箱”窗口中，如图 8-6 所示。

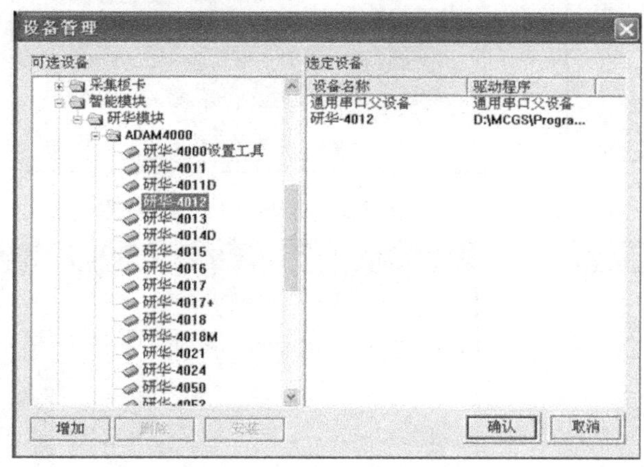

图 8-5　设备管理窗口

图 8-6　设备工具箱

（3）在“设备工具箱”窗口下双击“通用串口父设备”，“设备组态：设备窗口”中出现“通用串口父设备 0-[通用串口父设备]”。同理，在“设备工具箱”窗口双击“研华-4012”，“设备组态：设备窗口”中出现“设备 0-[研华-4012]”，设备添加完成，如图 8-7 所示。

图 8-7　添加设备窗口

5．设备属性设置

（1）双击“通用串口父设备 0-[通用串口父设备]”，弹出“通用串口设备属性编辑”对话框。在“基本属性”页中设置：串口端口号为“0-COM1”，通信波特率为“6-9600”，数据位位数为“1-8 位”，停止位位数为“0-1 位”，数据校验方式为“0-无校验”。参数设置完毕，单击“确认”按钮，如图 8-8 所示。

（2）双击“设备 0-[研华-4012]”，弹出“设备属性设置”对话框，在“基本属性”页中将设备地址设为“1”，如图 8-9 所示。

（3）在“设备属性设置”窗口中选择“通道连接”页，选择通道 1 对应数据对象单元格，单击右键弹出连接对象对话框，选择要连接的对象“电压”(或者直接在单元格中输入“电压”)，如图 8-10 所示。

（4）在“设备属性设置”窗口中选择“设备调试”页，可以看到研华-4012 模拟量输入通道输入的电压值，如图 8-11 所示。

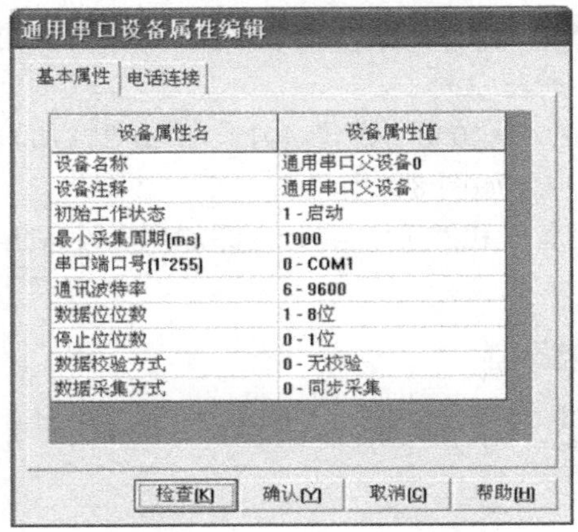

图 8-8　通用串口设备设置

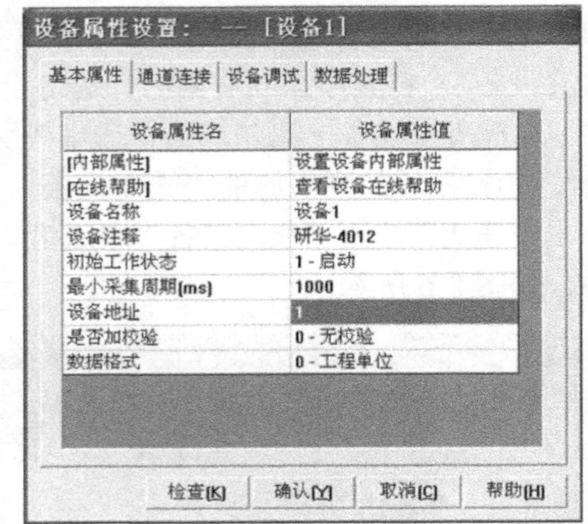

图 8-9　研华-4012 基本属性

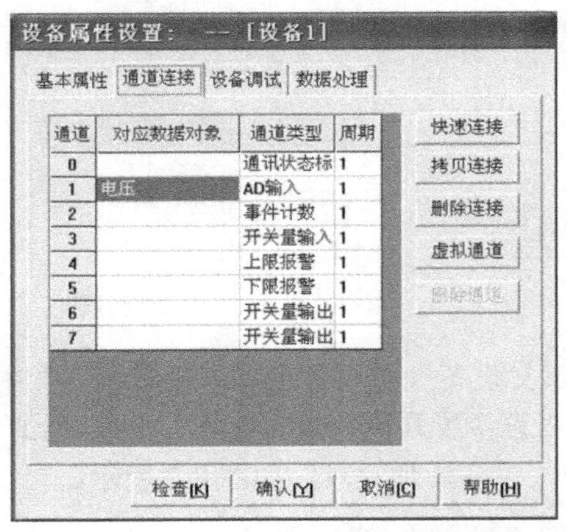

图 8-10　研华-4012 通道连接设置

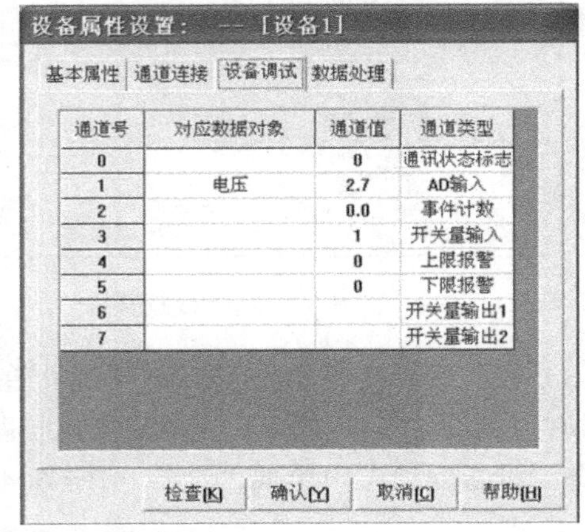

图 8-11　设备调试

6．建立动画连接

1）建立当前电压值显示文本对象的动画连接

双击画面中当前电压值显示文本“000”，出现“动画组态属性设置”对话框，选择“输入输出连接”中的“显示输出”项，出现“显示输出”选项页。

选择“显示输出”页，将表达式设置为“电压”（可以直接输入，也可以单击表达式文本框右边的“？”号，选择已定义好的变量“电压”），输出值类型选择“数值量输出”，输出格式选择“向中对齐”，整数位数设为“2”，小数位数设为“1”，如图 8-12 所示。

2）建立仪表的动画连接

双击画面中的“仪表”，弹出“单元属性设置”窗口。选择“动画连接”页，单击连接表达式文本框右边的“？”号，选择已定义好的变量“电压”，如图 8-13 所示。

3）建立实时曲线的动画连接

双击画面中的“实时曲线”构件，弹出“实时曲线构件属性设置”对话框。在“画笔属性”页中，单击曲线 1 表达式文本框右边的“？”号，选择已定义好的变量“电压”，如图 8-14 所示。在“标注属性”页中，X 轴长度设为“2”分钟，Y 轴标注最大值设为“10”，如图 8-15 所示。

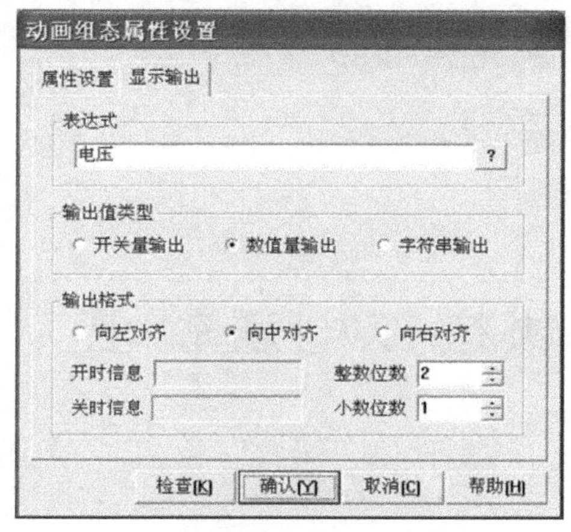

图 8-12　标签动画连接

图 8-13　仪表动画连接设置

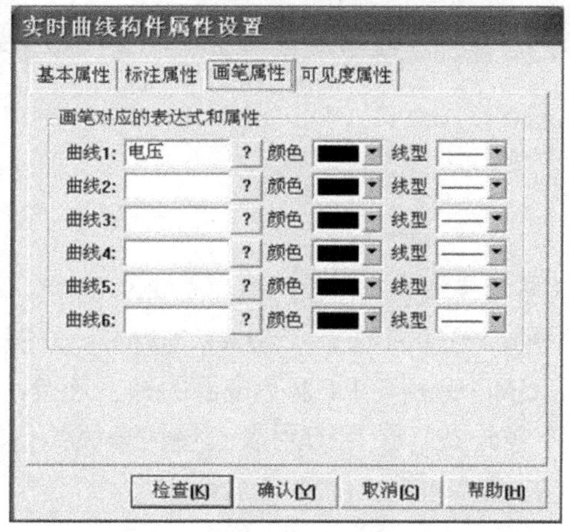

图 8-14　实时曲线画笔属性设置

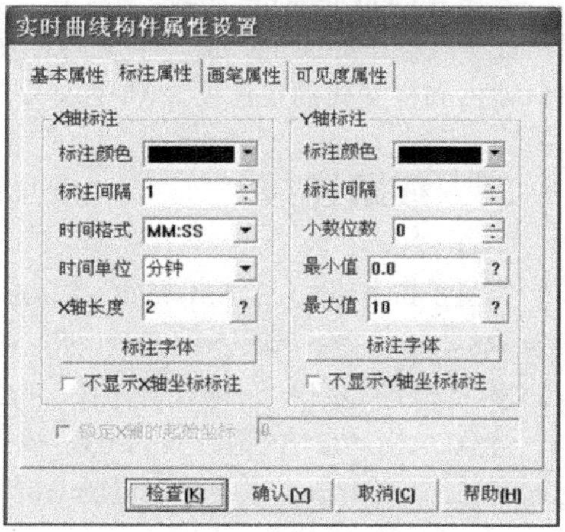

图 8-15　实时曲线标注属性设置

4）建立按钮的动画连接

双击“关闭”按钮，出现“标准按钮构件属性设置”对话框。选择“操作属性”页，选择“按钮对应的功能”下的“关闭用户窗口”，下拉项选择“AI”窗口。

7. 调试与运行

保存工程，将“AI”窗口设为启动窗口，运行工程。

在模块模拟量输入通道（+IN 和-IN）输入电压 0～5V，程序画面中的电压值、实时曲线和仪表指示值都将随输入电压的变化而变化。

程序运行画面如图 8-16 所示。

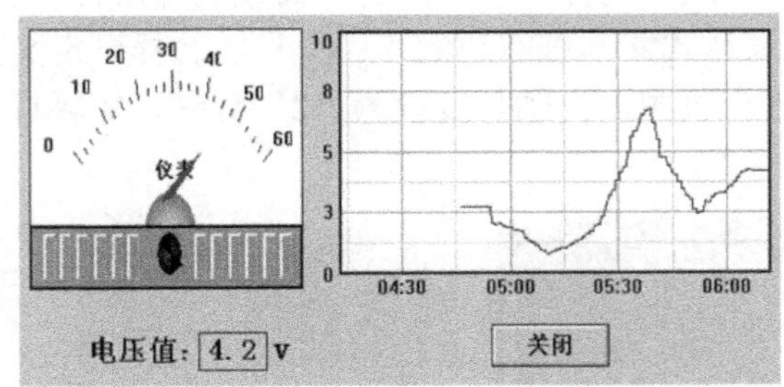

图 8-16　程序运行画面

实例 27　远程 I/O 模块模拟电压输出

一、设计任务

采用 MCGS 语言编写程序实现 PC 与远程 I/O 模块模拟电压输出。任务要求：

在 PC 程序界面中产生一个变化的数值（范围为 0～10），线路中远程 I/O 模块模拟量输出口输出同样变化的电压值（0～10V）。

二、线路连接

如图 8-17 所示，ADAM-4520（RS-232 与 RS-485 转换模块）与 PC 的串口 COM1 连接，转换为 RS-485 总线；ADAM-4021（模拟量输出模块）的信号输入端子 DATA+、DATA-分别与 ADAM-4520 的 DATA+、DATA-连接，电源端子+Vs、GND 分别与 DC24V 电源的+、-连接。

将 ADAM-4021 的地址设为 03。模拟电压输出不需连线。使用万用表直接测量模拟量输出通道（Exc+和 Exc-）的输出电压（0～10V））。

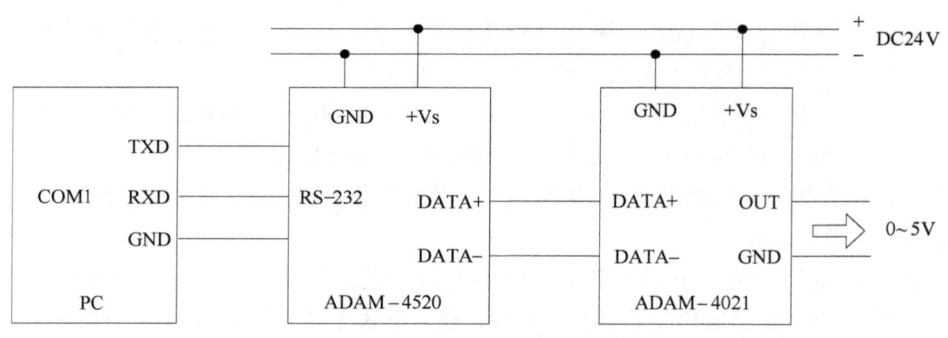

图 8-17　PC 与远程 I/O 模块组成的电压输出系统

三、任务实现

1. 建立新工程项目

工程名称："AO"；窗口名称："AO"；窗口描述："模拟量输出"。

2. 制作图形画面

（1）为图形画面添加 1 个"滑动输入器"构件。

（2）为图形画面添加 1 个"实时曲线"构件。

（3）为图形画面添加 2 个文本构件：分别为标签"电压值（V）："和当前电压值显示文本"000"。

（4）为图形画面添加 1 个"按钮"构件，将标题改为"关闭"。

设计的图形画面如图 8-18 所示。

3. 定义对象

新增对象"电压"，将小数位数设为"1"，最小值设为"0"，最大值设为"10"，对象类型选"数值"，新增对象完成，实时数据库如图 8-19 所示。

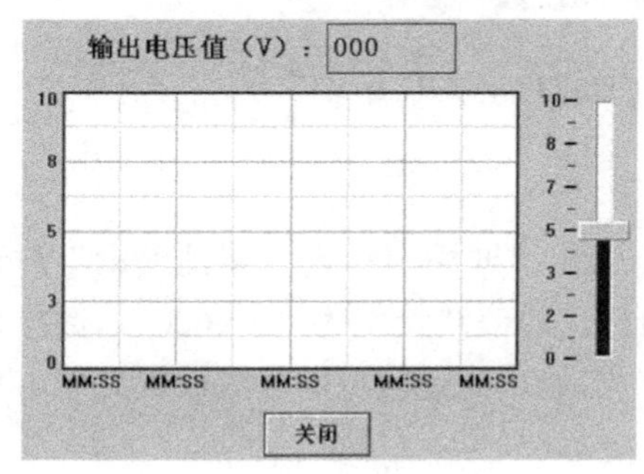

图 8-18　程序运行画面

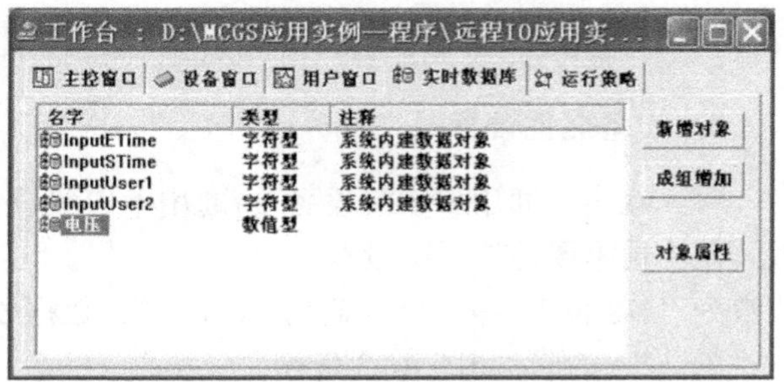

图 8-19　实时数据库

4. 添加设备

在 MCGS 组态环境工作台的"设备窗口"选项页下侧双击"设备窗口"，出现"设备组态：设备窗口"，单击工具条上的"工具箱"按钮，弹出"设备工具箱"窗口。

（1）单击“设备管理”按钮，弹出“设备管理”窗口。在“可选设备”列表中双击“通用串口父设备”，将其添加到右侧的“选定设备”列表中。

（2）选择所有设备→智能模块→研华模块→ADAM4000→研华-4021，单击“增加”按钮，将“研华-4021”添加到右侧的“选定设备”列表中，如图 8-20 所示。

单击“确认”按钮，选定设备“通用串口父设备”和“研华-4021”添加到“设备工具箱”窗口中，如图 8-21 所示。

（3）在“设备工具箱”窗口下双击“通用串口父设备”，“设备组态：设备窗口”中出现“通用串口父设备 0-[通用串口父设备]”。同理，在“设备工具箱”窗口双击“研华-4021”，“设备组态：设备窗口”中出现“设备 0-[研华-4021]”，设备添加完成，如图 8-22 所示。

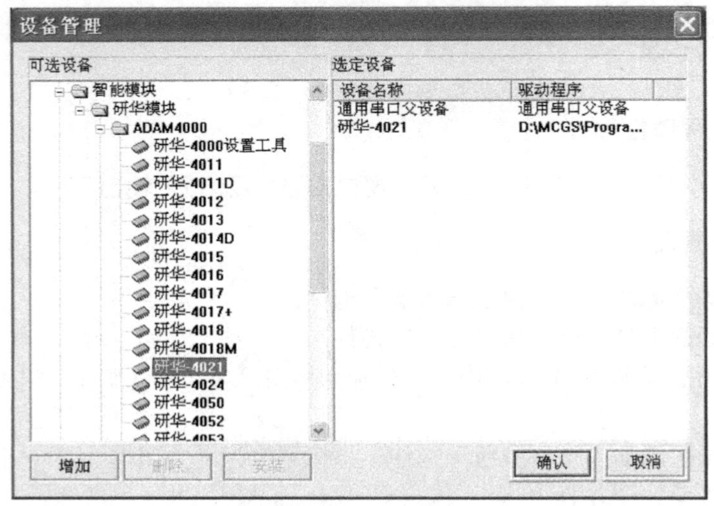

图 8-20　设备管理窗口

图 8-21　设备工具箱

图 8-22　添加设备窗口

5．设备属性设置

（1）双击“通用串口父设备 0-[通用串口父设备]”，弹出“通用串口设备属性编辑”对话框。在“基本属性”页中设置：串口端口号为“0-COM1”，通信波特率为“6-9600”，数据位位数为“1-8 位”，停止位位数为“0-1 位”，数据校验方式为“0-无校验”，参数设置完毕，单击“确认”按钮，如图 8-23 所示。

（2）双击“设备 0-[研华-4021]”，弹出“设备属性设置”对话框，在“基本属性”页中将设备地址设为“3”，输出类型设为“2-0～10V”，如图 8-24 所示。

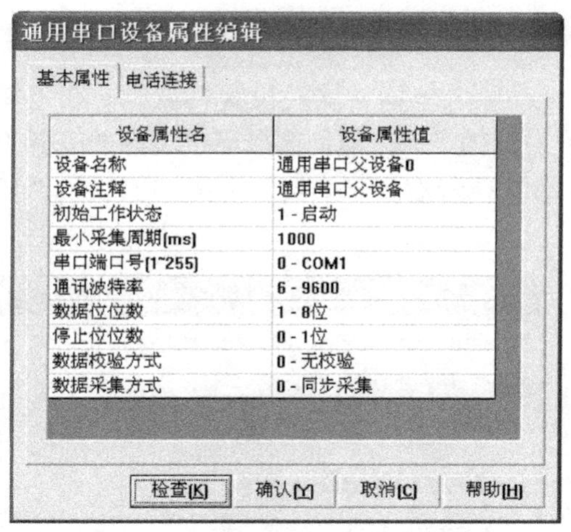

图 8-23　通用串口设备设置

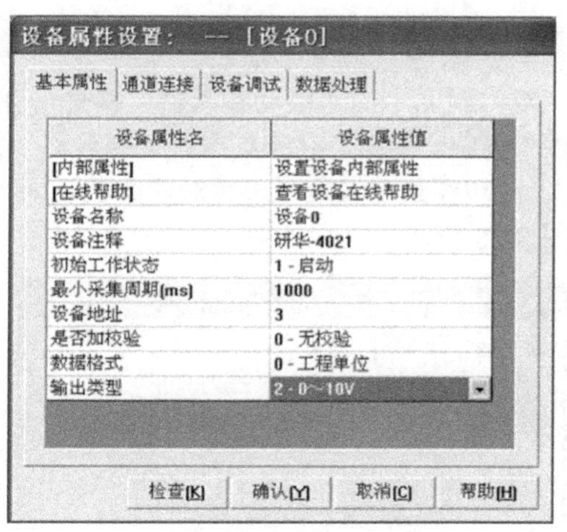

图 8-24　研华-4021 属性

（3）在“设备属性设置”窗口中选择“通道连接”页中通道 1 对应数据对象单元格，单击右键弹出连接对象对话框，选择要连接的对象“电压”（或者直接在单元格中输入“电压”），如图 8-25 所示。

（4）在“设备属性设置”窗口中选择“设备调试”页，设置 1 通道对应数据对象“电压”的通道值，如输入“2.5”，如图 8-26 所示，单击通道号，ADAM-4021 模块模拟量输出通道将输出同样大小的电压值。

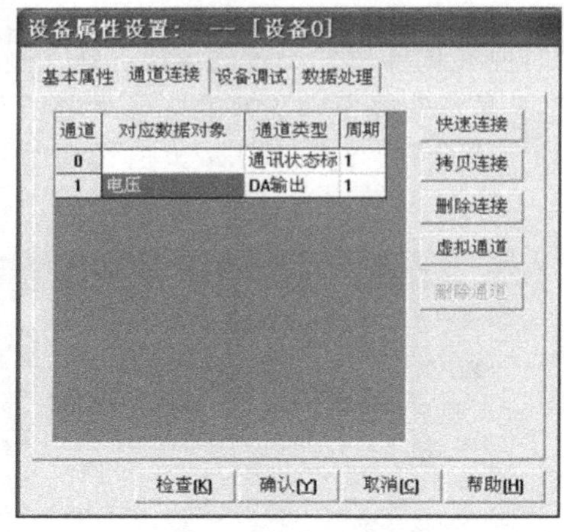

图 8-25　研华-4012 通道连接设置

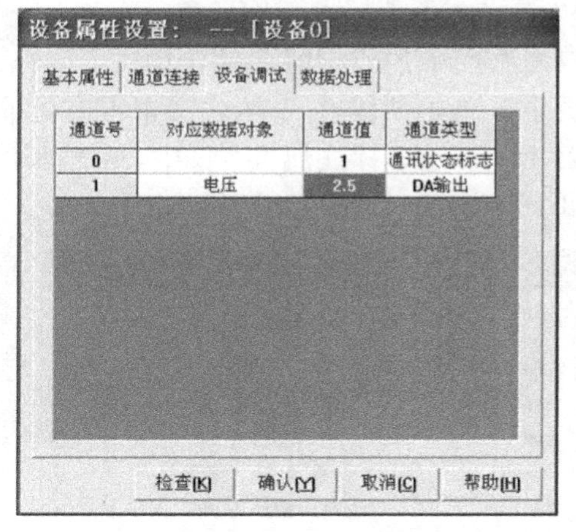

图 8-26　设备调试

6．建立动画连接

1）建立当前电压值显示文本对象的动画连接

双击画面中的当前电压值显示文本“000”，出现“动画组态属性设置”对话框，选择“输入输出连接”中的“显示输出”项，出现“显示输出”选项页。

选择“显示输出”页，将表达式设置为“电压”（可以直接输入，也可以单击表达式文本框右边的“？”号，选择已定义好的变量“电压”），输出值类型选择“数值量输出”，输出格式选择“向中对齐”，整数位数设为“2”，小数位数设为“2”，如图 8-27 所示。

2）建立滑动输入器的动画连接

双击画面中的“滑动输入器”构件，弹出“滑动输入器构件属性设置”窗口。在“操作属性”页中，单击“对应数据对象的名称”文本框右边的“？”号，选择已定义好的变量“电压”，滑块在最左（上）边时对应的值设为“0”，滑块在最右（下）边时对应的值设为“10”，如图 8-28 所示。

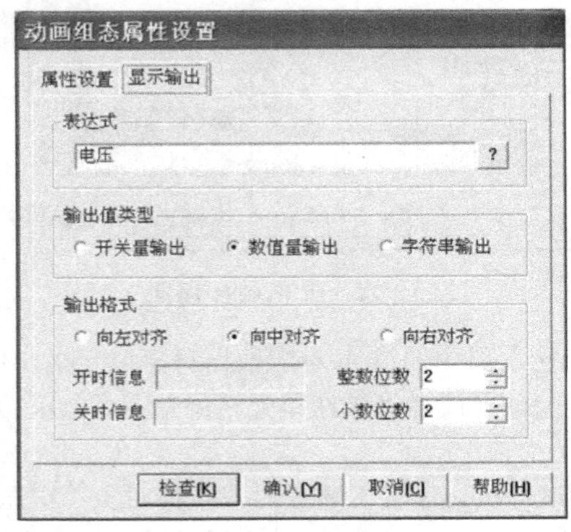

图 8-27　标签动画连接

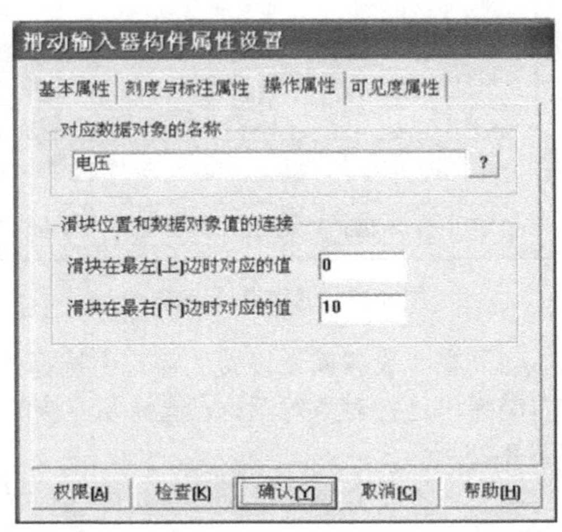

图 8-28　滑动输入器操作属性设置

3）建立实时曲线的动画连接

双击画面中的“实时曲线”构件，弹出“实时曲线构件属性设置”窗口。在“画笔属性”页中，单击曲线 1 表达式文本框右边的“？”号，选择已定义好的变量“电压”，如图 8-29 所示。在“标注属性”页中，X 轴长度设为“2”分钟，Y 轴标注最大值设为“10.0”，如图 8-30 所示。

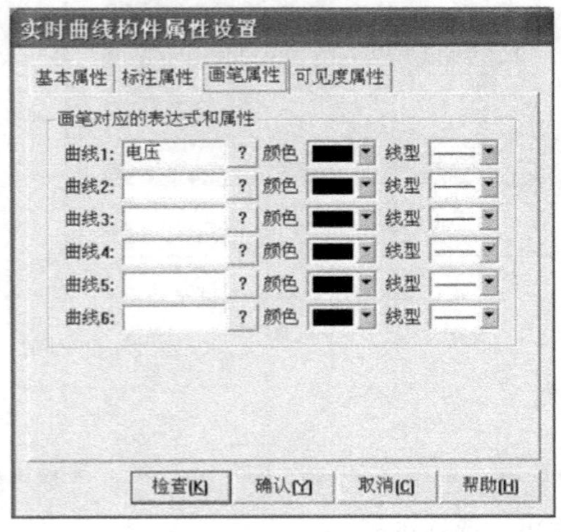

图 8-29　实时曲线画笔属性设置

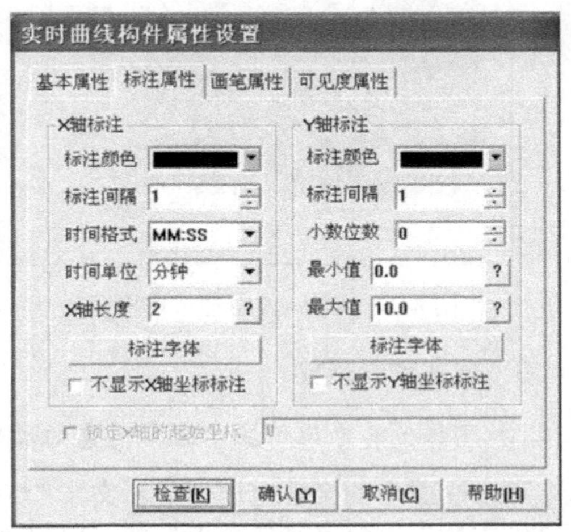

图 8-30　实时曲线标注属性设置

4）建立按钮的动画连接

双击“关闭”按钮对象，出现“标准按钮构件属性设置”对话框。选择“操作属性”页，选择“按钮对应的功能”下的“关闭用户窗口”，下拉项选择“AO”窗口。

7．调试与运行

保存工程，将“AO”窗口设为启动窗口，运行工程。

在画面中用鼠标拉动滑动输入器，生成一间断变化的数值（0～10），在程序画面中产生一个随之变化的曲线；同时，线路中 ADAM-4021 模块模拟量输出通道将输出同样大小的电压值。

程序运行画面如图 8-31 所示。

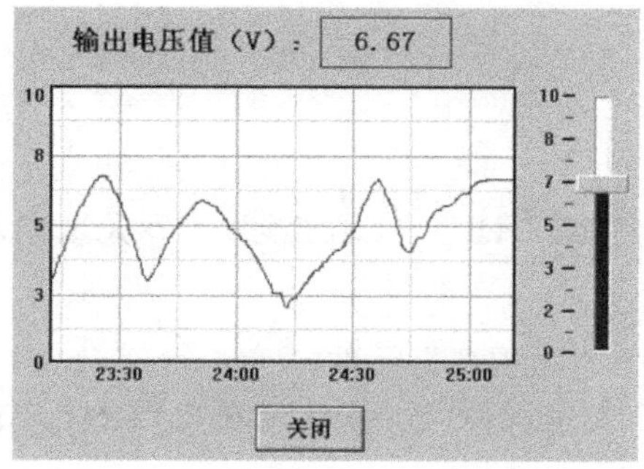

图 8-31　程序运行画面

实例 28　远程 I/O 模块数字信号输入

一、设计任务

采用 MCGS 语言编写程序实现 PC 与远程 I/O 数字信号的输入。任务要求：

利用开关产生数字（开关）信号并作用在远程 I/O 模块数字量输入通道，使 PC 程序界面中的信号指示灯颜色改变。

二、线路连接

如图 8-32 所示，ADAM-4520（RS-232 与 RS-485 转换模块）与 PC 的串口 COM1 连接，转换为 RS-485 总线；ADAM-4050（数字量输入与输出模块）的信号输入端子 DATA+、DATA−分别与 ADAM-4520 的 DATA+、DATA−连接，电源端子的+Vs、GND 分别与 DC24V 电源的+、−连接。

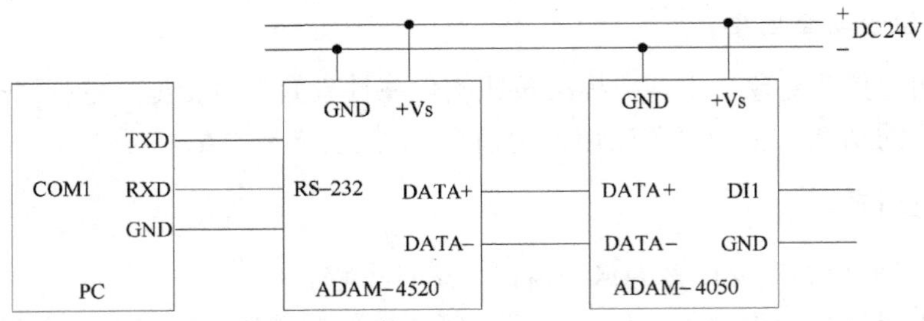

图 8-32　PC 与远程 I/O 模块组成的数字量输入系统

将 ADAM-4050 的地址设为 02，将按钮、行程开关等的常开触点接数字量输入 1 通道（DI1 和 GND）。

三、任务实现

1. 建立新工程项目

工程名称："DI"；窗口名称："DI"；工程描述："开关量输入"。

2. 制作图形画面

（1）为图形画面添加 7 个"指示灯"元件。

（2）为图形画面添加 7 个文本构件，分别为"DI0"、"DI1"、"DI2"、"DI3"、"DI4"、"DI5"、"DI6"。

设计的图形画面如图 8-33 所示。

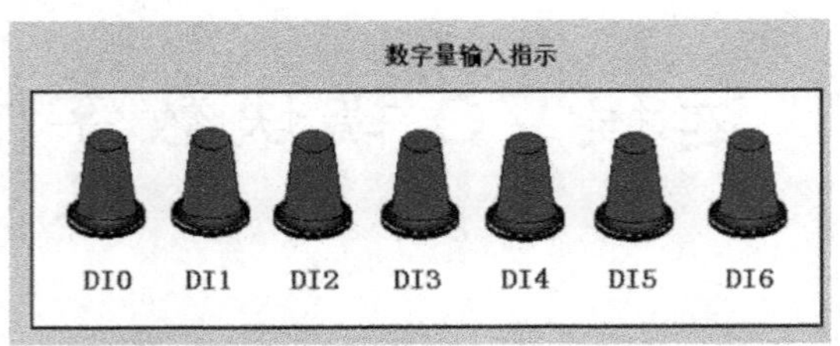

图 8-33　图形画面

3. 定义对象

新增 7 个开关型对象，分别命名为"开关输入 0"～"开关输入 6"，对象初值均为"0"，对象类型均为"开关"。

建立的实时数据库如图 8-34 所示。

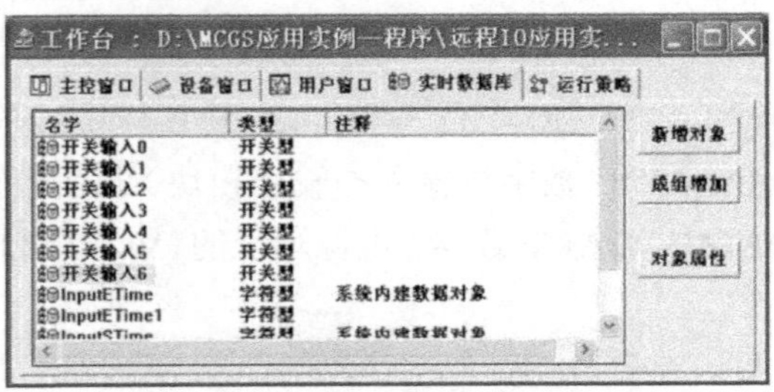

图 8-34　实时数据库

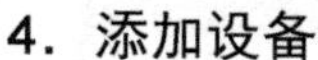

4．添加设备

在 MCGS 组态环境工作台的“设备窗口”选项页下侧双击“设备窗口”，出现“设备组态：设备窗口”，单击工具条上的“工具箱”按钮，弹出“设备工具箱”窗口。

（1）单击“设备管理”按钮，弹出“设备管理”窗口。在“可选设备”列表中双击“通用串口父设备”，将其添加到右侧的“选定设备”列表中。

（2）选择所有设备→智能模块→研华模块→ADAM4000→研华-4050，单击“增加”按钮，将“研华-4050”添加到右侧的“选定设备”列表中，如图 8-35 所示。

单击“确认”按钮，选定设备“通用串口父设备”和“研华-4050”添加到“设备工具箱”窗口中，如图 8-36 所示。

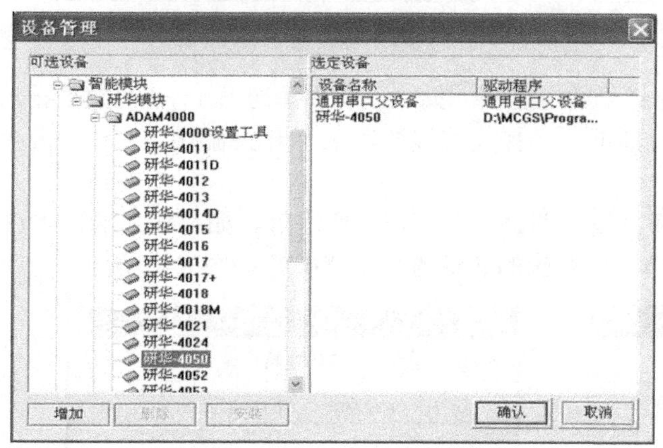

图 8-35　设备管理窗口

图 8-36　设备工具箱

（3）在“设备工具箱”窗口下双击“通用串口父设备”，“设备组态：设备窗口”中出现“通用串口父设备 0-[通用串口父设备]”。同理，在“设备工具箱”窗口双击“研华-4050”，“设备组态：设备窗口”中出现“设备 0-[研华-4050]”，设备添加完成，如图 8-37 所示。

图 8-37　添加设备窗口

5．设备属性设置

（1）双击“通用串口父设备 0-[通用串口父设备]”，弹出“通用串口设备属性编辑”对话框。在“基本属性”页中设置：串口端口号为“0-COM1”，通信波特率为“6-9600”，数据位位数为“1-8 位”，停止位位数为“0-1 位”，数据校验方式为“0-无校验”，参数设置完毕，单击“确认”按钮，如图 8-38 所示。

（2）双击“设备 0-[研华-4050]”，弹出“设备属性设置”对话框，在“基本属性”页中将设备地址设为“2”，如图 8-39 所示。

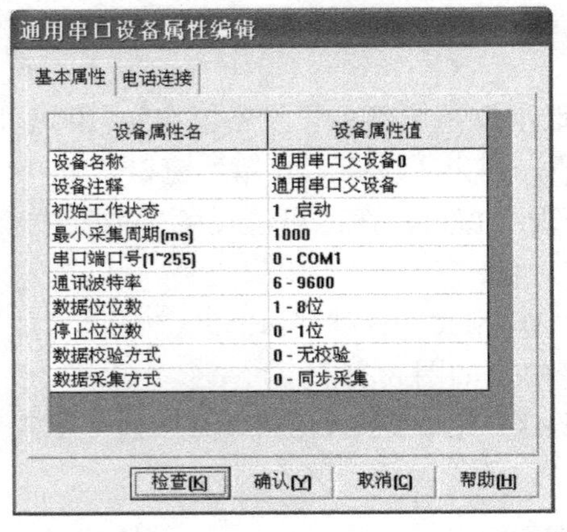

图 8-38 通用串口设置

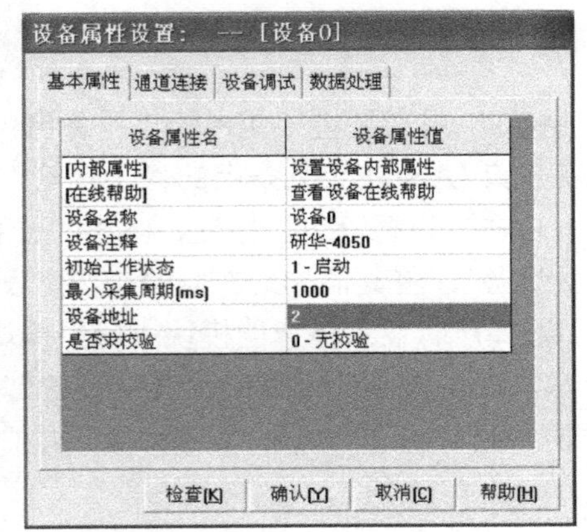

图 8-39 研华-4050 属性

（3）在“设备属性设置”窗口中选择“通道连接”页，分别选择通道 1～7 对应数据对象单元格，单击鼠标右键弹出连接对象对话框，选择要连接的对象“开关输入 0”～“开关输入 6”，如图 8-40 所示。

（4）在“设备属性设置”窗口选择“设备调试”页，查看通道值。如将输入端口 DI5 与 GND 端口短接，则可观察到“开关输入 5”对应的通道值变为“0”，如图 8-41 所示。

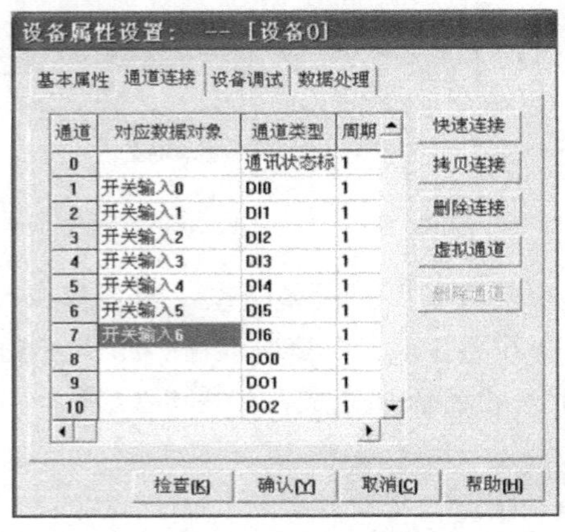

图 8-40 研华-4050 通道连接设置

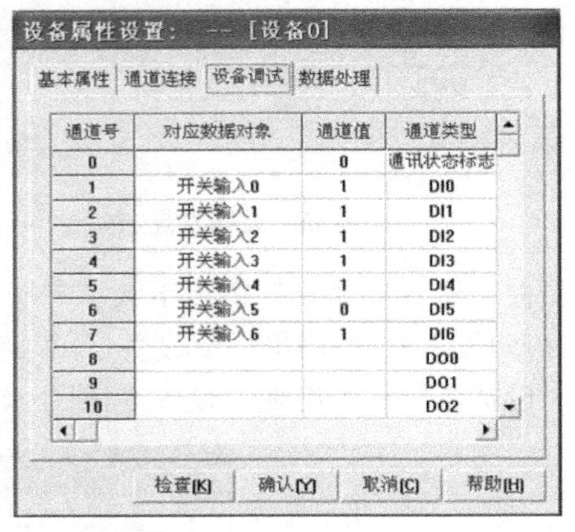

图 8-41 设备调试

6．建立动画连接

双击画面中的“指示灯 0”，弹出“单元属性设置”窗口。选择“动画连接”页，单击连接表达式文本框右边的“？”号，选择已定义好的变量“开关输入 0”，如图 8-42 所示。

图 8-42 指示灯动画连接设置

依次完成其他指示灯的动画连接。

7．调试与运行

保存工程，将“DI”窗口设为启动窗口，运行工程。

将输入通道 DI3 与 GND 端口短接，程序画面中的开关量输入指示灯 DI3 变成绿色；将 DI3 与 GND 端口断开，程序画面中的开关量输入指示灯 DI3 变成红色。

用同样的方法可以测试其他输入通道的状态。

程序运行画面如图 8-43 所示。

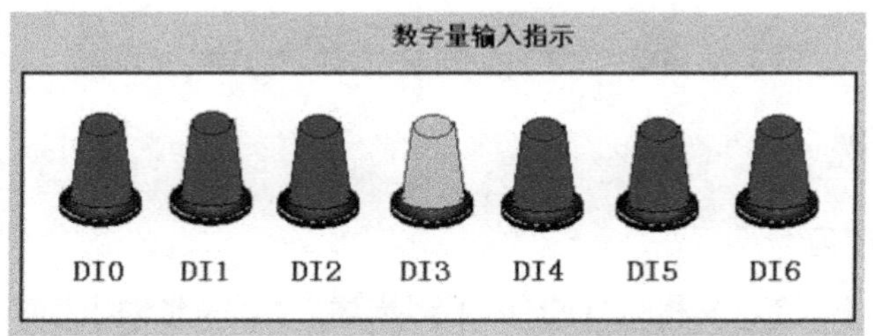

图 8-43　程序运行画面

实例 29　远程 I/O 模块数字信号输出

一、设计任务

采用 MCGS 语言编写程序实现 PC 与远程 I/O 数字信号的输出。任务要求：

在 PC 程序界面中执行打开/关闭命令，界面中的信号指示灯变换颜色，同时，线路中的远程 I/O 模块数字量输出口输出高、低电平。

使用万用表直接测量数字量输出通道 1（DO1 和 GND）的输出电压（高电平或低电平）。

二、线路连接

如图 8-44 所示，ADAM-4520（RS-232 与 RS-485 转换模块）与 PC 的串口 COM1 连接转换为 RS-485 总线；ADAM-4050（数字量输入与输出模块）的信号输入端子 DATA+、DATA−分别与 ADAM-4520 的 DATA+、DATA−连接，电源端子+Vs、GND 分别与 DC24V 电源的+、−连接。

将 ADAM-4050 的地址设为 02。数字量输出不需连线，使用万用表直接测量数字量输出通道 1（DO1 和 GND）的输出电压即可。

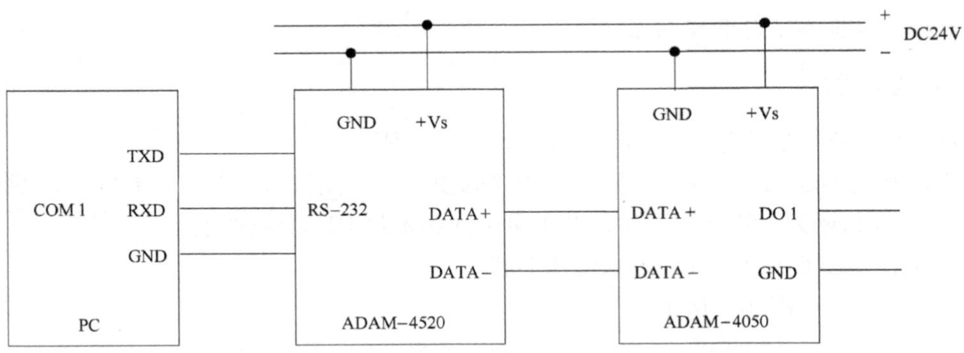

图 8-44　PC 与远程 I/O 模块组成的数字量输出系统

三、任务实现

1. 建立新工程项目

工程名称："DO"；窗口名称："DO"；工程描述："开关量输出"。

2. 制作图形画面

（1）为图形画面添加 8 个"开关"元件。

（2）为图形画面添加 8 个文本构件，分别为"DO0"、"DO1"、"DO2"、"DO3"、"DO4"、"DO5"、"DO6"、"DO7"。

（3）为图形画面添加 1 个"按钮"构件，将标题改为"关闭"。

设计的图形画面如图 8-45 所示。

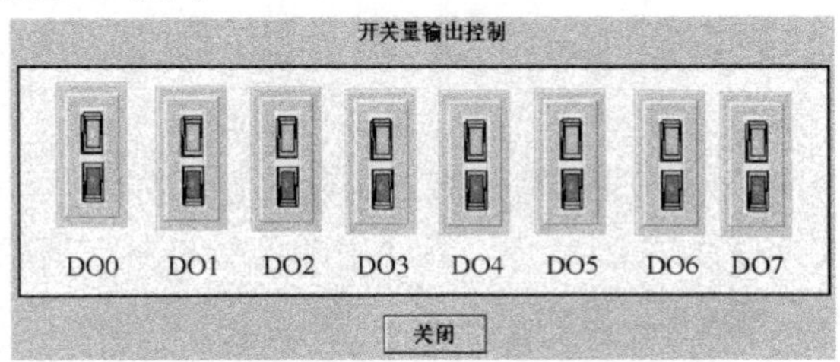

图 8-45　图形画面

3. 定义对象

新增 8 个开关型对象"开关输入 0"～"开关输出 7"，对象初值均为"0"，对象类型均为"开关"，如图 8-46 所示。

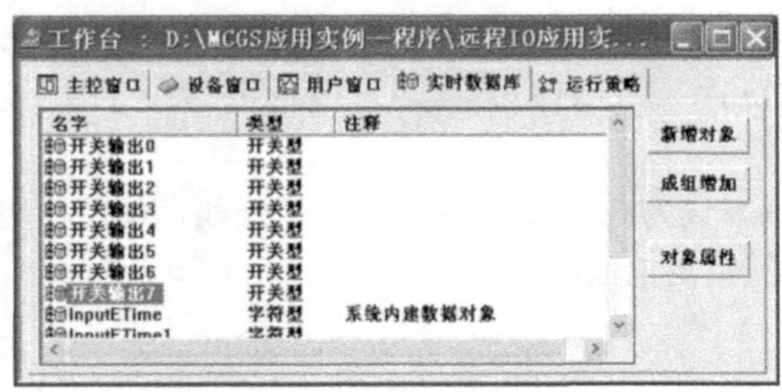

图 8-46　实时数据库

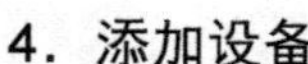

4．添加设备

在 MCGS 组态环境工作台的“设备窗口”选项页下侧双击“设备窗口”，出现“设备组态：设备窗口”，单击工具条上的“工具箱”按钮，弹出“设备工具箱”窗口。

（1）单击“设备管理”按钮，弹出“设备管理”窗口。在“可选设备”列表中双击“通用串口父设备”，将其添加到右侧的“选定设备”列表中。

（2）选择所有设备→智能模块→研华模块→ADAM4000→研华-4050，单击“增加”按钮，将“研华-4050”添加到右侧的“选定设备”列表中，如图 8-47 所示。

单击“确认”按钮，选定设备“通用串口父设备”和“研华-4050”即被添加到“设备工具箱”窗口中，如图 8-48 所示。

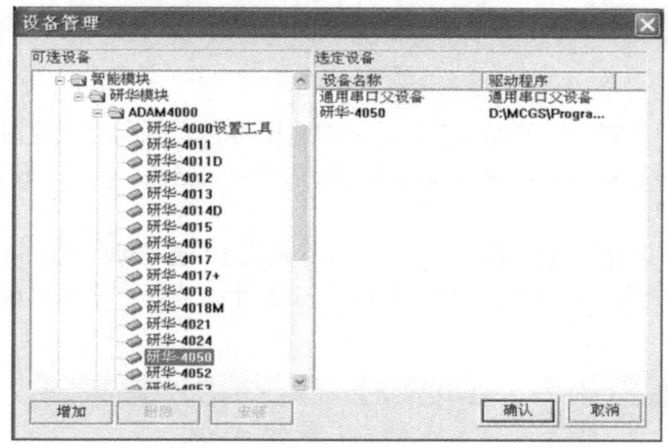

图 8-47　设备管理窗口

图 8-48　设备工具箱

（3）在“设备工具箱”窗口下双击“通用串口父设备”，“设备组态：设备窗口”中出现“通用串口父设备 0-[通用串口父设备]”。同理，在“设备工具箱”窗口下双击“研华-4050”，则“设备组态：设备窗口”中出现“设备 0-[研华-4050]”，故设备添加完成，如图 8-49 所示。

图 8-49　添加设备窗口

5．设备属性设置

（1）双击“通用串口父设备 0-[通用串口父设备]”，弹出“通用串口设备属性编辑”对话框。在“基本属性”页中设置：串口端口号为“0-COM1”，通信波特率为“6-9600”，数据位位数为“1-8 位”，停止位位数为“0-1 位”，数据校验方式为“0-无校验”，参数设置完毕，单击“确认”按钮，如图 8-50 所示。

（2）双击“设备 0-[研华-4050]”，弹出“设备属性设置”对话框，在“基本属性”页中将设备地址设为“2”，如图 8-51 所示。

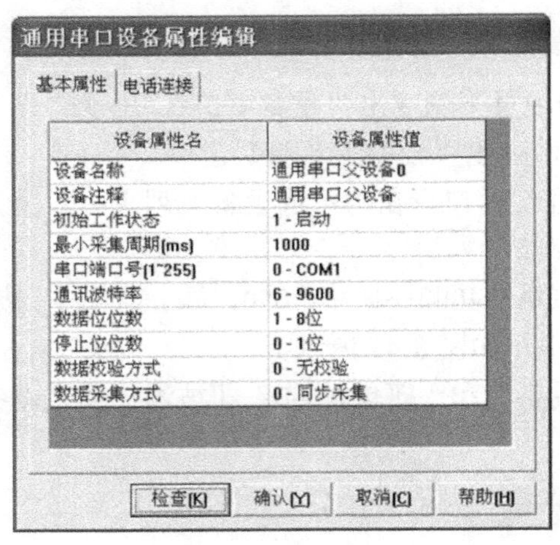

图 8-50　通用串口设备设置

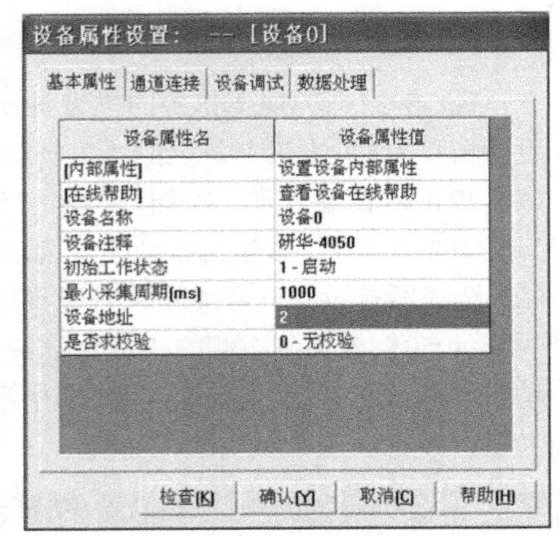

图 8-51　研华-4050 属性设置

（3）在“设备属性设置”窗口中选择“通道连接”页，分别选择通道 8～15 对应数据对象单元格，单击鼠标右键弹出连接对象对话框，选择要连接的对象“开关输出 0”～“开关输出 7”，如图 8-52 所示。

（4）在“设备属性设置”窗口中选择“设备调试”页，用鼠标长按 10 通道对应数据对象“开关输出 2”的通道值单元格，通道值“0”变为“1”，如图 8-53 所示，模块对应通道输出高电平。

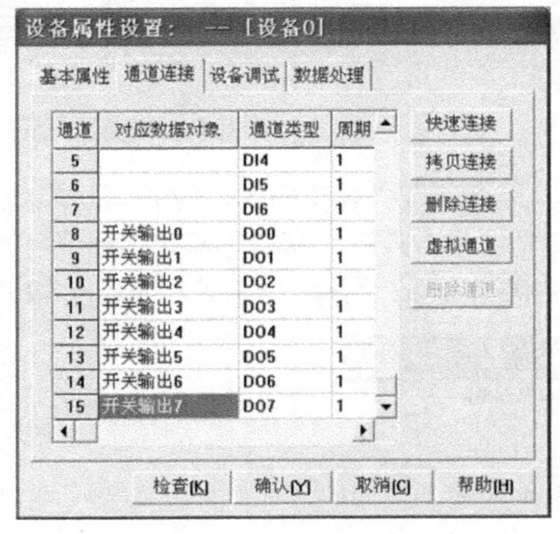

图 8-52　研华-4050 通道连接设置

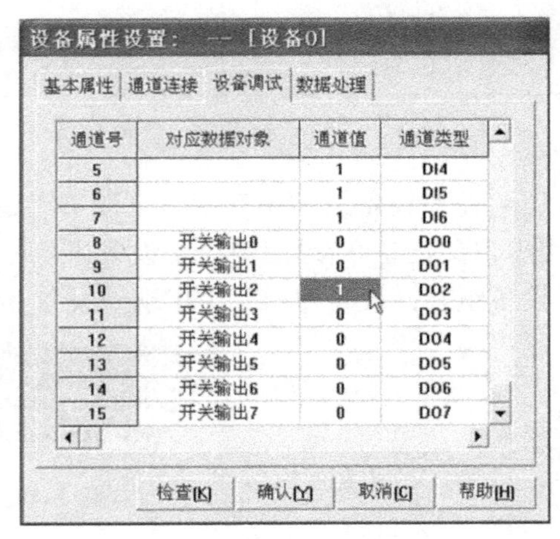

图 8-53　设备调试

6．建立动画连接

1）建立开关的动画连接

双击画面中的“开关 0”，弹出“单元属性设置”窗口。在“动画连接”页，单击组合图符对应的连接表达式文本框右边的“？”号，选择已定义好的变量“开关输出 0”，如图 8-54 所示。

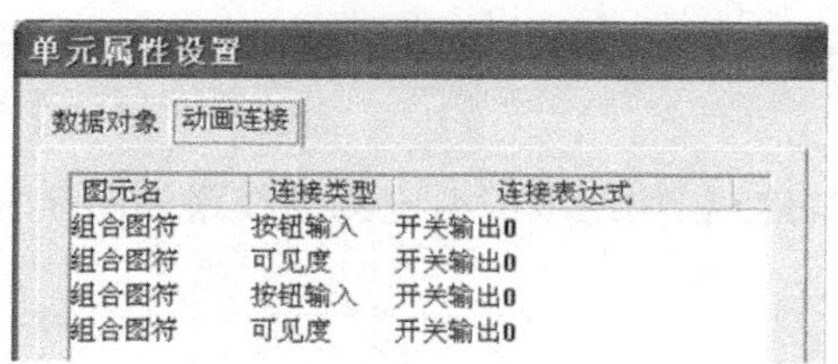

图 8-54　开关动画连接设置

依次完成其他开关的动画连接。

2）建立按钮的动画连接

双击“关闭”按钮，弹出“标准按钮构件属性设置”对话框。选择“操作属性”页，选择“按钮对应的功能”下的“关闭用户窗口”，下拉项选择“DO”窗口。

7. 调试与运行

保存工程，将“DO”窗口设为启动窗口，运行工程。

单击程序画面中的开关（打开或关闭），线路中相应的数字量输出口输出高、低电平。可使用万用表直接测量数字量输出通道的输出电压。

程序运行画面如图 8-55 所示。

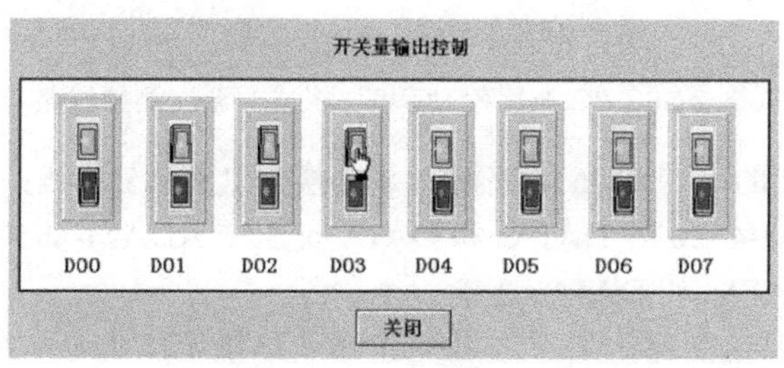

图 8-55　程序运行画面

实例 30　远程 I/O 模块温度监控

一、设计任务

采用 MCGS 编写应用程序实现远程 I/O 模块温度测量与报警控制。任务要求如下：

（1）自动连续读取并显示温度测量值。

（2）显示测量温度实时变化曲线。

（3）当测量温度大于设定值时，线路中的指示灯亮。

二、线路连接

PC 与 ADAM4000 远程 I/O 模块组成的温度测控线路如图 8-56 所示。

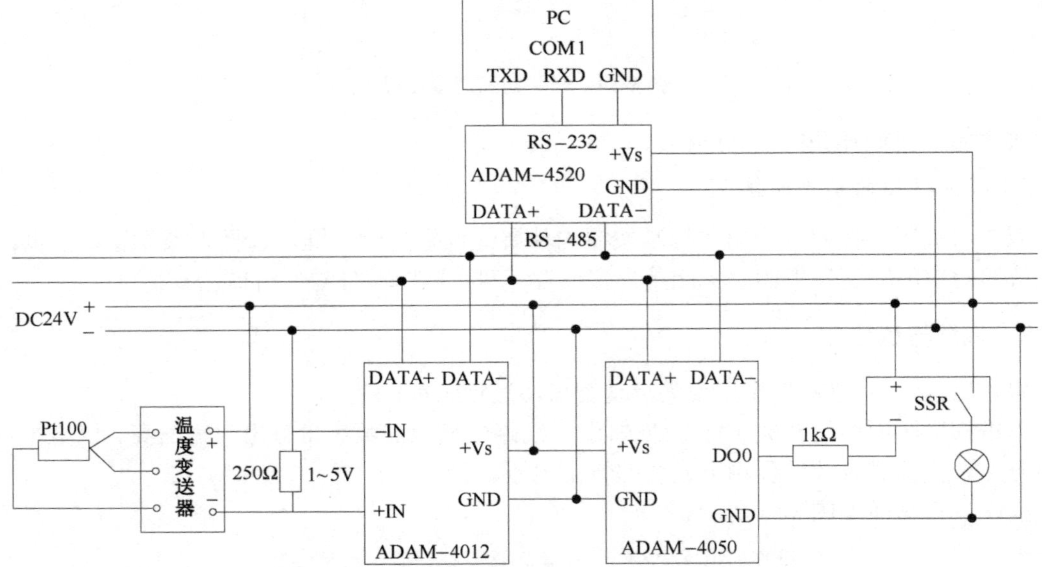

图 8-56 PC 与远程 I/O 模块组成的温度测控线路

ADAM-4520 与 PC 的串口 COM1 连接，并转换为 RS-485 总线；ADAM-4012 的 DATA+和 DATA−分别与 ADAM-4520 的 DATA+和 DATA−连接；ADAM-4050 的 DATA+和 DATA−分别与 ADAM-4520 的 DATA+和 DATA−连接。

Pt100 热电阻检测温度变化，通过温度变送器（测量范围为 0～200℃）转换为 4～20mA 电流信号，经过 250Ω 电阻转换为 1～5V 电压信号送入 ADAM-4012 的模拟量输入通道。

变送器的“+”端接 24V 电源的高电压端（+），变送器的“−”端接模块的+IN，−IN 接 24V 电源低电压端（−）。

将 ADAM-4012 的地址设为 01；将 ADAM-4050 的地址设为 02。

线路中可以按相同的方法接 2 个指示灯分别作为上限和下限报警指示灯。

三、任务实现

1. 建立新工程项目

工程名称：“AI”；窗口名称：“AI”；窗口内容注释：“模拟电压输入”。

2. 制作图形画面

（1）为图形画面添加 1 个“实时曲线”构件。

（2）为图形画面添加 4 个文本构件，分别是标签“温度值：”、当前电压值显示文本“000”、标签“下限灯：”、标签“上限灯：”。

（3）为图形画面添加 2 个“指示灯”元件。

（4）为图形画面添加 1 个“按钮”构件，将标题改为“关闭”。

设计的图形画面如图 8-57 所示。

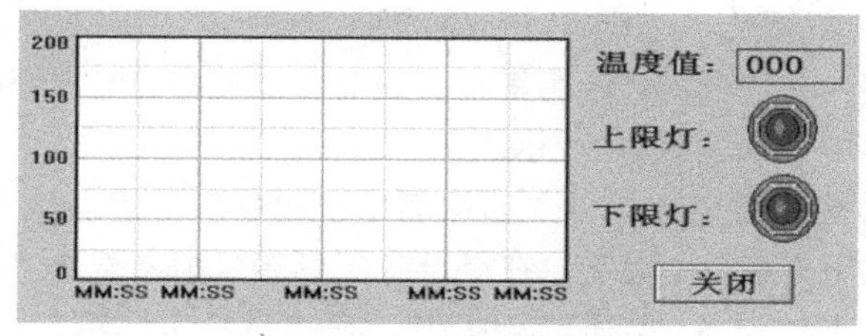

图 8-57　图形画面

3．定义对象

（1）新增对象“温度”，设小数位为“1”，最小值为“0”，最大值为“200”，对象类型选“数值”。

（2）新增对象“电压”，设小数位为“2”，最小值为“0”，最大值为“10”，对象类型选“数值”。

（3）新增对象“上限灯”，设对象初值为“0”，选对象类型为“开关”。

（4）新增对象“下限灯”，设对象初值为“0”，选对象类型为“开关”。

（5）新增对象“上限开关”，设对象初值为“0”，选对象类型为“开关”。

（6）新增对象“下限开关”，设对象初值为“0”，选对象类型为“开关”。

新增对象完成，实时数据库如图 8-58 所示。

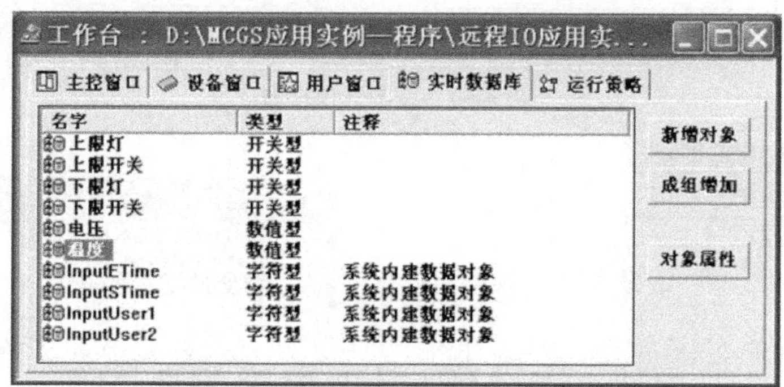

图 8-58　实时数据库

4．添加设备

在 MCGS 组态环境工作台的“设备窗口”选项页下侧双击“设备窗口”，出现“设备组态：设备窗口”，单击工具条上的“工具箱”按钮，弹出“设备工具箱”窗口。

（1）单击“设备管理”按钮，弹出“设备管理”窗口。在“可选设备”列表中双击“通用串口父设备”，将其添加到右侧的“选定设备”列表中。

（2）选择所有设备→智能模块→研华模块→ADAM4000→研华-4050，单击“增加”按钮，将“研华-4050”添加到右侧的“选定设备”列表中，如图 8-59 所示。

（3）选择所有设备→智能模块→研华模块→ADAM4000→研华-4012，单击“增加”按钮，将“研华-4012”添加到右侧的“选定设备”列表中。

单击“确认”按钮，选定设备“通用串口父设备”、“研华-4012”和“研华-4050”被添加到“设备工具箱”窗口中，如图 8-60 所示。

（4）在“设备工具箱”窗口下双击“通用串口父设备”，“设备组态：设备窗口”中出现“通用串口父设备 0-[通用串口父设备]”。在“设备工具箱”窗口双击“研华-4012”，则“设备组态：设备窗口”中出现“设备 0-[研华-4012]”，在“设备工具箱”窗口双击“研华-4050”，“设备组态：设备窗口”中出现“设备 1-[研华-4050]”，设备添加完成，如图 8-61 所示。

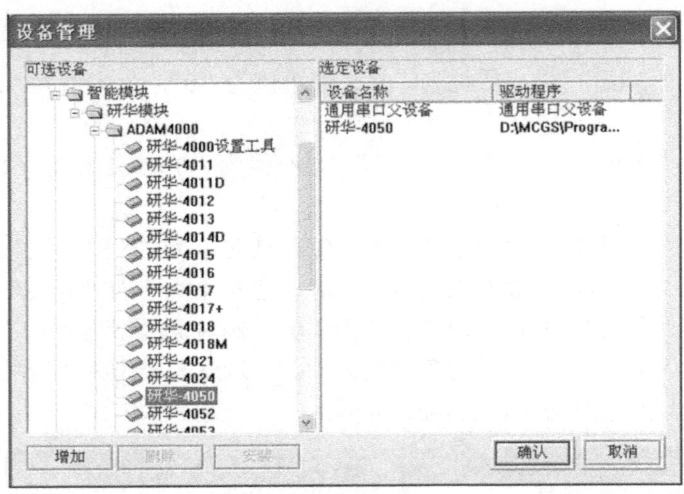

图 8-59　设备管理窗口

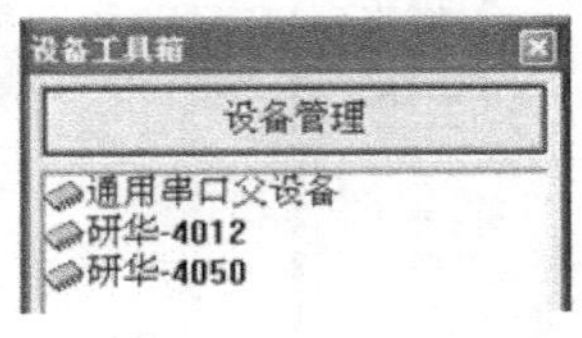

图 8-60　设备工具箱

图 8-61　添加设备窗口

5. 设备属性设置

（1）双击“通用串口父设备 0-[通用串口父设备]”，弹出“通用串口设备属性编辑”对话框。在“基本属性”页中设置：串口端口号为“0-COM1”，通信波特率为“6-9600”，数据位位数为“1-8 位”，停止位位数为“0-1 位”，数据校验方式为“0-无校验”，参数设置完毕，单击“确认”按钮，如图 8-62 所示。

（2）在“设备组态：设备窗口”中双击“设备 0-[研华-4012]”，弹出“设备属性设置”对话框，在“基本属性”页中将设备地址设为“1”，如图 8-63 所示。

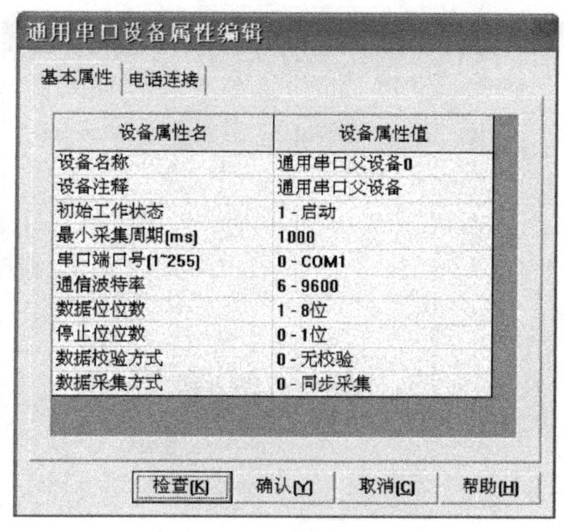

图 8-62　通用串口设置

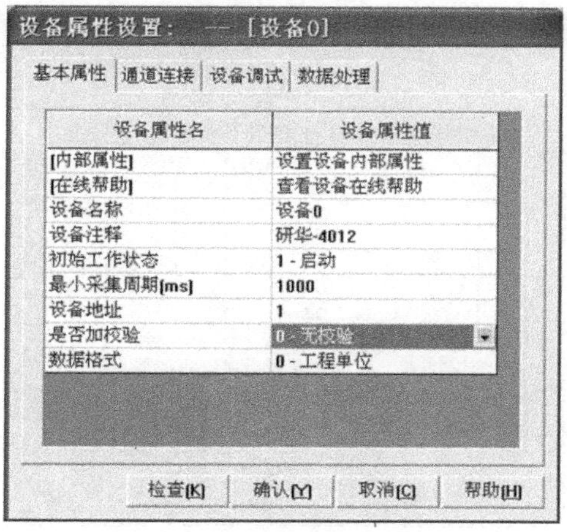

图 8-63　研华-4012 属性

在“通道连接”页选择通道 1 对应数据对象单元格，单击鼠标右键弹出连接对象对话框，选择要连接的对象“电压”（或者直接在单元格中输入“电压”），如图 8-64 所示。

在“设备调试”页可以看到研华-4012 模拟量输入通道输入的电压值，如图 8-65 所示。

（3）在“设备组态：设备窗口”中双击“设备 1-[研华-4050]”，弹出“设备属性设置”对话框，在“基本属性”页中将设备地址设为“2”。

在“通道连接”页选择通道 8 对应数据对象单元格，单击鼠标右键弹出连接对象对话框，选择要连接的对象“上限开关”，通道 9 选择要连接的对象“下限开关”，如图 8-66 所示。

在“设备调试”页，用鼠标长按 9 通道对应数据对象“下限开关”的通道值单元格，通道值“0”变为“1”，如图 8-67 所示，对应通道输出高电平。

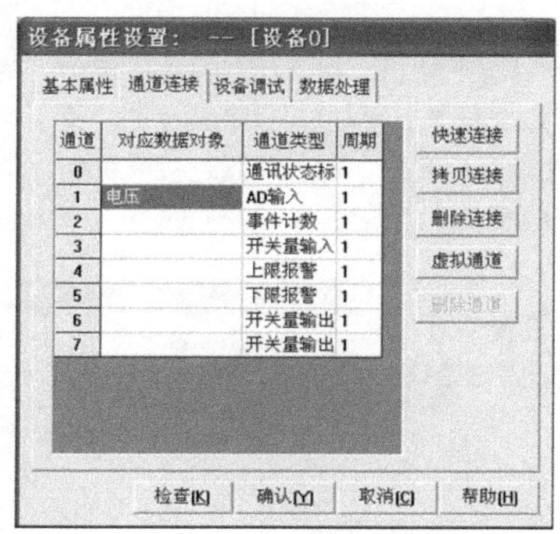

图 8-64　研华-4012 通道连接设置

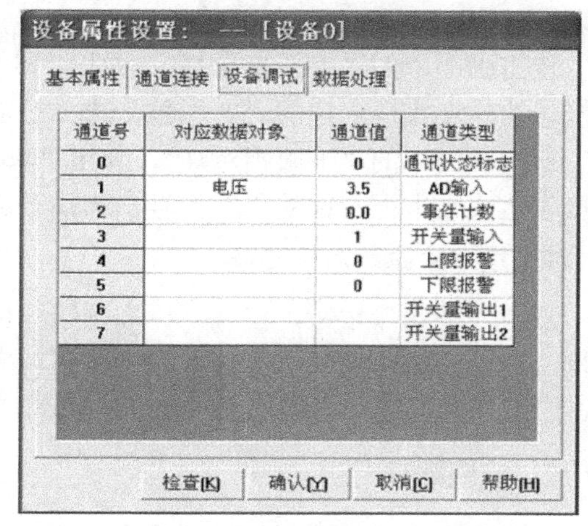

图 8-65　设备调试

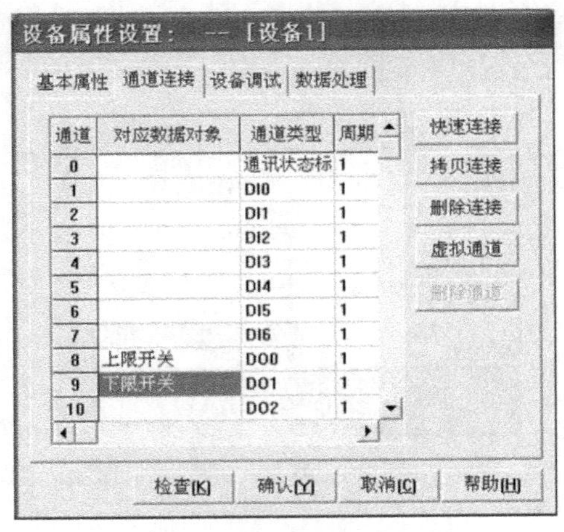

图 8-66 研华-4050 通道连接设置

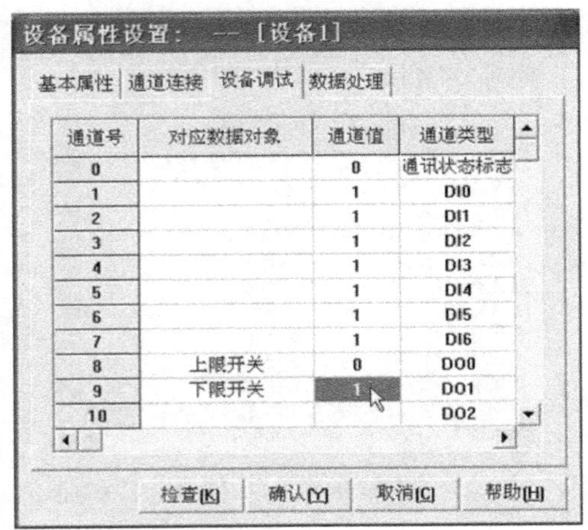

图 8-67 设备调试

6．建立动画连接

1）建立实时曲线的动画连接

双击画面中的“实时曲线”构件，弹出“实时曲线构件属性设置”窗口。在“画笔属性”页中，单击曲线 1 表达式文本框右边的“？”号，选择已定义好的变量“温度”。在“标注属性”页中，X 轴长度设为“5”，Y 轴标注最大值设为“200”。

2）建立标签的动画连接

双击画面中的“000”标签，弹出“动画组态属性设置”窗口，选择“输入输出连接”中的“显示输出”项，出现“显示输出”选项页。

选择“显示输出”页，表达式为“温度”，输出值类型为“数值量输出”，输出格式为“向中对齐”，整数位数为“3”，小数位数为“1”。

3）建立指示灯的动画连接

双击画面中的“上限指示灯”，弹出“单元属性设置”窗口。在“动画连接”页中，单击连接表达式文本框右边的“？”号，选择已定义好的变量“上限灯”。

双击画面中的“下限指示灯”，弹出“单元属性设置”窗口。在“动画连接”页中，单击连接表达式文本框右边的“？”号，选择已定义好的变量“下限灯”。

4）建立按钮的动画连接

双击“关闭”按钮，出现“标准按钮构件属性设置”对话框，选择“操作属性”页，选择“按钮对应的功能”下的“关闭用户窗口”，下拉项选择“DO”窗口。

7．策略编程

在工作台窗口中选择“运行策略”窗口，双击“循环策略”，弹出“策略组态：循环策略”编辑窗口。

新增策略行，添加“脚本程序”策略块，在“脚本程序”编辑窗口输入如图 8-68 所示的程序。

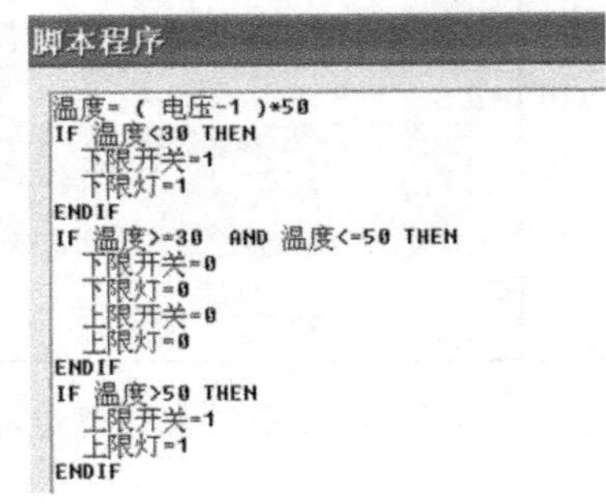
脚本程序

```
温度= ( 电压-1 )*50
IF 温度<30 THEN
  下限开关=1
  下限灯=1
ENDIF
IF 温度>=30  AND 温度<=50 THEN
  下限开关=0
  下限灯=0
  上限开关=0
  上限灯=0
ENDIF
IF 温度>50 THEN
  上限开关=1
  上限灯=1
ENDIF
```

图 8-68 输入脚本程序

返回到工作台运行策略窗口，选择循环策略，单击“策略属性”按钮，弹出“策略属性设置”对话框，将策略执行方式定时循环时间设置为 1000ms。

8．调试与运行

保存工程，将“AI”窗口设为启动窗口，运行工程。

给传感器升温或降温，画面中显示测量温度值及实时变化曲线。

当测量温度值大于 50℃时，画面中的上限灯改变颜色，线路中上限指示灯亮；当测量温度值小于 30℃时，画面中的下限灯改变颜色，线路中下限指示灯亮。

程序运行画面如图 8-69 所示。

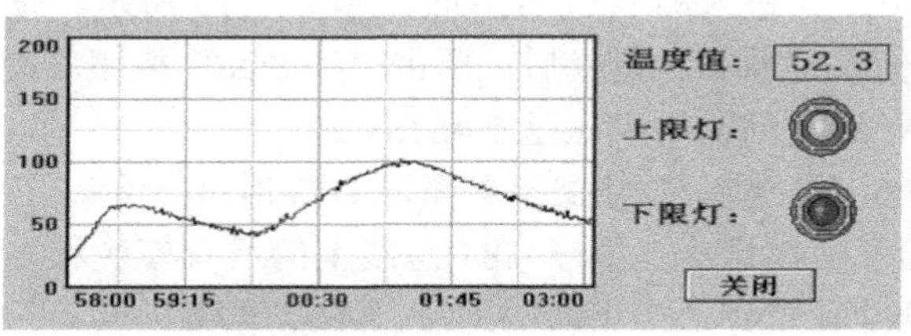

图 8-69　程序运行画面

知识链接　ADAM4000 系列模块软件的安装

1．安装驱动程序

在使用研华 ADAM4000 系列模块编程之前必须安装研华设备 DLL 驱动程序和设备管理程序 Device Manager。进入研华公司官方网站 www.advantech.com.cn 找到并下载下列程序：ADAM_DLL.exe、DevMgr.exe、ADAM-4000-5000Utility.exe 等。依次安装上述程序。

配置模块使用 Utility.exe 程序，运行 Utility.exe 程序，出现如图 8-70 所示的画面。

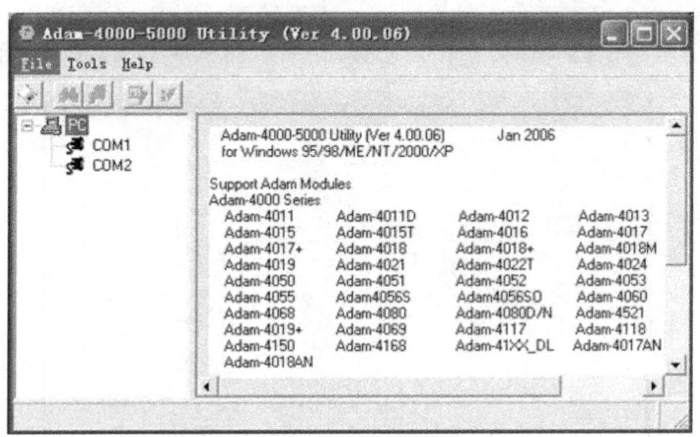

图 8-70　Utility 程序画面

选中 COM1，单击工具栏快捷键 search，出现“Search Installed Modules”对话窗口，如图 8-71 所示。提示扫描模块的范围，允许输入 0～255，确定一个值后，单击“OK”按钮开始扫描。

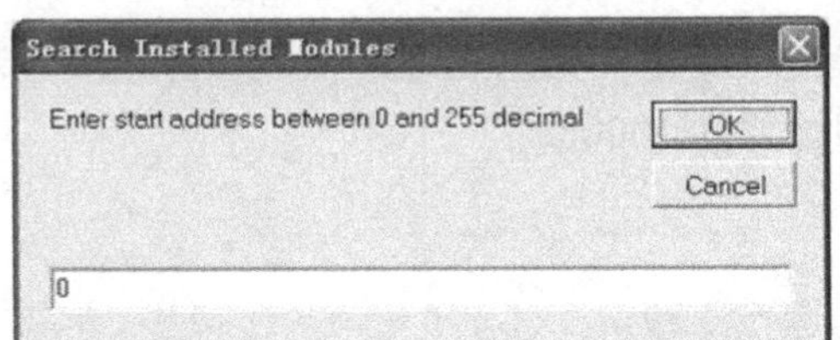

图 8-71　扫描安装的模块

如果计算机 COM1 口安装有模块，则将在程序右侧 COM1 下方出现已安装的模块名称，如图 8-72 所示。图 8-72 中显示 COM1 口安装了 4012 和 4050 两个模块。

单击模块名称“4012”，进入测试/配置界面，如图 8-73 所示。设置模块的地址值（1）、波特率（9600）、电压输入范围等，完成后，单击“Update”按钮。图 8-73 中模块名称 4012 前显示其地址值 01，AI 通道的输入电压是 1.4635V。

单击模块名称“4050”，进入测试/配置界面，如图 8-74 所示。

设定波特率和校验和应注意：在同一 485 总线上的所有模块和主计算机的波特率和校验和必须相同。联网前分别设置好 2 个模块的地址，不能重复。

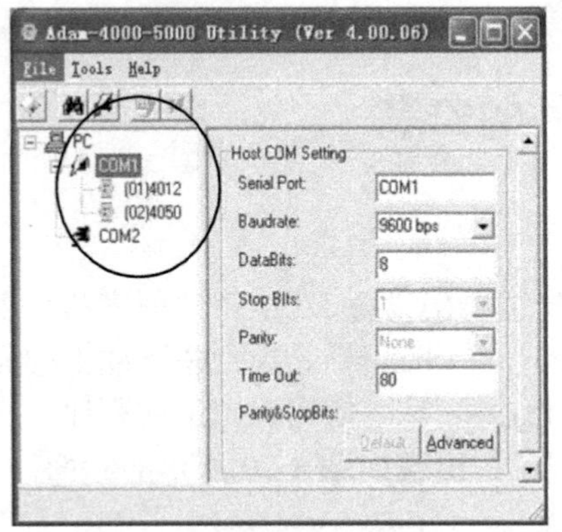

图 8-72 显示已安装的模块

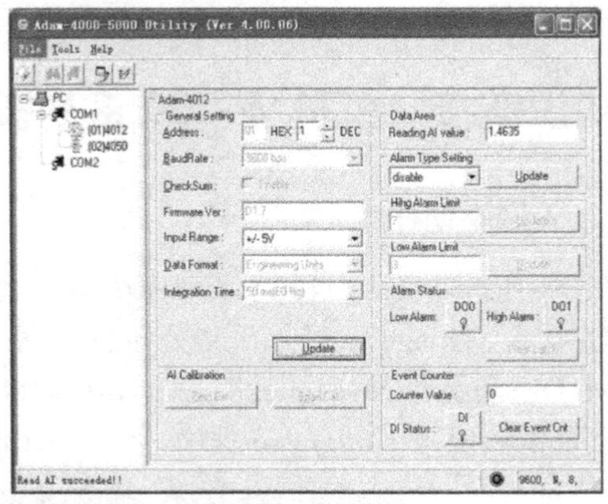

图 8-73　4012 模块配置与测试

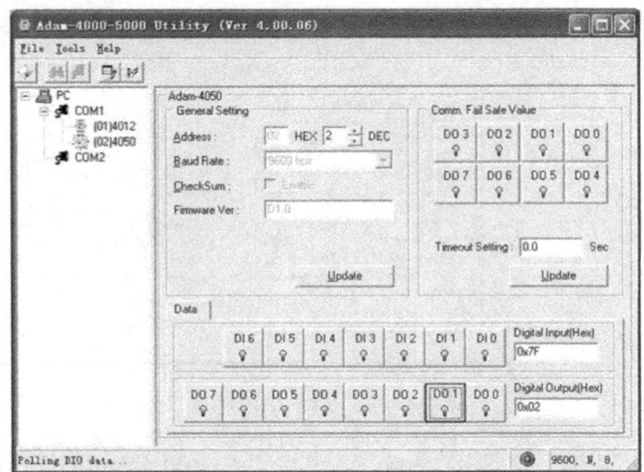

图 8-74　4050 模块配置与测试

2．模块测试

运行设备管理程序 DevMgr.exe，在出现的对话框中从 Supported Devices 列表中选择“Advantech COM Devices”，单击“Add”按钮，出现“Communication Port Configuration”对话框，设置串口通信参数，如图 8-75 所示，完成后单击“OK”按钮。

展开“Advantech COM Devices”项，选择“Advantech ADAM-4000 Modules for RS-485”项，单击“Add”按钮，出现“Advantech ADAM-4000 Module Parameters”对话框，如图 8-76 所示。在 Module Type 下拉框选择 ADAM 4012，在 Module Address 文本框中设置地址值，如 1（必须和模块的配置值一致）。

同样添加模块 ADAM 4050，地址值设为 2，完成后单击“OK”按钮，这时在 Installed Devices 列表中出现模块 ADAM 4012 与模块 ADAM 4050 的信息，如图 8-77 所示。

在 Installed Devices 列表中选择模块“000<ADAM 4012 Address=1 Dec.>”，单击右侧“Test”按钮，出现“Advantech Devices Test”对话框，如图 8-78 所示。在 Analog Input 选项卡中，显示模拟输入电压值，图 8-78 中，ADAM-4012 模块的输入电压是 1.4235V。

至此，可以用开发软件对 I/O 模块进行编程。

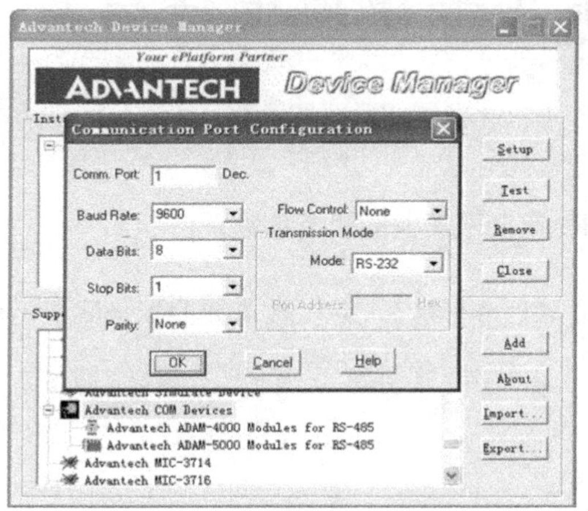

图 8-75　添加串口

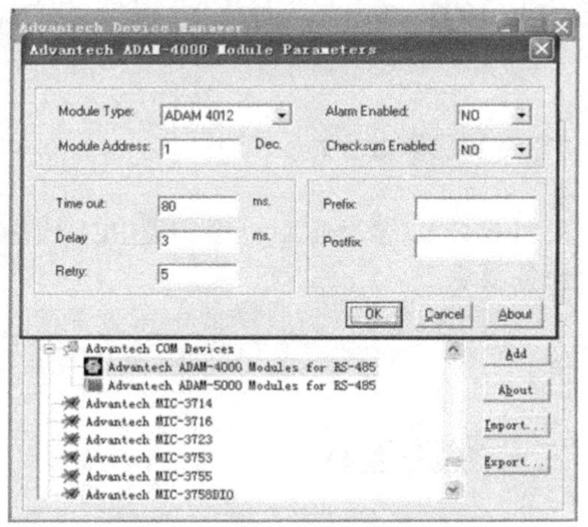

图 8-76　添加模块

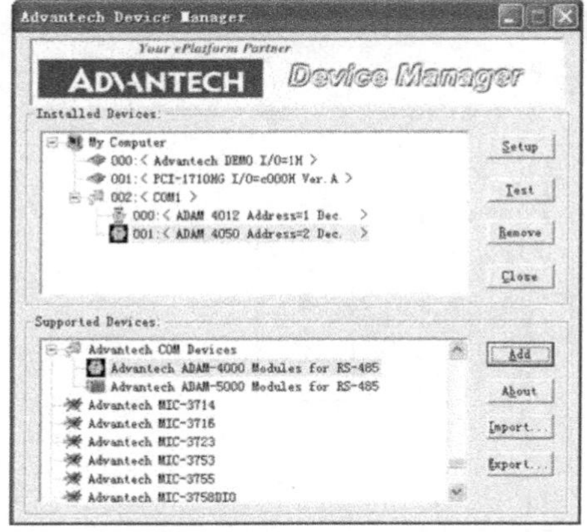

图 8-77　模块添加完成

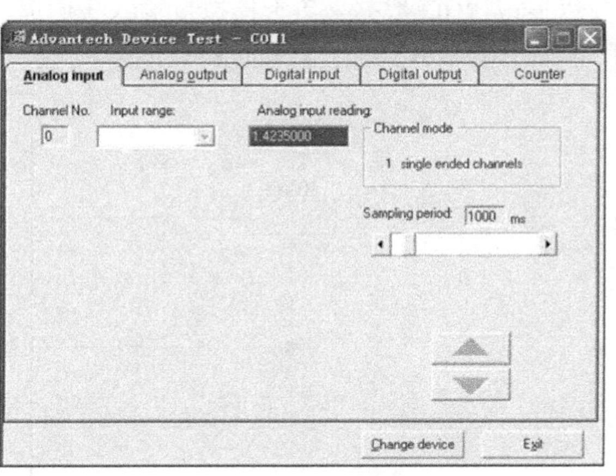

图 8-78　测试模块

第 9 章　PCI 数据采集卡监控应用

为了满足 PC 用于数据采集与控制的需要，国内外许多厂商生产了各种各样的数据采集板卡（或 I/O 板卡）。用户只要把这类板卡插入 PC 主板上相应的 I/O 扩展槽中就可以迅速、方便地构成一个数据采集与处理系统，从而大大节省了硬件的研制时间和投资，又可以充分利用 PC 的软硬件资源，还可以使用户集中精力对数据采集与处理中的理论和方法进行研究、进行系统设计及程序的编写等。

本章采用组态软件 MCGS 实现 PCI 数据采集卡模拟电压的输入与输出、开关量的输入与输出及其温度监控。

实例 31　PCI 数据采集卡模拟电压采集

一、设计任务

采用 MCGS 编写应用程序实现 PCI-1710HG 数据采集卡的模拟量输入。

任务要求：

PC 以间隔或连续方式读取电压测量值（范围为 0～5V），并以数值或曲线形式显示电压变化值。

二、线路连接

将直流 5V 电压接到一电位器两端，通过电位器产生一个模拟变化电压（范围是 0～5V），送入 PCI-1710HG 数据采集卡模拟量输入 3 通道（33 端点是 AI3，60 端点是 AIGND），同时在电位器电压输出端接一信号指示灯 L（DC 5V），如图 9-1 所示。

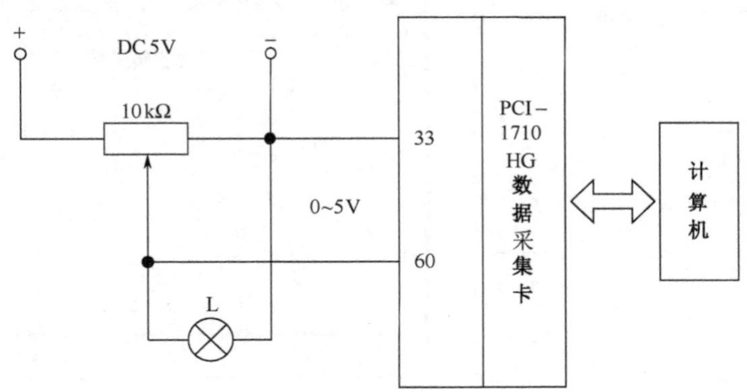

图 9-1　计算机模拟电压输入线路

也可在模拟量输入 0 通道接稳压电源提供的 0～5V 电压。

其他模拟量输入通道输入电压接线方法与 0 通道相同。

三、任务实现

1．建立新工程项目

工程名称："AI"；窗口名称："AI"；窗口内容注释："模拟电压输入"。

2．制作图形画面

（1）为图形画面添加 3 个文本构件，分别是标签"电压值："、当前电压值显示文本"000"和标签"V"。

（2）为图形画面添加 1 个"实时曲线"构件。

（3）为图形画面添加 1 个"按钮"构件，将按钮标题改为"关闭"。

设计的图形画面如图 9-2 所示。

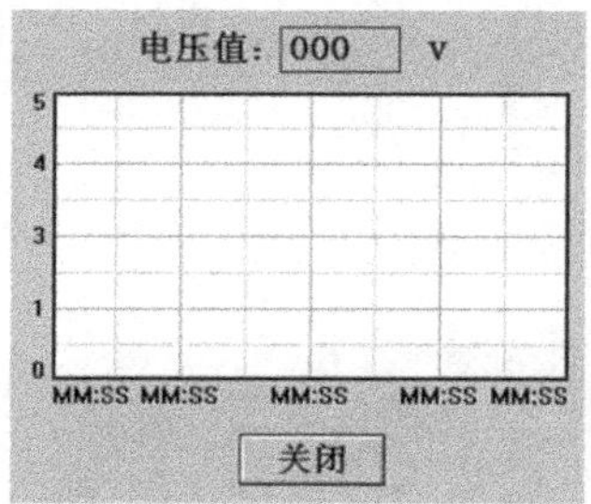

图 9-2　图形画面

3．定义对象

（1）新增对象"电压"，设小数位数为"2"，最小值为"0"，最大值为"10"，对象类型选择"数值"。

（2）新增对象"电压 1"，设小数位数为"0"，最小值为"0"，最大值为"10000"，对象类型选择"数值"。

新增两个对象完成，实时数据库如图 9-3 所示。

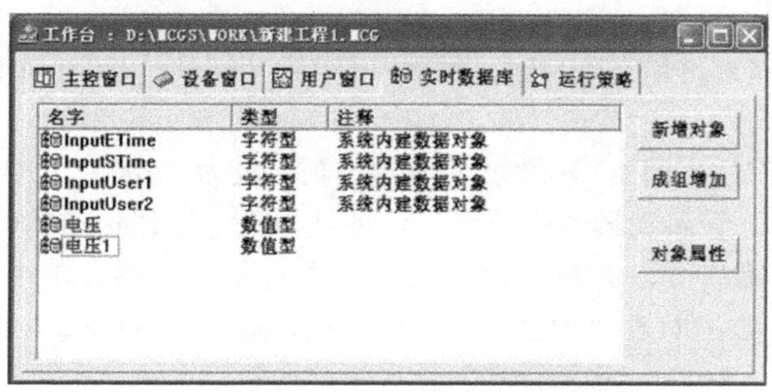

图 9-3　实时数据库

4．添加设备

在 MCGS 组态环境工作台的“设备窗口”选项页下侧双击“设备窗口”，出现“设备组态：设备窗口”，单击工具条上的“工具箱”按钮，弹出“设备工具箱”窗口。

（1）单击“设备管理”按钮，弹出“设备管理”窗口。在“可选设备”列表中选择所有设备→采集板卡→研华板卡→PCI_1710HG→研华_PCI1710HG，双击“研华_PCI1710HG”，将“研华_PCI1710HG”添加到右侧的“选定设备”列表中，如图 9-4 所示，单击“确认”按钮，选定设备即被添加到“设备工具箱”窗口中，如图 9-5 所示。

（2）在“设备工具箱”窗口双击“研华_PCI1710HG”，在“设备组态：设备窗口”中即出现“设备 0-[研华_PCI1710HG]”，设备添加完成，如图 9-6 所示。

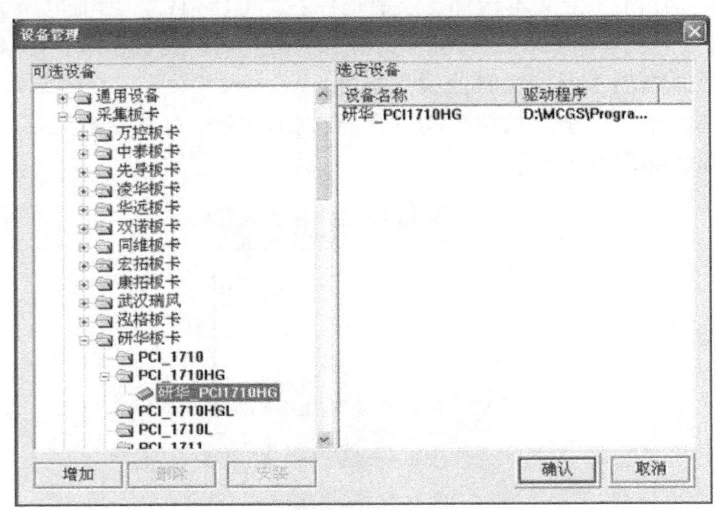

图 9-4　设备管理窗口

图 9-5　设备工具箱

图 9-6　添加设备窗口

5．设备属性设置

在“设备组态：设备窗口”中双击“设备 0-[研华_PCI-1710HG]”，弹出“设备属性设置”窗口，如图 9-7 所示。

（1）在“基本属性”页将 IO 基地址（十六进制）设为“e800”（IO 基地址即 PCI 板卡的端口地址，在 Windows 设备管理器中查看，该地址与板卡所在插槽的位置有关）。

（2）在“通道连接”页，选择通道 3 对应数据对象单元格，单击鼠标右键弹出连接对象对话框，选择要连接的对象“电压 1”（或者直接在单元格中输入“电压 1”），如图 9-8 所示。

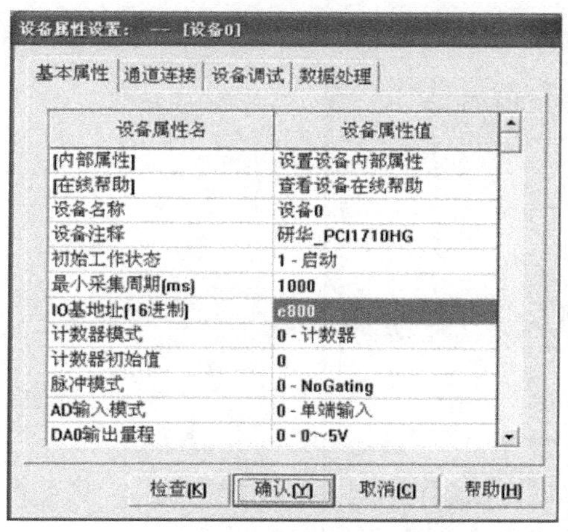
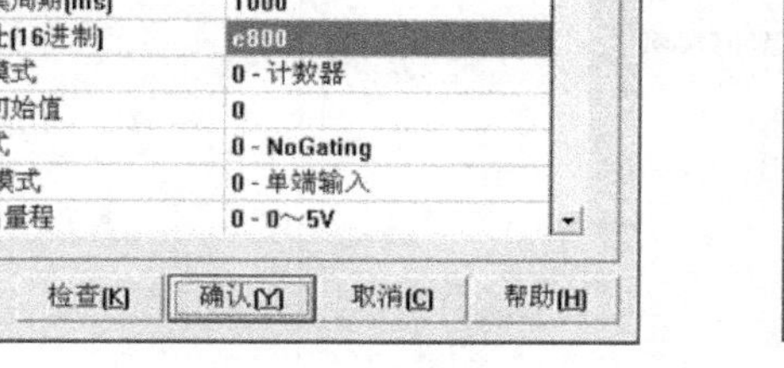

图 9-7　基本属性设置

设备属性设置：—— [设备0]

基本属性 | 通道连接 | 设备调试 | 数据处理

通道	对应数据对象	通道类型	周期
0		AD输入01	1
1		AD输入02	1
2		AD输入03	1
3	电压1	AD输入04	1
4		AD输入05	1
5		AD输入06	1
6		AD输入07	1
7		AD输入08	1
8		AD输入09	1
9		AD输入10	1
10		AD输入11	1

快速连接　拷贝连接　删除连接　虚拟通道　删除通道

检查[K]　确认[Y]　取消[C]　帮助[H]

图 9-8　设备通道连接

（3）在“设备调试”页，可以看到研华_PCI1710HG 数据采集卡模拟量输入 3 通道输入的电压值（需除以 1000），如图 9-9 所示。

设备属性设置：—— [设备0]

基本属性 | 通道连接 | 设备调试 | 数据处理

通道号	对应数据对象	通道值	通道类型
0		-4997.5	AD输入01
1		-4997.5	AD输入02
2		-4997.5	AD输入03
3	电压1	2238.7	AD输入04
4		-4997.5	AD输入05
5		-4997.5	AD输入06
6		-4997.5	AD输入07
7		-4997.5	AD输入08
8		-4997.5	AD输入09
9		-4997.5	AD输入10
10		-4997.5	AD输入11
11		-4997.5	AD输入12

检查[K]　确认[Y]　取消[C]　帮助[H]

图 9-9　设备调试

6．建立动画连接

1）建立当前电压值显示文本的动画连接

双击画面中的当前电压值显示文本“000”，出现“动画组态属性设置”对话框，在“属性设置”页中，选择“输入输出连接”中的“显示输出”项，出现“显示输出”选项页。

选择“显示输出”页，将表达式设置为“电压”（可以直接输入，也可以单击表达式文本框右边的“？”号选择已定义好的变量名“电压”），输出值类型选择“数值量输出”，输出格式选择“向中对齐”，整数位数设为“1”，小数位数设为“2”，如图 9-10 所示。

2）建立实时曲线的动画连接

双击画面中的“实时曲线”构件，弹出“实时曲线构件属性设置”窗口。在“画笔属性”页中，单击曲线 1 表达式文本框右边的“？”号，选择已定义好的变量“电压”，如图 9-11

所示。在“标注属性”页中，X 轴长度设为“2”，Y 轴最大值设为“5”，如图 9-12 所示。

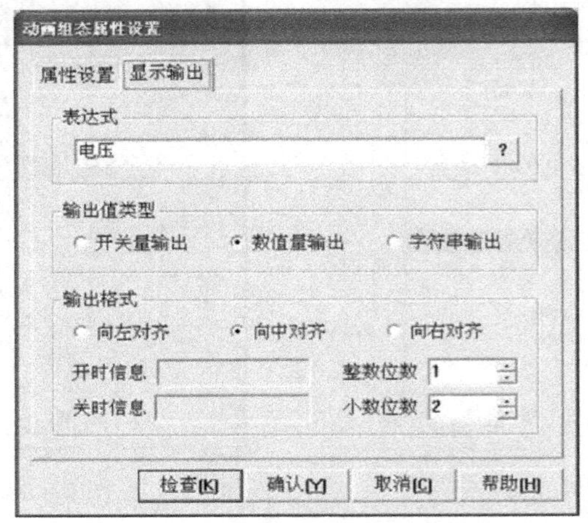

图 9-10　标签动画连接

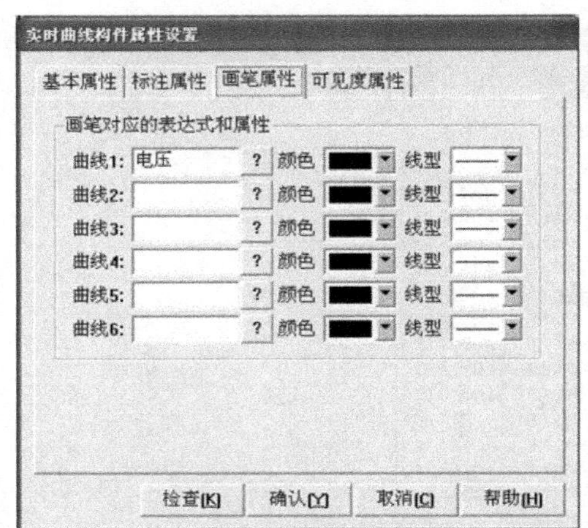

图 9-11　实时曲线画笔属性设置

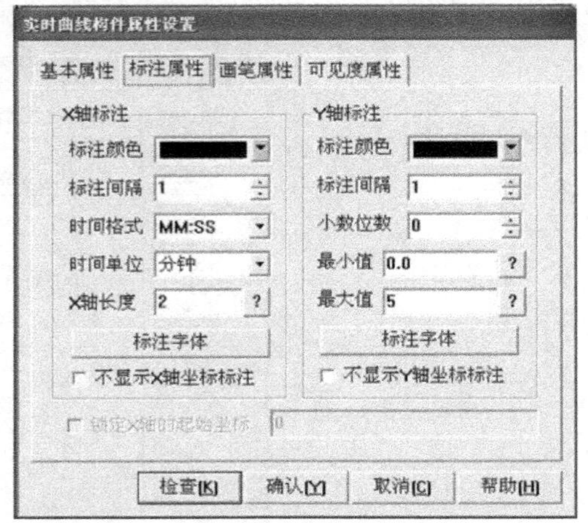

图 9-12　实时曲线标注属性设置

3）建立按钮的动画连接

双击“关闭”按钮，出现“标准按钮构件属性设置”对话框。选择“操作属性”页，再选择“按钮对应的功能”下的“关闭用户窗口”，下拉项选择“AI”窗口。

7. 策略编程

在工作台窗口中选择“运行策略”窗口，双击“循环策略”，弹出“策略组态：循环策略”编辑窗口。

新增策略行，添加“脚本程序”策略块，在“脚本程序”编辑窗口输入如图 9-13 所示的程序。

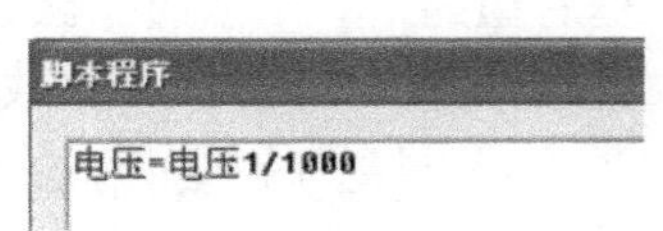

图 9-13　输入脚本程序

返回到工作台运行策略窗口，选择循环策略，单击“策略属性”按钮，弹出“策略属性设置”对话框，将策略执行方式定时循环时间设置为 1000ms。

8．调试与运行

保存工程，将“AI”窗口设为启动窗口，运行工程。

在数据采集卡模拟量输入 3 通道输入电压 0～5V，程序画面中的电压值、实时曲线都将随输入电压的变化而变化。

程序运行画面如图 9-14 所示。

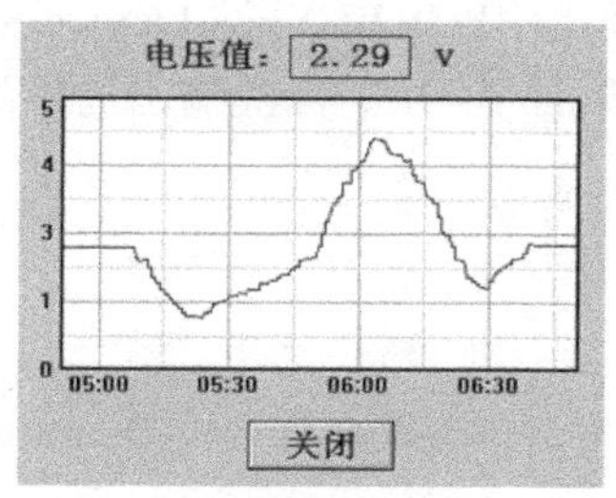

图 9-14　程序运行画面

实例 32　PCI 数据采集卡模拟电压输出

一、设计任务

采用 MCGS 编写应用程序实现 PCI-1710HG 数据采集卡模拟量输出。

任务要求：

在 PC 程序界面中输入数值（范围为 0～10），线路中模拟量输出口输出同样大小的电压值（0～10V）。

二、线路连接

在图 9-15 中，将 PCI-1710HG 数据采集卡模拟量输出 0 通道（58 端点和 57 端点）接信号指示灯 L，通过其明暗变化来显示电压大小的变化；接电子示波器来显示电压变化的波形（范围为 0～10V）。

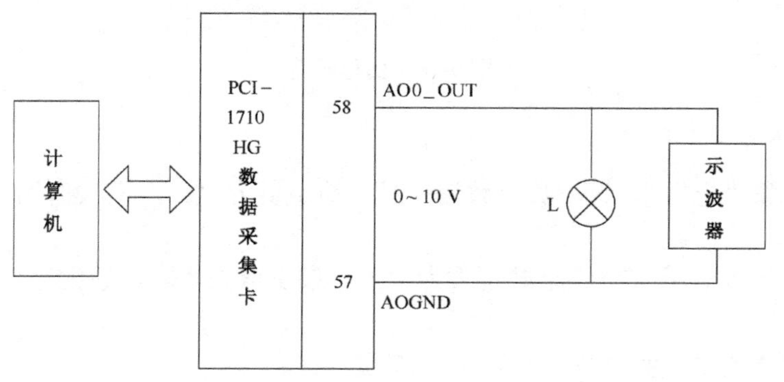

图 9-15　计算机模拟电压的输出线路

也可使用万用表直接测量 58 端点（AO0_OUT）与 57 端点（AOGND）之间的输出电压（0～10V））。

模拟量输出 1 通道输出电压接线与 0 通道相同。

编程前需通过研华数据采集卡配置软件 Device Manager 对数据采集卡进行配置。从开始菜单→所有程序→Advantech Automation/Device Manager 打开设备管理程序 Advantech Device Manager。单击“Setup”按钮，弹出“PCI-1710HG Device Setting”对话框，在对话框中设置 A/D 通道为“Single-Ended”，选择两个 D/A 转换输出通道通用的基准电压来自“Internal”，设置基准电压的大小为 0～10V。

三、任务实现

1．建立新工程项目

工程名称：“AO”；窗口名称：“AO”；窗口描述：“模拟量输出”。

2．制作图形画面

（1）为图形画面添加 1 个“滑动输入器”构件。

（2）为图形画面添加 1 个“实时曲线”构件。

（3）为图形画面添加 2 个文本构件，分别是标签“输出电压值（V）：”、当前电压值显示文本“000”。

（4）为图形画面添加 1 个“按钮”构件，将按钮标题改为“关闭”。

设计的图形画面如图 9-16 所示。

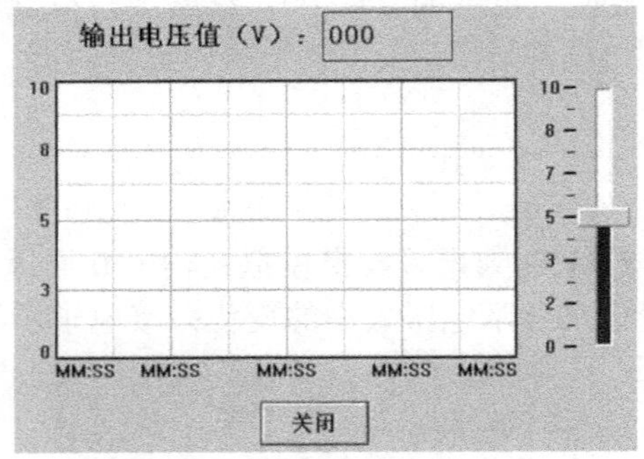

图 9-16　图形画面

3．定义对象

（1）新增对象“电压”，设小数位数为“2”，最小值为“0”，最大值为“10”，对象类型选择“数值”。

（2）新增对象“电压 1”，设小数位数为“0”，最小值为“0”，最大值为“10000”，对象类型选择“数值”。

新增两个对象完成，实时数据库如图 9-17 所示。

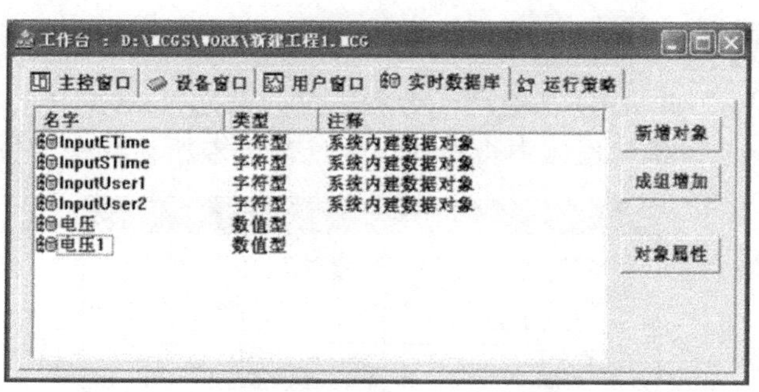

图 9-17　实时数据库

4．添加设备

在 MCGS 组态环境工作台的“设备窗口”选项页下侧双击“设备窗口”，出现“设备组态：设备窗口”，单击工具条上的“工具箱”按钮，弹出“设备工具箱”窗口。

（1）单击“设备管理”按钮，弹出“设备管理”窗口。

在“可选设备”列表中选择所有设备→采集板卡→研华板卡→PCI_1710HG→研华_PCI1710HG，双击“研华_PCI1710HG”，将“研华_PCI1710HG”添加到右侧的“选定设备”列表中，如图 9-18 所示，单击“确认”按钮，选定设备即被添加到“设备工具箱”窗口中，如图 9-19 所示。

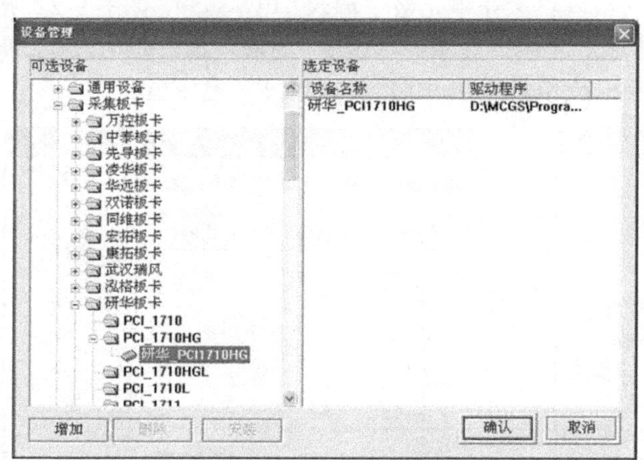

图 9-18　设备管理窗口

图 9-19　设备工具箱

（2）在“设备工具箱”窗口双击“研华_PCI1710HG”，在“设备组态：设备窗口”中出现“设备 0-[研华_PCI1710HG]”，设备添加完成，如图 9-20 所示。

图 9-20　添加设备窗口

5．设备属性设置

在“设备组态：设备窗口”中双击“设备 0-[研华_PCI1710HG]”，弹出“设备属性设置”

窗口，如图 9-21 所示。

（1）在“基本属性”页将 IO 基地址（十六进制）设为“e800”（IO 基地址即 PCI 板卡的端口地址，在 Windows 设备管理器中查看（该地址与板卡所在插槽的位置有关）。

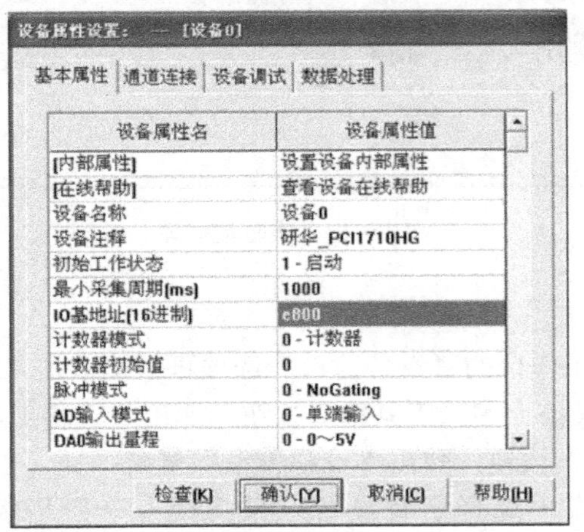

图 9-21　基本属性设置

（2）在“通道连接”页中，选择 49 通道对应数据对象单元格，单击鼠标右键弹出连接对象对话框，选择要连接的对象“电压 1”（或者直接在单元格中输入“电压 1”），如图 9-22 所示。

（3）在“设备调试”页，设置 49 通道对应数据对象“电压 1”的通道值，如输入“2500”，如图 9-23 所示，单击通道号，数据采集卡模拟量输出 0 通道输出 2.5V 电压值。

图 9-22　设备通道连接

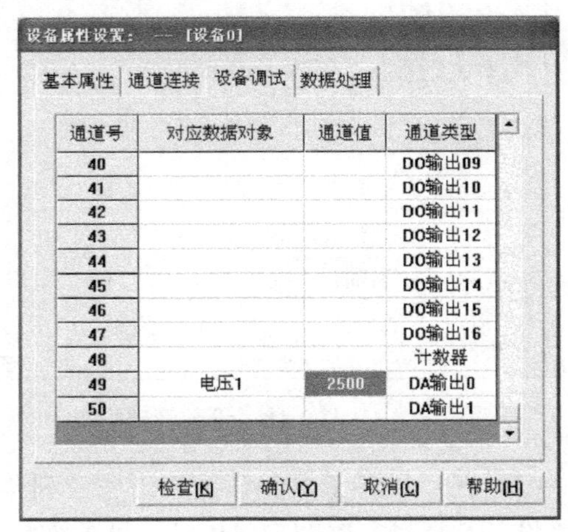

图 9-23　设备调试

6. 建立动画连接

1）建立当前电压值显示文本的动画连接

双击画面中的当前电压值显示文本“000”，出现“动画组态属性设置”对话框，选择“输入输出连接”中的“显示输出”项，出现“显示输出”选项页。

选择“显示输出”页，将表达式设置为“电压”（可以直接输入，也可以单击表达式文本框右边的“？”号选择已定义好的变量名“电压”)，输出值类型选择“数值量输出”，输出格式选择“向中对齐”，整数位数设为“1”，小数位数设为“2”，如图 9-24 所示。

2）建立滑动输入器的动画连接

双击画面中的“滑动输入器”构件，弹出“滑动输入器构件属性设置”窗口。选择“操作属性”页，单击连接表达式文本框右边的“？”号，选择已定义好的变量“电压”，滑块在最左（上）边时对应的值为“0”，滑块在最右（下）边时对应的值为“10”，如图 9-25 所示。

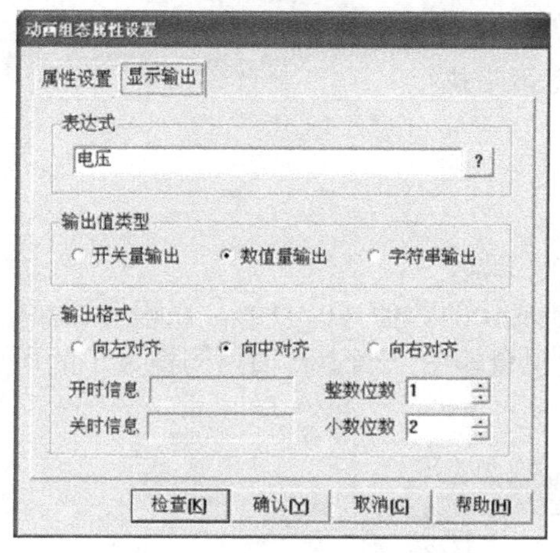

图 9-24　标签动画连接

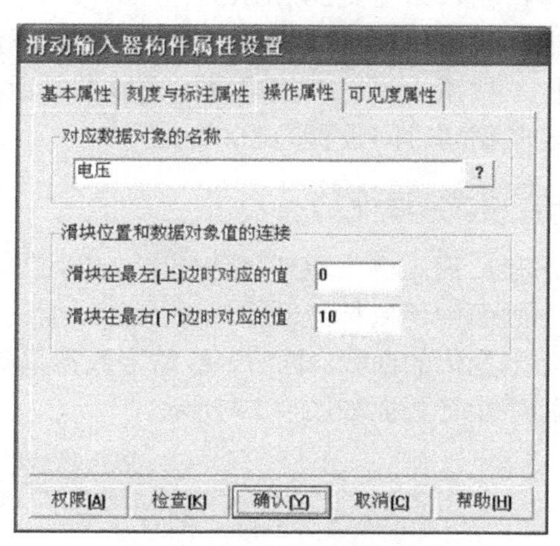

图 9-25　滑动输入器操作属性设置

3）建立实时曲线的动画连接

双击画面中的“实时曲线”构件，弹出“实时曲线构件属性设置”窗口。在“画笔属性”页中，单击曲线 1 表达式文本框右边的“？”号，选择已定义好的变量“电压”，如图 9-26 所示。在“标注属性”页中，X 轴长度设为“2”，Y 轴最大值设为“10.0”，如图 9-27 所示。

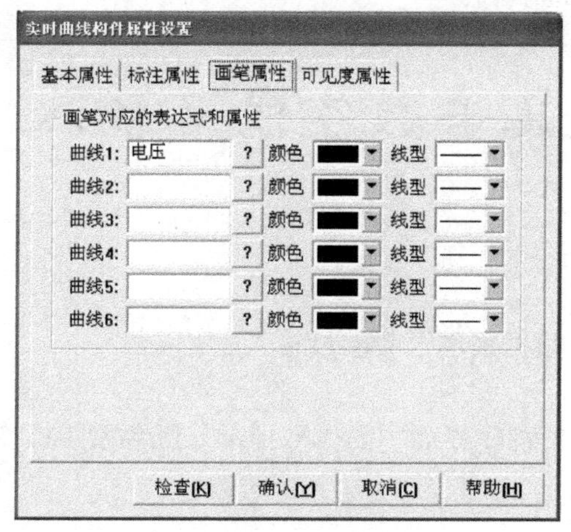

图 9-26　实时曲线画笔属性设置

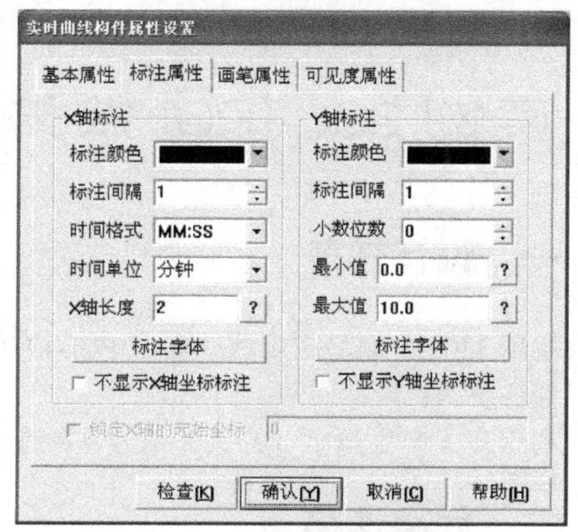

图 9-27 实时曲线构件属性设置

4）建立按钮的动画连接

双击“关闭”按钮，出现“标准按钮构件属性设置”对话框。选择“操作属性”页，选择“按钮对应的功能”下的“关闭用户窗口”，下拉项选择“AO”窗口。

7．策略编程

在工作台窗口中选择“运行策略”窗口，双击“循环策略”，弹出“策略组态：循环策略”编辑窗口。

新增策略行，添加“脚本程序”策略块，在“脚本程序”编辑窗口输入如图 9-28 所示的程序。

图 9-28　输入脚本程序

返回到工作台运行策略窗口，选中循环策略，单击“策略属性”按钮，弹出“策略属性设置”对话框，将策略执行方式定时循环时间设置为 1000ms。

8．调试与运行

保存工程，将“AO”窗口设为启动窗口，运行工程。

在画面中用鼠标拉动滑动输入器，生成一间断变化的数值（0～10），在程序画面中产生一个随之变化的曲线；同时，线路中数据采集卡模拟量输出 0 通道将输出同样大小的电压值。

程序运行画面如图 9-29 所示。

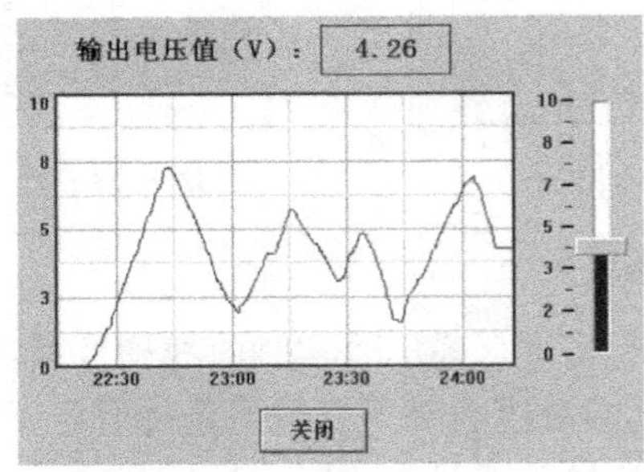

图 9-29　程序运行画面

实例 33　PCI 数据采集卡数字信号输入

一、设计任务

采用 MCGS 编写应用程序实现 PCI-1710HG 数据采集卡数字量输入。

任务要求：

利用开关产生数字（开关）信号（0 或 1），使程序界面中的信号指示灯颜色发生改变。

二、线路连接

图 9-30 中，由电气开关和光电接近开关分别控制两个电磁继电器，每个继电器都有 2 路常开和常闭开关，其中，2 个继电器的一个常开开关 KM11 和 KM21 接指示灯，由电气开关控制的继电器的另一常开开关 KM12 接 PCI-1710HG 数据采集卡数字量输入 0 通道（56 端点

和 48 端点），由光电接近开关控制的继电器的另一常开开关 KM22 接板卡数字量输入 1 通道（22 端点和 48 端点）。

也可直接使用按钮、行程开关等的常开触点接数字量输入端口（56 端点是 DI0，22 端点是 DI1，48 端点是 DGND）。更简单的方法是直接使用导线短接或断开数字地（48 端点）和 56、22 等数字量输入端点来产生数字（开关）信号。

其他数字量输入通道信号的输入接线方法与上述通道相同。

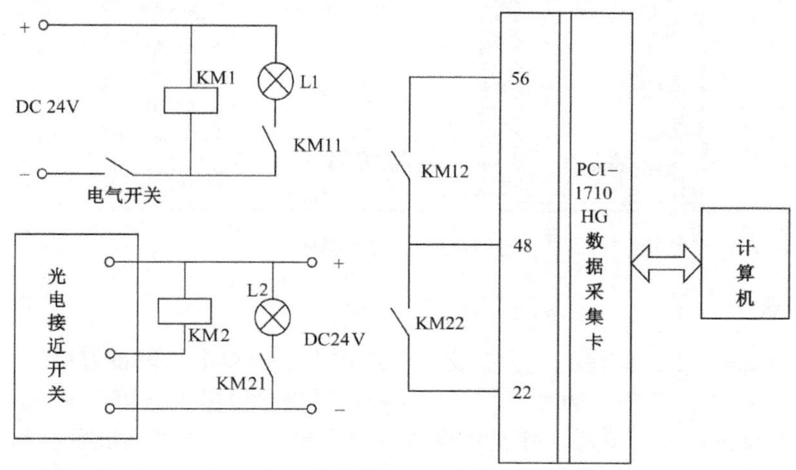

图 9-30　计算机数字量输入线路

三、任务实现

1. 建立新工程项目

工程名称：“DI”；窗口名称：“DI”；工程描述：“开关量输入”。

2. 制作图形画面

（1）为图形画面添加 8 个“指示灯”元件。

（2）为图形画面添加 8 个文本构件，分别为“DI1”、“DI2”、“DI3”、“DI4”、“DI5”、“DI6”、“DI7”、“DI8”。

（3）为图形画面添加 1 个“按钮”构件，将标题改为“关闭”。

设计的图形画面如图 9-31 所示。

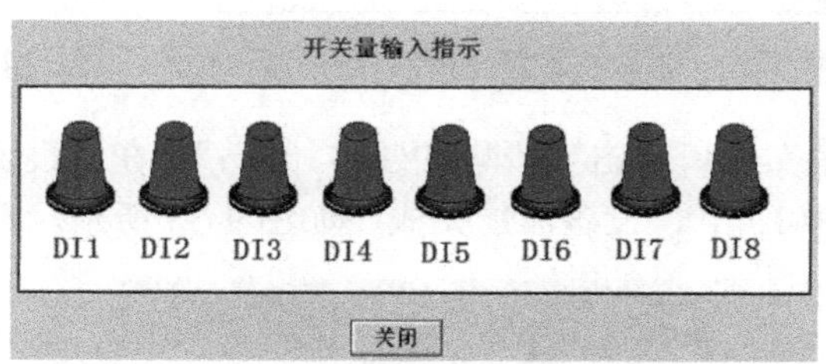

图 9-31　图形画面

3. 定义对象

新增 8 个开关型对象，分别为“DI1”～“DI8”，对象初值均为“0”，对象类型均为“开关”，新增对象完成，实时数据库如图 9-32 所示。

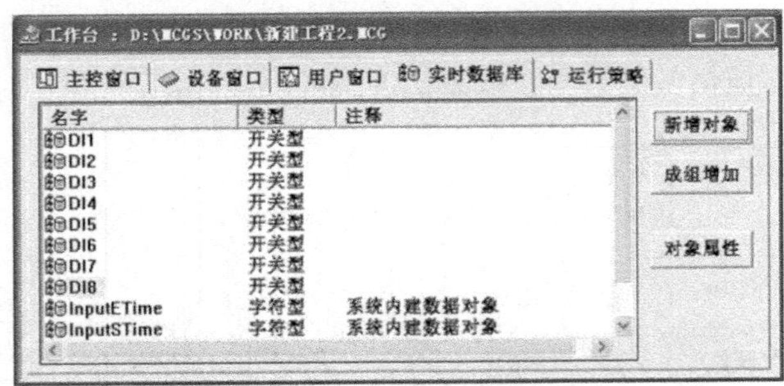

图 9-32　实时数据库

4. 添加设备

在 MCGS 组态环境工作台的“设备窗口”选项页下侧双击“设备窗口”，出现“设备组态：设备窗口”，单击工具条上的“工具箱”按钮，弹出“设备工具箱”窗口。

（1）单击“设备管理”按钮，弹出“设备管理”窗口。在“可选设备”列表中选择所有设备→采集板卡→研华板卡→PCI_1710HG→研华_PCI1710HG，双击“研华_PCI1710HG”，将“研华_PCI1710HG”添加到右侧的“选定设备”列表中，如图 9-33 所示。单击“确认”按钮，选定设备即被添加到“设备工具箱”窗口中，如图 9-34 所示。

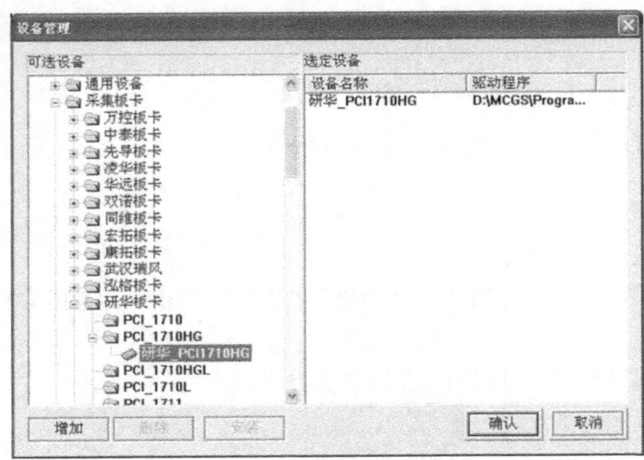

图 9-33　设备管理窗口

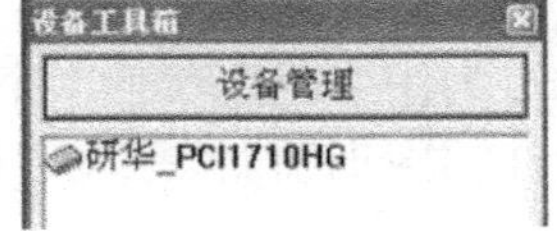

图 9-34　设备工具箱

（2）在“设备工具箱”窗口双击“研华_PCI1710HG”，在“设备组态：设备窗口”中出现“设备 0-[研华_PCI1710HG]”，设备添加完成，如图 9-35 所示。

图 9-35　添加设备窗口

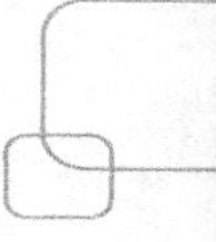

5．设备属性设置

在“设备组态：设备窗口”中双击“设备 0-[研华_PCI1710HG]”，弹出“设备属性设置”窗口，如图 9-36 所示。

（1）在“基本属性”页将 IO 基地址（十六进制）设为“e800”（IO 基地址即 PCI 板卡的端口地址，在 Windows 设备管理器中查看，该地址与板卡所在插槽的位置有关）。

（2）在“通道连接”页，选择通道 16～通道 23 对应数据对象单元格，单击鼠标右键弹出连接对象对话框，选择要连接的对象“DI1”～“DI8”，如图 9-37 所示。

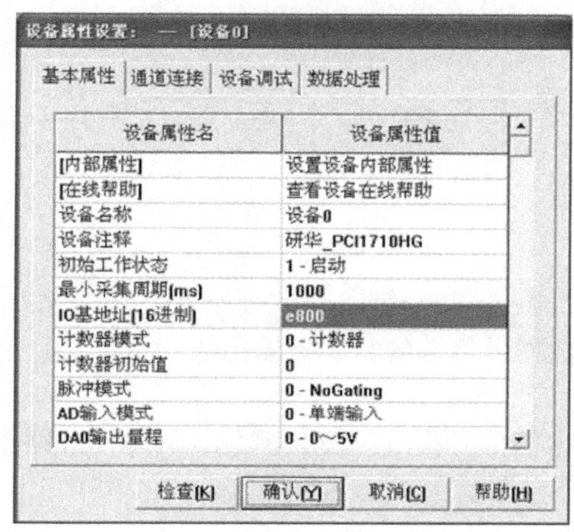

图 9-36　基本属性设置

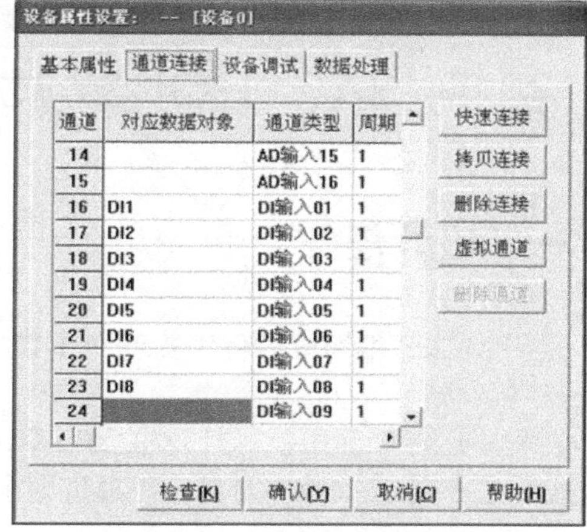

图 9-37　设备通道连接

（3）在“设备调试”页，可以查看研华_PCI1710HG 板卡数字量输入通道的值。

6．建立动画连接

1）建立指示灯的动画连接

双击画面中的“指示灯 1”元件，弹出“单元属性设置”窗口。选择“动画连接”页，单击连接表达式文本框右边的“？”号，选择已定义好的变量“DI1”～“DI8”。

2）建立按钮的动画连接

双击“关闭”按钮，出现“标准按钮构件属性设置”对话框。选择“操作属性”页，选择“按钮对应的功能”下的“关闭用户窗口”，下拉项选择“DI”窗口。

7．调试与运行

保存工程，将“DI”窗口设为启动窗口，运行工程。

将输入通道 DI6 与 DGND 端口短接，程序画面中的开关量输入指示灯 DI6 变成绿色；将 DI6 与 DGND 端口断开，程序画面中的开关量输入指示灯 DI6 变成红色。

用同样的方法可以测试其他输入通道的状态。

程序运行画面如图 9-38 所示。

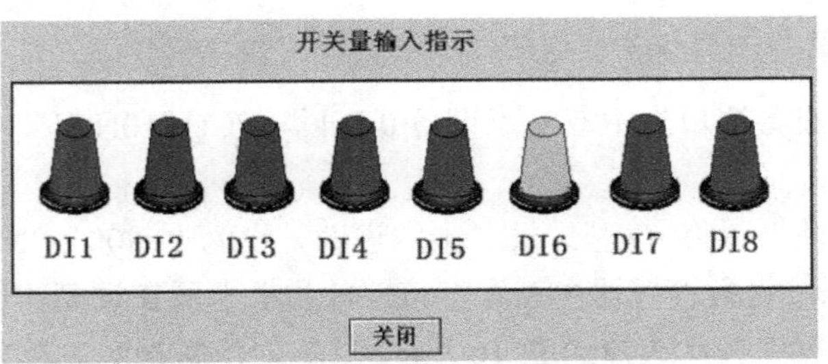

图 9-38　程序运行画面

实例 34　PCI 数据采集卡数字信号输出

一、设计任务

采用 MCGS 编写应用程序实现 PCI-1710HG 数据采集卡的数字量输出。

任务要求：

在程序运行画面中执行打开/关闭命令，画面中的信号指示灯变换颜色，同时，线路中的 DO 指示灯 L 亮/灭（数字量输出 1 通道输出高、低电平）。

二、线路连接

图 9-39 中，PCI-1710HG 数据采集卡的数字量输出 1 通道（引脚 13 和 39）接三极管基极，当计算机输出控制信号置 13 脚为高电平时，三极管导通，继电器常开开关 KM 闭合，指示灯 L 亮；当置 13 脚为低电平时，三极管截止，继电器常开开关 KM 打开，指示灯 L 灭。

也可使用万用表直接测量各数字量输出通道与数字地（如 DO1 与 DGND）之间的输出电压（高电平或低电平）。

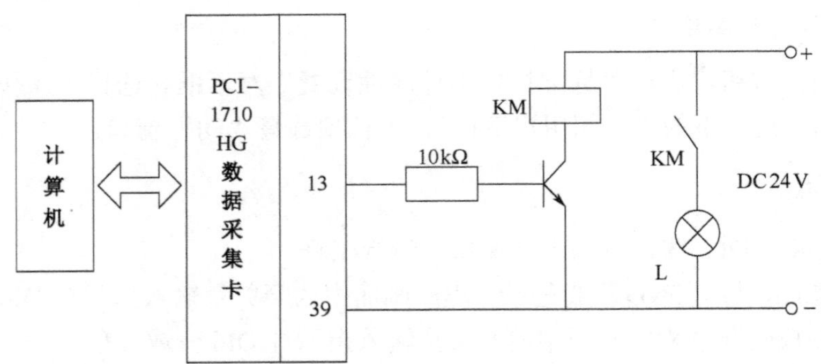

图 9-39　计算机数字量输出线路

其他数字量输出通道信号输出接线方法与通道 1 相同。

三、任务实现

1．建立新工程项目

工程名称：“DO”；窗口名称：“DO”；窗口内容注释：“开关量输出”。

2．制作图形画面

（1）为图形画面添加 8 个“开关”元件。

（2）为图形画面添加 8 个文本构件，分别为“DO1”、“DO2”、“DO3”、“DO4”、“DO5”、“DO6”、“DO7”、“DO8”。

（3）为图形画面添加 1 个“按钮”构件，将标题改为“关闭”。

设计的图形画面如图 9-40 所示。

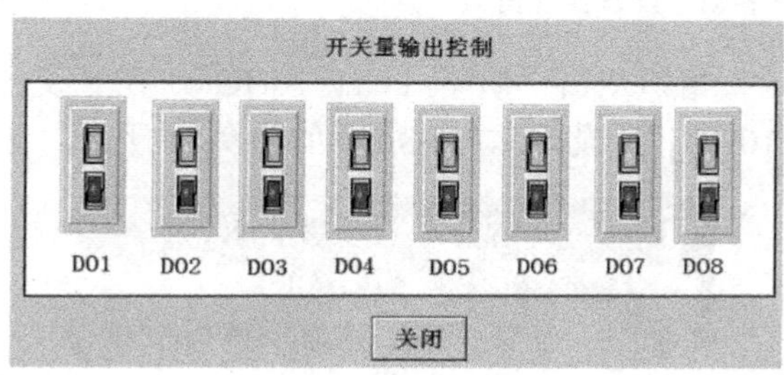

图 9-40　图形画面

3．定义对象

新增 8 个开关型对象“DO1”～“DO8”，对象初值均为“0”，对象类型均为“开关”，新增对象完成，实时数据库如图 9-41 所示。

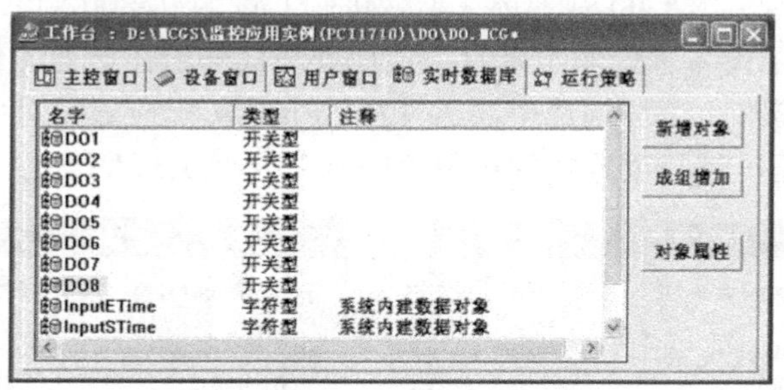

图 9-41　实时数据库

4．添加设备

在 MCGS 组态环境工作台的“设备窗口”选项页下侧双击“设备窗口”，出现“设备组态：设备窗口”，单击工具条上的“工具箱”按钮，弹出“设备工具箱”窗口。

（1）单击“设备管理”按钮，弹出“设备管理”窗口。在“可选设备”列表中选择所有设备→采集板卡→研华板卡→PCI_1710HG→研华_PCI1710HG，双击“研华_PCI-1710HG”，将“研华_PCI-1710HG”添加到右侧的“选定设备”列表中，如图 9-42 所示。单击“确认”按钮，选定设备即被添加到“设备工具箱”窗口中，如图 9-43 所示。

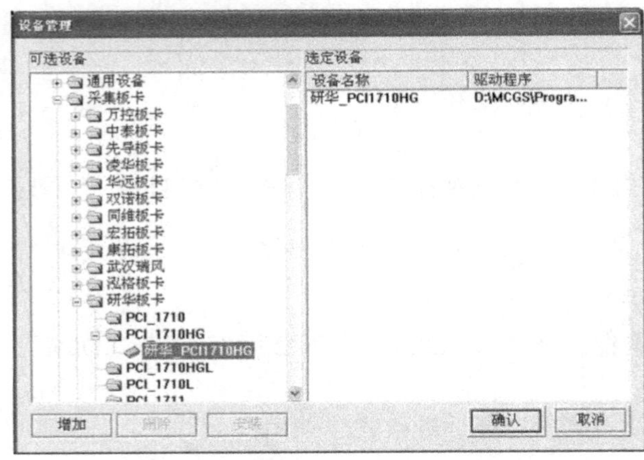

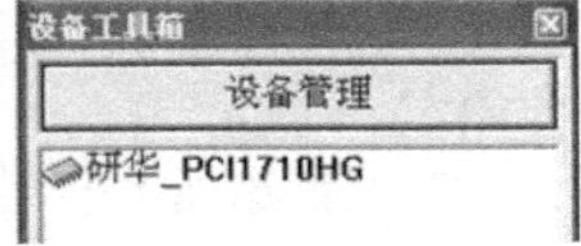

图 9-42　设备管理窗口　　　　图 9-43　设备工具箱

（2）在“设备工具箱”窗口双击“研华_PCI1710HG”，在“设备组态：设备窗口”中出现“设备 0-[研华_PCI1710HG]”，设备添加完成，如图 9-44 所示。

图 9-44　添加设备窗口

5．设备属性设置

在“设备组态：设备窗口”中双击“设备 0-[研华_PCI1710HG]”，弹出“设备属性设置”窗口，如图 9-45 所示。

（1）在“基本属性”页将 IO 基地址（十六进制）设为“e800”（IO 基地址即 PCI 板卡的端口地址，在 Windows 设备管理器中查看，该地址与板卡所在插槽的位置有关）。

（2）在“通道连接”页，分别选中通道 32～通道 39 对应数据对象单元格，单击鼠标右键弹出连接对象对话框，选择要连接的对象“DO1”～“DO8”，如图 9-46 所示。

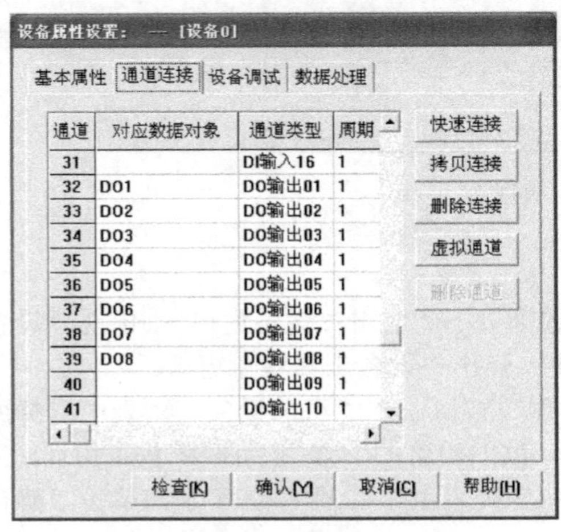

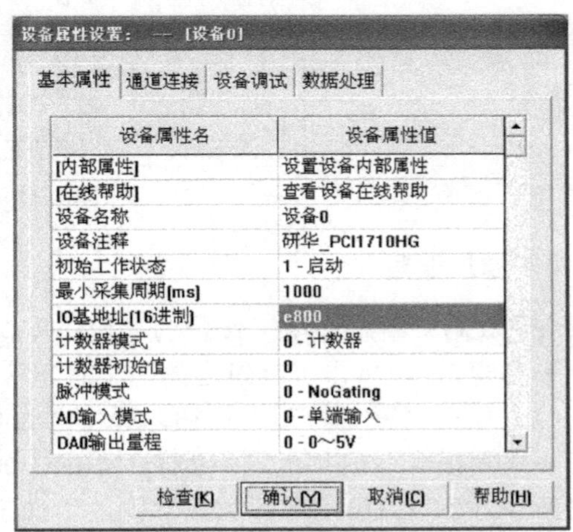

图 9-45　设备属性设置　　　　图 9-46　设备通道连接

（3）在“设备调试”页，用鼠标长按 33 通道对应数据对象 DO3 的通道值单元格，通道值“0”变为“1”，如图 9-47 所示，则模块对应通道输出高电平。

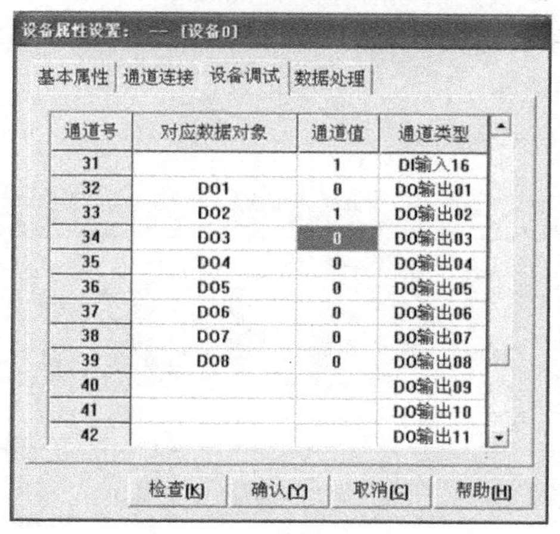

图 9-47　设备调试

6．建立动画连接

1）建立开关的动画连接

双击画面中的“开关 0”元件，弹出“单元属性设置”窗口。选择“动画连接”页，单击组合图符“按钮输入”后的“？”按钮，表达式连接“DO1”；单击组合图符“按钮输入”后的“>”按钮弹出“动画组态属性设置”窗口，选择“数据对象值操作”、“取反”、“DO1”；选择“可见度”页，表达式连接“DO1”，如图 9-48 所示。动画连接如图 9-49 所示。

“开关 1”～“开关 7”按照同样的步骤进行动画连接。

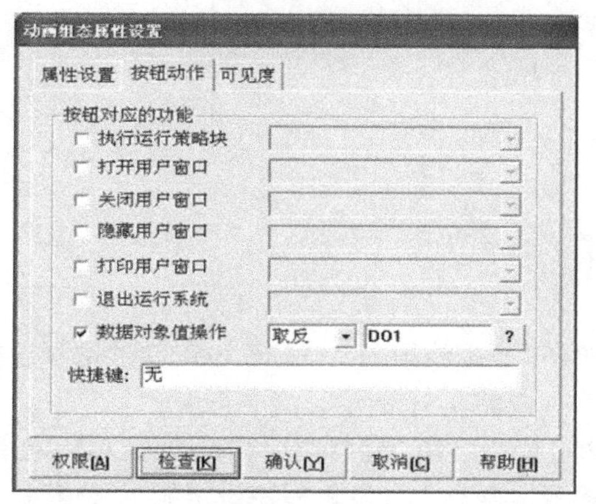

图 9-48　开关 0 的动画连接

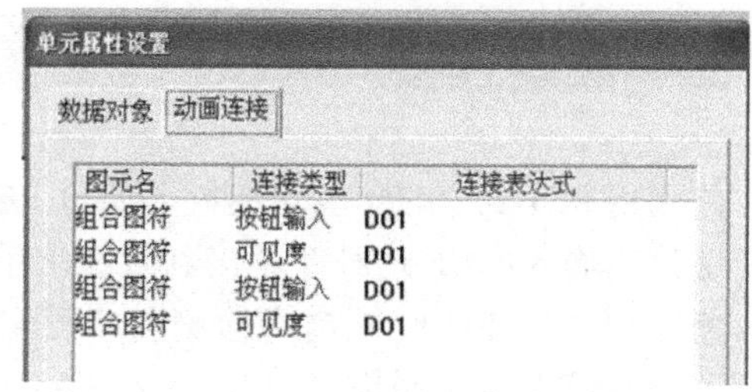

图 9-49　开关 0 的完整动画连接

2）建立按钮对象的动画连接

双击“关闭”按钮，出现“标准按钮构件属性设置”对话框。选择“操作属性”页，再选择“按钮对应的功能”下的“关闭用户窗口”，下拉项选择“DO”窗口。

7. 调试与运行

保存工程，将“AI”窗口设为启动窗口，运行工程。

单击程序画面中的开关（打开或关闭），线路中相应的数字量输出端口输出高、低电平。可使用万用表直接测量数字量输出通道的输出电压。

程序运行画面如图 9-50 所示。

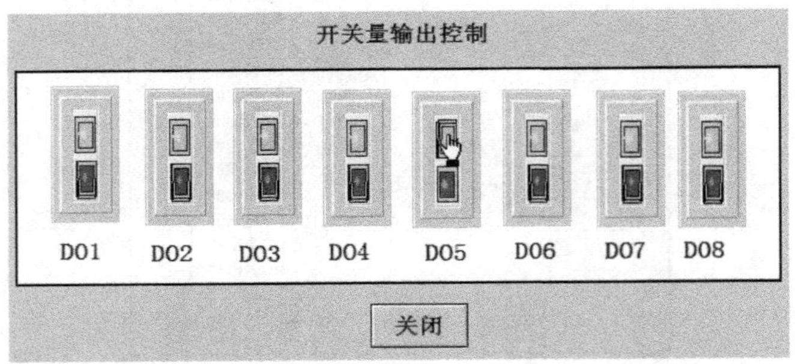

图 9-50　程序运行画面

实例 35　PCI 数据采集卡温度监控

一、设计任务

采用 MCGS 编写程序实现 PC 与 PCI-1710HG 数据采集卡温度监控。

任务要求：

（1）自动连续读取并显示温度测量值（十进制）；

（2）显示测量温度实时变化曲线；

（3）实现温度上、下限报警指示。

二、线路连接

首先将 PCI-1710HG 多功能板卡通过 PCL-10168 数据线缆与 ADAM-3968 接线端子连接。然后将其他输入/输出元器件连接到接线端子板上，如图 9-51 所示。

图 9-51 中，Pt100 热电阻检测温度变化，通过变送器和 250Ω 电阻转换为 1～5V 电压信号送入板卡模拟量 1 通道（引脚 34 和 60）；当检测温度小于计算机程序设定的下限值时，计算机输出控制信号，使板卡 DO1 通道 13 引脚置高电平，DO 指示灯 1 亮；当检测温度大于计算机设定的上限值时，计算机输出控制信号，使板卡 DO2 通道引管脚置高电平，DO 指示灯 2 亮。

线路中，温度变送器的输入温度范围是 0～200℃，输出 4～20mA 电流信号；指示灯、继电器的供电电压均为 DC 24V。

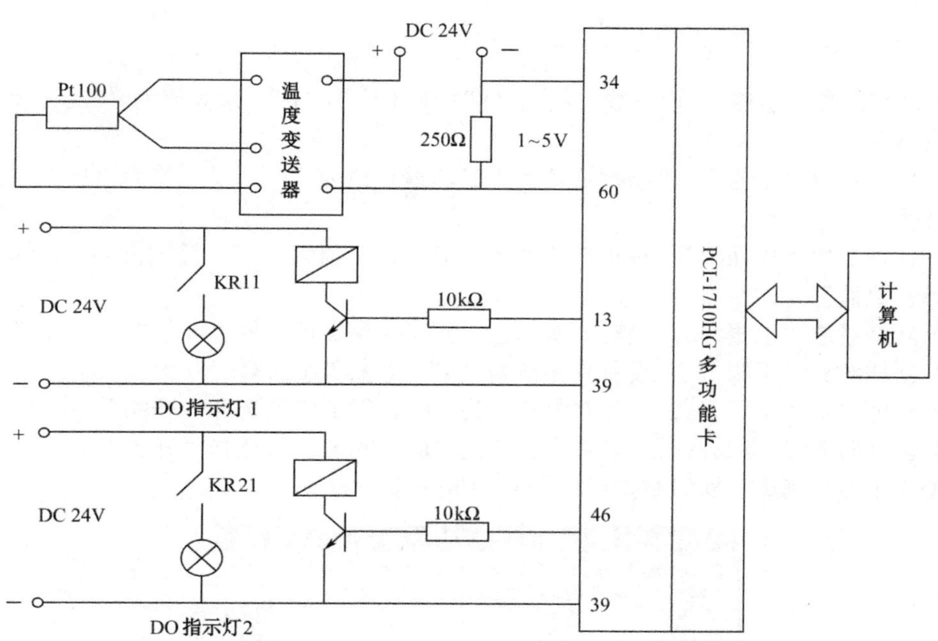

图 9-51　PC 与 PCI-1710HG 数据采集卡组成的温度测控线路

三、任务实现

1．建立新工程项目

工程名称："AI"；窗口名称："AI"，窗口内容注释："模拟电压输入"。

2．制作图形画面

（1）为图形画面添加 1 个"实时曲线"构件。

（2）为图形画面添加 4 个文本构件，分别是标签"温度值："、当前电压值显示文本"000"、标签"下限灯："、标签"上限灯："。

（3）为图形画面添加 2 个"指示灯"元件。

（4）为图形画面添加 1 个"按钮"构件，将标题改为"关闭"。

设计的图形画面如图 9-52 所示。

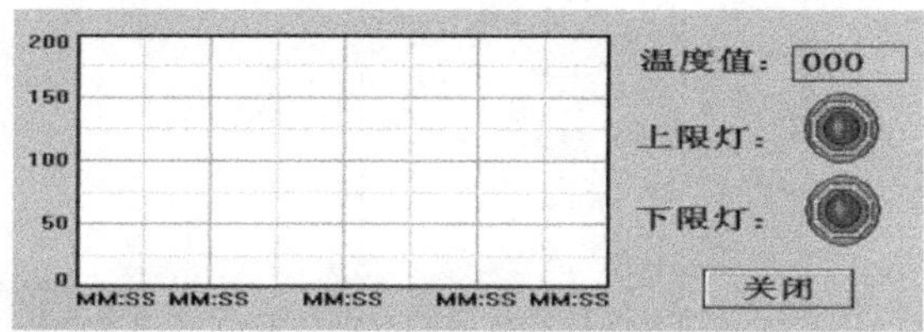

图 9-52　图形画面

3．定义对象

（1）新增对象“温度”，设小数位数为“1”，最小值为“0”，最大值为“200”，对象类型选择“数值”。

（2）新增对象“电压”，设小数位数为“2”，最小值为“0”，最大值为“10”，对象类型选择“数值”。

（3）新增对象“电压 1”，设小数位数为“0”，最小值为“0”，最大值为“1000”，对象类型选择“数值”。

（4）新增对象“上限灯”，设对象初值为“0”，对象类型选择“开关”。

（5）新增对象“下限灯”，设对象初值为“0”，对象类型选择“开关”。

（6）新增对象“上限开关”，设对象初值为“0”，对象类型选择“开关”。

（7）新增对象“下限开关”，设对象初值为“0”，对象类型选择“开关”。

新增 7 个对象完成，实时数据库如图 9-53 所示。

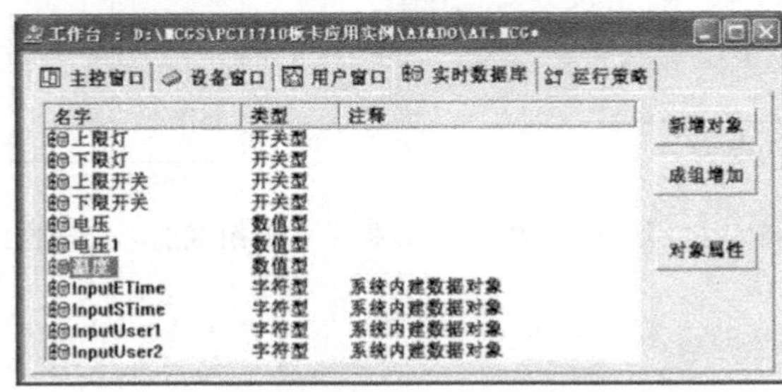

图 9-53　实时数据库

4．添加设备

在 MCGS 组态环境工作台的“设备窗口”选项页下侧双击“设备窗口”，出现“设备组态：设备窗口”，单击工具条上的“工具箱”按钮，弹出“设备工具箱”窗口。

（1）单击“设备管理”按钮，弹出“设备管理”窗口。在“可选设备”列表中选择所有设备→采集板卡→研华板卡→PCI-1710HG→研华_PCI1710HG，双击“研华_PCI1710HG”，将“研华_PCI1710HG”添加到右侧的“选定设备”列表中，如图 9-54 所示。单击“确认”按钮，选定设备即被添加到“设备工具箱”窗口中，如图 9-55 所示。

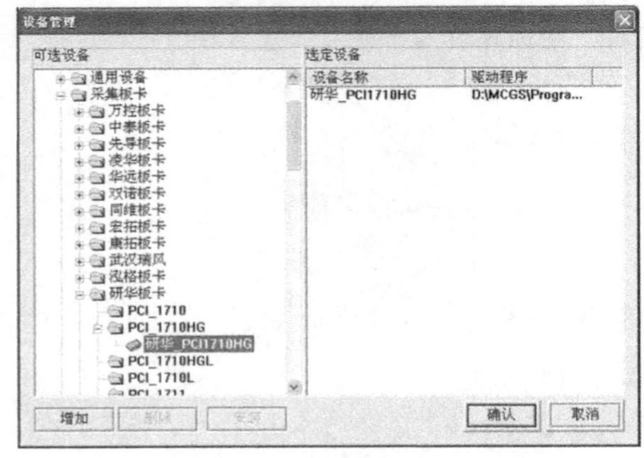

图 9-54　设备管理窗口

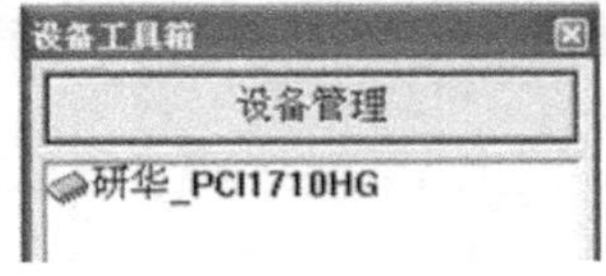

图 9-55　设备工具箱

（2）在“设备工具箱”窗口双击“研华_PCI1710HG”，在“设备组态：设备窗口”中出现“设备 0-[研华_PCI1710HG]”，设备添加完成，如图 9-56 所示。

图 9-56　添加设备窗口

5．设备属性设置

在“设备组态：设备窗口”中双击“设备 0-[研华_PCI1710HG]”，弹出“设备属性设置”窗口，如图 9-57 所示。

（1）在“基本属性”页将 IO 基地址（十六进制）设为“e800”（IO 基地址即 PCI 板卡的端口地址，在 Windows 设备管理器中查看，该地址与板卡所在插槽的位置有关）。

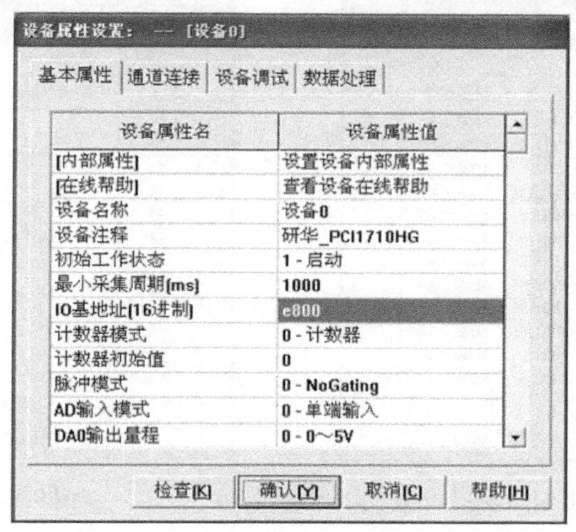

设备属性名	设备属性值
[内部属性]	设置设备内部属性
[在线帮助]	查看设备在线帮助
设备名称	设备0
设备注释	研华_PCI1710HG
初始工作状态	1 - 启动
最小采集周期[ms]	1000
IO基地址[16进制]	e800
计数器模式	0 - 计数器
计数器初始值	0
脉冲模式	0 - NoGating
AD输入模式	0 - 单端输入
DA0输出量程	0 - 0～5V

图 9-57　基本属性设置

（2）在“通道连接”页，选择通道 3 对应数据对象单元格，单击鼠标右键弹出连接对象对话框，选择要连接的对象“电压 1”（或者直接在单元格中输入“电压 1”），如图 9-58 所示。

（3）在“通道连接”页，选择通道 33 对应数据对象单元格，单击鼠标右键弹出连接对象对话框，选择要连接的对象“上限开关”，选择通道 34 对应数据对象单元格，单击鼠标右键弹出连接对象对话框，选择要连接的对象“下限开关”，如图 9-59 所示。

（4）在“设备调试”页，可以看到研华_PCI-1710HG 板卡模拟量输入 3 通道输入的电压值（需除以 1000），如图 9-60 所示；用鼠标长按 34 通道对应数据对象“下限开关”的通道值单元格，通道值“0”变为“1”，如图 9-61 所示，模块对应通道输出高电平。

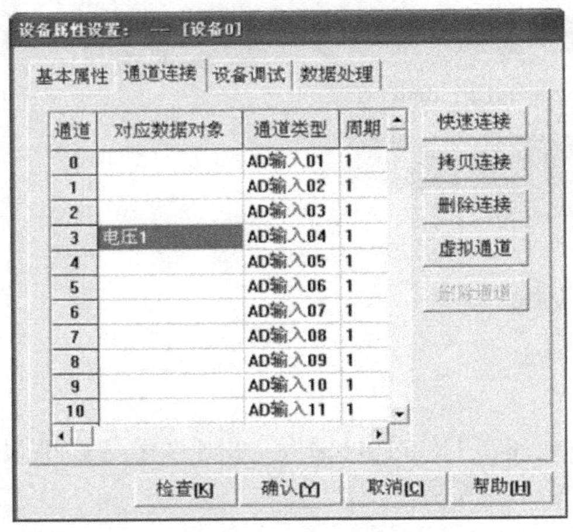

图 9-58 “电压 1”通道连接

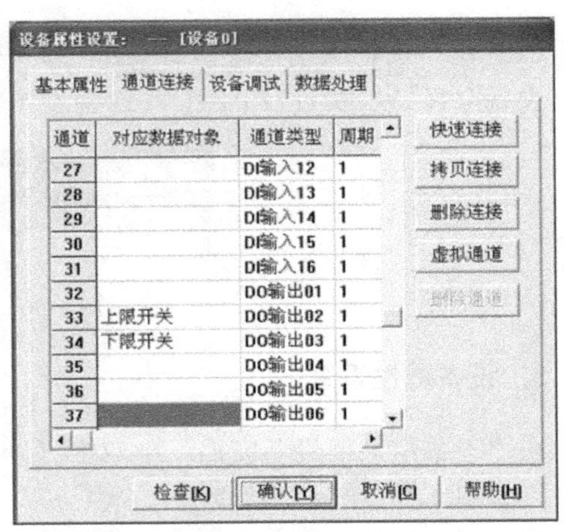

图 9-59 开关通道连接

图 9-60 “电压 1”调试

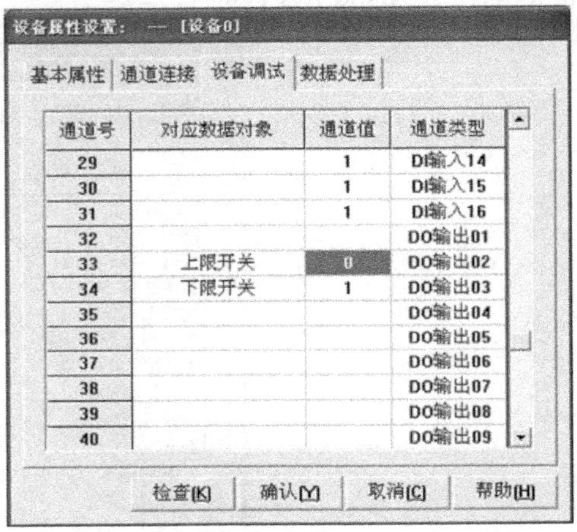

图 9-61 开关调试

6. 建立动画连接

1）建立实时曲线的动画连接

双击画面中的“实时曲线”构件，弹出“实时曲线构件属性设置”窗口。在“画笔属性”页中，单击曲线 1 表达式文本框右边的“？”号，选择已定义好的变量“温度”。在“标注属性”页中，X 轴长度设为“2”，Y 轴最大值设为“200”。

2）建立标签的动画连接

双击画面中的“000”标签，弹出“动画组态属性设置”窗口。选择“显示输出”页，将表达式设置为“温度”，选输出值类型为“数值量输出”，输出格式为“向中对齐”，整数位数为“3”，小数位数为“1”。

3）建立指示灯的动画连接

双击画面中的“上限指示灯”元件，弹出“单元属性设置”窗口。选择“动画连接”页，单击“组合图符”图元后的“？”号，选择已定义好的变量“上限灯”。

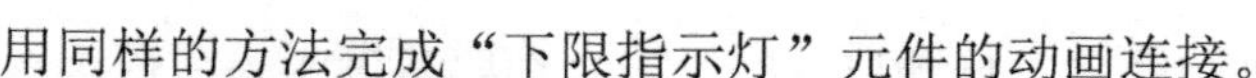

用同样的方法完成“下限指示灯”元件的动画连接。

4）建立按钮的动画连接

双击“关闭”按钮，出现“标准按钮构件属性设置”对话框。选择“操作属性”页，再选择“按钮对应的功能”下的“关闭用户窗口”，下拉项选择“AI”窗口。

7. 策略编程

在工作台窗口中选择“运行策略”窗口，双击“循环策略”，弹出“策略组态：循环策略”编辑窗口。

新增策略行，添加“脚本程序”策略块，在“脚本程序”编辑窗口中输入如图 9-62 所示的程序。

返回到工作台运行策略窗口，选中循环策略，单击“策略属性”按钮，弹出“策略属性设置”对话框，将策略执行方式定时循环时间设置为 1000ms。

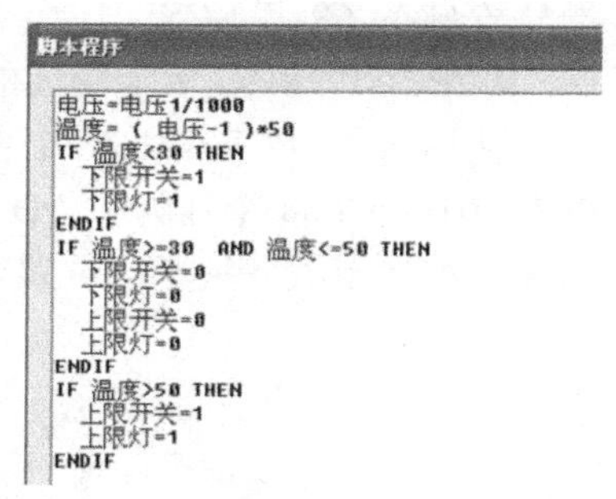

```
脚本程序
电压=电压1/1000
温度= ( 电压-1 )*50
IF 温度<30 THEN
  下限开关=1
  下限灯=1
ENDIF
IF 温度>=30  AND 温度<=50 THEN
  下限开关=0
  下限灯=0
  上限开关=0
  上限灯=0
ENDIF
IF 温度>50 THEN
  上限开关=1
  上限灯=1
ENDIF
```

图 9-62　输入脚本程序

8. 调试与运行

保存工程，将“AI”窗口设为启动窗口，运行工程。

给传感器升温或降温，画面中显示测量温度值及实时变化曲线。

当测量温度值大于 50℃时，画面中的上限指示灯改变颜色，线路中的上限指示灯亮；当测量温度值小于 30℃时，画面中的下限指示灯改变颜色，线路中的下限指示灯亮。

程序运行画面如图 9-63 所示。

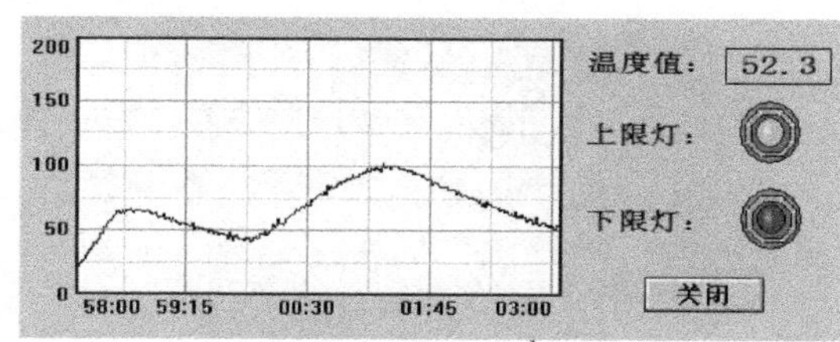

图 9-63　程序运行画面

知识链接　研华 PCI-1710HG 数据采集卡软硬件安装

1. PCI-1710HG 多功能板卡介绍

PCI-1710HG 是一款功能强大的低成本多功能 PCI 总线数据采集卡，如图 9-64 所示。其先进的电路设计使得它具有更高的质量和更多的功能，这其中包含 5 种最常用的测量和控制功能：16 路单端或 8 路差分模拟量输入、12 位 A/D 转换器（采样速率可达 100kHz）、2 路 12 位模拟量输出、16 路数字量输入、16 路数字量输出及计数器/定时器功能。

图 9-64　PCI-1710HG 多功能卡

多功能板卡特别适合学校用于构成数据采集与控制实验系统，完成多种测控实验。

2．用 PCI-1710HG 多功能板卡组成的测控系统

用 PCI-1710HG 板卡构成完整的测控系统还需要接线端子板和通信电缆，如图 9-65 所示。电缆采用 PCL-10168 型，如图 9-66 所示，是两端针型接口的 68 芯 SCSI-II 电缆，用于连接板卡与 ADAM-3968 接线端子板。该电缆采用双绞线，并且模拟信号线和数字信号线是分开屏蔽的，从而能使信号间的交叉干扰降到最小，并使 EMI/EMC 问题得到最终解决。接线端子板采用 ADAM-3968 型，如图 9-67 所示，是 DIN 导轨安装的 68 芯 SCSI-II 接线端子板，用于各种输入/输出信号线的连接。

用 PCI-1710HG 板卡构成的测控系统框图如图 9-68 所示。

使用时用 PCL-10168 电缆将 PCI-1710HG 板卡与 ADAM-3968 接线端子板连接，故 PCL-10168 的 68 个针脚和 ADAM-3968 的 68 个接线端子一一对应。

接线端子板各端子的位置及功能如图 9-69 所示，信号描述如表 9-1 所示。

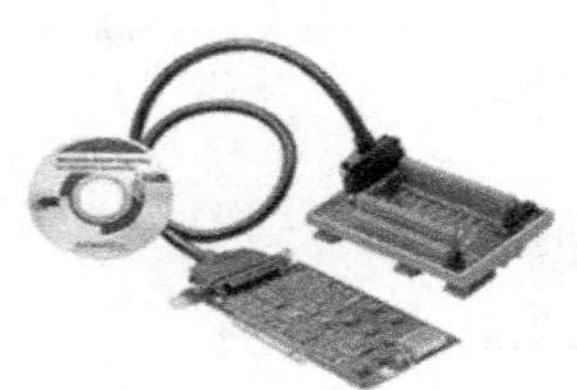

图 9-65　PCI-1710HG 产品的成套性

图 9-66　PCL-10168 电缆

图 9-67　ADAM-3968 接线端子板

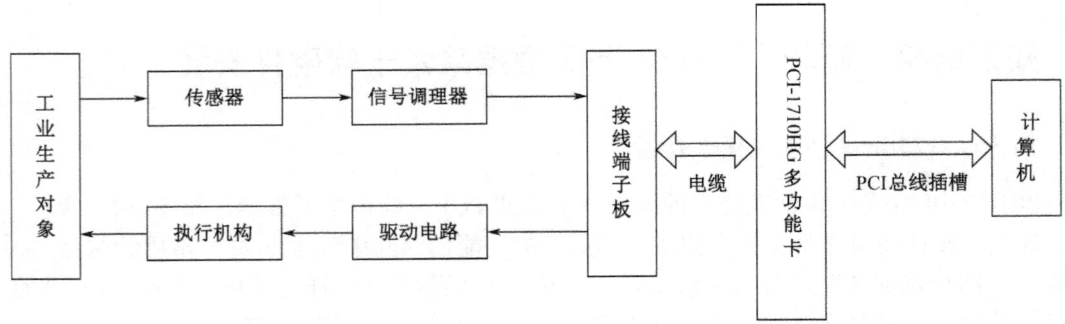

图 9-68　基于 PCI-1710 板卡的测控系统框图

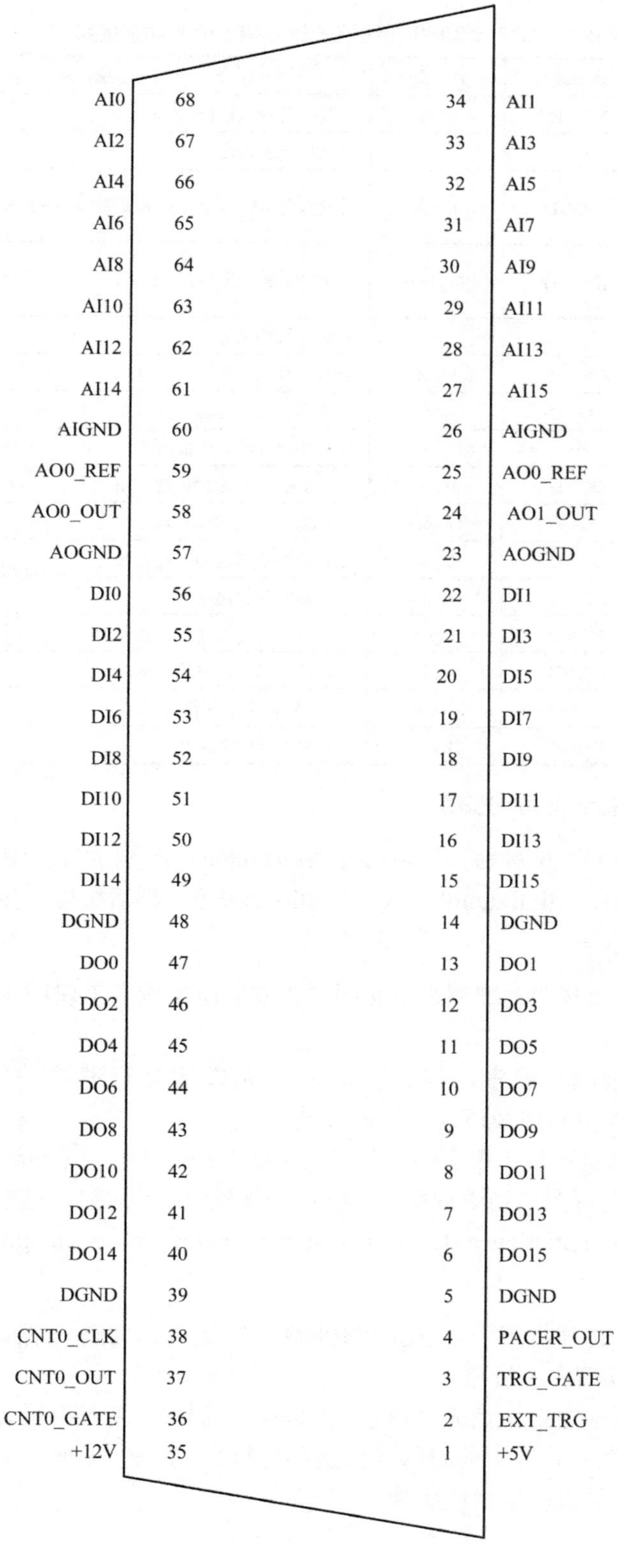

信号	引脚	引脚	信号
AI0	68	34	AI1
AI2	67	33	AI3
AI4	66	32	AI5
AI6	65	31	AI7
AI8	64	30	AI9
AI10	63	29	AI11
AI12	62	28	AI13
AI14	61	27	AI15
AIGND	60	26	AIGND
AO0_REF	59	25	AO0_REF
AO0_OUT	58	24	AO1_OUT
AOGND	57	23	AOGND
DI0	56	22	DI1
DI2	55	21	DI3
DI4	54	20	DI5
DI6	53	19	DI7
DI8	52	18	DI9
DI10	51	17	DI11
DI12	50	16	DI13
DI14	49	15	DI15
DGND	48	14	DGND
DO0	47	13	DO1
DO2	46	12	DO3
DO4	45	11	DO5
DO6	44	10	DO7
DO8	43	9	DO9
DO10	42	8	DO11
DO12	41	7	DO13
DO14	40	6	DO15
DGND	39	5	DGND
CNT0_CLK	38	4	PACER_OUT
CNT0_OUT	37	3	TRG_GATE
CNT0_GATE	36	2	EXT_TRG
+12V	35	1	+5V

图 9-69　ADAM-3968 接线端子板各信号端子的位置及功能

表 9-1　ADAM-3968 接线端子板各端子信号功能的描述

信号名称	参考端	方　向	描　述
AI<0~15>	AIGND	Input	模拟量输入通道：0~15
AIGND	—	—	模拟量输入地
AO0_REF AO1_REF	AOGND	Input	模拟量输出通道 0/1 外部基准电压输入端
AO0_OUT AO1_OUT	AOGND	Output	模拟量输出通道：0/1
AOGND	—	—	模拟量输出地
DI<0~15>	DGND	Input	数字量输入通道：0~15
DO<0~15>	DGND	Output	数字量输出通道：0~15
DGND	—	—	数字地（输入或输出）
CNT0_CLK	DGND	Input	计数器 0 通道时钟输入端
CNT0_OUT	DGND	Output	计数器 0 通道输出端
CNT0_GATE	DGND	Input	计数器 0 通道门控输入端
PACER_OUT	DGND	Output	定速时钟输出端
TRG_GATE	DGND	Input	A/D 外部触发器门控输入端
EXT_TRG	DGND	Input	A/D 外部触发器输入端
+12V	DGND	Output	+12V 直流电源输出
+5V	DGND	Output	+5V 直流电源输出

3. PCI-1710HG 板卡设备的安装

首先进入研华公司官方网站 www.advantech.com.cn 找到并下载程序 PCI1710.exe、DevMgr.exe、PortIO.exe、All_Examples.exe、Utility.exe 等，然后按以下步骤操作。

1）安装设备驱动程序

在测试板卡和使用研华驱动编程之前必须首先安装研华设备管理程序 Device Manager 和 32bitDLL 驱动程序。

首先执行 DevMgr.exe 程序，根据安装向导完成配置管理软件的安装。接着执行 PCI1710.exe 程序，按照提示完成驱动程序的安装。

安装完 Device Manager 后，相应的设备驱动手册 Device Driver's Manual 也会自动安装。有关研华 32bitDLL 驱动程序的函数说明、例程说明等资料在此获取。快捷方式的位置为：开始→程序→Advantech Automation→Device Manager→Device Driver's manual。

2）安装硬件

关闭计算机电源，打开机箱，将 PCI-1710HG 板卡正确地插到一空闲的 PCI 插槽中，如图 9-70 所示，检查无误后合上机箱。

注意：在用手持板卡之前，请先释放手上的静电（例如，通过触摸计算机机箱的金属外壳释放静电），不要接触易带静电的材料（如塑料材料），手持板卡时只能握它的边沿，以免手上的静电损坏面板上的集成电路或组件。

重新开启计算机，进入 WindowsXP 系统，首先出现“找到新的硬件向导”对话框，选择“自动安装软件”项，然后单击“下一步”按钮，计算机将自动完成 Advantech PCI-1710HG Device 驱动程序的安装。

系统自动为 PCI 板卡设备分配中断和基地址，用户无须关心。

注：其他公司的 PCI 设备一般都会提供相应的.inf 文件，用户可以在安装板卡的时候指定相应的.inf 文件给安装程序。

检查板卡是否安装正确：右击“我的电脑”，单击“属性”项，弹出“系统属性”对

话框，选中“硬件”项，单击“设备管理器”按钮，进入“设备管理器”画面，若板卡安装成功，则会在设备管理器列表中出现 PCI-1710HG 的设备信息，如图 9-71 所示。

图 9-70 PCI-1710HG 板卡的安装

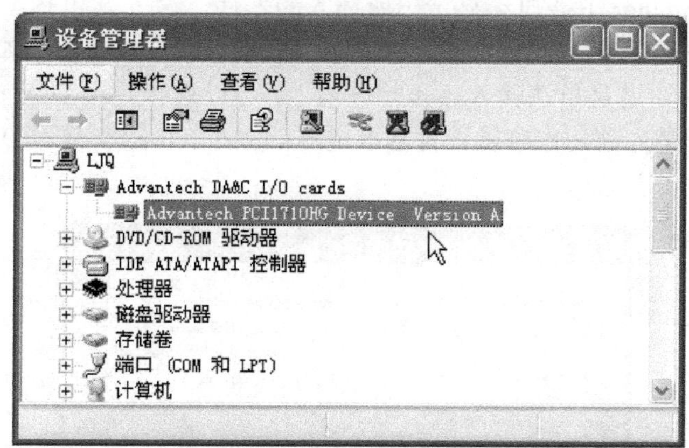

图 9-71 设备管理器中的板卡信息

查看板卡属性“资源”选项，可查看计算机分配给板卡的地址，输入/输出范围为 C000～C0FF，其中首地址为 C000，分配的中断号为 22，如图 9-72 所示。

3）配置板卡

在测试板卡和使用研华驱动编程之前必须首先对板卡进行配置，通过研华板卡配置软件 Device Manager 来实现。

从开始菜单→所有程序→Advantech Automation→Device Manager 打开设备管理程序 Advantech Device Manager，如图 9-73 所示。

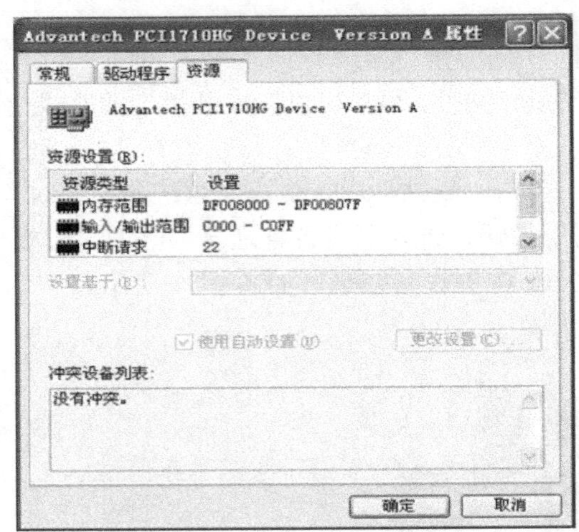

图 9-72　板卡资源信息

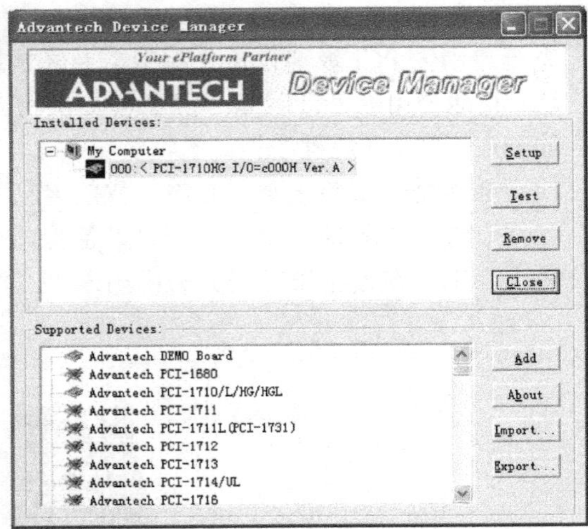

图 9-73　配置板卡

当您的计算机上已经安装好某个产品的驱动程序后，设备管理软件支持的设备列表前将没有红色叉号，此时说明驱动程序已经安装成功，如图 9-73 中 Supported Devices 列表的 Advantech PCI-1710/L/HG/HGL 前面就没有红色叉号，选中该板卡，单击“Add”按钮，该板卡信息就会出现在 Installed Devices 列表中。

PCI 总线的插卡插好后计算机操作系统会自动识别，在 Device Managerde 的 Installed Devices 栏中 My Computer 下会自动显示出所插入的器件，这一点和 ISA 总线的板卡不同。

单击“Setup”按钮，弹出“PCI-1710HG Device Setting”对话框，如图 9-74 所示，在对话框中可以设置 A/D 通道是单端输入还是差分输入，可以选择两个 D/A 转换输出通道通用的基准电压来自外部还是内部，也可以设置基准电压的大小（0～5V 还是 0～10V），设置好后，单击“OK”按钮即可。

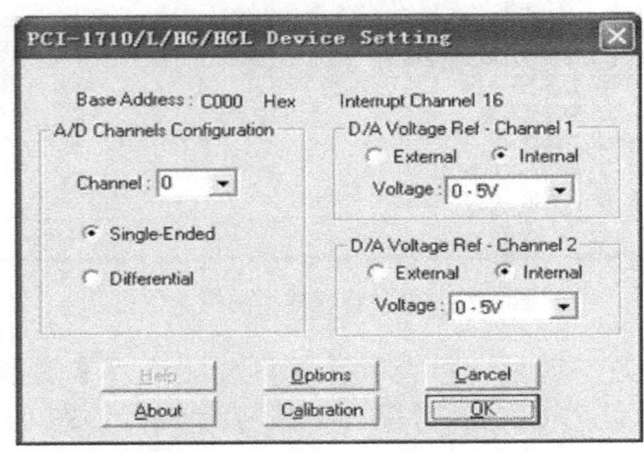

图 9-74　板卡 A/D、D/A 通道配置

到此为止，PCI-1710HG 数据采集卡的硬件和软件已经安装完毕，可以进行板卡测试。

4．PCI-1710HG 板卡设备的测试

可以利用板卡附带的测试程序对板卡的各项功能进行测试。

运行设备测试程序：在研华设备管理程序 Advantech Device Manager 对话框中单击“Test”按钮，出现“Advantech Device Test”对话框，通过不同的选项卡可以对板卡的“Analog Input”、“Analog Output”、“Digital Input”、“Digital Output”、“Counter”等功能进行测试。

1）模拟量输入功能测试

选择“Analog Input”项，如图 9-75 所示。

测试界面说明如下。

（1）Channel No：模拟量输入通道号（0～16）。

（2）Input range：输入电压范围选择。

（3）Analog input reading：模拟量输入通道读取的电压数值。

（4）Channel mode：通道设定模式。

（5）Sampling period：采样时间间隔。

测试时可用 PCL-10168 电缆将 PCI-1710HG 板卡与 ADAM-3968 接线端子板连接，从而 PCL-10168 的 68 个针脚就和 ADAM-3968 的 68 个接线端子一一对应，可通过将输入信号连接到接线端子来测试 PCI-1710HG 的引脚。

例如：在单端输入模式下，测试通道 1，需将待测信号接至通道 1 所对应接线端子的 34（AI1）与 60（AIGND）引脚，在通道 1 对应的 Analog input reading 框中将显示输入信号的电压值。

2）模拟量输出功能测试

选择“Analog Output”项，如图 9-76 所示。

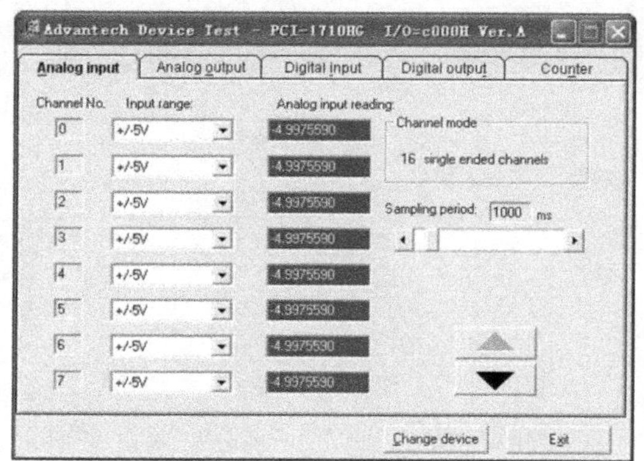

图 9-75　模拟量输入功能测试界面

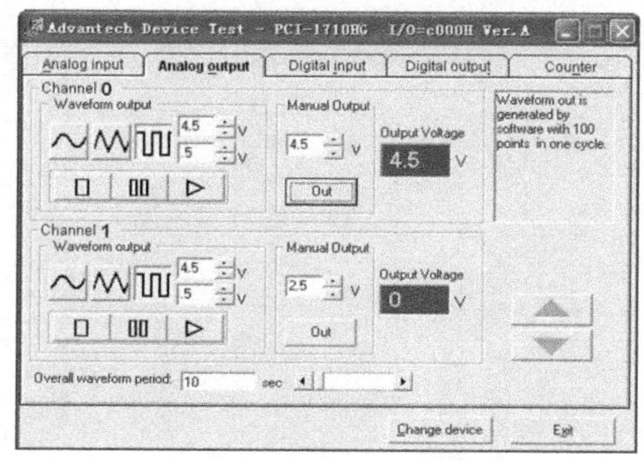

图 9-76　模拟量输出功能测试界面

两个模拟输出通道可以通过软件设置选择输出正弦波、三角波、方波，也可以设置输出波形频率，以及输出电压幅值。

例如，要使通道 0 输出 4.5V 电压，则在“Manual Output”中需设置输出值为 4.5V，单击“Out”按钮，即可在引脚 58（AO0_OUT）与 57（AOGND）之间输出 4.5V 电压，这个值可用万用表测得。

3）数字量输入功能测试

选择“Digital Input”项，如图 9-77 所示。

用户可以方便地通过程序画面中各数字量输入通道指示灯的颜色，来判断相应数字量输入通道输入的是低电平还是高电平（红色为高，绿色为低）。

例如：将通道 0 的对应引脚 DI0 与数字地 DGND 短接，则通道 0 对应的状态指示灯（Bit0）变绿；在 DI0 与数字地之间接入+5V 电压，则指示灯变红。

4）数字量输出功能测试

选择“Digital Output”项，如图 9-78 所示。

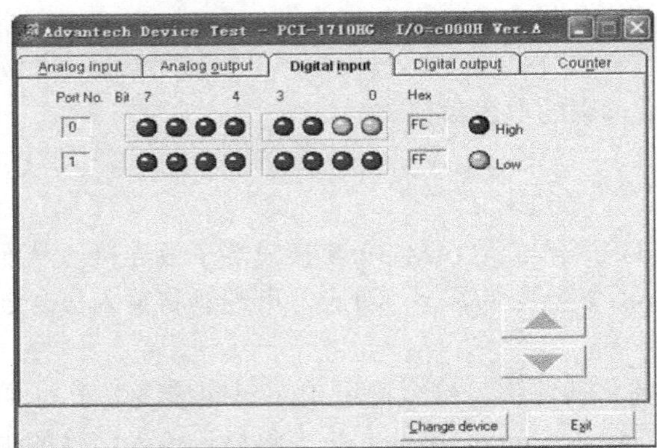

图 9-77 数字量输入功能测试界面

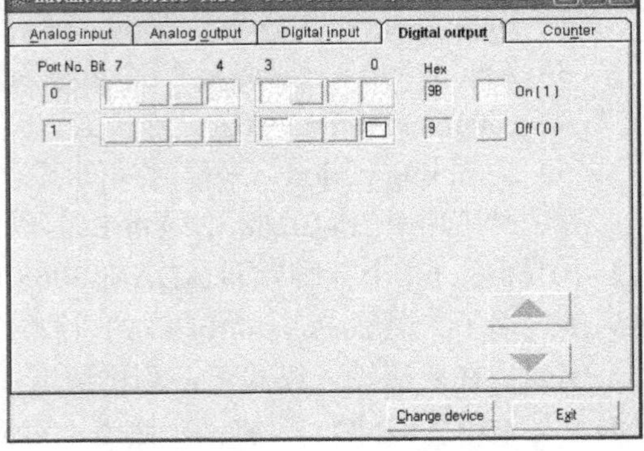

图 9-78 数字量输出功能测试界面

用户可以通过单击界面中的方框将对应的输出通道设为高电平或低电平，高电平为+5V，低电平为 0V。用电压表测试相应的引脚，可以测出电压值。

参 考 文 献

[1] 许志军等. 工业控制组态软件及应用. 北京：机械工业出版社，2005.
[2] 袁秀英等. 组态控制技术. 北京：电子工业出版社，2003.
[3] 陈志文等. 组态控制实用技术. 北京：机械工业出版社，2009.
[4] 李江全等. 现代测控系统典型应用实例. 北京：电子工业出版社，2010.
[5] 曹辉等. 组态软件技术及应用. 北京：电子工业出版社，2009.
[6] 张文明等. 组态软件控制技术. 北京：清华大学出版社，2006.
[7] 汪志峰等. 工控组态软件. 北京：电子工业出版社，2007.
[8] 李江全等. 案例解说组态软件典型控制应用. 北京：电子工业出版社，2011.

读者调查及投稿

1．您觉得这本书怎么样？有什么不足？还能有什么改进？

2．您在什么行业？从事什么工作？需要哪些方面的图书？

3．您有无写作意向？愿意编写哪方面的图书？

4．其他：

说明：

针对以上调查项目，可通过电子邮件直接联系：bjcwk@163.com　　联系人：陈编辑

欢迎您的反馈和投稿！

电子工业出版社